重大建筑工程施工技术与管理丛书

欧式风格建筑关键建造技术

韩 伟 韩晓明 熊帮业 编著

中国建筑工业出版社

图书在版编目（CIP）数据

欧式风格建筑关键建造技术/韩伟，韩晓明，熊帮业编著. —北京：中国建筑工业出版社，2020.6
（重大建筑工程施工技术与管理丛书）
ISBN 978-7-112-25206-0

Ⅰ.①欧… Ⅱ.①韩… ②韩… ③熊… Ⅲ.①建筑施工-技术-研究 Ⅳ.①TU74

中国版本图书馆 CIP 数据核字（2020）第 093906 号

本书通过对欧式风格建筑建造技术进行的深入研究，并结合国内多个大型工程案例，较为全面系统地总结了欧式风格建筑成套关键建造技术。

全书共分为 13 章，主要内容包括欧式建筑发展概况、欧式风格建筑深化设计、外装材料加工制作、砌筑石材幕墙施工技术、砌筑砖幕墙施工技术、灰泥施工技术、金属骨架干挂瓦屋面施工技术、GRC 构件施工技术、檐口系统造型施工技术、金属屋面施工技术、檐沟落水系统施工技术、铸铝栏杆和造型施工技术，并介绍了华为松山湖终端一期项目、天津泰安道四号院工程、天津职业大学海河校区等国内多个不同风格的优秀工程案例。

本书内容详实、图文并茂，对欧式风格建筑设计和施工具有较强的指导意义，可供类似工程建筑设计、施工、监理等专业技术人员借鉴，也可作为从事项目管理、工程咨询等相关专业人员和高等院校相关专业师生参考使用。

责任编辑：赵晓菲　朱晓瑜
责任校对：张　颖

重大建筑工程施工技术与管理丛书
欧式风格建筑关键建造技术
韩　伟　韩晓明　熊帮业　编著
*
中国建筑工业出版社出版、发行（北京海淀三里河路 9 号）
各地新华书店、建筑书店经销
霸州市顺浩图文科技发展有限公司制版
北京中科印刷有限公司印刷
*
开本：787×1092 毫米　1/16　印张：27¼　字数：642 千字
2020 年 9 月第一版　　2020 年 9 月第一次印刷
定价：**132.00** 元
ISBN 978-7-112-25206-0
（35802）

本书编委会

主　　编：韩　伟　韩晓明　熊帮业

主要编写人：王永胜　刘　旭　王立钦　刘宏飞　鱼江婷　张　洋
刘爱斌　余军强　史文涛　张蒙军　呼亚伟　吴　峰
姚继超　刘　航　杨泽楠　王琳凯　原　润　姬鹏飞
李佳雷　鲍权权　陈钰博　周万武　李　鹏　卫　峰
汪　浪　万学先　贺鹏昌　袁昌林　平增茂　雒渊慧
李　燎　蒲　靖

主要审查人：时　炜　张选兵　王广礼　姚建文　高云飞　杨联峰
侯乃岐　荆建刚　李亚军　陈荣佳　陈跃群　胡亦男
谭　毅　陈宇龙　赖炫宇　李玉振

主编单位：陕西建工集团股份有限公司

参编单位：山东雄狮建筑装饰股份有限公司
福建荣发石业有限公司
泉州市星艺石雕装饰有限公司
深圳市鑫达海投资有限公司
珠海山泰创新材料科技有限公司
曲阳县恒远雕刻石材有限公司
广州展宏金属科技有限公司
广东振强建设工程有限公司

序言一

欧式建筑，发端于古希腊的古爱琴文化，这段时间的欧式建筑风格和形制较为稳定。主要有法式风格、意大利风格、西班牙风格、英式风格、地中海风格、北欧风格等几大流派。其建筑艺术的成就，标志着人类社会智力与技术的巨大进步。欧式建筑强调以华丽的装饰、浓烈的色彩、精美的造型，达到雍容华贵的装饰效果，它简洁明快、线条分明、讲究对称，运用色彩的明暗、表面的凹凸达到视觉的冲击。

我国的欧式风格建筑开始于鸦片战争之后，西方列强殖民统治，加速了欧式建筑在中国的发展。比如：现今浦东的发展银行总部（原汇丰银行），是新古典主义的代表；上海市少年宫（原大理石大厦）；纺织品进出口公司大楼（原麦加利银行）等，琳琅满目，代表了英国式、法国式、德国式、意大利式、北欧式、西班牙式等风格建筑。

再比如：有着“万国博览会”美誉的天津，目前依然保留着大量的欧式风格建筑。天津的意大利风情街，是除意大利本土之外最纯正的意大利建筑，他以马可波罗广场为中心，穹顶、柱式、高低错落的拱券，体现了古典建筑独有的韵味，彰显了意大利文艺复兴时期的建筑风格。除此之外，被定义为“百年沧桑建筑”的天津五大道地区，大部分是现存的殖民时期欧式风格建筑。

2015 年，华为技术有限公司在东莞市松山湖风景区内，分四期建设“华为终端研发项目”，包括研发中心、行政办公、会议中心、饮食中心等，该项目占地面积 1900 亩，总建筑面积 114 万 m^2，已建成的四个地块共有 12 个组团，代表着 12 座不同风格的欧洲经典小镇，分别是牛津、温德米尔、卢森堡、布鲁日、弗里堡、勃艮第、维罗纳、巴黎、格拉纳达、博洛尼亚、海德尔堡、克伦诺夫等。这 12 座经典欧洲小镇，借鉴欧洲人与自然和谐相处的理念，结合华为公司的企业文化等方面展开设计，选择具有宜人空间尺度的建筑群，使员工在紧张工作之余，身心得以放松，同时，也展示着人类上百年的建筑智慧和审美精髓。

欧式建筑以其比例严谨、造型复杂、雕饰和花饰变化多样而闻名于世，是世界建筑文化宝库中的璀璨明珠，因而欧式建筑施工具有其特殊的规律性。陕西建工集团从 2015 年开始，参与了华为 12 个欧洲经典小镇部分组团的深化设计与施工，付出了辛勤与汗水，同时也积累了丰富的深化设计及施工经验，取得了多方满意的工程质量效果。

陕西建工集团的可贵之处在于，并不仅仅满足于一般意义的工程施工任务完成，他们非常重视以工程为载体，坚持在实践中探索研究，在探索研究中实践，形成了一套相对成熟的欧式建筑施工和深化设计的知识体系和成套技术，颇具推广应用价值。即将出版发行的《欧式风格建筑关键建造技术》一书，就是上述知识体系和成套技术的浓缩和凝练。该书系统介绍了形式多样的欧式建筑的清水砖砌筑外墙、砖幕墙、干挂清水砖外墙、金属外墙、GRC、粉饰灰泥喷涂外墙、尖顶屋面干挂青石板、大角度斜屋面干挂陶瓦等多种形式的深化设计知识和施工技术，深入浅出、图文并茂，对于中青年工程技术人员从事类似工程的设计和施工等具有很强的指导性。

可以预期，该书的出版发行必将为我国建筑文化繁荣和施工技术进步提供可供借鉴的宝贵资料，为“美丽中国”建设，助推建筑创作和建筑技术创新增添新的支撑。

中国工程院院士
中建集团首席专家
同济大学教授

序言二

欧式建筑风格按不同的地域文化可分为北欧、简欧和传统欧式以及欧式现代风格，其设计强调的是与周围环境的和谐统一。欧式风格别墅在外观上既浪漫典雅，又简洁大气，视角感清新明快，空间感直观突出。华为松山湖终端项目研发基地，其建筑外装采用了典型的欧式风格。

习近平主席在2014年5月访欧期间就文明交流互鉴提出“多彩、平等、包容”六字箴言，文明因交流而多彩，因互鉴而丰富。华为松山湖终端项目研发基地坐落在风光旖旎的松山湖畔，巧妙利用松山湖自然风景资源，运用现代工艺再现了12个闻名世界、深受人们喜爱的欧洲经典小镇原貌，它们彼此独立，又相互连通；屋面造型新奇，瓦件错落有致；外墙样式多样，雕刻工艺精湛，具有强烈的视角冲击，与微波荡漾、植被繁茂的松山湖地区交相辉映、相得益彰，成为松山湖畔一颗璀璨的明珠，也为华为终端高科技研发工作提供了舒适温馨、安全可靠的办公场所。

《欧式风格建筑关键建造技术》一书，通过对石材幕墙、砖幕墙、灰泥、GRC构件、屋面、檐口、栏杆等优化设计、精细管理、绿色施工的系统总结和具有实效的细部做法的提炼与升华，再现了独特复杂的欧式建筑的现代化建造过程。是陕西建工集团在华为松山湖终端项目研发基地项目外装的心血之作；记录的是难能宝贵的工程建设项目管理经验和运用信息技术进行的统筹规划和智能建造，体现了优秀传统的鲁班文化和精雕细琢的工匠精神。具有很强的时代先进性和实用可操作性，对今后国内外同类建筑的设计与施工极具参考价值。

该书图文并茂、直观明了，适合于欧式建筑、仿古建筑的设计、施工与管理等技术人员学习与借鉴。希望陕西建工集团以此为契机，以工程项目为载体，攻坚克难，勇于创新，在更宽领域施工技术和项目管理上多出创新成果，为我国建筑业做出更大贡献！

中国建筑业协会原副会长兼秘书长
国际项目管理专业资深专家（IPMA）
英国皇家特许建造师（FCIOB）
新加坡项目管理协会外籍名誉院士
全国高等院校评估指导委员会委员
享受国务院特殊津贴专家

前言

欧式建筑自产生以来经历了几千年的发展和变革，形成了古罗马式、哥特式、巴洛克式、古典主义等各具特色的建筑风格和流派，其建筑艺术手法丰富，建筑形制华丽，造型精美，色彩浓郁，具有很强的装饰性和审美性。

随着国内建筑业蓬勃发展，欧式风格建筑在国内渐露头角，因其具有独特的文化情趣，深受大众喜爱，使得“欧陆风”在中国得到发展。如何打造真正“欧陆风”精品建筑，一直是我们致力于实践的方向。经过收集和整理，结合我们实际的欧式风格建筑项目实践，总结形成一整套关键建造技术，通过本书分享给大家。

通过本书，对欧式风格建筑的一系列成套关键建造技术进行了较为全面系统的研究和总结，内容涉及欧式风格砌筑幕墙、屋面、檐口和铸铝造型等建筑工程施工技术。通过采用现代新材料、新工艺、新方法，详尽地诠释欧洲古建筑原貌，对于国内今后类似欧式风格建筑具有非常重要的设计参考价值和行业引领意义。

本书的编著工作，得到了陕西建工集团股份有限公司科技质量部时炜部长的大力支持和帮助，从书籍的策划、编撰、全部书稿的统稿，到清样的审核，时炜部长全程参与，为本书的最终成稿和出版付出了大量时间和精力，在此表示衷心的感谢。陕西建工集团股份有限公司韩伟、韩晓明、熊帮业作为主编倡议并作了具体策划，韩晓明、刘旭、王立钦、刘宏飞、鱼江婷、余军强等多位同志负责撰写了部分章节。

感谢中国工程院院士、中建集团首席专家、同济大学教授肖绪文，中国建筑业协会原副会长兼秘书长、国际项目管理专业资深专家（IPMA）、英国皇家特许建造师（FCIOB）、新加坡项目管理协会外籍名誉院士、全国高等院校评估指导委员会委员、享受国务院特殊津贴专家吴涛对本书的审查和指导，并做序。同时还要感谢，陕西建工集团股份有限公司工程一部副总经理、总工程师张选兵，党总支书记王广礼，副总经理姚建文，副总经理高云飞，项目管理部部长杨联峰等对本书内容的审阅和把关。

本书在编写过程中，力求从建筑实例出发、突出工艺特点。当然，随着国内建筑装饰行业逐步与国际先进设计理念接轨，将来此类欧式风格建筑项目还将日益发展增加，建造工艺也将迅速巩固完善。本书所介绍的建造技术仅作为参考。

同时，在此也向对本书的编写、出版提供帮助和支持的单位以及个人表示衷心的感谢。

由于编著者水平有限，对书中谬误及不妥之处，敬请各位专家和同行批评指正。

目录

1

第1章

欧式建筑发展概况

1.1 欧式建筑发展历史

建筑艺术的成就是人类智慧的结晶，标志着人类社会智力与技术的巨大进步，世界不同地区和民族都为人类的建筑艺术宝库做出过贡献。古埃及、古巴比伦、古希腊、古印度和中国，被誉为世界文明的摇篮，并建造了金字塔、长城、雅典卫城、万神庙等建筑艺术的经典。

欧式建筑，也称为西方建筑，发端于公元前3000～公元前1400年的希腊上古时期的古代爱琴文化。狭义上来说，是指19世纪之前欧洲建筑风格和流派。这段时间的欧式建筑各种风格，建筑形制较为稳定。主要有法式风格、意大利风格、西班牙风格、英式风格、地中海风格、北欧风格等几大流派。

欧式建筑强调以华丽的装饰、浓烈的色彩、精美的造型，达到雍容华贵的装饰效果。它在建造形态上的特点是简洁、线条分明、讲究对称，运用色彩的明暗、鲜明形成视觉冲击。在意态上则使人感到雍容华贵优美典雅，富有浪漫主义色彩。它的主要类型有古希腊建筑、古罗马建筑、拜占庭建筑、罗马风建筑、哥特式建筑、文艺复兴建筑、巴洛克建筑、法国古典主义建筑、古典复兴建筑、浪漫主义建筑、折衷主义建筑等。喷泉、罗马柱、雕塑、尖塔、八角房等都是欧式建筑的典型标志。

1.1.1 古希腊时期建筑

古希腊文明是欧洲文明的发源地，古希腊建筑开启了欧洲建筑的先河，早期以爱琴海为中心不断发展，中后期以雅典为中心发扬光大。它的古代历史可以划分为荷马时期（公元前12～公元前8世纪）、古风时期（公元前7～公元前6世纪）、古典时期（公元前5～公元前4世纪）、希腊普化时期（公元前3～公元前2世纪）。其中，古典时期是古希腊文化与建筑的黄金时期。它所创造的建筑艺术形式、建筑美学法则及城市建设等堪称欧洲建筑的典范，为西方建筑体系的发展奠定了良好的基础。

古希腊雅典卫城位于雅典市中心的卫城山丘上，始建于公元前580年（图1-1），集古希腊建筑与雕刻艺术之大成，是希腊最杰出的古建筑群。现存的主要建筑有山门、帕特农神庙、伊瑞克提翁神庙等。这些古建筑无可非议地堪称人类遗产和建筑精品，在建筑学史上具有重要地位。

1.1.2 古罗马时期建筑

古罗马继承了古希腊建筑的优良传统，并在一定程度上发展了具有自身特色的建筑风格，开拓了新的建筑领域，丰富了建筑艺术手法，发明了先进的结构方法、建筑材料和施

图 1-1　雅典卫城

（图片来自 http://n.sinaimg.cn/default/5_img/uplaod/3933d981/20170525/tNfQ-fyfquww8548687.jpg）

工技术，形成了完善的建筑理论，在公元 1～4 世纪初的极盛时期达到古代西方建筑的顶峰，取得巨大的成就。古罗马帝国繁荣昌盛，为了迎合贵族阶层享乐奢靡的生活需求，于是大量世俗性建筑出现了，例如斗兽场、洗浴场等。罗马大斗兽场采用了叠柱式的立面构图，实现了功能、结构和艺术三者的有机结合，是现代体育建筑的原型（图 1-2）。

图 1-2　罗马大角斗场

（图片来自 http：//www.nipic.com/show/6242492.html）

万神庙是罗马圆形庙宇中最大的一座，也是现代建筑结构出现之前，世界上跨度最大的建筑。它是单一空间、集中式构图建筑的典范，也代表着罗马建筑在那个时期的设计和技术水平。其无论是体形、平面、立面和室内处理，都成为古典建筑的代表（图 1-3）。

1.1.3　中古时代建筑

欧洲中古时代是指公元 5 世纪西罗马帝国灭亡起，到 18 世纪中叶欧洲资产阶级革命。根据欧洲封建君主的势力范围、统治的变化以及相应占主导地位的建筑成就，欧洲这一时

图 1-3 万神庙

（图片来自：https：//www. uniqueway. com/countries _ pois/pRNyqZVg. html）

期的发展分为：东罗马帝国时期的拜占庭建筑；奥斯曼土耳其帝国和波斯萨菲王朝时期的中古伊斯兰建筑；西罗马帝国和封建混战时期的早期基督教建筑；西欧分裂为民族国家的罗马风建筑；西欧封建盛期城市经济占主导地位的哥特式建筑；资本主义萌芽阶段的欧洲文艺复兴、巴洛克和古典主义建筑等。

1. 东欧拜占庭建筑

从历史发展的角度看，拜占庭建筑是古西亚的砖拱券、古希腊的古典柱式和古罗马的宏大规模的综合，是在继承古罗马建筑文化的基础上发展而来的。同时，由于地缘关系，它又汲取了波斯、两河流域、叙利亚等东方文化，形成了自己的建筑风格，并对后来俄罗斯的教堂建筑、伊斯兰的清真寺建筑都产生了积极的影响。它外形简朴、内部复杂，具有浓厚的地方特色。

建于公元 532～537 年的君士坦丁堡圣索菲亚大教堂（图 1-4），是东正教的中心教堂，

图 1-4 圣索菲亚大教堂

（图片来自 http：//www. sohu. com/a/280123607_100014862）

君士坦丁堡的标志，也是拜占庭建筑的代表。它创造了以帆拱上的穹顶为中心的复杂的拱券结构平衡体系。其结构关系明确，层次井然。教堂外墙较朴素，采用陶砖砌成，无装饰，表现着早期拜占庭建筑的特点。

2. 西欧中世纪建筑

与东正教在东欧的传播相对应的基督教的另一宗系——天主教，在西欧各地流传。根据天主教及其教堂的发展，一般将中世纪的西欧建筑分为三个阶段：早期基督教建筑时期；罗马风建筑时期和哥特式建筑时期。

1）早期基督教建筑典型实例

早期基督教建筑的风格为墙体厚重，砌筑粗糙，灰缝厚，教堂装饰简单，沉重封闭，缺乏生气。圣诞教堂（图 1-5）位于巴勒斯坦约旦河西岸城市伯利恒，是伯利恒一处主要的基督圣地，传统认为耶稣诞生于此地，是留存至今的最古老的基督教堂。

图 1-5　伯利恒圣诞教堂

（图片来自 http：//blog. sina. com. cn/s/blog_8dd834380102xjlg. html）

2）罗马风建筑典型实例

罗马风建筑的著名实例首推意大利的比萨主教堂建筑群（图 1-6），建于公元 11～13 世纪，由教堂、洗礼堂和钟楼组成。洗礼堂位于教堂前面，与教堂处于同一条中轴线上；钟楼在教堂的东南侧，外形与洗礼堂不同，但体量上保持均衡。三座建筑的外墙都采用白色与红色相间的云石砌筑，墙面饰有同样层叠的半圆形连续券，形成统一的构图。其钟楼就是享誉世界的比萨斜塔，由于其结构合理和设计与施工的高超技艺，塔体斜而不倒，留存至今，历经千年。

3）哥特式建筑典型代表

巴黎圣母院（图 1-7）位于塞纳河中的斯德岛上，是世界著名的天主教堂。教堂屋顶采用尖券和肋料拱构成，中央通廊两旁圆柱支撑着联排的尖券。屋顶中部，“拉丁十字”交叉点上屹立着高达 90m 的尖塔，与西面两个钟楼一起表现了哥特式教堂追求“高直”的独特风格。

图 1-6 比萨主教堂建筑群

（图片来自 http：//6om. lxw365. com/scenic/58694. html）

图 1-7 巴黎圣母院

（图片来自 http：//www. poco. cn/works/detail？ works_id=4807650）

3. 欧洲文艺复兴建筑

欧洲文艺复兴建筑表现为在反封建、倡理性的人文主义思想指导下，提倡复兴古罗马的建筑风格，以之取代象征神权的哥特式建筑风格。古典柱式再度成为建筑造型的构图主题。在建筑轮廓上讲究整齐、统一与理性。

建于公元 1506～1626 年的罗马圣彼得大教堂（图 1-8）是欧洲文艺复兴时期的杰出代表，也是世界上最大的天主教堂。许多著名建筑师和艺术家参与设计、施工，历时 120 年建成。穹顶直径 41.9m，内部顶高 123.4m。穹顶外采光亭上十字架顶距地 137.8m，成为全罗马制高点。穹顶的肋采用石砌，其余部分用砖，分为内外两层。穹顶轮廓饱满而有张力，12 根肋架加强了这个印象。鼓座上成对的壁柱和肋架相呼应，构图完整。

图 1-8　圣彼得大教堂

（图片来自 https：//www. douban. com/note/594305572/？ type=collect）

4. 巴洛克建筑

17 世纪起意大利半岛仍受文艺复兴余波的影响，而以罗马为中心的地区却开始流行由罗马教廷中的耶稣教会掀起的巴洛克风格。巴洛克风格建筑不惜违反建筑艺术的一些基本法则，勇于破旧立新，追求诡异和非理性的效果，立面往往雄健有力，但形体破碎，充满了冲突和挣扎。巴洛克建筑成就主要有教堂、府邸、别墅和广场等。

伦敦圣保罗大教堂（图 1-9）是世界著名的宗教圣地，世界第五大教堂，英国第一大教堂，教堂也是世界第二大圆顶教堂，位列世界五大教堂之列。圣保罗大教堂最早在公元 604 年建立，后经多次毁坏、重建，由英国著名设计大师和建筑家克托弗・雷恩爵士（Sir Christopher Wren）在 17 世纪末完成这伦敦最伟大的教堂设计，整整花了 35 年的心血。教堂覆有巨大穹顶，高约 111m，宽约 74m，纵深约 157m，穹顶直径达 34m。

图 1-9　伦敦圣保罗大教堂

（图片来自 http：//china. zjol. com. cn/ktx/201802/t20180213_6596975. shtml）

5. 古典主义建筑

法国在16世纪初期不断寻求国家的统一，在建筑风格上受意大利文艺复兴的影响，而且逐渐摆脱哥特式建筑的束缚。到17世纪中叶，法国成为欧洲最强大的中央集权王国，并在路易十四的统治下达到顶峰。在建筑上，崇尚柱式、轴线对称、突出中心、形体规则，强调外形端庄雄伟、内部奢侈豪华的古典主义风格，造就了一批经典的皇家宫殿、府邸、园林和城市公共空间、教堂等，取得了建筑艺术上不可忽视的成就。

法国古典主义建筑的兴衰可以分为早期古典主义、盛期古典主义和古典主义的衰退三个阶段。

1）法国早期古典主义建筑的典型代表：法国枫丹白露宫及其花园（图1-10），公元1137年起兴建，位于塞纳河左岸的枫丹白露镇，距巴黎约60km。1981年联合国教科文组织将枫丹白露宫及其花园作为文化遗产，列入世界遗产名录。枫丹白露意为“美泉”，当地泉水清冽，12世纪路易七世在泉边修建了城堡，供打猎休息使用，这就是后来的枫丹白露宫。枫丹白露宫建筑群由古堡、宫殿、院落和园林组成，其中常年开放的馆舍有三间文艺复兴大厅、皇帝寝宫及拿破仑博物馆。从建筑风格上看，枫丹白露宫可以说是法国古典建筑的杰作之一，各个时期的建筑风格都留下了痕迹。

图1-10 法国枫丹白露宫

（图片来自http：//www.sundaytour.com.tw/upfiles/chinese/attractions/tw_attractions_caty01544523613.jpg）

2）法国盛期古典主义建筑的典型代表：凡尔赛宫（建于公元1661～1756年）宏伟、壮观，它的内部陈设和装潢富于艺术魅力。它是欧洲最大的王宫（图1-11），是法国绝对君主时期最重要的纪念碑和国家的中心。宫殿建筑气势磅礴，布局严密、协调。正宫东西走向，两端与南宫和北宫相衔接，形成对称的几何图案。宫顶建筑摒弃了巴洛克的圆顶和法国传统的尖顶建筑风格，采用了平顶形式，显得端正而雄浑。宫殿外壁上端，林立着大理石人物雕像，造型优美，栩栩如生。

3）法国古典主义的衰退建筑的典型代表：南锡中心广场群（建于公元1750～1755年）（图1-12），位于法国洛林区南锡市的广场群。它由三个广场串联组成，北侧是横向的长圆形王室广场，南侧是长方形的路易十五广场，中间是由一个狭长的跑马广场连接。南北总长大约450m，建筑物按照纵轴线对称排列。

图 1-11　凡尔赛宫
（图片来自 http：//www. sundaytour. com. tw/upfiles/chinese/attractions/tw_attractions_caty01544523613. jpg）

图 1-12　南锡中心广场群
（图片来自 https：//www. booking. com/hotel/fr/nancy-centre-stanislas. sv. html）

1.1.4　近现代建筑

17 世纪时，法国在欧洲的巨大地位影响，使得建筑几乎是同一类型的。然而，到了 18 世纪，形势发生了变化。18 世纪 60 年代首先在英国爆发了工业革命，继英国之后，工业革命传播到整个欧洲大陆。在这个时期，欧洲资本主义国家的城市与建筑发生了种种变化。建筑呈现出一股复古思潮，其社会背景在于新兴的资产阶级企图从古代建筑遗产中寻找共鸣。这一阶段的复古思潮，主要以古典主义、浪漫主义和折衷主义三种形式出现。

1. 古典复兴建筑风格

采用古典复兴建筑风格的主要是国会、法院、银行、交易所博物馆等公共建筑和神庙、凯旋门等纪念性建筑。古典复兴建筑在各个国家的发展不尽相同：法国以复兴罗马式样为主；英国、德国则大多采用复兴希腊样式。哈米尔顿设计的爱丁堡中学（图 1-13）是英国希腊复兴的代表作，建于公元 1825～1829 年。

图 1-13　爱丁堡中学

（图片来自 https：//youimg1. c-ctrip. com/target/fd/tg/g3/M04/4C/9B/CggYGVbWtt6AOdhtAAQfhyHLI1E614. jpg）

2. 浪漫主义建筑风格

浪漫主义建筑风格起源于英国，其发展分为两个阶段：早期模仿中世纪的城堡或哥特风格；中期浪漫主义主要以哥特式出现，又称为哥特复兴。它不仅用于教堂，也出现在一般世俗性建筑中。德国新天鹅堡城（图 1-14）是哥特复兴时期的一颗明珠，始建于公元 1869 年。

图 1-14　德国新天鹅堡城

3. 折衷主义

折衷主义建筑在 19 世纪中叶以法国最为典型，稍晚于古典复兴和浪漫主义，但对欧洲建筑的影响却长期占有主导地位。随着资本主义的发展，需要有丰富多样的建筑来满足各种不同的要求。于是出现了罗马、拜占庭、中世纪和文艺复兴的建筑在许多城市中纷杂出现。折衷主义也就被称之为“集仿主义”，可以任意模仿历史上的各种风格或组合各种式样。典型代表建筑有巴黎歌剧院（图 1-15），建于公元 1861～1874 年。

图 1-15　巴黎歌剧院
（图片来自 http：//www. tuniu. com/tour/210561343）

到 20 世纪前后，欧洲工业化的快速发展出现了新的结构技术、新的施工设备、新的施工方法和新的建筑材料，正式应用了这些新的技术和新的材料，突破了传统建筑高度与跨度的局限，建筑在平面与空间的设计上有了较大的自由度。同时影响到了建筑形态的变化，现代化的建筑思想油然而生。

1.2　中国近现代欧式风格建筑

中国近现代是指 1840 年鸦片战争到 1949 年中华人民共和国成立前夕，这一时期的中国建筑呈现出一种中西合璧、新老交替的过渡时期，是中国建筑发展史上风格多元共存的阶段。

鸦片战争之后，中国国门被打开，西方列强开始了对中国的侵略。而这些西方列强统治的区域则为欧式风格建筑在中国的发展提供了契机，这也加速了欧式风格建筑在中国的发展。这些建筑中，有以西方古典建筑为代表的传统风格建筑，还有正在发展着的新式样建筑乃至现代建筑，同时还有表达欧美各地风情的地域性建筑。当时的传统风格建筑，已经采用许多新材料、新技术，不过只是穿着古代的外衣。新老建筑并行输入，就像欧洲新老建筑并存那样，在中国持续到 1949 年中华人民共和国成立。中国近现代欧式风格建筑主要集中在上海、天津、青岛、哈尔滨等城市中。

1.2.1　上海

上海特殊的政治、经济条件，使其近代建筑有着十分丰富的内涵，在近百年的建筑中，几乎囊括了世界建筑各个时期的各种风格。西方的建筑师以及西方培养的中国建筑师在上海开埠以后引进了欧洲建筑文化，在19世纪下半叶和20世纪初建造了一大批富有艺术性和功能性的建筑。从新古典主义、哥特复兴式、折衷主义到盛行欧美的现代主义建筑、装饰艺术派建筑、复兴中国传统建筑艺术的中国新古典建筑等，各种风格的建筑鳞次栉比，数量之多、种类之繁杂、规模之宏大在世界上也是罕见的。诸如新古典主义的代表作汇丰银行（1921～1923年，今浦东发展银行总部）（图1-16）、大理石大厦（1924年，今上海市少年宫）、麦加利银行（1922～1923年，今纺织品进出口公司大楼）、法国体育总会（1924～1926年，今花园饭店一部分）等；哥特复兴建筑有中国通商银行大楼（1893年以前）；此外还有许多地方风格的建筑，诸如英国式、法国式、德国式、日本式、北欧式、西班牙式等风格建筑，琳琅满目，遍及全埠。

图1-16 汇丰银行

（图片来自 https：//www. sohu. com/a/301647559_683080？ sec=wd）

1.2.2 天津

天津在中国近现代史上可以说最重要的一个城市之一，有着“万国博览会”的称号。天津目前依然保留着大量天津租界时期的欧式风格建筑，包括意大利、德国、法国、日本等。其中，天津意大利风情街（图1-17）是除意大利本土之外最纯正的意大利建筑。据文献记载，意大利风情街是天津租界期间聘请意大利工匠按照意大利的建筑风格打造的原汁原味的意大利风格建筑。意大利风情街以马可波罗广场为中心，建筑风格多为意大利文艺复兴时期的建筑风格，穹顶、柱式、高低错落的拱券随处可见，体现了古典建筑独有的韵味。除此之外，天津的五大道地区则涵盖了大部分的殖民时期建筑。

1.2.3 青岛

青岛近代史上先后历经德、日、美帝国主义殖民统治，经过百余年殖民统治的特殊环境影响，逐步形成了欧式风格建筑，特别是德国建筑为主要特色的青岛城市近现代建筑艺

图 1-17　天津意大利风情街

（图片来自 http：//blog. sina. com. cn/s/blog_d76048f70102vnhw. html）

术文化景观。青岛目前仍有大量保存完好的欧式风格建筑，风格几乎涵盖了欧洲古典建筑的主要类型，包括古罗马、哥特式、文艺复兴、巴洛克及折衷主义等。代表的建筑主要有青岛火车站（图 1-18）、圣弥爱尔大教堂、总督府、迎宾馆、基督教堂（图 1-19）以及俾斯麦兵营等。

图 1-18　青岛火车站（20 世纪 80 年代）

（图片来自 http：//news. qingdaonews. com/qingdao/2018-06/04/content_20159929. htm）

图 1-19 基督教堂

（图片来自 https：//tianqi. eastday. com/shandong_jingdian/11727. html）

1.2.4 哈尔滨

哈尔滨的中央大街由俄罗斯本土建筑师设计，街道两旁各种俄罗斯风格建筑和欧式风格建筑错落有致，加上百年文化积淀，独具特色的欧陆风情。据统计，中央大街有圣索菲亚大教堂（图 1-20）等 75 栋欧式风格建筑，汇集了文艺复兴、巴洛克、折衷主义和新艺术运动等多种欧式风格建筑。可以说中央大街是欧式建筑各种精髓艺术的博览会，欧洲最具魅力的近 300 年文化发展史，在中央大街上体现得淋漓尽致，其涵盖历史的精深久远和展示建筑艺术的博大精深，为世上少见，堪称建筑史上的奇迹。

图 1-20 圣索菲亚大教堂

（图片来自 http：//bbs. zol. com. cn/dcbbs/d33973_3123. html）

1.3　中国当代欧式风格建筑

改革开放之后，计划经济逐渐被市场经济所取代，市场经济对我国建筑创作产生了深远的影响。西方的建筑思潮及建筑师不断涌入中国，西方建筑理念在中国随处可见，尤其是欧式风格建筑。20 世纪 90 年代，中国建筑界逐渐掀起了一股模仿欧洲古典建筑的浪潮，也称之为“欧陆风”。这种风格最早起源于房地产，经过长达 20 多年的发展，逐步延伸到旅游发展、公共建筑等方面，涌现出大量的仿欧式风格建筑。

天津大学邹德依教授在《中国现代建筑史》中大致对“欧陆风”进行了剖析，主要分为四种类型：第一种是模仿欧洲古典建筑，以经典的欧洲建筑为蓝本，对柱式、三角形檐部、穹顶、拱券以及老虎窗等经典构图要素情有独钟；第二种有点类似折中主义，对各种欧洲建筑的局部进行拼贴组合，以期在视觉上达到欧式建筑的既视感；第三种是自欺欺人式自我标榜，各种“欧洲城”“德国风情小镇”“意大利风情街”等，全然不顾建筑的本质；第四种群体构图的西洋化，这种常见于居住区，一味追求西洋建筑古典构图和景观，并冠以奢华的名称。

“欧陆风”之所以能在改革开放后迅速在国内发展起来，这与当时西方后现代主义和新古典主义的兴起有着必然的联系，现代主义的“白色方盒子”和中国式的大屋顶已经泛滥成灾，这给了欧洲古典建筑发展壮大的空间。而且，欧洲古典建筑宏伟壮观的外部视觉效果也深深打动了中国业主。虽说“欧陆风”在中国发展得很顺利，但真正“欧陆风”精品的建筑仍不多。

1.3.1　北京

通惠镇酒吧街（通惠小镇）（图 1-21），设计灵感源于现代欧式设计风格，它以尊重自

图 1-21　通惠镇酒吧街（通惠小镇）

（图片来自 http：//www.sooshong.com/Z996895789/offerdetail-152689026832781.html）

然、追求真实、复兴古代的艺术形式为宗旨，或庄严肃穆，或典雅优美。通惠小镇酒吧街的风格仿阿尔卑斯山麓的茵特拉肯建筑风格。

1.3.2 上海

1. 泰晤士小镇

泰晤士小镇（图 1-22）位于松江新城的核心区域，总占地面积约 $1km^2$，总建筑面积 50 万 m^2，是一个具有居住、旅游、休闲等多项功能的大型社区。泰晤士小镇从整体布局到一砖一瓦都体现了原汁原味的欧洲风情，每个街区都呈现不同外观效果，泰晤士小镇设计充分发挥松江良好的生态环境基础，引入英国泰晤士河边小镇风情和住宅特征，追求人与自然的最佳和谐，体现松江新城浓烈的现代化、国际性、生态型以及旅游文化气息，并将自然流畅的道路系统与优美的河道有机地结合在一起。

图 1-22 上海泰晤士小镇

（图片来自 https：//you.ctrip.com/travels/2/1620342.html）

2. 荷兰风情小镇

荷兰风情小镇（图 1-23）占地 $1.7km^2$，由 $1km^2$ 的荷兰风貌区和 $0.7km^2$ 的高桥港河传统风貌区组成。荷兰风情小镇在整体景观上，尽现荷兰港口城镇风貌；在建筑风格上，突出荷兰围合式建筑的灵活多变和船型公寓等具代表性的建筑造型；在功能开发上，充分利用港口特色资源，增添浓郁的海港风情，并兼顾上海地区的实用要求，实现中西方建筑文化的亲切对话。

图 1-23　上海荷兰风情小镇

（图片来自 http：//www. 6665. com/forum. php? mod=viewthread）

1.3.3　广东

奥地利哈尔斯塔特小镇被联合国教科文组织纳入世界文化遗产名录，位于中国广东惠州的哈尔斯塔特小镇（图 1-24），异地再现了哈尔斯塔特的教堂钟楼、欧式木屋等各种建筑，并且重新对奥地利村庄哈尔斯塔特的景观进行了再创造。

图 1-24　惠州哈尔斯塔特小镇

（图片来自 http：//cs. belltrip. cn/huodong/a-42130. html）

1.3.4　深圳

1. 东部华侨城

东部华侨城（图 1-25），坐落于中国广东省深圳市大梅沙，占地近 9km^2，东部华侨城集两个主题公园、三座旅游小镇、四家度假酒店、两座 36 洞山地球场、大华兴寺和天麓地产等项目于一体。其中，茵特拉根小镇撷取欧洲瑞士阿尔卑斯山麓茵特拉根的建筑、赛马特的花卉、谢非尔德的彩绘等多种题材和元素，实现了中欧山地建筑风格与优美自然景观的完美结合，在山谷间创造出一个美得像童话世界的山地小镇。

图 1-25 东部华侨城茵特拉根小镇

（图片来自 http：//www. nipic. com/show/8060264. html）

2. 华为松山湖溪流背坡村

华为松山湖溪流背坡村项目（图 1-26）于 2015 年始建，环松山湖建设，总占地面积 1900 亩，总建筑面积 1145066m^2，分四期建设，一期、二期于 2018 年 6 月起陆续投入使用，使用功能包括研发中心、行政办公、会议中心等。已建成的四个地块共有 12 个组团（即 12 座不同风格的欧洲经典小镇），分别是牛津、温德米尔、卢森堡、布鲁日、弗里堡、勃艮第、维罗纳、巴黎、格拉纳达、博洛尼亚、海德尔堡、克伦诺夫等。这 12 座不同风格的欧洲经典小镇组团结合华为公司人文等方面展开设计，借鉴欧洲人与自然和谐相处的理念外，设计师主要考虑通过这种设计回避巨大建筑带来的压迫的空间氛围，而选择具有宜人空间尺度的建筑群，使员工在紧张工作之余，得以放松转换气氛，展示了上百年人类

图 1-26 华为松山湖溪流背坡村项目鸟瞰图

的建筑智慧和审美精髓。项目外墙形式多样，涉及清水砖砌筑外墙、砖幕墙和干挂清水砖外墙、金属外墙、GRC、粉饰灰泥喷涂外墙、尖顶屋面干挂青石板、大角度斜屋面干挂不同样式陶瓦等多种外墙形式。项目借鉴闻名世界、深受人们喜爱的12个欧洲经典建筑的特色以及成熟的街区和小镇，进行提炼与整合，通过华为松山湖项目来重塑与升华。

1.3.5 天津

天津泰安道五大院落建筑群体，位于天津城市主中心的核心地带，地处天津城市历史风貌保护区域，采用英伦建筑风格，规划有写字楼、酒店、公寓，形成一号至五号院等五个特色围合式院落，建筑面积35.69万m^2，外墙全部用清水砖建造。使用的烧结清水砖总量达791.8万块，其中异型砖为11.87万块，复杂多变的墙面造型包括罗汉柱、回字花墙、梯形花墙、外凸砖檐以及圆拱、弧拱、平拱门窗等（图1-27、图1-28）。

图1-27　天津泰安道五大院落建筑群体（一）

图1-28　天津泰安道五大院落建筑群体（二）

第2章

欧式风格建筑深化设计

2.1　深化设计概述

2.1.1　欧式风格建筑特点

欧式建筑风格指建筑设计中在内容和外貌方面所反映出的欧式建筑特征，主要体现在建筑的平面布局、形态构成、艺术处理和手法运用等方面所显示的独创和完美的意境、风格。欧式建筑风格因受欧洲不同时期的政治、社会、经济、建筑材料和文化艺术等的制约以及建筑设计思想、观点和艺术素养等的影响而有所不同，如欧洲建筑史中古希腊、古罗马有陶立克、爱奥尼克和科林斯等代表性建筑风格；中古时代有哥特式建筑风格，文艺复兴后期有巴洛克式和洛可可式建筑风格。

欧式风格建筑在国内流行始于 20 世纪 80 年代末，主要运用现代技术材料制作出古典的形式，借此再现区域的文化和传统。喷泉、罗马柱、雕塑、尖塔、八角房这些都是欧式建筑的典型标志。欧式风格在建筑运用上表现出的特点有：简洁、线条分明、讲究对称，运用色彩的明暗、鲜淡来对视觉进行冲击；在意态上则使人感到雍容华贵、典雅，富有浪漫主义色彩。

欧式风格建筑按地域主要分为以下几种：法式风格建筑、西班牙风格建筑、意大利风格建筑等。

1. 法式风格建筑

法式建筑往往不求简单的协调，而是崇尚冲突之美，呈现出浪漫典雅风格，风格偏于庄重大方。整个建筑多采用对称造型，恢宏的气势，豪华舒适的居住空间，屋顶多采用孟莎式，坡度有转折，上部平缓，下部陡直。屋顶上多有精致的老虎窗，且或圆或尖，造型各异。外墙多用石材或仿石材装饰，细节处理上运用法式廊柱、雕花、线条，制作工艺精细考究，见图 2-1。

图 2-1　法式风格建筑实景

该建筑风格的特点：

1）细节处理上运用法式廊柱、雕花、线条，制作工艺精细考究；

2）布局上突出轴线的对称，恢宏的气势，豪华舒适的居住空间；

3）屋顶上多有精致的老虎窗。

2. 西班牙风格建筑

西班牙风格是地中海风格、基督教文化风格、穆斯林文化风格和蒙特利风格等的总称，是阿拉伯风格与欧洲古典主义风格为代表的多元文化融于一体的建筑形态。西班牙建筑轻盈、绚丽，线条简洁、利落，以完美而协调的手法呈现浪漫和高贵的气质。与传统的欧式、美式风格的宽敞、大气不同，西班牙建筑更注重细节的雕琢。

白墙红瓦、层次鲜明起伏的屋面，让大多的西班牙建筑拥有非常优美的变化曲线。用红陶筒瓦以及铁艺窗等建筑元素营造出柔和、尊贵而又充满质感的生活氛围（图 2-2）。

图 2-2　西班牙风格建筑实景

西班牙风格建筑特征：

1）外表有亮丽的色彩；

2）采用低坡屋顶，屋顶多为红色筒瓦铺设；

3）门廊和窗户多为拱形，给建筑物外部增添立体感和个性感；

4）屋檐朝两侧外伸，建筑户内有庭院。

3. 意大利风格建筑

意大利建筑主要以欧洲田园风格为主。高低错落的屋面，凹凸有致的墙体，以及用天然材料，如石灰、木头和灰泥勾勒出来的外墙是这类建筑的典型特征；斑驳不匀的墙壁，深绿色的百叶窗，褐红色的陶瓦屋顶。涂料与面材以暖黄色调为主，花色饱和度高，墙体大多以黄色系原石色，注重光影效果。其特点是外形自由，追求动态，喜好富丽的装饰和雕刻，强烈的色彩，常用穿插的曲面和椭圆形空间（图 2-3）。

图 2-3　意大利风格建筑实景

意大利风格建筑特征：

1）大量使用贵重的材料、精细的加工、刻意的装饰，以显示其富有与高贵；

2）不囿于结构逻辑，常常采用一些非理性组合手法，从而产生反常与奇特的特殊效果；

3）充满欢乐的气氛。反对神化，提倡世俗化；

4）标新立异，追求新奇。常采用以椭圆为基础的 S 形、波浪形平面和立面，使建筑形象产生动态感；把建筑和雕刻二者混合，以求新奇感；用高低错落及形式构件之间的某种不协调，引起刺激感。

4. 英式风格建筑

英式风格建筑墙体一般由砖、石材等材料构成，多采取外形对称柱式，线条简洁，色彩凝重。坡屋顶、老虎窗、女儿墙、阳光室等构件充分诠释着英式建筑特有的庄重与古朴特点。双坡陡屋面、深檐口、外露木、构架、砖砌底脚等为英式建筑的主要特征。

建筑材料选用手工打制的红砖、带雕刻的檐口、腰线石材，铁艺栏杆、手工窗饰拼花图案，渗透着自然的气息（图 2-4）。

英式风格建筑特征：

1）多重人字形坡屋顶是英式风格建筑的一大特点，屋面瓦多采用蓝、灰色瓦铺贴，建筑立面凹凸错落，线条复杂，沉稳、大气；

2）凸肚窗、角塔、进深较大的入口和宽广的门廊等细节的设计。一般来说，英式风格建筑的窗户较多，而且窗户立面大都凸出墙面；

3）圆形角楼与正面不对称的立面设计；

4）底部墙裙多数使用砖砌墙，外墙的上下两部分材质不一。

5. 德国风格建筑

建筑的特点是尖塔高耸、拱门厚重、十字拱窗、立柱修长，营造出轻盈修长的飞天感，以及凸出框架结构以增加整个建筑直升线条和空阔感，结构体系由石头的拱券和扶壁

图 2-4 英式风格建筑实景

（来源来自 https：//timgsa. baidu. com/timg？ image&quality=80&size=b9999_10000&sec=
1571594594375&di=f962829b93d4e3c1105e14c4fbd34ece&imgtype=0&src=
http%3A%2F%2Fyouimg1. c-ctrip. com%2Ftarget%2Ftg%2F751%2F559%2F871）

组成。常在柱墩上砌尖塔。整个建筑看上去线条简洁、外观宏伟，建造多采用石材砌筑，高耸挺拔，辉煌壮丽，建筑庄严和谐（图 2-5）。

图 2-5 德国风格建筑实景

德国风格建筑特征：

1）陡坡屋面和老虎窗搭配，陡峭的侧山墙屋顶交汇在一起，山墙的屋檐边均有精巧装饰；

2）正立面墙体直接伸入中央山墙而无间断；

3）门多采用拱形洞口，窗户上框呈平拱状，间配石材造型；

4）底层或全立面门、廊道、窗构件、建筑四角部位采用石材砌筑，大墙面色彩鲜艳，对比反差较大。

2.1.2　欧式风格建筑设计思路

1. 主要设计方案构思

欧式风格建筑设计应重点突出平面和立面的体块关系，主楼根据代表风格特点，采用传统的立面竖向单元式设计，底层或裙房采用水平式分段设计。

竖向的设计原则为通长、分段，凸显建筑主立面的主要特征及风格，将竖向分割的墙面与各类型窗及线脚有机搭配。

横向的设计原则为重复，使主立面单一元素形成序列，通过竖向通长不规则的墙面宽度变化，把墙面形成错乱的序列，与主楼的重复序列形成对比。

注重局部变化，墙面极简处理，屋面顶老虎窗设计元素与主立面呼应。墙角、塔尖、出入口处适当增加符合建筑风格特点的造型元素。

2. 细部节点设计

建筑特征除了总体风格，还看重的是细部特点，细部的设计决定着整个建筑的完成效果。

首先是窗户及窗户周边的线脚，窗户采用简约石材分格，外凸的线脚，增强墙面的立体感和层次感。线脚尺寸一般不小于 100mm×50mm，石材表面肌理尽量把握古典欧式风格建筑的手工感和古法砌筑感（图 2-6、图 2-7）。

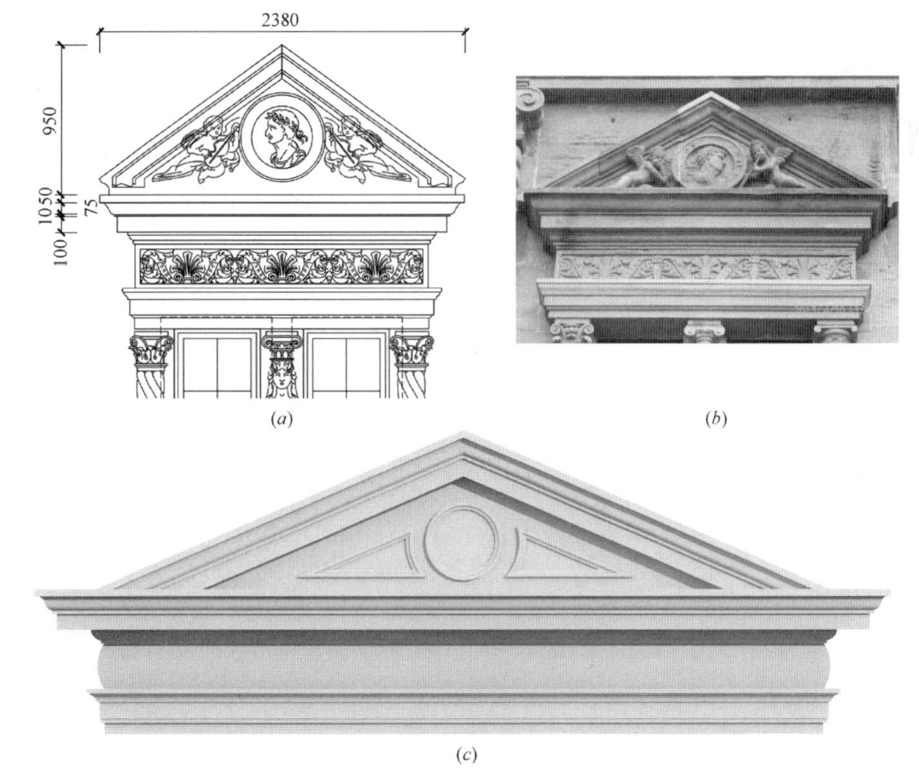

图 2-6　窗框造型深化图

(*a*) (*b*)

图 2-7 窗花造型深化图

其次是横向分段大线脚的设计，欧式风格石材线脚以厚重为主。线条及造型应讲究精细，特点是厚重，出挑结构清晰，线脚整体效果应有立体感、稳妥感（图 2-8、图 2-9）。

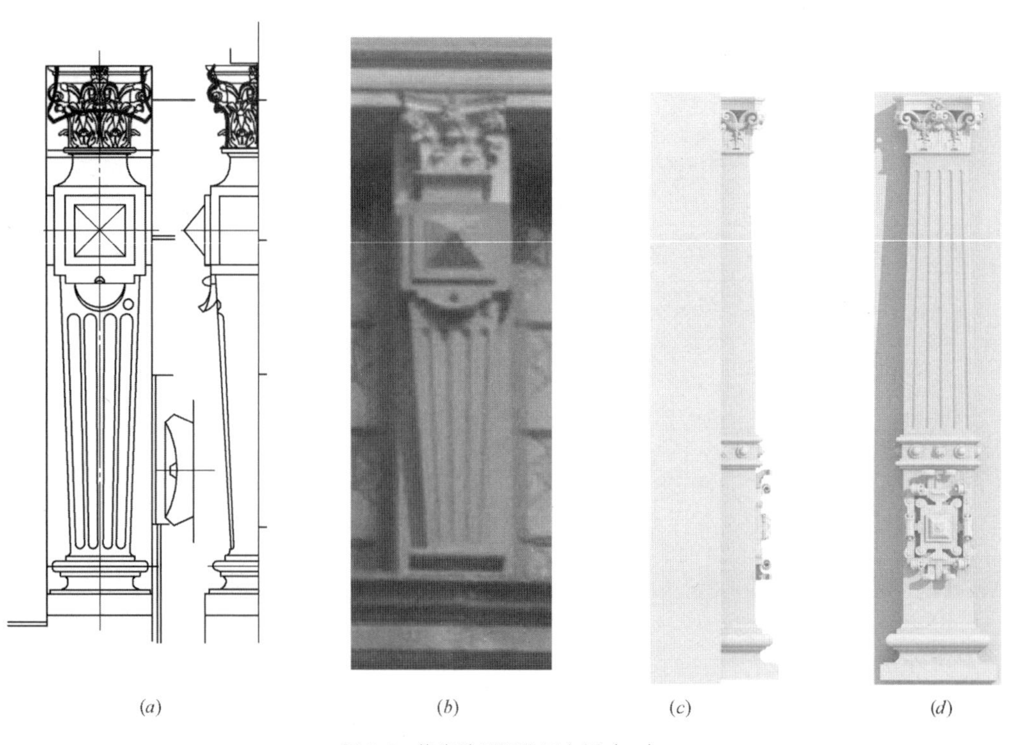

(*a*) (*b*) (*c*) (*d*)

图 2-8 线脚造型深化图实例（一）

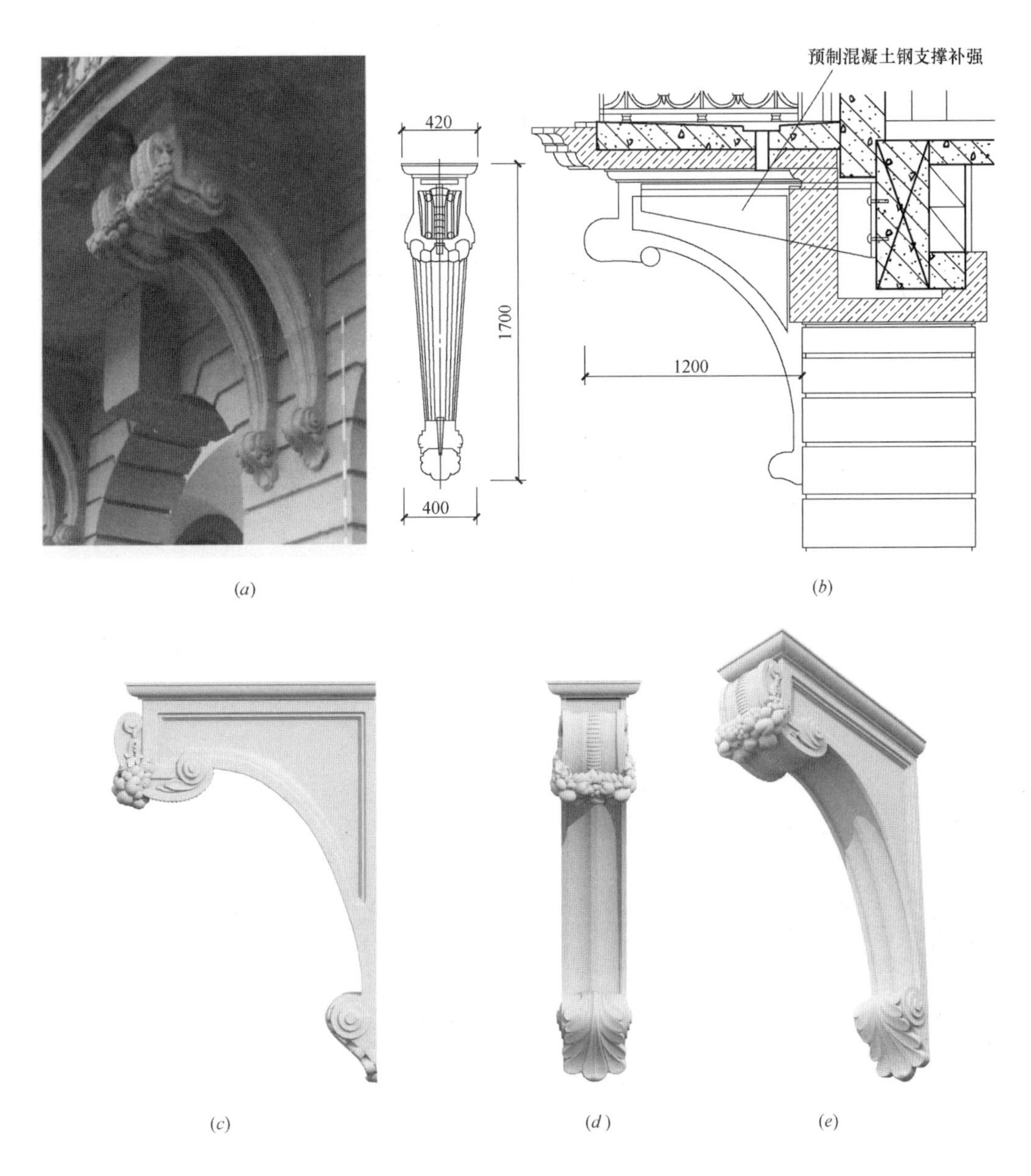

(a)　(b)

(c)　(d)　(e)

图 2-9　线脚造型深化图实例（二）

第三是浮雕造型，欧式风格建筑里面的浮雕多以徽标、鹰狮、人物造型为主，应该尊重原建筑浮雕设计的造型表达，力求尺寸、神态、造型特征一致性（图 2-10、图 2-11）。

3. 深化设计（施工图设计）构思

由于欧式风格建筑目前多采用钢筋混凝土结构作为外立面承载构造，外装深化设计时，对外立面造型重要承载部位的钢筋混凝土结构进行受力传递、荷载结构专业计算复核，已确定结构设计满足要求。

墙身详图的绘制工作量相对比较大，每一个节点都应表示剖面、平面、立面，为了清

(a)

(b)

图 2-10 浮雕造型深化图实例（一）

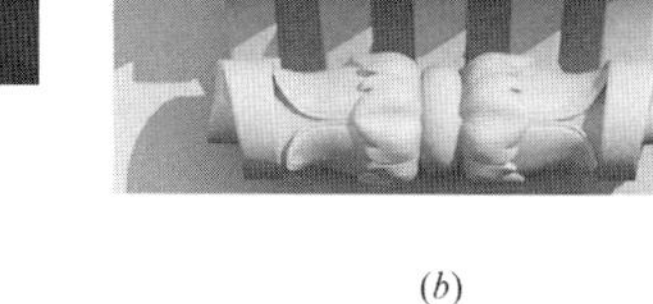
(a)

(b)

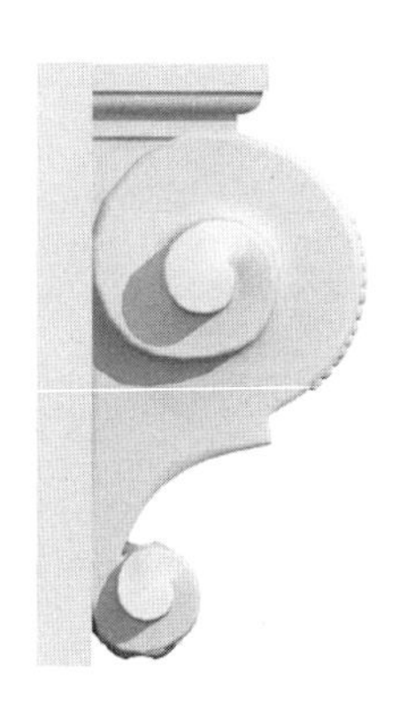
(c)

图 2-11 浮雕造型深化图实例（二）

楚表达前后凹凸关系，必须设置一道参照线，这样才能处理好墙身进出位置关系。详图设计的清楚与否，将直接影响竣工后的效果，墙身比例控制在 1∶20 以内，线脚比例控制在 1∶5，应清楚表示石材的分缝位置，缝的宽度应控制在 10mm 左右。

总之，深化设计（施工图设计）应细致，每一处节点都应表达准确，每一个尺寸均应标注清楚。

2.2 深化设计管理

2.2.1 外墙设计原则

1. 安全可靠原则

工程中采用的设计方案，应充分考虑风荷载、自重、地震作用、温度变形以及施工荷载等对外墙的影响，设计安全系数完全满足工程的要求。

2. 造型美观注重细部原则

应以建筑师的建筑图纸及招标的外墙图纸为基础进行深化和优化，重视原有的立面效果，力求造型美观、搭配协调、色彩和谐，较好地实现建筑师的设计理念；施工工艺考虑通过先进的设备加工、组装而成，所有的接头、拼缝、交接部位等均具有较高的工艺观赏性，充分展现了机械创造的美感。细部节点精巧，收口自然，达到浑然一体之感。

3. 环保节能原则

外墙作为外围护结构，对整个建筑的环保节能影响极大。应从选材、确定外墙形式、结构、保温隔热设计等多方面进行详细、周密的设计，严格按照国家现行节能设计规范的相关要求，确保交付业主一个环保与节能的外墙。

4. 性价比最优原则

在以上原则得到充分保证的基础上，应充分考虑外墙的经济性、效益性。保证资金投向合理，以最少的花费实现所需功能，避免造成浪费。功能完善，造价合理；为业主提供品质高、造价低的优质外墙。

2.2.2 外墙设计方案分析

在尊重建筑的同时，深化内部结构完善其细部构造。提高外墙系统的物理性能，使作为外围护结构的外墙具备能承受风荷载、地震作用及温度作用的影响，能够经受如日晒、雨淋、灰尘等不利因素的腐蚀和影响。美观性能、物理性能及功能设计的成功与否，直接关系到业主对整个工程的满意程度，也是建筑意图的最直观表达。

外墙深化设计方案需要考虑项目表面造型和工程造价等因素，采用砌筑、干挂及湿贴的方式，力求达到建筑设计所要求的外观效果。

2.2.3 深化设计的难点

1）与设计配合的认知和理解要求高

国外设计师工作方式与国内的设计单位完全不同。若无与境外设计配合过深化设计的经验，往往会在深化图纸的审批时发生困难，从而引致所有后续工作发生连环的负面效应，对工程的进度、质量和成本的影响很大。

2）理解并执行设计意图难度大

深化设计人员在项目实施的全过程和原设计单位保持沟通，充分理解设计意图，并将这一理解反映到深化设计和施工上，按时提交报审资料、迅速准确传递有关设计与施工两方意见。

3）深化设计团队素质的要求高，信息的反馈与传递要求高，在施工过程中应能够透彻理解建设和原设计单位的意图和高标准要求。

4）对深化设计的计划要求高，避免施工过程中停工待图（以至待料）的现象发生。同时，应减少因管、线、面碰撞或各专业不一致而导致的返工、拆改等工作。

5）对专业的协调要求高，总承包商应承担一个联系原设计单位和专业分包单位的桥梁作用，一方面督促分包商的深化设计工作，对深化设计的部分内容进行初步审查；另一方面，将有关深化设计成果上报建设单位和原设计单位，供有关单位尽快审核批准。

6）对深化图纸控制的要求高，随着工程的展开，图纸将不断得到更新，应及时管理和控制向建设单位提供设计文件，所有的文件收发都应实行签收制度，保证施工图出图进度满足工程进度计划。应专人管理图纸，及时更新，保证施工所用图纸是最新的版本。

7）分部分项设计难点

（1）由于工程设计复杂且很难一次深化到位，施工过程中需要不断调整完善，采取分专业单项深化设计、报审，施工单位组织协调工作量巨大。

（2）欧式风格建筑石材雕刻繁多，整体造型复杂、多变，设计节点多，雕刻三维设计造型多，线条细致，难度大，设计精度要求高。

（3）屋面系统复杂，瓦形种类多，屋面体系构造复杂，脊线多、折坡多、坡度大、节点多，多数屋面系统工艺国内较少应用，无工程案例可循。屋面坡面多变，各种瓦型交替变换，老虎窗屋顶构造复杂，造成屋面节点设计难度非常高。

（4）主要材料和构配件为非标准件

主要材料和构配件设计复杂，标准件极少，几乎全部材料都为定制化设计、加工，工艺专项设计难度非常大。

外墙项目包含砌筑石材、雕刻造型、灰泥、造型抹灰、砖幕墙、瓦屋面、GRC、铸铝构件及栏杆、铜屋顶、落水系统、木制品等10余个分项工程，深化设计涵盖专业多、节点复杂，设计工作量巨大。外墙设计包括平立面外观深化设计、节点大样图、龙骨布置图、落水系统、铜屋顶、GRC造型、钢结构、屋面系统、防雷系统深化设计，结构计算书，灰泥特殊纹理设计，老虎窗、变形缝盖板、木质品、铝板、铜制品、铸铝栏杆及造型、石材雕刻、陶制雕刻、GRC 雕刻等工艺设计。

2.2.4　深化设计管理的实施内容和措施

1. 深化设计管理的实施内容和措施

见表 2-1。

深化设计管理的实施内容和措施　　表 2-1

项次	深化设计工作内容	管理措施
1	施工图设计、审核、出图	组织审核，督促出图
2	审批材料、设备报审资料和样板	资料管理，对批准材料样板封样
3	答复图纸疑问	召开专门会议
4	审批施工单位有关深化设计报审图纸	督促，有审批时间的限定
5	下达建筑师指令	督促，要求及时性
6	关注现场施工质量和进度	要求定期有现场管理报告（内容模板）
7	响应建设单位提出问题	要求有回复时间
8	组织现场设计协调会	形成例会制度
9	参加单位、分部及分项工程验收	给出验收意见

注：1. 现场设计问题处理跟踪的主体是总包单位，现场问题以联系单方式反馈给建筑设计师，并记录发出时间、回复时间。
2. 建筑师回复应以建筑师指令、建设单位指令方式发放，任何指令需要获得建设单位书面确认后发送给监理单位，再转发给总包单位执行。
3. 建设单位现场管理人员应依据合同跟踪问题解决的进度是否符合合同要求的时限，采取问题跟踪机制。

2. 深化设计流程（图 2-12）

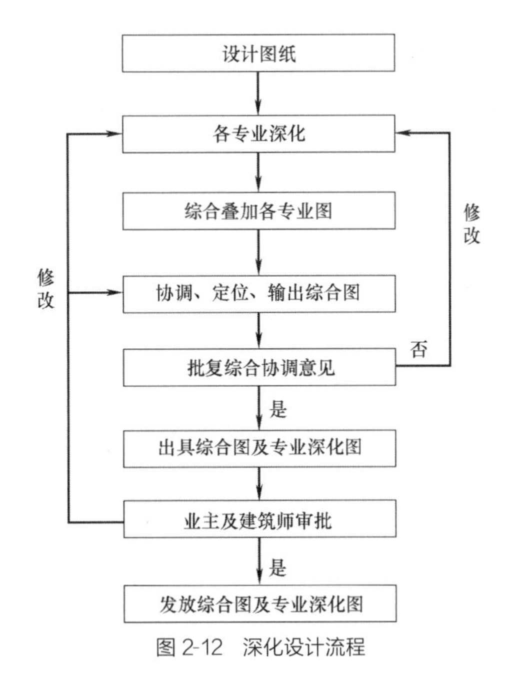

图 2-12　深化设计流程

2.3 石材、砖砌筑外墙体系设计

2.3.1 石材砌筑、砖砌筑外墙体系构造原则

1）石材砌筑、砖砌筑外墙是用于外墙装饰饰面的夹心墙系统，就此意义上来讲，构件体系除了承受构件自重、风荷载和构件自身的地震荷载之外，不承受其他方向所传递的重力荷载。

2）石材砌筑、砖砌筑外墙属于夹心墙系统，包括内外两层墙体，这两层砌体墙被空气层隔开，并通过不锈钢连接件将外层装饰石材墙体与钢架龙骨连接。外层砌体墙用石材、砖砌筑，内层砌体墙根据工程的位置不同采用混凝土实体墙或砌体建造。两层砌体墙中间的空气夹层起到保温隔热和通风的功能。在内层墙体的外侧有连续的防水层，外层砖石砌体墙作为装饰和雨屏墙。

3）耐腐蚀性设计：在材料选择上，钢龙骨应进行厚镀锌处理，所用的连接件应为不锈钢，所有钢制零部件均应进行与其功能和位置相宜的防护处理，也具有足够的耐气候性。如螺栓等附件选用不锈钢件，所有连接角码也均采取表面镀锌防腐处理，所有的密封件为耐腐蚀的非金属材料。不同金属材料之间加设绝缘垫片，以防止电化腐蚀。

4）幕墙空腔体防水及通风设计：后背二次结构砌体墙或剪力墙表面采用弹性防水涂料，避免因空腔体内外温差梯度引起的结露。多湿环境下，防止湿气长期渗透及化学霉变，空腔体内应保持贯通，上部通气孔排气通畅，砌体底部应设置防腐、耐久性能良好的不锈钢金属板材披水装置。

2.3.2 石材砌筑、砖砌筑外墙体系

1. 外墙体系构造

1）石材砌筑、砖砌筑外墙体系与一般外墙有两点不同，一是内外叶墙承受的荷载不同，二是外叶墙处在室外不利环境中，对内墙提供保护，这也是外叶墙易开裂的另一个原因。国外有专门考虑内外叶墙差异变形的连接构造，如采用可调拉结件及设置沿竖向分布的水平控制缝等措施。我国规范对砌筑外墙拉结件的设置，以及对直径、间距及洞口周边附加拉结件的要求均较美国建筑统一规范（UBC）的规定更严。如我国砌体规范规定的最大横向支点距离，对地震设防烈度为 6、7、8 度区，分别为 9m、6m、3m。

2）石材砌筑、砖砌筑外墙体系属于非组合作用的砌筑夹心墙。两叶墙间的连接属于柔性连接，其刚度很小，因此不能按整体受力考虑。但是通过叶墙间的连接件（网）较大地提高砌筑外叶墙的稳定性，外叶墙通常是按自承重墙考虑的，因其很薄（一般只有 90～120mm 厚），其稳定性主要靠与内叶墙的连接保证。根据砌筑外叶墙所受的荷载或叶

墙间的传力路线，确保叶墙间连接的可靠性就成为该构件的关键，尤其在地震作用下，如在往复荷载作用下，钢筋拉结件能够在大变形情况下防止外叶墙失稳破坏。从保温角度考虑，叶墙间除连接件外不宜再有相连的构件（竖向的横向支承点除外），这也是普遍采用的做法。因此其计算简图或试件也应这样，才能符合砌筑外叶墙的实际受力状态，不宜过分强化外叶墙在端部的约束。

因此，国内砌体规范中砌体构件的抗震计算未列出夹心墙的计算要求，而重申了连接构造，如拉结件灰缝拉结网片竖向及横向支承的规定。所以，砌筑外叶墙的拉结件（网）应该具有足够的连接和传递横向荷载或作用的能力。

3）石材砌筑、砖砌筑外墙体系按照夹心墙的构造设计、施工，并应该具有可靠的建筑结构功能，而保证这些功能的基本要素为墙体的材料、构造方式，包括拉结件的布置及拉结件（筋）的防腐，以及外叶墙的横向支承的间距等。由内外叶墙和连接内外叶墙的拉结件组成的砌筑外叶墙，在荷载作用下存在着一定程度的共同工作。

2. 有关砌筑外墙体系构造的文献研究

参考美国建筑统一规范（UBC）砌体部分中砌筑外墙设计及构造要求如下：

1）砌筑外墙承受的荷载

（1）每叶墙单独承受作用其上的竖向荷载，即不考虑荷载的相互分配。

（2）由砌筑外墙支承的水平构件（如梁、板）产生的重力荷载，应由距该构件中心最近的叶墙承受；绕砌筑外墙平面外方向的弯矩，应按每个叶墙的相对刚度分配。

（3）平行于砌筑外墙平面的荷载，仅应由受荷载的叶墙承受，不考虑叶墙间的应力传递。

（4）横向作用于砌筑外叶墙平面的荷载，应按所有内外叶墙的抗弯刚度进行分配。

2）砌筑外叶墙的有效厚度

（1）当砌筑外叶墙的两叶墙均受轴向荷载时，每叶墙的有效厚度即为其单叶墙的厚度。

（2）当仅一个叶墙受轴向荷载时，砌筑外叶墙的有效厚度取各叶墙厚度的平方和的开方。

3）砌筑外墙的拉结件（筋）

（1）拉结件（筋）应沿竖向交错布置，其最大间距水平为500mm、竖向为280mm，沿洞口周边300mm范围内应附加间距不大于500mm的拉结件，允许灰缝钢筋网片的横向钢筋作拉结件，但其间距不大于400mm，允许用矩形或Z形拉结件拉结任何块体。

（2）拉结件应具有足够的长度，以连接（咬合）所有墙片，拉结件在叶墙上的部分应全部埋入砂浆或混凝土中，拉结件的端部应弯折90°，其弯折端的长度不小于50mm，在叶墙间未埋入砂浆或混凝土中的拉结件应为每端咬合于每个叶墙的单独构件。

（3）拉结件应能将横向荷载从一叶墙传到另一叶拉结件或网片，并应作防腐处理，国外采用厚镀锌或不锈钢拉结件。

（4）拉结件和灰缝钢筋的保护层，其最小保护层厚度不小于16mm，墙体和灰缝钢筋间的砂浆或混凝土厚度不小于 3mm。

4）砌筑外叶墙的横向支承

（1）砌筑外叶墙的横向支承可由交叉墙、墙、壁柱提供，当竖向跨越时，可由楼盖、梁或屋盖提供，梁的横向支承间的净距不应大于其受压截面最小宽度的 30 倍。

（2）美国规范未明确砌筑外叶墙的横向支承高度，而国际标准《无筋砌体结构设计规范》ISO 9652-1 中明确规定：砌筑外叶墙的横向支承间距不大于 12m 或 100 倍的外叶墙的厚度。

（3）砌筑外叶墙规范中规定砌筑外叶墙的夹层厚度不应大于 100mm 及金属拉结件的规格、数量及间距，是基于过去的经验确定的，当夹层大于 100mm 时，必须在墙的拉结件设计时考虑压屈、抗拉、拔出和荷载分布等因素。

3. 砌筑外叶墙体系裂缝控制研究

1）裂缝的主要表征

裂缝主要是温度裂缝和干缩裂缝两种。多数情况下，裂缝是由于温度应变和干缩应变等多种因素共同作用所致。

2）裂缝宽度的控制标准

鉴于裂缝成因的复杂性，按目前条件和规范所提供的措施，尚难完全避免墙体开裂，而是使裂缝的程度减轻或无明显裂缝。通过对现有砌体规范研究，规范中采用了“防止或减轻”墙体开裂的措施用语。墙体裂缝允许宽度的含义应包括：一是裂缝对砌体的承载力和耐久性影响较小；二是人观感上的可接受程度。钢筋混凝土结构的裂缝宽度大于 0.3mm 时，通常在美学上难以接受，石材砌筑、砖砌筑外墙也不例外。结合实际施工工艺现状，砌体裂缝宽度标准宜控制在 0.3～0.4mm 以内。

3）控制缝设置

国际标准《无筋砌体结构设计规范》ISO 9652-1 第 6.3.7 条提出了设置控制缝的原则。控制缝的规定不同于我国规范规定的双墙伸缩缝，而是针对高干缩性砌体材料，把较长的砌体墙划分为若干个较小的区段，从而减少由干缩温度变形引起的应力或裂缝，达到裂缝可控的要求。参考现有规范和经验资料，确定砌筑外叶墙控制缝设置间距宜控制在整段通长墙面≤15m 以内，采用弹性密封材料填充。

4. 砌筑外叶墙体系其他构造措施研究

1）拉结件及网片

（1）非抗震设防地区的多层房屋，或风荷载较小地区的砌筑外叶墙可采用拉结件，风荷载较大地区的高层建筑房屋宜采用焊接钢筋网作为拉结件。

（2）设防地区的砌体房屋（含高层建筑房屋）砌筑外叶墙应采用焊接钢筋作为拉结件。焊接网应沿砌筑清水砖墙连续通长设置，外叶墙至少有一根纵向钢筋。钢筋网片可计入内叶墙的配筋率，其搭接与锚固长度应符合有关规范的规定；当不计其配筋时，内叶墙可设置一根纵向钢筋，但网片的横筋间距不应大于 400mm。

（3）可调节拉结件宜用于非抗震设防的多层房屋的砌筑外墙，尤其是内外叶墙采用不同块体材料的情况，其竖向和水平间距均不应大于 400mm。

（4）连接件（网片）的布置或数量：我国规范规定的拉结件（网片），其钢筋直径和布置均较《美国建筑统一规范》（UBC）严格，主要从耐久性角度考虑，但砌筑外墙连接件（网片）均属设置于砌体灰缝中的构件，故其最大直径宜为灰缝厚度的 0.5 倍，即 6mm。ϕ4 的拉结环与 ϕ6 的 Z 形拉结件相比，其截面积和材料用量分别为 89%和 45%，而且连接效果也较好。

（5）可调节拉结件加工精度要求很高，连接点可适应叶墙间的竖向偏差和变形，并作为可能的外部浸水或冷凝水排水点，是一种功能理想化的特别拉结件。由于这种连接件的机构降低了连接件受力性能，作为补偿，规定其竖向和水平的设置间距均不大于 400mm。

2）砌筑外墙体系的空腔厚度

我国南北方气候差异巨大，建筑节能要求不同，随着建筑节能标准的提高，对砌筑清水砖墙提出加厚要求。砌筑清水砖墙空腔厚度应满足墙体保温和排湿间隙的要求。

现行规范规定空腔厚度为 100mm。依据《夹心保温建筑结构构造》07J107/07SG617，当设置 80mm 厚以上聚苯保温层，加 20mm 排湿间隙，能够满足严寒地区节能墙体节能要求。

据国外做法，排湿间隙≥30mm，这个空间包括便于施工内部的排湿，间隙太小难以操作。据美国规范规定的构造空腔厚度为≤115mm，考虑到我国规范较强的连接构造，空腔厚度可控制在 115～120mm，这样可增大排湿空间。但是过大增加空腔厚度，也将会增加墙体的连接构造，加大墙厚，导致成本提高，设计时应综合考虑。

2.3.3　石材、砖砌筑外墙体系不利因素及应对措施

1. 石材选用砂岩材质强度存在着不足

砂岩弯曲强度相对来说比较低，且砂岩具有比较高的吸水率。依据现行行业标准《石材幕墙工程技术规范》JGJ 133 的相关规定，弯曲强度如果低于 8.0MPa 不宜使用，石材吸水率大于 8%的也不能使用，这就对工程大量采用的砂岩、白云岩等相关的一系列石材，提出更高的设计要求。

外墙深化设计时，应充分考虑材料强度造成的设计不利因素，通过必要的深化设计和改进施工技术措施，消除不利影响。应对措施：

1）砂岩通过进一步增加石材厚度降低单位截面设计受力荷载，并且采用砌筑工艺，才能基本满足计算截面变形要求。针对石材表面孔隙率大的缺陷，在加工出厂前以及安装完毕后，必须做好石材六面防护，封堵石材表面水分渗透路径，提高石材耐久性，墙裙底部靠近地面的首层石材采用吸水率低的石材，才能在一定程度上满足石材耐久性要求。

2）砂岩属于抗风化性能差的石材，在室外相对比较复杂的气候条件下，很容易在长

期风力与雨水侵蚀下，表面产生粉化，甚至降低强度等级。因此石材六面防护必须认真做好，并加强交付后使用阶段的定期保养和维护。

2. 传统石材幕墙连接系统不能满足欧式风格建筑设计要求

1）T形挂件在传统石材幕墙工程中大量采用，主要利用石材边部开槽进行连接，对上下两个板块之间的固定进行有效的控制。但在砌筑石材幕墙体系中却不宜作为主要连接件，其主要原因是：T形挂件更换性能相对比较差，开槽时因为石材厚度不断减小，边部槽口位置会出现崩边等破损现象，从而影响该系统整体的施工质量和安全性能。

2）斜插件不满足本体系需要

把挂件改成斜插件的做法，属于较危险的挂接形式。如果石材的背部开斜口，交接部位会形成三角形的石材板块，这样的切口本身就极易出现崩边，甚至施工成平行切口，进一步导致板块出现滑脱现象。随着建筑长期使用，石材后背斜插件也会在重力作用下松动，滑移变形，最终导致整个外墙体系安全隐患增大。

3）应对措施

（1）销栓在砌筑石材外墙体系中的应用措施

采用钢销式石材外墙时，在一定程度上具有比较小的抗剪面积，在8度抗震设防区，比较容易导致出现局部受损现象。抗震设防7度区及以上的，根据设计计算选择使用，但注意在大面积石材外墙中还应该采取必要的构造加强措施。

（2）檐口外挑石材的处理

欧式建筑屋面檐口石材线条的运用相对来说是比较普遍的，而石材线条自重较大，且外挑结构面相对较远，因此存在着比较高的危险性，在深化设计时应该引起高度重视。比较简单的斜挂接工艺，在檐口线条等自重较大的部位，容易引起线条大面积脱落。因此，偏心距大于350mm的檐口石材线条，改为更轻质的GRC线条设计。偏心距小于350mm的檐口石材线条应进行加固处理，必须采用背栓和防坠设计进行有效可靠的机械连接。

（3）大跨度门拱上部吊顶石材的处理

在门拱上部插芯造型及吊顶石材位置，使用背栓连接，并且增加防坠钢丝连接，可在一定程度上起到缓冲作用。另外，在石材背部衬环氧树脂胶玻璃纤维网，提高石材整体性，防止石材板块滑坠、脱落。

2.3.4 砌筑外墙体系设计要求

1. 外墙深化图设计

砌筑外墙体系设计依据建筑及结构施工图平立剖面及节点大样图，其他专业需要外装配合的有关图纸及相关要求。设计必须做到既满足建筑师的要求，又应与现场的实际情况相吻合。外墙深化设计图主要包括安装立面图设计、节点大样图设计、加工详图设计等。

1）立面图设计：根据建筑立面图的板块分格要求，在各立面上将不同形状或不同尺寸的块材分别独立编号，编号应确保唯一且方便实用。安装立面图应清晰表达出各立面上所有不同种类的板块或品种。若工程的体形较复杂，为查找图纸方便，还应设计安装立面图的位置索引，清晰地表示出建筑物每个区域墙面对应的立面编号。

2）节点大样图设计：对建筑物的拐角、窗口、屋檐及其他复杂部位的形状、尺寸及连接方式，应单独设计节点大样图，以表明这些部位的实际情况。

3）加工详图设计：立面图及节点大样图经建筑师批准后，按立面图上的尺寸分格及节点大样图的细节进行加工详图设计，并出具材料加工单。

2. 构造设计

1）砌筑外墙按围护结构设计。外墙主要杆件悬挂在主体结构上，层与层之间设置竖向伸缩缝。外墙各构件及连接件均具有承载力、刚度和相对于主体结构的位移能力，并采用螺栓连接。

2）楼层结构悬挑构件，如雨篷、挑梁，其底部应与砌筑外墙脱开，或设计为弹性构造分离，避免受载；外墙上吊挂的重物，其支承点也应设在内墙或内墙钢骨架上。

3）外叶墙直接受到外界环境影响，对其可能产生的温度或变形裂缝应予以充分注意，如设置较短的水平控制缝和内外叶墙竖向变形引起的水平裂缝。当内外墙采用不同砌体材料时，应考虑叶墙砌体附加变形的影响。

4）砌筑外墙在楼屋盖处既是砌筑外墙的横向支点，又是构件的最大热桥部位。因此在保证其横向支托作用的同时，采用减少热桥影响的措施，如设置弹性连接层、外叶墙设置通气孔等。

5）外墙构件受重力荷载、风荷载、温度作用和主体结构位移影响，均需要进行安全验算。外墙构件内力采用弹性方法计算，其截面最大应力设计值应不超过材料的强度设计值。进行外墙构件、连接件和锚固件承载力计算时，荷载和作用的分项系数按规范取值。

6）混凝土砌块的强度等级不应低于 MU10；空腔厚度不宜大于 100mm；外叶墙的最大横向支承间距不宜大于 9m。

3. 结构设计取值

当石材砌筑、砖砌筑外墙空腔厚度小于 115mm 时，可以采用简化传力分配原则进行设计计算。

1）外墙体系出平面受力性能

（1）在水平荷载（风荷载）作用下，内力可根据其横向支承条件，按简支板（单向或双向板）计算。板的有效跨度可取板支承中心的距离与支承间净距加板有效厚度中的较小者。

（2）在水平荷载作用下，当满足下列条件之一时，可不进行挠度和裂缝验算：

① 内叶墙为承重墙，且满足现行国家标准《砌体结构设计规范》GB 50003 第 4.2.6 条的规定；

② 内外叶墙均为自承重墙（如框架填充墙）时，夹心墙的允许高厚比［β］可按现行国家标准《砌体结构设计规范》GB 50003 第 6.1.1 条和第 6.3.3 条的规定采用，但墙的厚度应按夹心墙的有效厚度 $h_e=\sqrt{h_1^2+h_2^2}$ 采用。

2）荷载效应计算时，风荷载标准值宜按下列规定采用：

（1）内力计算按现行国家标准《建筑结构荷载规范》GB 50009 第 8.1.1 条 1 款的规定；

（2）连接件计算按现行国家标准《建筑结构荷载规范》GB 50009 第 8.1.1 条 1 款及第 8.1.1 条 2 款的规定。

3）连接或网片横筋按两端嵌固于砌体灰缝的拉或压杆件计算。

4）拉结件（网片）在灰缝中的粘结计算

当砌筑幕墙空腔厚度超过 115mm 时，应对其作压屈、拉伸和拔出的受力计算。空腔厚度小于该尺寸时，通过夹心墙拉结件（网片）承载力计算表明，其在灰缝中的粘结锚固最低，故连接件（网）杆件承载力不起控制作用，可不做计算。

5）风荷载效应

石材砌筑、砖砌筑幕墙出平面荷载效应风荷载起控制作用，应按现行国家标准《建筑结构荷载规范》GB 50009 计算围护结构的风压标准值。

6）砌体抗震抗剪强度

砌体抗震抗剪强度设计取值依据砌体截面特征，可参考国家标准《砌体结构设计规范》GB 50003 表 3.2.2 砌体沿梯形截面破坏的抗震抗剪强度设计值计算。沿砌体灰缝截面破坏时，梯形截面破坏时的轴心抗拉强度、弯曲抗拉强度和抗剪强度，采用插入法选取。

7）外墙构件位移和挠度计算

外墙构件进行位移和挠度计算时，荷载和作用分项系数按规范取值，荷载作用下垂直于石材外墙体系的挠度限值如下。

钢立柱及横梁：跨度/180 或 20mm（跨度超过 4500mm 时为 30mm）其中的小者；对于悬臂构件，其跨度可取悬臂长度的 2 倍。

钢结构杆件：跨度/250 或 20mm（跨度超过 4500mm 时为 30mm）；

砌筑石材龙骨：跨度/600；

砌筑石材横梁：跨度/600，自重挠度≤3mm。

8）石材面板计算

石材面板计算应按现行行业标准《金属与石材幕墙工程技术规范》JGJ 133 第 5.5 项设计计算。石材面板计算包括：面板抗弯强度计算，槽口处抗剪、挂钩抗剪计算等。连接螺栓抗剪抗拉强度根据现行行业标准《玻璃幕墙工程技术规范》JGJ 102 表 A.0.1-1 计算。

9）外墙钢骨架计算

由于石材分格参差不齐，外墙骨架横梁受力模型也不是横梁两端受力，可能支点会分布于不同位置。此处计算横梁采用均布荷载加载，是一种保守的等效计算模型，应满足实际受力校核需要。立柱采用插芯连接时，由于插芯短，且留有极小空隙，实际传力形式为不传递弯矩，只传递剪力，插接位置在下跨支座的附近，因此不产生明显的负向弯矩。在此种立柱建模计算时，可按单跨简支梁计算，直接提取插接附近支点反力，方便连接计算。

砌体墙连接件，墙的自重由砌体本身传递到地面。此处只承受墙体的水平荷载。

4. 石材、砖幕墙体系设计计算步骤

1）荷载及其组合

砌筑石材、砖幕墙系统在结构设计时考虑以下荷载及其组合：风荷载、自重、施工荷载、温度应力作用、雪荷载。

2）构件验算

设计时验算如下节点和构件：外墙系统与主体结构的连接件强度，竖梁、横梁等杆件的强度和刚度，各连接螺栓、螺杆的强度，石材面材的强度，结构胶缝的宽度和厚度等。

5. 外墙防水及通风施工做法

后背二次结构砌体墙或剪力墙表面水泥砂浆抹灰两道：12mm 厚 1∶3 水泥砂浆打底扫毛或划道，8 厚 1∶2.5 水泥砂浆抹平；表面防水：1.0mm 厚聚合物水泥基复合防水涂料满涂。

砌体底部和层间部位设置 1.5mm 厚 SUS316 不锈钢披水板，坡向外侧，与后背墙膨胀螺栓连接。披水板上口底层砌体沿水平方向间距 1.0m，在砖块立缝位置设置泄水孔一道。在砌体顶层沿水平方向间距 1.0m，砖块立缝位置设置通风孔一道。泄水孔、通风孔内无水泥砂浆填充物，保持通畅，通风孔底设置水泥砂浆挡水坡，防止雨水倒灌。

2.4　玻璃纤维增强混凝土（GRC）设计

GRC 外墙系统主要分布于建筑的柱廊吊顶、檐口及各类造型柱头区域。

采用不锈钢挂件的做法，GRC 板块在工厂内生产、加工完成，能够充分保证加工的质量和进度，满足品质和工期上的要求。把绝大部分工作放在加工厂进行，尽量减少工地现场的工作量，从而大大提高安装效率和安装精度。

1. 主要构造

面板材料：有效厚度不小于 20mm 厚 GRC 造型板；

外墙分格：具体分格详见深化图纸立面图、大样图；除特殊说明或有特殊要求之外，水平缝与竖直缝的最大尺寸为 8mm；

安装方式：角钢架、不锈钢挂件。

2. 设计方案

1）结构设计

角钢架通过连接件及预埋件或后置埋件和主体结构连接。GRC 造型板通过不锈钢挂件与角钢架连接。

2）面板设计

（1）GRC 面板通过植入不锈钢预埋件用来提高板的强度，并通过加强肋与不锈钢挂件连接，保证板块的安全可靠。不锈钢挂件需采用 4mm 厚蝴蝶挂件；

（2）GRC 面板使用氨基甲酸乙酯双色喷涂或丙烯硅系等高耐候性的表面涂装品，与低层部分石材同色，且按照低层部的石材尺寸进行装饰线分割。

3）防水设计

GRC 板块采用一道 8mm 硅酮密封胶缝密封。

2.5 粉饰灰泥设计

粉饰灰泥外墙系统主要分布于建筑的外立面及装饰造型柱廊区域。

主要构造有：面板材料为各种颜色的涂料。

施工方式为：水泥砂浆、表面涂料。从内到外第 1 层为基层：混凝土或砖墙；第 2 层为找平层：20mm 厚水泥砂浆；第 3 层为防水层：1.5mm 丙烯酸防水涂料；第 4 层为找平层：抗裂砂浆，厚度 1～2mm；第 5 层为防水层：耐水腻子；第 6 层为表层：彩色灰泥涂料，厚度 2mm 左右；最外层为保护层：墙面防水保护剂。找平层应设置伸缩缝，伸缩缝表面应用涂料遮盖，完成面应为无缝效果。

2.6 瓦屋面设计

瓦系统主要分布于建筑的屋面，可采用挂瓦做法。

主要构造有面板材料为石板瓦、欧式陶瓦、金属瓦。

安装方式：从内到外第 1 层为基层：混凝土结构；第 2 层为找平层：20mm 厚 1∶2 水泥砂浆，加 3%防水剂（总包负责）；第 3 层为隔气层：0.5kg/m^2 基层处理剂分二道涂刷；第 4 层为防水层：橡胶沥青防水涂料，厚度 2mm；第 5 层为保温层：40mm 厚挤塑聚苯板保温层（密度≥32kg/m^3）；第 6 层为找平层：满铺钢丝网，浇 15mm 厚 1∶2 水泥砂浆；第 7 层为隔热防水层：铝箔复合隔热防水垫层满铺；第 8 层为挂瓦层：挂瓦条（40mm×30mm 厚防腐木用 1.2mm 厚不锈钢加固件加固，与 30mm×30mm×3mm 镀锌角钢结合使用，角钢受力，防腐木固定瓦）；第 7 层为瓦面层：石板瓦或欧式陶瓦或金属瓦。斜屋面坡度应小于 45°。

2.7　外装饰系统性能设计

根据外装饰分包工程技术文件要求、现行国家标准及工程所在地气象部门资料等选取各种参数值，对典型装饰构件系统进行受力分析、结构计算及性能设计，使外装饰的各项性能指标符合设计和规范要求。

1. 气密性能检测

装饰外墙区域室内侧如均为剪力墙或者整面砌体墙、根据现行国家标准《建筑幕墙》GB/T 21086 第 5.1.3.4 条，故外墙装饰针对气密性能不做要求，但墙面气密性能需达到建筑要求。

2. 水密性能检测

装饰外墙区域室内侧均为剪力墙或者整面砌体墙，根据现行国家标准《建筑幕墙》GB/T 21086 第 5.1.2.4 条，故外墙装饰针对水密性能不做要求，但墙面气密性能需达到建筑要求。其水密性能只是针对门窗洞口而门窗非本施工图设计范畴。

3. 抗风压性能检测

工程基本风压值、抗风压性能等级（包括大面区及墙角区）应符合现行国家标准和设计要求。

垂直自重引致横梁变形不可大于 3mm（或跨距/500）。垫块一般放置在 1/4 跨度处。如需将垫块移近支点以满足挠度要求时，玻璃的计算应作相应更改并须获得建筑师的认同和批准。

荷载作用下垂直于外墙及贴面系统的挠度限值如下：

1）铝立柱及横梁：跨度/180 或 20mm（跨度超过 4500mm 时为 30mm）其中小者。对于悬臂构件，其跨度可取悬臂长度的 2 倍。

2）钢结构杆件：跨度/250 或 20mm（跨度超过 4500mm 时为 30mm）。

3）支撑石材的杆件：跨度/500。

4）玻璃：短边跨度/60 ，但不应大于 25mm。

5）铝板：短边跨度/120，但不大于 6mm。

4. 平面内变形性能

建筑外墙平面内变形性能应以建筑外墙层间位移角为性能指标。在非抗震设计时，指标值应不小于主体结构弹性层间位移角控制值。主体结构楼层最大弹性层间位移角控制值可按照现行国家标准《建筑幕墙》GB/T 21086 设计。

5. 热工性能

保温性能系指在幕墙两侧存在空气温度差条件下，外墙装饰阻抗从高温一侧向低温一侧传热能力，外墙装饰工程设计和安装遵守现行公共节能设计标准，应符合建筑节能设计以及设计要求。

6. 隔声性能

外墙系统隔声性能应达到现行国家标准《建筑幕墙》GB/T 21086 的要求，且构件不应发出任何碰撞声、风的呼啸声和其他由于温度变形、结构位移、压差造成的噪声。

7. 耐撞击性能

耐撞击性能是指外墙装饰所处环境气象条件和使用中人为作用来确定等级要求，随外来运动物体（飞来物以及人为冲击等）的撞击能力，撞击能量 E 进行分级，以不使外墙装饰发生损坏为依据。

8. 抗震设计

建筑外墙装饰是建筑外围护结构，建筑外墙装饰抗震设计的目标是：

1）当遇到低于本地区基本设防烈度的多遇地震影响时，外墙装饰（含玻璃）不损坏，若部分接缝宽度增大时，不需要修理或加密封胶修补后仍可恢复原设计性能和要求；

2）当遇到本地区基本设防烈度的地震影响时，外墙装饰框架体系（包括与建筑物的连接）允许有轻微损坏，镶嵌物可有少量损坏，经过修理后即可继续使用；

3）当遇到大于本地基本设防烈度的预计罕遇地震影响时，外墙装饰及框架体系可有中等以上的损坏，玻璃破碎，但骨架不得脱落或倒塌。

9. 防雷设计

按国家现行标准《建筑物防雷设计规范》GB 50057、《民用建筑电气设计规范》JGJ 16、《玻璃幕墙工程技术规范》JGJ 102、《金属与石材幕墙工程技术规范》JGJ 133 的有关规定要求，进行防雷设计。外墙工程应达到导电的连续性，在主要防雷系统上设等势接点，并遵照下列要求：

1）应在主接地终点与外墙挂板系统之间设立电流连接，并确保外墙的金属结构自身是通路。应按照需要与主要避雷系统的分包商协调。

2）凡突出屋面的金属管道、放散管、风管、屋顶钢爬梯、贴屋面水平敷设之桥架及其他构筑物均采用 25mm×4mm 热镀锌扁钢与避雷带连接，做法见《建筑物防雷设施安装》15D501-1 第 2～15 页。

3）利用设计标明的柱（墙）内不少于两根 ϕ16 主筋做引下线，通长焊接连通结构承台内钢筋网及桩基，利用建筑物基础暗梁钢筋做自然接地体。做法见《建筑物防雷设施安装》15D501-1 第 2～40 页。相邻楼栋间用 40mm×4mm 热镀锌扁钢连接基础，连接点不少于 2 个。

4）屋顶成品檐沟的铝合金不少于 2 个点，与避雷带 25mm×4mm 的热镀锌扁钢用螺栓连接，搭接处的长度不小于 100mm。铝合金排水管采用箍接的方式，与基础钢筋焊接。

10. 防火设计

外墙防火是外墙设计的一重要组成部分。外墙系统应符合现行国家标准《建筑设计防火规范》GB 50016 的规定进行防火设计。

1）墙层间防火设计

工程外墙防火做法为：在外墙与各层楼板外沿之间的缝隙处，设置耐火极限不小于 2 小时的防火岩棉和防烟密封材料填充密实，防火岩棉厚度不小于 100mm，防火岩棉承托在 1.5mm 的镀锌钢板上；同时在 1.5mm 的镀锌钢板搭接处采用防火密封胶密封。防火岩棉应满足其火焰蔓延和烟雾发展的指数为 0。导热率 λ 应小于 0.04W/m。岩棉板密度不应小于 150kg/m^3。所有耐火的岩棉应与框架机械锚固。

在特殊部位，应采用经核准的耐火密封胶及缝口填充料。所有使用的耐火密封胶及附件应与基材、相邻材料及其他密封胶相容，不应有污染及有渗出物。

2）外墙装饰项目如果外墙内侧均为结构梁柱或者砌体墙结构，无须考虑防火要求，与门窗洞口交接部位由门窗承包设计施工单位考虑防火隔断封堵。

11. 防坠落设计

水平放置类似吊顶、挑檐位置的石材背面需施加“玻璃纤维网＋环氧树脂胶”的防坠落层。防坠落技术措施为采用 3mm 方孔的玻璃纤维密网，防坠落层厚度为 1～2mm，应在工厂内加工。

12. 防电化学腐蚀设计

除与不锈钢外，两种不同金属材料接触部位均设置防腐蚀垫片。对外墙本身构件及所有与建筑物接触的表面，包括饰面，提供保护涂层以防止锈蚀、酸雨及其他化学腐蚀。

13. 焊缝设计

未特别注明，焊缝符合现行国家标准《钢结构工程施工质量验收规范》GB 50205 要求。钢件连接焊缝的焊接形式及长度见具体的大样图，如没有未注明焊缝长度均为满焊，未注明焊缝焊脚高均为5mm。焊缝饱满连续，不得夹渣、虚焊、假焊。

14. 其他设计

在工程的耐腐蚀、防噪降噪、环保、光学性能、防静电、防结露、承重力、可拆换维护性、遮阳性能、采光性能等方面的设计均应充分考虑，满足现行相关规范的要求。

第3章

外装材料加工制作

3.1 外装材料概况

欧式风格建筑外装工程所使用的材料较为特殊，涉及石材、陶砖、陶瓦及各种特殊的金属和非金属制品，品种繁多，材料技术质量标准不一，加工制作工艺复杂。

为保证工程质量，应选用品质优良的产品材料，并送样经建筑师确定，通过合理的构造设计，使整个外墙装饰等系统成为一个既经济又有效的围护体系。各种材料断面尺寸、厚度、类型、性能等参数均通过设计计算确定，保证材料的选用既安全可靠又经济适用，使竣工后能成为经久不衰的建筑精品。

3.2 外装材料管理

3.2.1 外装材料分类

1）一类材料：建筑关键材料，可采取建设或设计单位指定品牌、产地、型号的方式，要求必须在指定品牌中择优选择。

2）二类材料：由建设或设计单位提供材料设备的技术规范及相应档次的参考品牌。外装施工单位亦可提供同档次其他品牌，但必须通过评审批准后方可使用。外装施工单位报送的其他品牌，应由建设单位进行评审批准；特殊情况下，可在合同履行期间进行报审，经建设单位审批通过方可使用。

3）三类材料：一类、二类以外的材料统称为三类材料，建设单位一般不提供参考品牌，只提供技术要求、样品或技术规范，外装施工单位自行报审符合要求的品牌，通过建设和设计单位评审通过后方可使用。

4）外装材料分类等级（表 3-1）

外装材料分类等级　　表 3-1

项次	外装使用材料		材料分类
1	防水材料	改性沥青卷材（APP）	一类
		高分子卷材(PVC 等)	一类
		防水涂料（高分子涂料、水泥基防水涂料）	一类
		防水涂料（改性沥青涂料）	一类
2	型钢	碳素钢 Q235、Q335 方通、角钢等	一类
3	铝型材	T3003-T3063 铝方通、角铝、铝板等	一类
4	固定件	化学锚栓	一类

续表

项次	外装使用材料		材料分类
5	辅材	硅酮结构胶	一类
		硅酮密封胶	一类
6	连接件	铝合金挂件、型钢（不锈钢）连接件、螺栓等	二类
7	粉末材料	氟碳喷涂	二类
8	防腐材料	防锈漆	二类
9	GRC		二类
10	保温材料	挤塑聚苯乙烯保温隔热板(XPS)	二类
11	灰泥		二类
12	砖、瓦	陶土砖、机制黏土砖、陶制瓦、石板瓦	二类
13	落水系统	檐沟、落水管、托架、管卡等	三类
14	石材	有特定矿区或指标要求的	二类
		仅提供样板确认，不限制矿区范围	三类
15	其他定制材料	陶制雕刻、石材雕刻等	三类
		铸铝造型、铸铝栏杆	三类
		铜屋面、铜屋顶	三类
		钟表	三类
		马赛克	三类

3.2.2　材料品牌报审

1. 报审资料要求

1）材料技术资料审批表。

2）材料品牌报审说明或合同品牌技术参数表。有合同品牌的应复印合同品牌技术参数表，并用彩笔进行标识；无合同品牌的需附品牌报审说明。

3）附件按照材料审批清单要求提供资料，包括：供应商资质（如营业执照、组织机构代码证、税务登记证、供应商资质认证证书等）；质量保证资料（产品规格型号、技术资料、技术性能、规格型号介绍；第三方检测报告；使用说明书或维保手册等）；其他要求提供的资料。

2. 报审管理要求

凡项目现场使用的所有材料均应进行建设单位品牌报审，甲供材料需报审、样板间材料需报审，非合同材料表内、用量非常小且不影响结构功能外观及安全的材料也需报审。同一项目多家外装施工单位使用相同品牌，且规格型号均相同，与各自合同中约定的品牌也对应，各家外装施工单位仍应单独报审，后报审单位可以之前通过审批单位的报审表复印件作为附件；同单位负责同一项目不同标段施工的，若各标段为同一总包，则只需进行一次报审；若为不同总包，不同标段需单独进行品牌报审，但后报审可以已获批准的报审表复印件作为附件。

3.2.3 材料进场使用报验管理

1. 内容范围

材料/构配件/设备进场申请表；材料/构配件/设备使用申请表；政府材料进场与使用统表；材料/设备审批表复印件；供货证明（一二类材料、大设备，初次进场需要提供，需厂家/供应商盖章）；产品合格证/质量证明书；产品性能检测报告；产品安装/使用维护手册；有见证取样要求材料的复试报告；进口产品的报关单或商检证明；材料进场验收照片；进场/使用申请表及 Word 版照片电子文件。

2. 内容要求

供货证明：一二类及大宗材料初次进场需提供，并要求加盖厂家、供应商公章。产品合格证、质量证明书：开具时间不得晚于进场时间；一般要求原件，只有一份原件的优先交档案馆，其余盖报审单位项目章；同批次同规格型号大量进场，每种型号每份材料报验中至少应包含一份合格证原件；单体价值大的设备每台应有合格证。产品性能检测报告：同种产品多次进场，至少保证第一次是原件。产品安装、使用维护手册：可单独收集整理。有见证取样要求材料的复试报告：使用报审日期不得早于复试报告日期。进口产品的报关单或商检证明：需盖供应商公章。材料进场验收照片：详见照片相关要求。

3. 管理要求

报验责任：各施工单位自行报验，甲供材料设备由材料设备安装使用单位进行报验；份数：根据实际情况确定，但至少要保证三套原件（一套过程中交建设单位，一套竣工后交建设单位，一套竣工后交档案馆）；及时性：文档管理人员根据施工进度跟踪材料报验文档提交的及时性；密切跟踪流转进度，确保及时完成审批（一般不超过一个月）；完整性：各流转方需检查表格填写、签署是否完整，附件是否齐全；准确性：各流转方需检查表格填写是否准确，附件是否有效；上传系统：文档资料员需将进场、使用申请表及 Word 版照片电子件及时上传给建设单位；统计通报：各施工单位每月汇总统计，各项目每月通报。

3.2.4 材料采购管理体系及制度

结合外墙装饰工程的实际特点，以及建设单位基建管理体系和流程的要求，在项目实施过程中应制定如下材料管理办法。

1. 材料采购管理体系（图 3-1）

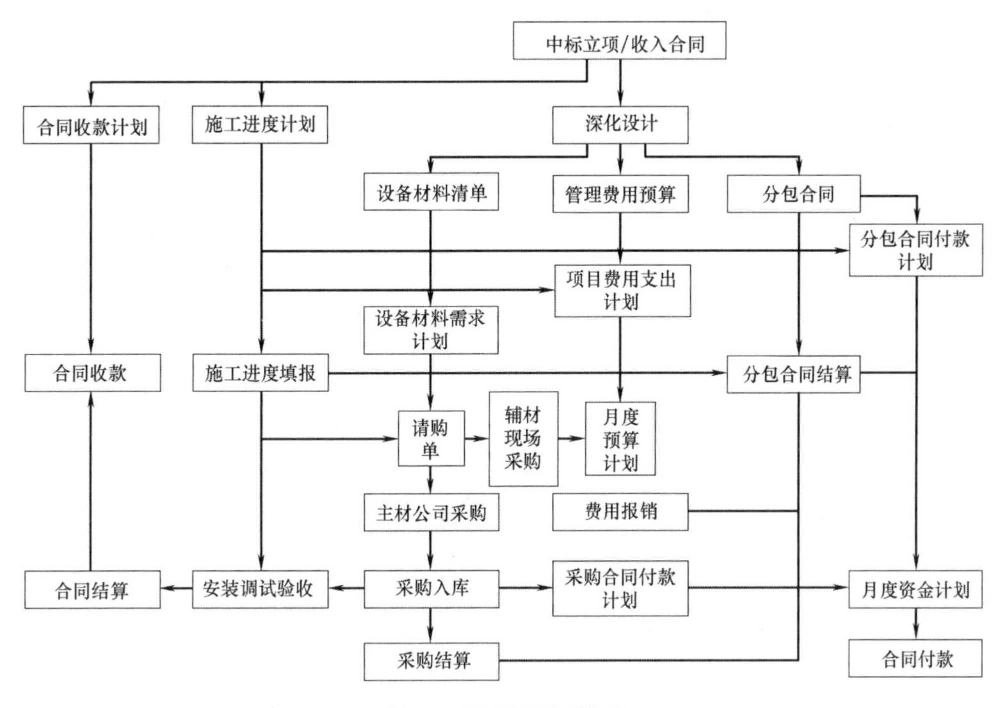

图 3-1　材料采购管理体系

2. 材料报审（报验）流程图

1）材料报审使用验收环节（图 3-2）

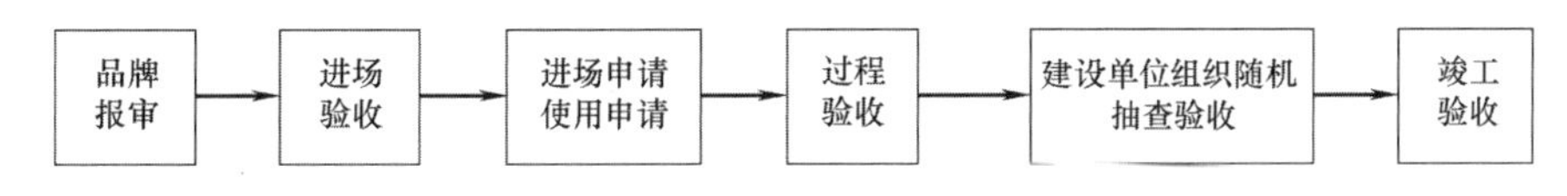

图 3-2　材料报审使用验收环节

2）材料品牌报审流程（图 3-3）

3）材料报验流程图（图 3-4）

3.2.5　采购管理

1）材料采购应遵循就近、质优、价廉的原则。对于大宗材料的采购，应进行公开招标，通过考察综合评选，选出价格低、质量有保证的材料和设备。对不适宜招标项目、少量材料或设备，应进行详细的考察了解，选择合适的产品。

2）对工程所需的材料、设备，应根据需要的数量、规格、使用时间等编制采购计划，周密部署，确保工期。

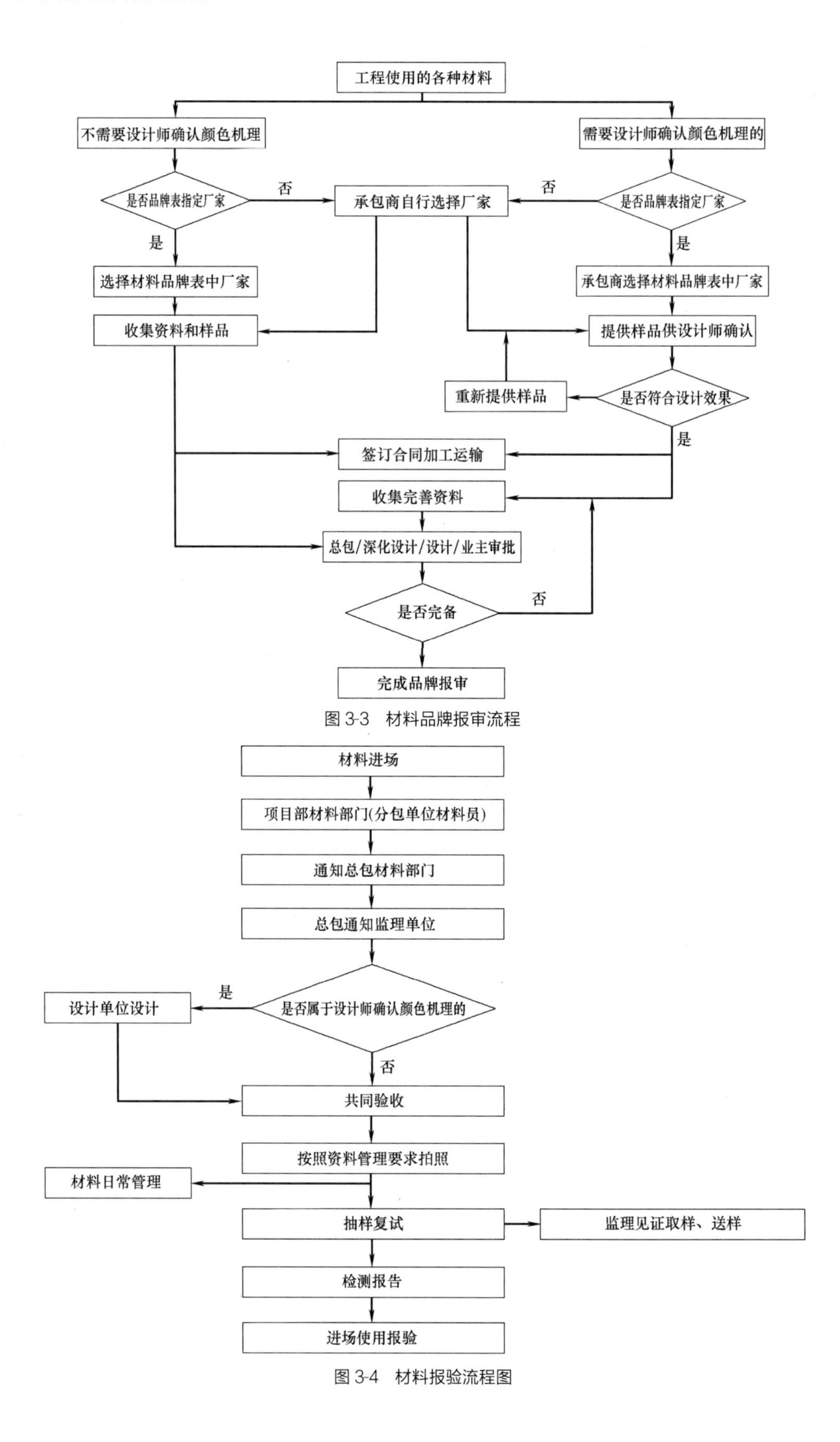

图 3-3　材料品牌报审流程

图 3-4　材料报验流程图

3）工程材料、设备设专人管理，材料、设备进场后由施工单位及时办理验收认证手续。

4）施工单位根据签证认可的单据和收条办理材料结算。

5）为掌握瞬息万变的市场经济商品信息，如价格行情等，采购人员必须经常自觉学习业务知识，提高商务工作的能力，以保证及时、保质、保量地做好材料供应工作。

6）材料供应工作必须始终贯彻执行有关政策法令，严格遵守各项规章制度，做到有令即行，有禁即止。

7）对材料的合同签订、到货后的检查验收以及货款支付各个环节的工作，做到认真负责，万无一失。认真执行合同、单证审批会签手续，增加材料在采购过程中的透明度。

3.2.6　分包供应商资源管理

1. 供应商的选择

1）优秀的供应商资源，完善的供应商管理制度

外装施工单位应拥有完善的材料供货商服务网络及大批重合同、守信用、有实力的材料供货商，拥有物资设备资格证书，能保证工程所需物资及时进场。

2）根据材料采购和进场计划，物资部门将对相应材料供货商进行资质审查和实地考察，选定合格供货商。

考察的内容包括生产状况、人员状况、原料来源、机械设备产品应用情况，对供应商的质量保证能力审核，对供应商支付能力和提供保险、保函能力的调查。

3）对供货商的选择，原则上至少邀请4家供货商参加投标或报价，特殊情况下可采取独家议标（但事先应获取项目经理的批准）。供货商选择的全部记录资料由相关部门负责保存。

在订购各种材料前，向建设单位代表、工程监理报送有关样本并附材质证明书、出厂合格证及生产厂家资质等相关资料，经建设、监理单位审批通过后方与材料供应商签定购货合同。

4）为了确保项目所需材料的供货按合同规定时间到达，大宗材料的采购合同均要求供货商（含建设单位指定供应商）提供预付款保函及履约保函。

2. 组织机构及职责

1）供应部门职责：

（1）制订和实施供应商开发计划；

（2）定期开展市场行情调查，收集整理市场信息，汇报供应商情况及编制分析报告；

（3）负责潜在供应商的拜访和评估工作，选择和推荐潜在供应商；

（4）建立、维护与供应商之间的关系，并不断提高采购质量；

（5）完善供应商档案库，保证数据及时更新和正常使用，利用各种方式及渠道掌握供应商及市场动态；

（6）根据供应商的考核结果进行等级管理。

2）监察部门职责：

（1）组织采购、请购和使用等各部门对供应商进行考核评估，形成合格供应商名录，经施工企业主管领导审批后传递给相关部门；

（2）定期检查采购记录，检验采购人员是否在合格供应商处进行采购。

3）设备管理部门、生产技术部门、后勤部门等请购和使用部门职责：

（1）参与本专业范围内供应商信息的收集和供应商调查；

（2）对供应商供货、质量、交期和售后服务工作进行监督；

（3）对供应商的技术能力、质量保证能力、生产及交付能力进行考察与评估；

（4）了解供应商的生产流程和关键控制点，协助供应部解决技术或质量控制方面的问题。

3.2.7 供应商信息收集

供应商信息收集与调查采购部负责组织，采购人员平时应注意收集供应商的信息，随时登记整理。物资请购部门、使用部门等应积极参与提供供应商信息。

供应商信息来源一般有下列方式：

1）网络等传播媒体；

2）商业广告或供应商主动联络；

3）同行或供应商介绍；

4）公开征询；

5）其他途径。

3.2.8 供应商的调查与选定

1. 施工单位各部门提供的供应商信息

由各部门调查填写《供应商调查表》；凡欲建立供应关系者，由供应商填写《供应商调查表》。《供应商调查表》作为选择供应厂商的参考，应包括下列内容：

1）名称、地址、电话、传真、E-mail、网址、负责人、联系人；

2）公司概况，如资本额、成立日期、占地面积、营业额、银行信息；

3）设备状况；

4）人力资源状况；

5）主要产品及原材料；

6）主要客户。

2. 生产制造类供应商的选定

1）供应商初选

根据项目所用原辅材料、设备情况结合市场供方信息，各部门从各种渠道了解供应商信息，填写《供应商调查表》；或由供应部门向候选供应商发出《供应商调查表》，并请供应商提供价目表、材料样品、设备产品说明书及备品备件技术指标。供应部门汇总各部门的推荐信息以及本部门了解的信息，初步选择几家信誉好的生产厂家作为候选合格供应商。

2）施工企业生产技术部门、设备管理部门或使用部门根据采购质量标准对样品进行检测、试用，或对设备、备品备件技术指标向供应商质询，并出具书面意见。

3）必要时，经施工企业主管领导批准后，由采购部门组织生产技术部门、设备管理部门或使用部门相关人员对候选供应商进行实地调查，听取介绍，了解供应商的经营理念、质量管理、技术水平、供货能力等情况，根据调查结果撰写书面报告。

4）依据《供应商调查表》、检测或试用意见、现场考察，确定合格供应商，经施工企业主管领导批准后，将其纳入合格供应商名录。

5）采购时，根据采购有关制度，从合格供应商名录中确定采购物资供应商进行采购。

6）市场经销商类供应商的选定

(1) 通过实地考察，听取介绍等方式了解基本情况，并索取资质证明文件。

(2) 填写《供应商调查表》。

(3) 在购买地点进行时货检验。

(4) 必要时，由使用部门试用，并出具书面意见。

(5) 经过两次试用没有质量问题时，根据《供应商调查表》、书面试用报告，确定合格供应商，经施工企业主管领导批准后，将其纳入合格供应商名录。

7）服务类供应商选定

(1) 服务类供应商包括校准、运输、设计和化验等供应商。

(2) 对于服务类供应商首先应调查下述内容，并将调查结果填写《供应商调查表》：

① 服务范围、资格及其资质证明文件；

② 服务价格；

③ 准时提供服务的能力；

④ 技术力量与服务设施；

⑤ 对待客户的态度。

(3) 对于服务类供应商，现场考察或对其服务过的客户调查，由使用部门和供应部门共同出具书面意见。

(4) 根据《供应商调查表》、书面试用报告，确定合格供应商，经施工单位批准后，将其纳入《合格供应商名单》。

每个合格供应商，由采购部门负责建立《供应商资料表》及供应商档案。

3.2.9 供应商的考核和评估

1）对重要物资、服务的采购或年采购金额≥5万元的供应商，其每次供货后，供应部门均应组织验收和使用部门填写《供应商信用记录表》。

2）施工企业材料部负责检查《供应商信用记录表》的记录执行情况。

每年1月、7月，由施工企业组织采购部门、设备管理部门、生产技术部门、后勤部门及其他使用部门，对合格供应商名录进行复审。结合供应商的实际供货情况及其信用记录，从品质、交期、价格、服务等几个方面对供应商进行考核和评估。

3）考核和评估后，形成新的合格供应商名录，经项目经理审批后传递到相关部门执行。

4）供应部门应做好供应商的调查和管理工作，原则上应保证每类产品的合格供应商名单不少于三个。

5）对重要原材料、涉及安全方面的仪器设备的供应商，产品如果出现质量问题一票否决。

6）依据供应商的供货情况进行评价，对评价为不合格的供应商，取消合格供应商资格；对评价为优秀的供应商，根据项目需求，给予增加订货或加快付款进度的奖励。

3.2.10 项目采购平台管理

1）采购人员及时登记整理供应商信息资料，已与施工企业发生往来业务的供应商必须建立档案，供应商档案至少包括供应商资料卡、供应商调查表和供应商信用记录表。

2）在采购部门的组织下，依照以往的采购资料和平时收集的数据，对合格供应商及其产品分门别类地整理出一套完整的“产品—价格—供应商”资料库，形成施工单位的采购平台。

价格平台应包含以下内容：

（1）材料（设备）名称；

（2）规格型号；

（3）主要技术指标；

（4）价格区间；

（5）厂家（或供应商）；

（6）索引。

3）邀请招标或议标，首先从资料库（采购平台）中选取邀请对象；对于劳保用品、办公用品及常用生产材料等，可以从中指定供应商采购。

4）对单件金额较大的备品备件、材料等，结合自身及周边项目需求，努力和合格供应商建立供应商库存或与供应商建立联合库存，减少资金占用和缩短供应时间。设备管理部门人员应及时提供该类备品备件的名单、施工企业使用信息、周边项目的使用信息及有关厂商信息。

5）奖惩

（1）对推荐合格供应商，经施工企业实施采购和评估后，证实为优秀供应商的人员，施工企业给予推荐人员一定的奖励。

（2）提供虚假信息或故意隐瞒供应商的不良信用记录的人员，视情节轻重，给予一定处罚。对施工企业造成经济损失的，追究其赔偿责任。

3.2.11　项目实施过程材料质量管控

1. 项目实施阶段质量控制程序（图 3-5）

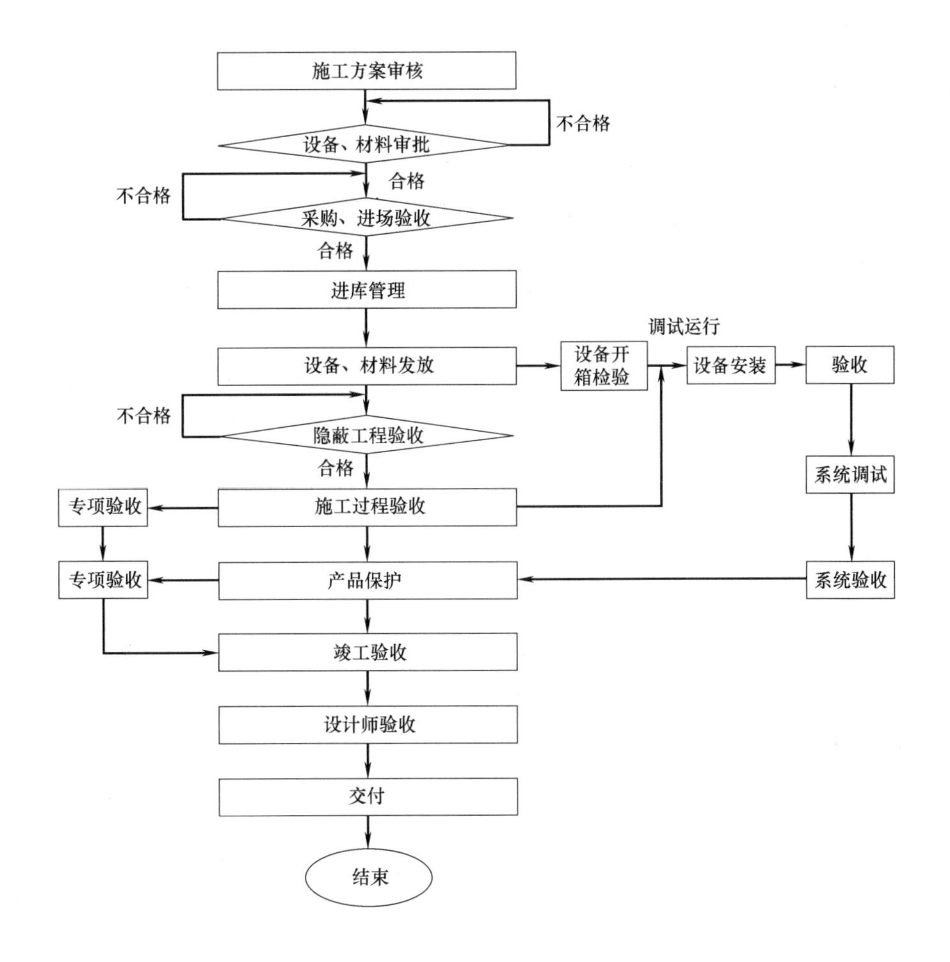

图 3-5　项目实施阶段质量控制程序

2. 材料、设备供应商资质审核程序（图 3-6）

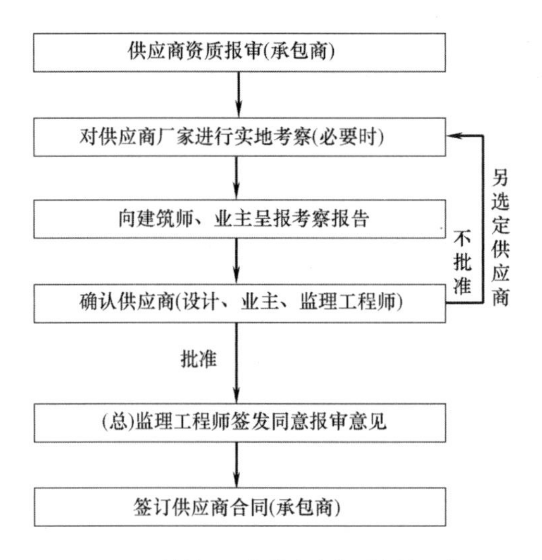

图 3-6 材料、设备供应商资质审核程序

3. 材料进场审核程序（图 3-7）

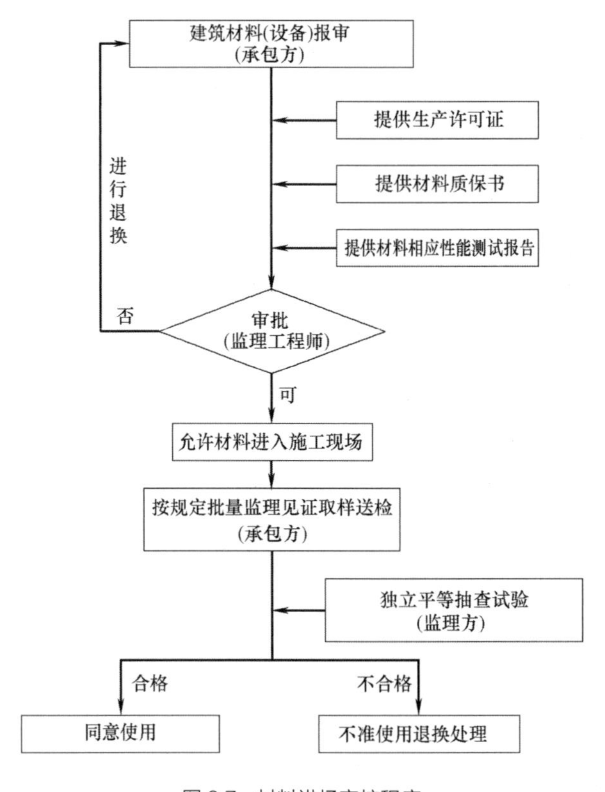

图 3-7 材料进场审核程序

3.3 外装主要材料选择

3.3.1 石材的选择

石材品种有红砂岩、黄砂岩、灰砂岩、灰麻花岗岩、黄锈花岗岩等。外装工程对石材品质有较高的要求。

1. 对石材品质和矿区的要求

一种颜色的石材应由一个采矿场提供；石材一律要求细致紧密的颗粒，精心挑选，色泽、纹理及光洁度（抛光后）需一致；石材不应含有可能影响石材结构完整性的裂纹、纹理或裂缝；石材应无表面损蚀、矿物杂质。

2. 石材物理性能

所有石材应符合现行国家规范和参考美国 ASTMC615 标准中的要求，石材检测时受力面的石纹方向应与实际安装位置一致，或者是面向受力最不利一侧方向进行。

吸水率：≤3.75%（按照 ASTMC97 标准试验方法）；

密度：≥2290kg/m^3（按照 ASTMC97 标准试验方法）；

压缩强度：≥54MPa（干），30MPa（湿）（按 ASTMC97 标准试验方法）；

弯曲强度：≥3MPa，按 ASTMC880 标准试验方法进行各个方向的干湿状态下的试验（试验的厚度为 70mm，表面处理应与实际工程相同）；

热膨胀系数：≤0.000012/℃。

3. 矿区及荒料开采

1）开采部位的选定：石材质量主要表现在面材的色差及纹路搭配，依据以往的经验，同一矿口的石材也含有自然的基色变化，纹路走向复杂，只有自然过渡，可保证最终的效果，就可使用。而控制色差的第一步，也是最重要的一步，开采顺序必须与加工顺序及施工顺序统一安排，确保重点面、重点部位兼顾荒料及板材利用率。另外，考虑到天然石材离散性的风险，应备充足的荒料，以满足工程需要。

2）筛选荒料

确定工程用料的总数量，对矿山纹理走向进行全面的综合评审，并由厂方对矿点储存量、质量稳定性进行评估。石材选材应在基岩部分，此部分石材密实度高，质地优良。

（1）矿区由三部分构成：风化层、过渡层、基岩部分（图 3-8）。

（2）矿区选择原则

矿区应选择石材的基岩部分，其具有密实度高、质地优良的特点，这是保证板材质量的关键（图 3-9）。

图 3-8　矿区构成示意图

图 3-9　矿区基岩示意图

在选定的矿点范围以内进行定点开采，把开采下来的荒料逐一筛选，按矿床走向将可用的荒料进行编号，以便通过荒料编号控制石材的色差，使颜色能够在最小范围内逐渐过渡。并将同一批筛选出的荒料逐块检验，派驻货人员驻矿检验，达到技术要求中相应的质量。

4. 石材开采时的色差控制

石材开采关键是石材色差控制。

1）石材开采色差控制方法：

（1）始终编号法；

（2）色样跟踪法。

2）石材开采色差控制的基本原则：

选颜色较稳定的矿脉，取同一坑口的荒料，按工程量一次开采；按坑口出料先后顺序编号，按编号顺序加工，按加工次序装架。

石材色差从源头控制开始。石材是一种天然形成的矿物质，由于矿脉的形成，难以避免存在颜色变化。经过多次、多地选矿实践经验，可总结出一套较为完善的石材生产加工模式。对石材质量可采取从原材料（荒料）的采购、加工，采取全员、全方位、全过程控制方式。

对荒料进行逐一编号的办法，即在荒料开采的过程，根据矿山开采每块荒料所在位置分别编号，以便通过荒料编号控制石材的色差，使颜色能够在最小范围内逐渐过渡。

荒料运输至加工厂后将进行逐一登记，并根据编号定向开锯。加工的方料出锯后，检测人员对每块板材的颜色，同已认定的方料色样块进行比色。同时，对厚度、平整度及有无色线、色斑、砂眼等进行检查，并做好记录。不合格的板材不再进行下一道工序的加工，对检查合格的板材进行统一编号，此编号与施工图纸上的板材编号相互对应，记录归档，以便将来安装过程中出现板材的破损或补板，可采用同一块荒料或同一张方料计划余料加工补料，确保石材色差控制，这是保证石材颜色的重要环节。

经过大锯切割而成的方料进行磨光，经过粗磨、细磨、抛光、打蜡流水作业完成后，也可依据客户的要求磨成不同光泽度的板材。在磨光过程中，必须按其原有编号顺序逐一磨光，逐一排放，磨光后的每一块板材都需实测其光泽度，保证同一批板材在一个光泽度范围内误差不大于±2GU。同时，检测人员取出已认定的抛光色样块进行比色，合格的进入下一道工序。

石材经过存放干燥后颜色略有变化，应设置专职拼色人员，根据石材设计展开图将建筑物合理分成不同立面，采用同色石材统一编制新号，同立面加工进行规格板切割，操作人员将规定尺寸输入数控切割机控制器中，板材尺寸自动定位、自动切割，正负误差＋0、－1mm 以内。规格板加工后石材开槽，开槽位置要求距离边缘大于等于 90mm、小于等于 180mm，开槽宽度为 7mm。定型材料加工后表面防水处理，对石材六面体进行防水憎水剂喷涂处理。

5. 石材方料加工色差控制

石材质量控制的重要指标之一是“石材色差控制”，贯穿于石材开采、加工、安装、使用全过程。

1）石材色差的全过程控制

（1）石材色差全过程控制要求：

提交三块样品作为色差控制板，三块样品的颜色深浅不一，一个作为颜色基准，另两个作为最深颜色和最浅颜色的限制样品。色差控制板大小为 600mm×600mm，并分别存放工地、采石场和加工厂作为对照之用。

（2）石材色差全过程控制方法：

始终编号法、色样跟踪法、防水处理法。

（3）石材色差全过程控制的基本原则：

选颜色较稳定的矿脉，取同一坑口的荒料，按工程量一次取足；

按坑口出料先后顺序编号，按编号顺序加工，按加工顺序装架；

按建筑立面分别排版，选择颜色基本一致的板材按照颜色平稳过渡的原则排版编号；按编号进行现场安装。

2）荒料控制

在确定的矿点范围以内进行定点开采，同一时间开采出的荒料逐块洒水检验、编号。开料前，根据整个工程图纸，对整体用料全面考虑。每块荒料均在同一方向取样，所取样板经打磨抛光后，再集中在一起对比同种石材各块荒料的颜色、花纹之间的差异，结合工程石材的位置情况，精心搭配，确保每一部位的同种石材颜色基本一致，纹路过渡自然。

3.3.2 陶砖的选择

1. 烧结多孔陶土砖简介

以黏土、页岩、煤矸石、粉煤灰等为主要原料，经焙烧而成，主要用于建筑物承重部位。孔洞率不大于35%，孔的尺寸小而数量多、砖的外形一般为直角六面体，并符合下列要求：烧结多孔砖的孔洞多与承压面垂直，它的单孔尺寸小，孔洞分布合理，非孔洞部分砖体较密实，具有较高的强度。

普通烧结砖具有自重大、体积小、生产能耗高、施工效率低等缺点，采用烧结多孔砖和烧结空心砖代替烧结普通砖，可使建筑物自重减轻30%左右，节约黏土20%～30%，节省燃料10%～20%，墙体施工工效提高40%，并改善砖的隔热隔声性能。通常在相同的热工性能要求下，用多孔砖、空心砖砌筑的墙体厚度比用实心砖砌筑的墙体减薄半砖左右，所以推广使用多孔砖和空心砖是加快我国墙体材料改革、促进墙体材料工业技术进步的重要措施之一。

烧结多孔砖的生产工艺与普通烧结砖相同，但由于坯体有孔洞，增加了成型的难度，因而对原料的可塑性要求很高。

砖规格尺寸（mm）：290、240、190、180、140、115、90。

强度等级：执行现行国家标准《烧结多孔砖和多孔砌块》GB 13544 规定，根据抗压强度，烧结多孔砖分为MU30、MU25、MU20、MU15、MU10 五个强度等级。

孔型：孔洞率，即砌块的孔洞和槽的体积总和与按外尺寸算出的体积之比的百分率。依据现行国家标准《烧结多孔砖和多孔砌块》GB 13544 规定，所有烧结多孔砖孔型为圆形孔、矩形孔或矩形条孔。

孔洞排列要求：所有孔宽应相等。孔采用单向或双向交错排列；孔洞排列上下、左右应对称，分布均匀，手抓孔的长度方向尺寸必须平行于砖的条面。

密度等级：砖的密度等级分为1000、1100、1200、1300 四个等级。

2. 定样及原料选择

根据建筑师选定的颜色，加工所需原料。由若干颜色陶土料按照一定比例混合，制作砖坯，烧制出定样的颜色，纯天然，不添加任何色素。陶土砖就是采用紫砂陶土高温烧制而成。

陶土砖与其他常用的涂料、瓷砖相比，拥有更好的吸水性，并拥有优异的抗冻融特性，这一点是其他任何外墙材料没法比拟的。另外，陶土砖还拥有良好的吸声、透气透水、抗光污染和耐风化耐腐蚀性。

1）优异的抗冻融特性：

在吸水率达到10%的情况下，瓷质砖在－15℃时冻融三次已经全部冻裂，而陶土砖却可以在－45℃的环境下冻融50次不出现裂痕。

2）良好的抗光污染性能：

陶土砖能够将90%以上的光全部漫反射，对保护人体视力、减少光污染有很好的作用。

3）良好的吸声作用：

由于陶土砖通体富含大量均匀细密的开放性气孔，故能将声波全部或部分折射出去，起到室外降低噪声、室内消除回音的效果，是创造城市优良居住环境的绝佳材料。

良好的透气性、透水性：陶土砖透气、透水的优越性在提倡绿色生态保护的今天得到充分的展示，其古朴的韵味与自然景观相融合，体现了人与自然的和谐对话。

良好的耐风化、耐腐蚀性：随着工业污染的加重，雨水中的酸性一天天在增加，很多建筑材料因为无法接受这个考验而被淘汰。纯天然的加工工序使得陶土砖本身只含有少量的化学杂质，其内部结构也不易受到酸雨的影响，陶土抗碱腐蚀性的特性更是其他材料无法与之相比的。

3. 陶土砖等的质量要求

外观规格：240mm×115mm×60mm；

等级要求：烧结优等品砖；

砂浆强度：≥M10。

4. 力学及物理性能

陶土砖应符合现行国家标准《烧结普通砖》GB/T 5101、《砌墙砖试验方法》GB/T 2542、《烧结多孔砖和多孔砌块》GB 13544，参考美国标准ASTMC67、ASTMC62、ASTMC216、CSAA82等相关要求。

1）抗压强度≥30.0MPa（变异系数$\delta \leqslant 0.21$时，强度标准值$f_k \geqslant 22.0$；$\delta > 0.21$时，单块最小抗压强度值≥25.0MPa）。

2）冻融试验：执行美国ASTMC67标准等级（抗严重风化）的砖冻融测试，干质量损失≤0.5%；执行按照现行国家标准《烧结普通砖》GB/T 5101标准的冻融测试，干质量损失≤2%。

3）石灰爆裂：①最大破坏尺寸大于2mm且小于等于15mm的爆破区域，每组砖样不得多于15处。其中大于10mm的不得多于7处；②不允许出现最大破坏尺寸大于15mm的爆破区域。

4）泛霜试验：不允许出现严重泛霜。

5）吸水率和饱和系数：5h沸煮吸水率平均值<15%；单块最大值<15%；饱和系数平均值≤0.85；单块最大值≤0.87。

3.3.3 屋面瓦的选择

1. 烧结屋面瓦概况

欧式屋面瓦多属于彩色烧结瓦，按照表面处理方式可分为两类：琉璃瓦（有釉瓦）、亚光彩瓦（颜色素瓦、无釉瓦）。在坯体上面施釉的彩瓦称之为琉璃瓦。在坯体上面将施釉改为瓦体表面喷淋不同颜色的高温色料，成为亚光彩瓦，又称颜色素瓦或无釉瓦。欧美地区古典建筑的屋面瓦多采用亚光彩瓦。在国内目前属于新型建筑材料，执行现行国家标准《烧结瓦》GB/T 21149 标准。

烧结屋面瓦的铺设部位分为屋面瓦和配件瓦。

1）屋面瓦：按形状可进一步分为板瓦、筒瓦、滴水瓦、沟头瓦、J形瓦、S形瓦、平瓦和其他异形瓦。

2）配件瓦：按功能可进一步分为檐口瓦和脊瓦两个配瓦系列，其中檐口瓦系列包括：檐口封头、檐口瓦和檐口瓦顶；脊瓦系列包括：脊瓦封头、脊瓦、双向脊顶瓦、三向脊顶瓦和四向脊顶瓦等。此外，不同形状的屋面瓦还有其特有的配件。

屋面瓦主要材料黏土是一种含水铝硅酸盐物质，黏土的种类很多，它们的组成和性质都不一样，习惯上把制陶用的黏土称为“陶土”。陶土的共同特点是助熔剂含量特别高，烧成温度不超过1000℃。据矿物的结构与组成的不同，陶瓷工业所用黏土中的主要黏土矿物有高岭石类、蒙脱石类和伊利石（水云母）等三种，另外还有较少见的水铝石。黏土矿物的主体化学成分是硅铝氧化物和水，其特征是与适量水结合可调成软泥，具有可塑性，瓦胚经过烧制，变成具有一定湿度的坚硬烧结体。

3）适用范围

① 主要用于低层、多层建筑，仿古建筑和特殊工程。

② 适用屋面坡度≥30%。当屋面坡度>50%时，应加强烧结瓦的固定措施。

③ 烧结彩瓦屋面依据选用的防水垫层材料，合理使用年限为10年、15年、25年。

④ 寒冷地区应选用吸水率低的产品。

4）烧结屋面规格（表3-2）

烧结瓦主要规格　　表3-2

项次	产品类别	规格(mm)
1	平瓦	400×240、360×220，厚度10~20
2	脊瓦	总长≥300、宽≥180，高度10~20
3	三曲瓦、双筒瓦、鱼鳞瓦、牛舌瓦	300×200、150×150，高度8~12
4	板瓦、筒瓦、滴水瓦、沟头瓦	430×350、110×50，高度8~16
5	J形瓦、S形瓦	320×320、250×250，高度12~20

2. 板岩屋面瓦概况

1）天然石板瓦（Roofing Slate）具有良好的劈分性，并达到一定块度的质量要求的板石为板石矿，而其中可用作屋顶覆料的板石称为瓦板岩矿。因其具有独特的物化性能，加工简便，无污染而被视为绿色、洁净建材。近几年，欧美诸国及亚洲的日本、新加坡等国对瓦板岩的需求量稳定增长。我国板岩比较丰富，而以陕西的紫阳、镇巴、岚皋以及湖北竹溪、竹山、江西星子县等地的储藏较丰富。

瓦板矿体多呈似层状或豆荚状，控制长度多在100～200m，厚度10～50m，垂向下沿深度为50～80m。

2）瓦板岩的矿物成分与结构构造

瓦板岩的矿物成分主要为绢云母（75%～85%）和石英，其次有泥质（<1%），含少量的碳盐酸（<1%或不含）、黄铁矿、磁黄铁矿及其他氧化物，部分含有绿泥石（<1%）、黑云母（一般为1%，个别5%）；微量的电气石、锆石等。根据其矿石成分分析，其原岩为砂质泥岩。

一般硬质板中绢云母含量在75%～85%之间，硅质含量8%～15%以上，软质绢云母含量在90%，石英5%～7%。

瓦板岩宏观为典型的隐晶地结构，板状构造，岩石致密均一；显微镜下，一般绢云母多呈微鳞片状集合体，定向排列分布，粒径一般为0.01～0.02mm，少数达0.04mm。石英多呈粒状变晶单晶或集合体均匀分布在绢云母之间，少数与白云石、方解石、绿泥石共生呈小豆体、小透镜体状团块或细脉产出。绝大多数石英晶体具有波状消光、亚颗粒化，被压扁拉长呈长条状定向排列，表明瓦板岩在形成过程中经历了强烈的韧性变形作用。

3）瓦板岩化学成分

硬质板岩化学成分分析，二氧化硅的平均值为70.10%，三氧化二铝12.86%，二氧化硅和三氧化二铝比值为5.46%，三氧化二铁和氧化铁为6.54%，氧化钙为0.32%，氧化镁为2.01%，硫为0.046%，碳为0.45%，其中有机碳0.40%，碳酸盐中的碳只有0.05%。

软质板岩二氧化硅为57.30%，三氧化二铝为19.44%，二氧化硅和三氧化二铝比值为2.96%，三氧化二铁和氧化铁为9.96%，氧化钙为0.47%，氧化镁为2.11%，硫为0.057%，碳为0.45%，其中有机碳0.43%，碳酸盐中的碳只有0.05%。

两者主要差别是二氧化硅和三氧化二铝含量差别较大，硅铝比几乎相差一倍。国产板岩瓦化学成分达到硬质板岩标准，且硫化物及无机碳含量低，化学成分稳定。西班牙产地板岩瓦化学成分更趋近软质板岩。

4）天然石板瓦物理特征

天然石板瓦的颜色为青灰、深灰（微带蓝色调），颜色纯正，古朴端雅，具亚光性，色调柔和，无明显的杂色条带和斑痕。吸水率为0.10%～0.28%。

5）天然石板瓦质量判断标准

判断标准是以天然石板瓦中钙、铁的含量比例评判，低硅低钙的天然石板瓦质量最好。现在欧洲低钙低硅的石板瓦标准是含钙量在3%以下，国产石板瓦含钙量能达到0.24%～0.26%，是最好的石板瓦。

（1）天然石板瓦的抗压抗折性能

国产板岩岩石结构致密，微裂隙极不发育，故其抗压强度为207.3～325.7MPa，抗折强度为43.6～85.0MPa，符合欧美国家标准。

（2）体积密度和强度

国产板岩瓦的体积密度（天然容重）为2630～2800kg/m^3，略低于西班牙指标而高于法国指标。目前国内尚未采用磨耗因数（*WF*）进行硬度测定，法国、意大利、比利时等国已采用此法，因而仍只能采用传统的肖氏硬度法，虽然不能准确反映岩石整体的实际硬度，但仍具有可比性，测量结果表明，陕西、湖北瓦板中硬质板的肖氏硬度为65.4～75.0，而软质板只有30.2。

（3）耐热性

天然石板瓦具有很好的耐热性，火烧时候不变形、不燃烧；火烧时不发生化学反应，表面基本无变化。用20%深度硫酸和氢氧化钠溶液在20℃的条件下分别侵蚀天然石板瓦样品，3h后酸腐蚀条件下其质量仅损失0.04%～0.06%，碱腐蚀条件下损失率为0.03%～0.08%，表明石板瓦具有优越耐腐蚀、耐酸碱，为耐碱板、耐酸板。

（4）抗冻性能

天然石板瓦经过25次冻融循环后，抗压强度仍达166.0～182.7MPa，且损失率<0.1%，表明抗冻性能好。

（5）劈开性能

板岩结构均匀，有一定韧性，因此具有较好的加工性能。板岩劈开厚度为5～11mm。

（6）瓦板岩的放射性强度

采用放射化学方法测定瓦板岩的Ra-226、Th-232和K-40的放射性比活度。对照现行行业标准《建筑材料放射性核素限量》GB 6566，板岩的放射性比活度应同时满足$C_{Ra}^{e} \leqslant 350Bq \cdot kg^{-1}$和$C_{Ra} \leqslant 200Bq \cdot kg^{-1}$标准，属于不限制使用的A类建筑材料，可做屋面覆料。

3. 瓦面颜色及瓦型定样

1）烧结瓦

（1）筒瓦（图3-10）

（2）大平瓦（图3-11）

（3）鱼鳞瓦（图3-12）

（4）罗曼瓦（S瓦）（图3-13）

（5）石板瓦（图3-14）

图 3-10　筒瓦

图 3-11　大半瓦

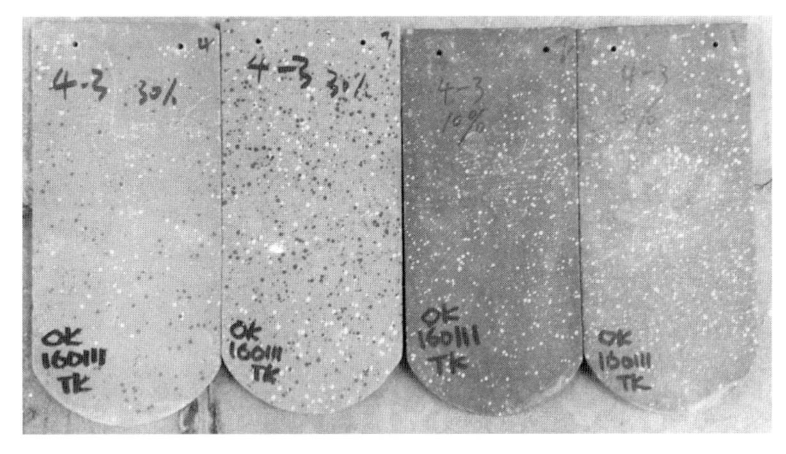

图 3-12　鱼鳞瓦

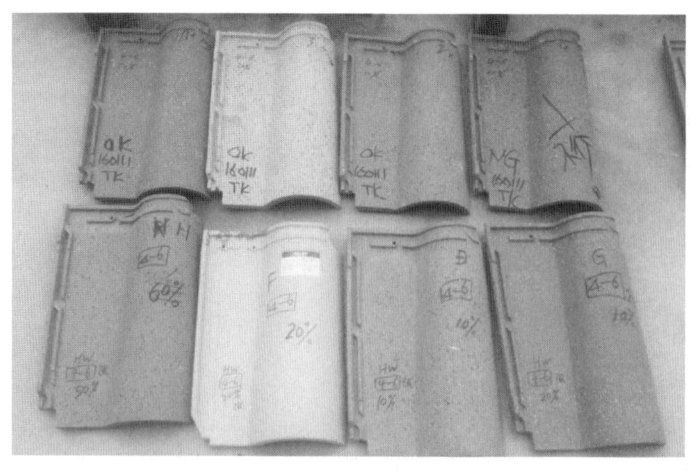

图 3-13 罗曼瓦（S 瓦）

图 3-14 石板瓦

4. 屋面瓦物理性能

1）烧结瓦

（1）在现行国家标准《烧结瓦》GB/T 21149 中，将亚光彩瓦分为合格品和优等品，合格品的尺寸允许偏差和外观质量要求偏低，难以保证工程质量。

（2）抗弯曲性能

平瓦、脊瓦、板瓦、筒瓦、滴水瓦、沟头瓦类的弯曲破坏荷重≥1200N，其中青瓦类的弯曲破坏荷重≥850N；J 形瓦、S 形瓦的弯曲破坏荷重≥1600N；三曲瓦、双筒瓦、鱼鳞瓦、牛舌瓦等的弯曲强度≥8.0MPa。

（3）经 15 次冻融循环不出现剥落、掉角、掉棱及裂纹增加现象。

（4）青瓦类吸水率≤21.0%；其他瓦吸水率：Ⅰ类≤6%，6%＜Ⅱ类≤10%、10%＜Ⅲ类≤18%。

（5）抗渗性能：经 3h 瓦背面无水滴产生。若瓦的吸水率不大于 10%时，可不作抗渗性能要求，否则必须进行抗渗性能试验，并符合本条规定。

2）屋面石板瓦应符合现行国家标准和参考美国 ASTM C406—1989（1996）屋面板岩标准。

3.3.4 灰泥的选择

灰泥又称灰泥基质、熟石膏，是碳酸盐岩的结构组分之一，是一种由泥状碳酸钙细屑或晶体组成的沉积物。人类将灰泥作为一种建筑材料的应用始于旧石器时代，经过近代工业化的迅速发展，传统意义上的“灰泥”材料已经发生了翻天覆地的变化。其中灰泥也作为一种新颖的涂料，被应用于装饰方面。

灰泥的样式数不胜数，不仅有质地光滑细腻的灰泥，更有可以制作饰面花纹的大颗粒灰泥，色彩更是花样繁多，而这一切都取决于原料的配用。从工艺制造来看，灰泥的配料大致可分为集料、骨料、粘结料、筋料和颜料五种。以不同配料制作的灰泥，分别在各方面有着不同的长处。装饰性主要由骨料和颜料决定，灰泥的骨料包括：特种骨料类（珍珠岩、蛭石、沸石等）；天然砂、石砾类（河砂、山砂、珊瑚砂、贝粉、蛋白石等）；人工砂类（石英、彩釉砂、瓷玉、髓粒、玻璃珠等）。

集料在灰泥组分中主要起填充作用。一些集料会影响灰泥组分，如耐火、耐磨、呼吸、调湿及着色等性能特征。骨料在灰泥组分中主要起骨架的作用。灰泥的成膜强度、抗压、耐磨以及成膜厚度、肌理质感等，都与骨料的种类、大小及其本身特质有直接关系。

粘结料在灰泥组分中的作用是粘结，灰泥的粘结牢度主要取决于粘结材料的选用，并直接决定了灰泥成品的综合性能指标。

灰泥组分当中筋料的主要作用是提高灰泥的抗拉强度，增强弹性和抗伸缩性，使灰泥饰面层不易开裂。

颜料在灰泥组分当中的作用是调色，各种常见的建筑表皮颜色，通常能够通过颜料调配出来。

灰泥刷涂顺序一般分为2～3遍：

1）具有吸水性的基层需要用蛋白胶打底。

2）涂刷于粉刷层、混凝土、石材上时，第一层或第二层应视需求效果而涂刷不同颗粒大小的灰泥涂料。

3）涂刷于干式墙面或修补过的墙面时，建议以粗颗粒灰泥涂料作为第一层涂装，可以覆盖墙板接缝处或墙体破损的痕迹，第二层可以自由选择细致颗粒或粗颗粒的涂料。

3.4　材料加工工艺技术

3.4.1　石材加工

石材按照组成成分类别，分为花岗石（Granite）、石灰石（Limestone）、大理石（Marble）、砂岩（Quartz-based）、板石（Slate）及其他石材六大类（详见ASTM C119标准）。石材产品按照加工工艺的不同，可以分为异型产品（包括雕刻、弧板、空心柱、实心柱、线条、拼花等）、板材产品（包括大板、规格板、薄板等）；按照使用部位，又可以分为室内石材、室外石材、墙面（立面）石材、地面石材、建筑用石（如桥墩）、装饰石材（如各类饰面石材）等。

加工生产应采用标准化管理，设计、生产、安装过程应按照现行国家标准《质量管理体系要求》GB/T 19001 要求，生产工人均经过严格专业培训和考核后持证上岗。

石材加工生产应满足高精度石材、异形石材、门窗套线等加工生产要求，并形成型材加工、组框、打胶和包装的车间流程化，具有大批量生产石材的能力，其中，数控及数控加工设备应满足各种复杂、高精度石材加工的需要。

1. 石材加工工艺

1）石材加工生产工艺流程（图 3-15、图 3-16）

荒料采购（开采）→荒料修整→大砂锯、排锯切割方料→光面或毛面处理→红外线桥式切机切割成品→开槽、粘结、倒角、磨边→成品检验→防水处理→包装处理→运输。

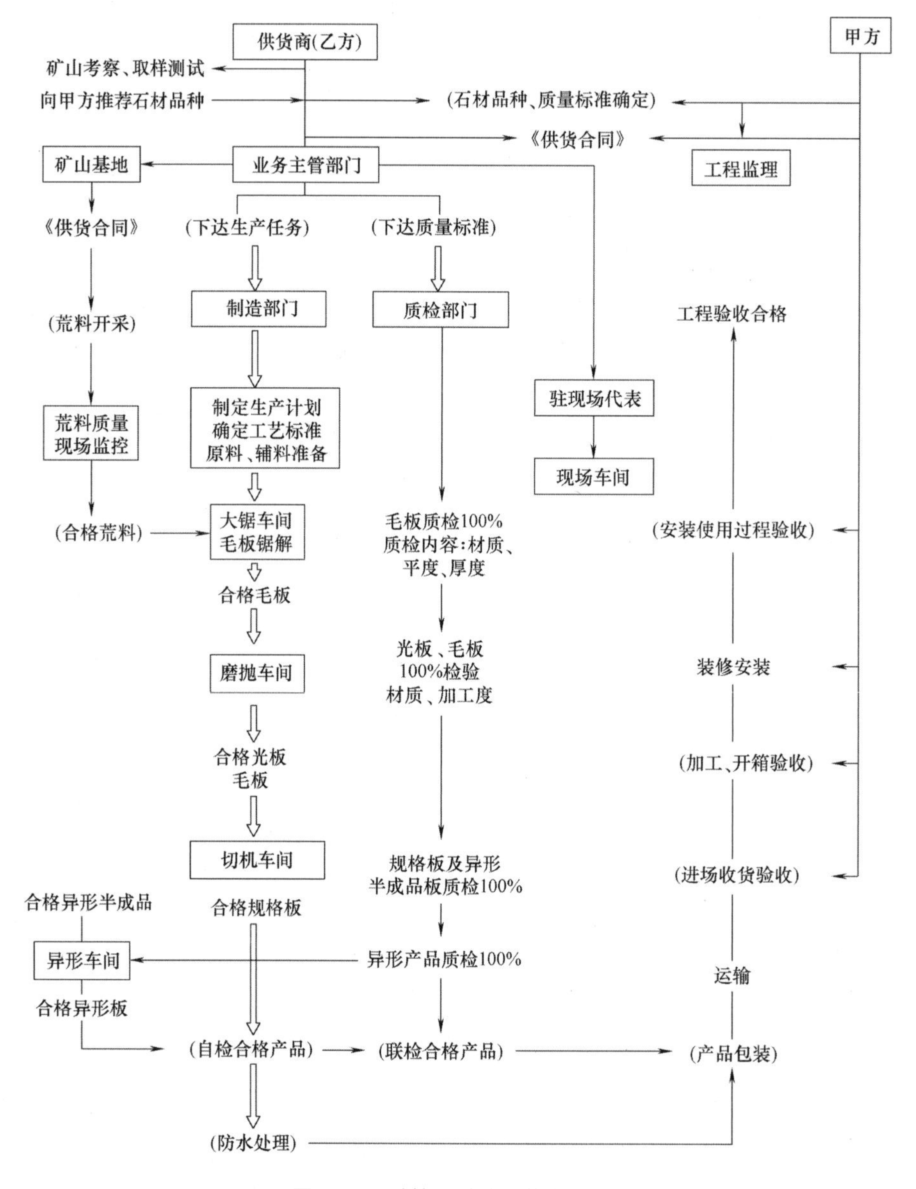

图 3-15 石材加工生产工艺流程图

图3-16　石材加工车间

2）施工工艺要点

（1）荒料加工（图3-17）

根据客户需要采购（或开采）荒料，施工单位应派专人直接到矿区选料，保证进厂荒料的花色一致。根据国家行业标准验收合格后，按开采矿层、顺序进行编号，同时区别出花纹的粗、中、细和颜色的深、中、浅。

图3-17　荒料锯切

（2）方料加工（图3-18）

砂锯切方料由大砂锯加工，切割成20～30mm厚的方料。该机械由电脑控制，生产过程全部自动化。每块板材的侧面都编上所属荒料的编号和该方料在这块荒料中的顺序号。锯切完成方料经清洗、检验，防止在以下的加工过程中造成板材的断裂及破损。

（3）研磨抛光、表面处理（图3-19）

由连续磨机加工完成。研磨抛光的目的是将锯好的方料进一步加工，使其厚度、平整

图 3-18 方料切割

度、光泽度达到要求。该工序首先需要粗磨校平，然后逐步经过半细磨、细磨、精磨及抛光，把花岗石的颜色纹理完全展示出来。一般使用金刚砂作磨料。花岗岩抛光，一般使用复合材料胶结的金刚砂磨块（也叫磨头）进行抛光，一般有 1 号、2 号、3 号、4 号、5 号和 0 号，共 6 种磨块，1 号最粗，5 号很细，0 号则是不含金刚砂的抛光膏。加工时一般从 1 号到 5 号顺序进行，最后使用 0 号抛光。大理石抛光，一般使用毛毡加蜡再加各种不同颗粒粗细的金刚砂细粉进行抛光。经过抛光的板材称为光板。

图 3-19 黄砂岩亚光面加工

（4）切断加工

切断加工是用切机将方料或抛光板按所需规格尺寸进行定形切割加工。板经过切边机切割成所需要的尺寸规格。集中挑选相同颜色的板材，根据产品订单中安装部位、材料用量进行初步预选，技术人员根据建设单位提供的图纸进行分解，按同一部位、同一纹路排版，挑颜色，编号，然后决定切割顺序，统一规格板成品切割完成（图 3-20）。

（5）凿切加工

凿切加工是传统的加工方法，通过楔裂、凿打、劈剁、整修、打磨等办法将毛胚加工成所需产品，其表面可以是菠萝面、龙眼面、荔枝面、自然面、蘑菇面、拉沟面等。凿切加工主要是使用手工加工，像是锤、剁斧、錾子、凿子等，不过有些加工过程可以使用机

图 3-20　板材切割

器加工完成。

3）各类石材加工完成面分类

（1）抛光（Polished）：表面非常平滑，高度磨光，有镜面效果，有高光泽。花岗石、大理石和石灰石通常是抛光处理，并且需要不同的维护以保持其光泽。

（2）亚光（Honed）：表面平滑，但是低度磨光，产生漫反射，无光泽，不产生镜面效果，无光污染。

（3）粗磨（Rough-rubbing）：表面简单磨光，把方料切割过程中形成的机切纹磨除即可，感觉是很粗糙的亚光加工。

（4）机切（Machine-cut）：直接由圆盘锯砂锯或桥切机等设备切割成型，表面较粗糙，带有明显的机切纹路。

（5）酸洗（Pickling）：用强酸腐蚀石材表面，使其有小的腐蚀痕迹，外观比磨光面更为质朴。大部分的石头都可以酸洗，但是最常见的是大理石和石灰石。酸洗也是软化花岗石光泽的一种方法。

（6）荔枝（Bush Hammered）：表面粗糙，凹凸不平，是用凿子在表面上密密麻麻地凿出小洞，模仿水滴经年累月地滴在石头上的一种效果（图 3-21）。

图 3-21　石材荔枝面加工

（7）菠萝（Picked）：表面比荔枝加工更加的凹凸不平，就像菠萝的表皮一般。

（8）剁斧（Chiselled）：也叫龙眼面，是用斧剁敲在石材表面上，形成非常密集的条状纹理，有些像龙眼表皮的效果。

（9）火烧（Flamed）：表面粗糙。这种表面主要用于地面或建筑外墙饰面。高温加热之后快速冷却就形成了火烧面。火烧加工、喷烧加工，是利用组成花岗石的不同矿物颗粒热胀系数的差异，用火焰喷烧使其表面部分颗粒热胀破裂脱落，形成起伏有序的粗面纹饰。这种粗面花岗石板材，非常适合于湿滑场所的地面装饰和户外的墙面装饰。主要设备是花岗石自动烧毛机。火烧面一般是花岗岩。

（10）开裂（Nature Split）：俗称自然面，其表面粗糙，但不像火烧那样粗糙。这种表面处理通常是用手工切割或在矿山鋻以露出石头自然的开裂面。

（11）翻滚（tumbled）：表面光滑或稍微粗糙，边角光滑且呈破碎状。有几种方法可以达到翻滚效果。20mm的石材可以在机器里翻滚，30mm石材也可以翻滚处理，然后分裂成两块砖。大理石和石灰石是翻滚处理的首选材料。

（12）刷洗（Brushed）：表面古旧。处理过程是刷洗石头表面，模仿石头自然的磨损效果。

（13）水冲（Water-jet）：用高压水直接冲击石材表面，剥离质地较软的成分，形成独特的毛面装饰效果。

（14）仿古（Antique）：模仿石材使用一定年限后的古旧效果的面加工，一般是用仿古研磨刷或是仿古水来处理，一般仿古研磨刷的效果和性价比高些，也更环保。

（15）火烧仿古（Flamed＋Brushed）：先火烧后再做仿古加工。

（16）酸洗仿古（Pickling＋Brushed）：先酸洗后再做仿古加工。

（17）喷砂（Sandblasted）：用普通河砂或是金刚砂来代替高压水来冲刷石材的表面，形成有平整磨砂效果的装饰面。

（18）拉丝（拉沟）（Grooved）：在石材表面上开一定的深度和宽度的沟槽。

（19）蘑菇面（Mushroom）：一般是用人工劈凿，效果和自然劈相似，但是石材的天面却是呈中间突起四周凹陷的高原状。

4）辅助加工（图3-22、图3-23）

图3-22　石材倒角、开槽加工

图3-23　石材雕刻加工

辅助加工是将已切齐、磨光的石材按需要磨边、倒角、开孔洞、钻眼、铣槽、铣边等，主要的加工设备有自动磨边倒角机、仿形铣机、薄壁钻孔机、手持金刚石圆锯、手持磨光抛光机等。

5）防水处理（图3-24）

先将表面清理干净，等待石材干燥后将防护剂用刷子或海绵（亦可用喷雾器）直接均匀地喷刷在石材的表面，纵横交错饱满喷刷，不得遗漏，刷涂后石材表面应有一定量的药液膜供其吸收渗透，对吸收性大的石材可进行三次涂刷，第二、三次涂刷应于前一次表干后进行。

图3-24　石材表面六面防护处理效果

6）异形石材预拼装排版（图3-25）

针对欧式建筑异形石材较多，或墙面整体异形体量大、造型复杂的，必须采取加工厂石材预拼装排版，将已经完成加工面处理的石材半成品就地进行预拼装排版，检查整体加工质量是否符合要求，块料拼接尺寸、造型效果、尺寸等视觉要求，是否满足图纸设计及建筑师要求。检查无误后，包装工人按部位编号，石材六面防护完成后，顺序分别装箱，并按图纸设计要求，分别在装箱清单上标出此箱板材属于工程具体部位的用材，按部位发往工地。

(a)

(b)

图 3-25 石材预拼装排版

7）设备选择

采用全自动磨光机抛光、打磨，以保证板面的平整度和高光泽度。采用红外线桥切边机加工半成品板材，以保证成品板尺寸、规格的一致。对于圆弧、异形和矩形等技术要求高、加工难度大的特种材，采用红外线圆弧、异形电脑线切机进行加工，以确保生产出来的产品和图纸要求的规格尺寸相符（表 3-3）。

石材雕刻加工主要设备名称及加工原理一览表　　表 3-3

项次	设备名称	加工原理	加工石材制品种类
1	数控金刚石串珠绳锯	通过程序控制金刚石绳锯加工石材	板材、弧形等异形材
2	数控异形研磨机	通过程序控制磨头对异形石材磨光、抛光	磨抛石材
3	数控加工中心	通过三维程序用多种工具对石材立体加工	立体石材制品
4	数控铣床	通过程序用铣磨刀对石材铣磨加工	铣磨加工
5	数控车床	通过程序用刀具对石材进行圆柱面加工	石材内外圆面加工
6	数控弧形板磨抛机	通过程序用磨头对圆弧板磨光或抛光	圆弧板磨、抛光
7	数控高压水切割机	通过程序用高压水与磨料对石材板加工	异形石材
8	数控异形台面加工机	通过程序用刀、磨轮对板材边部加工	台面板的异形边加工

续表

项次	设备名称	加工原理	加工石材制品种类
9	金刚石线锯	通过电镀金刚石线锯的圆周运动切割石板材	拼花石材、异形石材
10	荔枝面拉毛机	通过动力带动工具对石材表面加工	毛、粗面
11	干挂板钻孔机	通过钻头对墙面板的边缘或北部加工获得安装孔	干挂板安装孔位
12	干挂板开槽机	用工具在干挂板板边部开出干挂件安装槽	干挂板安装槽
13	抛丸机	利用旋转器境硬质合金抛出撞击到石材表面上	粗面石材板材
14	异形台面成型磨抛机	用成型磨轮加工石材台面板的边缘	台面板异形边、花线
15	手提磨边倒角机	手提角磨机上安装砂轮对石材边磨削或倒角	板材、异形材磨边倒角
16	电子雕刻机	计算机设计或扫描图形并控制打印雕刻头刻画	石材线条图、点刻图
17	激光雕刻机	计算机设计或扫描图形并控制二氧化碳激光头	石材线条图、影像图
18	手拉切断机	以手推动板材前移，金刚石锯片旋转切割板材	板材、异形材料
19	钻孔机	用金刚石钻头在石材背面钻垂直孔或有角度孔	干挂石材安装孔加工
20	手持风动雕刻机	以气压为动力带动工具钢对石材表面冲击	石材粗面加工、雕刻
21	龙门铣磨床	以金刚石磨具、其他磨具为工具铣磨石材	异形材、弧面板材
22	手提角磨机	手提电动机上装蝶形砂轮用以现场打磨石材制品	现场磨削石材
23	手提切机	手提电视机上装小型金刚石整边锯片	现场切割石材
24	台式金刚石串珠绳锯	通过金刚石绳锯的循环切割加工异形石材	异形石材
25	喷砂机	通过气动将合金钢砂喷打在石材表面上	粗面石材
26	翻新机	通过电机上磨头对石材地面墙面磨削、抛光	将旧石材面打磨出新面
27	倒角（边）机	通过磨头或金刚石磨盘旋转对成品装饰板的四边倒角	成品板材倒角倒边
28	对刨机	通过金刚石圆锯片对不规则石材荒料从中间切割开	方料、建筑料石、蘑菇石
29	多功能铣切机	金刚石铣磨轮铣磨出多种石材形状及石材边、角、弧	异形石材
30	线条机	用金刚石线条磨轮磨出石材线条形状	石材花线条
31	圆柱（弧）板制作机	通过金刚石刀具或复合片刀具对旋转的石材切出圆柱	圆柱板、多块拼接圆弧板
32	弧形板切割机	双刀切出圆弧板四个边，磨头作圆弧运动磨抛光外表面	圆弧板切边、磨光、抛光
33	金刚石串珠绳锯	通过金刚石绳锯的圆周循环运动切割石材	板材、弧形板、整型荒料实心柱、其他异形石材
34	带锯曲线切割机（立式）	通过立式循环的金刚石电镀带锯条的运动切割弯曲石材形状	小型石材拼花，字体、异形石材、工艺品等

续表

项次	设备名称	加工原理	加工石材制品种类
35	火焰拉毛机（火烧板机）	通过乙炔（或其他气体）与氧气混合后喷然石材表面，使石材表面烧蚀、粉碎、粗糙	烧方料、花纹板、防滑板艺术装饰板
36	刨石（刻毛）机	用成组或单一金刚石工具、工具钢在石材表面切出浅槽或刻划出规整的刀痕花纹	机刨板、刻痕板、粗面板
37	刨坑机	气动力带动曲轴运动用凿刻工具对石材冲击	石材表面粗面加工
38	锤面机	气动力带动曲轴运动用凿刻工具对石材冲击	石材表面粗面加工
39	气动风刻机	通过风压机对动力产生对雕刻工具的震动	雕刻石材
40	整形机	对准备加工方料的不规则荒料进行必要整理	规整荒料
41	组合锯	用多片同一直径金刚石圆锯片组合同时切割荒料	石材方料
42	循环水处理装置	对加工石材的泥浆经沉淀、净化，再给出清水	处理石材加工废泥浆
43	多刀切机	多片金刚石圆锯片同事对一块方料切出标准板	标准板材
44	高压水清洗机	通过高压水对石材冲击清洗石材表面	清洗石材表面
45	激光清洗机	通过发生激光对石材表面冲击清洗石材表面	清洗石材表面

2. 加工操作要点

1）荒料加工

石材是一种天然形成的矿物质，由于矿脉的形成、开采位置、规格品种、用量的不同，不可避免地存在颜色的变化以及色斑、色线等天然缺陷。石材用量越大，这种现象就越明显。同一矿山，开采点不同石材颜色也相应不同，即使同一矿点开采的荒料也不可能保证其颜色百分之百的一致。

施工单位采取对荒料进行逐一编号的办法，即在荒料开采的过程，根据矿山开采每一导面每块荒料所在位置分别编号，以便通过荒料编号控制石材的色差，使颜色能够在最小范围内逐渐过渡。荒料运输至工厂后进行逐一登记，并根据每块荒料的规格合理搭配上锯，进行荒料的砂锯加工，以提高设备的生产效率。生产人员对生产情况、辅料消耗以及设备运行情况，定期监测，并填写生产日报表。

2）方料加工

加工的方料出锯后，检测人员对每块板材的厚度、平整度及有无色线、色斑、砂眼等进行检查，并做好记录，不合格的板材不再进行下一道工序的加工。对检查合格的板材，进行统一编号。此编号与施工图纸上的板材编号一一对应，以便将来安装过程中出现板材的破损或补板，可采用同一块荒料或同一张方料加工，确保石材色差控制。这是保证石材颜色的首要环节。

需要特别注意的是，板材经砂锯加工后，常有铁砂之类的细小微粒附着在石材表面，必须用高压水枪反复冲洗。如不及时清洗就安装到建筑物上，随着时间的推移会出现返锈现象。图纸上每一块板材的编号对应一块方料、一块荒料，这样如有成品板材的破损，可用原荒料的同样方料再切割，确保建筑物石材不会出现色差。

3）板材拼色

板材在经过处理后，必须进行拼色，这是一道非常重要而且要求十分严格的工序，拼色人员根据石材设计展开图将建筑物合理分成不同的层面，采用不同石材编号的板材进行切割。由于石材色差的天然性，应尽量保证建筑物最主要的立面、层面颜色基本一致。

4）表面处理

经大砂锯切割而成的方料，主要为磨光表面处理。大砂锯切割后的方料经粗磨处理，然后进行加工面表面处理。在表面处理过程中，应按其原有的编号顺序逐一进行加工，并逐一排放。

5）切割

经拼色后的板材下道工序就是板材的切割。切割机为人工数控设备，操作人员将规定尺寸输入控制器中，板材尺寸自动定位，自动切割正负误差为+0、−1mm 以内。

板材在切割时，必须按照总体要求，合理考虑每块方料的出材率。切割每块板材后，必须核对检验尺寸，将每块成品板材编号，并填制成品检验单。不合格板材不予编号，必须重新切割，将需二次加工的板材转至异型车间或直接成品入库。

6）转角外露石材磨边处理

转角部位石材侧边若有外露，其四边、四角加工质量直接影响装饰外观效果。石材加工增加四边磨边、倒角以及单边处理工序，确保装饰质量。

加工后，每块板控制对角线尺寸、直角角度及特殊转角处理。

7）磨边、开槽、倒角

引进专用磨边机，对板材进行开槽、磨边（小圆边、半圆边、直边等）、倒角，较一般手工操作精确度及光度得到保证。此设备具有高效率、高精度的特点。

8）石材排版工序

同一荒料大板预先排版→切边（编号）→分墙面统一排版→调整颜色、花纹→下一工序

具体操作如下：

荒料经检验合格进入大砂锯车间切割，同一荒料的方料按顺序编号，然后根据生产单的加工要求进行磨光或毛面处理。按石材大致纹路进行排版，进入红外线桥切机切割成品，经编号后进入比较干净的车间分墙面统一排版。按照生产单的要求，调整颜色及花纹以保证整批石材云纹均匀。在同一墙面上纹理拼接连贯，无杂质裂痕。

9）石材防护措施

（1）所有石材的表面，除抛光面以外，至少进行二层无色防水表面保护膜处理，预防淋湿变色、泛碱的处理要求。

（2）为防止石材外表面的吸水，并为了防止外表面因为水蒸气的蒸发作用受妨碍而导致背面或小孔吸水，引起淋湿变色、泛碱的析出变黄，应形成隔离层，并涂在外表面及侧面。

（3）选择具有防止淋湿变色、泛碱功能的硅烷防护处理剂，并配合使用的石材确认，设定使用的种别和涂装量。还应选用处理剂涂装色调变化不明显的产品。

（4）砂岩为吸水率较高的石材，需要兼用防霉、防藻涂装材料。

(5) 防止淋湿变色、泛碱的性能及防霉、防藻的性能，应以材料试验为准。

(6) 为保证防止淋湿变色、泛碱隔离层的厚度在所有位置都达到 5mm 以上，需要设定处理剂的涂装量和涂装方法。

(7) 接缝的装饰接缝材部分，在现场施工时做同样的处理，使防止淋湿变色、泛碱隔离层均布整体石材砌筑外墙上，并且连续。

(8) 原则上石材加工成指定的形状后，应在石材加工工场施工防护处理剂，其后在现场不应再发生切割等石材的加工。

(9) 在处理剂涂装部分，应确认其与接缝密封材、装饰接缝材、填充砂浆等的吸附性，并根据实际情况调整涂装范围。

(10) 根据使用材料的进货记录和使用量记录，调整有关涂装量。不得更改处理剂供应商的标准配方。

(11) 应进行防止淋湿变色、泛碱处理剂的材料试验。

防止淋湿变色、泛碱隔断性能确认试验（染色 5%氢氧化钠溶液上吸方式确认试验）。

隔断层厚度确认试验（同上，然后确认切割后的剖面）。

10) 砂岩石材表面的防护处理

采用砂岩石材砌筑及砂岩石材干挂工艺的，对于砂岩石材的表面防护十分重要。应在防护前先对污染的表面进行处理，有浸泡、液涂、喷涂、刷涂等，之后应晾干 24h，再专门进行效果检验，以确定最后使用的防护剂达到最佳效果。

石材表面应完全干燥后，才能涂抹防护剂。在操作中应当使用全立体防护，不得只做单面防护，至少应涂两遍以上防护剂；应按叠加涂刷和叠加与纵横结合涂刷的工艺。

防护剂处理后的表面须有比较强的憎水性和耐候性，且具有透气性好、抗污力强的优点。

防护剂处理后须达到无泛碱现象，且不能影响原建筑立面颜色效果。防护剂涂抹后必须进行效果检查，检查不合格时，应该立即进行涂抹。防护剂的质保年限不小于 10 年。

11) 石材背面加强

为防止石材破损时而导致石材掉落，所有石材的吊顶、挑檐和有特殊造型的部位的石材背面，全面涂膜状涂装覆盖加强材料 FRP（玻璃纤维补强不饱和聚酯树脂）。

石材背面加强覆涂应在石材加工工场内施工。石材背面加强材料的试验要求保证石材破损时，保持碎片不脱落。

12) 施工后的防护措施

石材表面的日常清洁与养护，天然石材在室外受大气阳光、风雨的影响，尤其是环境污染使其褪色、风化、表面凹凸不平，更多的是由于石材品质和施工后期保养等方面的缘故，导致在装饰石材中常常可见产生锈斑、泛黄、泛碱、水斑湿痕、污渍、白华、苔藓等病症，严重影响石材的外观图案、色彩和光泽，使装饰效果大为逊色。

应制定现场保护措施，进行产品保护工作，不得使其发生碰撞、变色、污染等现象，直至工程交付使用。

工程完成后，制定清扫及保洁方案提交建设单位审核。同时，应将完工的地面、墙面表面擦拭干净，地面光洁如镜，墙面头角整齐、缝隙清晰。

在施工过程中清洗应采用中性清洁剂，并进行腐蚀性检验后方可使用。中性清洁剂清洁后，应及时用清水冲洗干净，防止清洁剂使用不当，而引起表面变质。

在材料包装拆卸、铺贴过程中所产生的所有垃圾应及时进行清扫，堆放至指定的现场地点，并及时运出施工现场。

3. 包装运输

1）木箱包装

由于石材是在加工厂加工、制作、包装、编号后，运输至建设单位指定工地，材料在运输途中，可能需要经过多次装卸，应采用木箱包装，保证材料在运输途中减少由于颠簸造成的产品破损（图 3-26）。

图 3-26　石材包装装箱

2）码放

板材应在室内贮存，室外贮存时应加以遮盖；板材应按品种、规格、登记或工程用料部位分别码放；板材直立码放时，应光面相对；地面必须平整垛高不得超过 1.2m，包装箱码放高度不超过 2m。

3.4.2　陶土砖加工

陶土砖是黏土砖的一种，采用优质黏土甚至紫砂陶土高温烧制，以天然黏土为主要成分，用石英、长石等为骨料，经过烧结后形成。景观烧结砖生产工艺过程由原料的制备、坯体成型、湿坯干燥和成品焙烧四部分组成。

1. 原料处理

原材料制备有风化、晾晒、筛分等工艺（图 3-27、图 3-28）。

处理好的原材料运到工厂粉碎、添加骨料搅拌。

(*a*)

(*b*)

(*c*)

图 3-27 原材料风化、晾晒

经风化后的陶土原矿先经喂料机送到颚式破碎机粗碎，再到吸风式粉碎机细碎后过振动筛，筛下料送至指定的贮料仓。工艺要求为原矿含水率＜5％；颚式机入料粒径＜200mm。

(*a*)

(*b*)

图 3-28 原材料筛分、分堆

2. 配料混合

按照下达的配料通知单进行配料。配好的混合料送入卧式螺带混合机干混，然后送入中间料仓，再进入双轴搅拌机加水湿混。湿混料送入指定陈腐仓陈腐。工艺要求为配料时先称泥料，再称辅助料。注意辅助料的均匀性。辅助料必须混合均匀后再入混合机干混；配料干混完毕入中间料仓。湿混时从中间料仓均匀放料，均匀加水。含水率控制在14％～16％：颗粒级配参见表 3-4（图 3-29）。

3. 陈腐

湿混合格的泥料通过皮带输送机送到指定的陈腐仓陈腐，陈腐时间为 24～48h（图 3-30）。

颗粒级配粒径　　表 3-4

项次	面状	颗粒要求（%）				
		8 目以上	8～16 目	16～24 目	24～32 目	32 目下
1	光滑面	0	0	<5	<5	>80
2	普通毛面	0	0	<10	<20	>60
3	中粗面	0	<3	<10	<20	>60
4	大粗面	0	<8	<15	<20	>50

(*a*)

(*b*)

图 3-29　配料混合

4. 挤出成型

图 3-30　泥料陈腐

根据生产安排将陈腐完毕的湿泥用装载车运至成型车间，人工喂料进入双轴搅拌造粒机，泥粒通过皮带输送至指定挤出机成型。成型生产应按照生产部调度成型不同规格的半成品。按要求更换模具、确定切割尺寸、调整平直度、选择装车方式，并做好记录。工艺要求为造粒工必须连续检查泥料纯度，清除杂质，根据泥料陈腐情况适当调整含水率，保证泥料成型含水率恰当均匀。应控制挤出料含水率控制在 12.5%～14.5%。坯体质量按半成品检验标准执行，半成品检查员随时跟踪检查（图 3-31）。

5. 干坯

湿坯干燥：砖坯成型后（半成品），放入烘房（干燥室）烘干，控制一定的水分。一次干燥完成后，由半成品检查员检查质量，测定半成品水分。工艺要求：一次干燥坯体水分<3%。干燥周期为17h；温度为65～75℃（图3-32）。

图3-31 挤出成型

图3-32 干坯

6. 窑车半成品码装

将一次干燥合格的半成品检选后装车，同时做好记录。码装检查后再进入二次干燥，干燥周期为15h，温度为120℃（图3-33）。

7. 烧成

按照不同的品种选择烧成曲线，并做好记录。工艺要求为入窑温度<150℃；入窑含水率<2%，烧成周期根据生产能力要求而定，通常不作更改，一般为24～26h（图3-34）。

图3-33 窑车半成品码装

图3-34 烧成

8. 卸车劈砖分选

出窑成品应检测吸水率和检查外观尺寸，合格后卸车，并将合格成品直接运至输送皮带上，按分选标准检验后分类堆放。严格按规程操作，按分选标准分选产品（图3-35）。

9. 装箱打包

将已分选的产品打捆包装，打标记并放入检验工号。成品整齐码堆到木托板上，并固定，用二齿铲车将托板叉入指定库位入库堆放。库内堆放不超过三个托板高度，严格按叉车规程执行操作（图3-36）。

图3-35　劈砖分选

图3-36　装箱打包

3.4.3　陶制屋面瓦加工

陶制烧结屋面瓦是一种以红泥、黄泥、岗砂按比例来配备原料，经过陈腐加工、挤出冲压成型、干燥施釉（有釉产品）、二次干燥后，进窑炉煅烧而成的烧结陶瓦，是现代流行的具有欧洲风格的屋面装饰瓦。

其物理性能各项指标执行现行国家标准《烧结瓦》GB/T 21149，具备隔热、耐久、色彩艳丽等优点。

1. 生产设备

主要生产设备有挤出机、冲压机、施釉机等。其他生产设备及原料加工设备包括喂料机、搅拌机、对辊机、圆盘机、球磨机、皮带机等。

2. 生产工艺流程

原料配备→一次原料加工→陈腐→二次原料加工→挤出冲压成型→干燥→施釉（有釉产品）→装窑车→二次干燥→窑炉煅烧→卸窑车产品→检验分级→包装→进仓。

3. 工艺控制要点

1）原料配备、陈腐。

2）注浆坯料的制备：

将原料按配方准确称量入球磨细碎，细度为万孔筛余不低于15%，过60目筛后，陈腐备用。主要用来制作陶制烧结瓦的小、中型异型件。

3）挤制和塑压成型坯料的制备：

将原料经粉碎后分类存放，不可混入杂质，原料细度100目筛余小于0.05%。坯料制备按照配方准确称量后，平铺于洁净地面，一种原料铺一层，然后加入一定量的水分，人工将其搅拌均匀。将混合坯料入搅泥机，搅拌 2～3 次，陈腐两天后供成型使用。

4）挤制成型

陶制烧结瓦的普通瓦件，筒瓦、板瓦采用挤制成型，挤坯机是在搅泥机的出泥口加装一个与坯体尺寸相同的机头，搅泥要求真空度大于 0.12MPa，坯泥含水率小于 18%。待坯挤出后，用钢丝切成瓦坯，放到支架上晾干、修坯、干燥后烧成（图 3-37、图 3-38）。

(*a*)

(*b*)

图 3-37　瓦挤型、拉坯

(*a*)

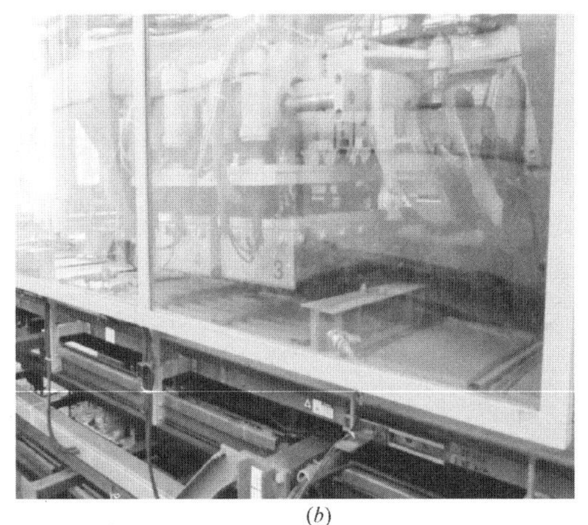

(*b*)

图 3-38　瓦切断、挤制成型

陶制烧结瓦中的勾头、滴水瓦件以及其他造型瓦等构件，可以采用手工成型或注浆成型。手工成型是将坯泥拍打成泥饼，在石膏模内压印出有花纹的坯体，稍干后起坯贴接，将工作面修整打光。手工成型的泥料含水率为 22%。

陶制烧结瓦中部分脊瓦、盾瓦等配件瓦，主要采用塑压成型机成型，塑压泥料需要抽取真空，泥料含水率在 16%～18%。

4. 堆锭、干坯

湿坯干燥：瓦坯成型后（半成品），放入烘房（干燥室）烘干，控制一定的水分。一次干燥完成后，测定半成品含水率。工艺要求：一次干燥坯体含水率<3%；干燥周期为17h；温度要求在65～75℃范围（图3-39）。

(a)　(b)　(c)　(d)

图3-39　堆锭、干坯

5. 施釉

陶制烧结瓦一般采用浇釉法或浸釉法。浇釉时应迅速，一次浇满瓦面可保证釉面平整光滑均匀。釉的比重控制在1.5～1.7g/mm^{3}之间。应注意施釉后需及时刮净底部。

陶制烧结瓦用釉为熔块釉，熔块釉有较大的烧成温度范围和色釉选择余地。配制熔块应选用的化工原料（硼砂、碱面、铅丹等）应为工业纯度，着色剂的纯度要高。熔块的好坏直接影响到釉面质量，应重视烧制的各个环节，提高熔块的质量，好的熔块应是透明的玻璃质。

釉料的制备为将铅丹或熔块与生料严格按配方称量好，入球磨机研磨，料、球、水为1∶1.7∶0.8；要求细度为生铅釉0.04%～0.06%，熔块釉0.05%～0.12%（万孔筛余）。为保证釉有良好的流动性及防止沉淀，可加入电解质甲基纤维素（图3-40）。

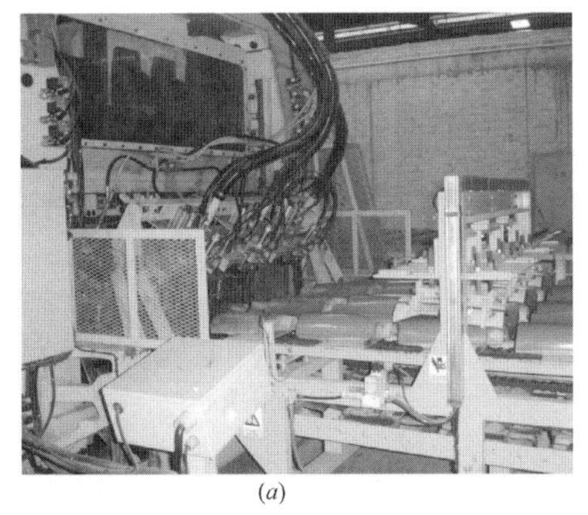

(a)

(b)

图 3-40 施釉

6. 堆锭、烧成

陶制烧结瓦采用一次烧成。烧成窑炉为煤烧推板窑，也可用隧道窑，氧化焰烧成。一次烧成是将成型好的坯体干燥施釉后直接入窑烧成，烧成温度为 1150～1200℃。瓦件不是满施釉可以倚靠摞叠或采用特殊支架的办法烧成（图 3-41）。

(a)

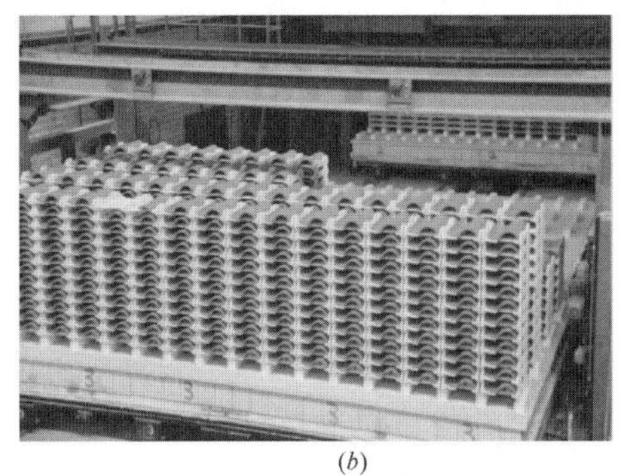

(b)

图 3-41 堆锭、烧成

7. 分选、归锭（图 3-42）

(a)

(b)

图 3-42 分选、归锭

3.4.4　石板瓦加工

1. 选矿、采矿

国产石板瓦矿源主要分布在陕西的紫阳、镇巴、岚皋以及湖北竹溪、竹山、江西星子县等地。矿产丰富，易于开采。矿面较大，品级较高。石板瓦采矿方法采用机械开采，比石材荒料开采简单、便易。

2. 规格料切割

切方料由中切加工，切割成石板瓦尺寸每边宽20～30mm大小的厚方料。方料切割应该注意板岩石纹理分层方向，垂直裁切。

3. 划线、劈开槽

沿着板岩石纹理分层方向划线，并用钢钎轻轻敲击出劈开槽（图3-43）。

图3-43　划线、劈开槽

4. 劈开分瓦（图3-44）

(*a*)

(*b*)

图3-44　劈开分瓦

5. 钻挂瓦钉孔（图3-45）

6. 归锭、装箱（图3-46）

7. 石板瓦加工质量要求

1）白斑：板石正面的2/3内都不允许有明显白斑（5m外肉眼看不清），背面允许有白斑。

图 3-45　钻挂瓦钉孔

图 3-46　归锭

2）锈斑、硫铁矿及其他可氧化金属点：正、反两面都不允许有明显的金属点线（检验氧化点方法：把板石放在水里 5 天后拿出来看表面是否生锈）。

3）水线、裂纹、暗裂纹、暗条纹：不允许存在。

4）化石：正、反两面都不允许有。

5）突起的疙瘩、高点和局部变形、凹陷：正面不允许有，背面允许有不明显的这类缺陷。

6）厚薄平整度：每块板石要求表面平整，自然劈理，厚薄均匀。每块板石的最厚处与最薄处之间的差距在 2mm 之内，突起的疙瘩、弯曲、局部变形都不允许有。

7）鱼鳞状自然风化剥落：不允许有。

8）掉角：在同一方向，1/4 能遮盖部分不允许有掉角，对角或不能遮盖部分不允许有掉角。

9）崩边：加工过程中不允许有严重崩边，扫边时边缘可控制在大规格 40mm，小规格 20～30mm 内。

10）听声音：每一片板石在检验时都可用橡皮锤敲击，听声音，检查内裂，声音应该是响亮的，就像是敲击金属片一样的声音，而不是沉闷的。敲击时，一只手的五指架起来撑托板石，手掌不能与板石接触。无论是板岩矿本身存在的，还是由于采矿、加工过程中引发的内裂都绝对不允许有。

11）洞孔直径大小：如果要打孔，洞孔直径应该在 2.8～3.3mm 之间，不能太大或太小。

12）打孔：如果要求打孔，具体加工要求依照不同的规格，对孔位、孔距、孔径、误差有相应的要求。

13）外形尺寸不一致：排列整齐的一批板石中不允许有外形尺寸不一致的板石，避免形成凸出或凹陷，外侧排列的板石必须整齐或直线排列。

14）加工成直角边的角度和误差：直角 90°±1°。

15）加工扫边：盖瓦板边缘加工要求，厚度、扫边宽幅均匀。加工后的边缘最薄处不低于1mm，并且范围不能超过整条边的1/3。

16）板石的清洁度：每片板石要求表面清洁，无泥土、木屑、黄土、油脂或其他污物。

17）色差：

（1）同一批板石应出自同一矿点，不允许有肉眼可区分的色差。查验方法：在板石产品与肉眼间的距离在1m之外，正常阳光照射下，从不同的角度，用肉眼观察，无深浅、亮暗的色泽差异。

（2）同一块板石的色泽差异：不允许有明显的差异（检验方法：板石经过水洗，在湿润、干净的状态下，不允许有明显的颜色、色泽、亮暗的差异）。

4

第4章

砌筑石材幕墙施工技术

4.1　砌筑石材幕墙概况

砌筑石材幕墙通过特制的不锈钢拉结网片和拉结件与纵横向龙骨连接，形成安全牢固的幕墙拉结系统，竖向采用厚度不小于 70mm 的石材砌筑，并采用限位钢销固定，有效地保证砌筑石材幕墙的安全可靠性，具有施工方便快捷、质量安全保证等优点。

幕墙拉结系统主要龙骨和拉结件为高强度的金属材料，所组成的幕墙拉结系统结构合理，具有较高的承载能力，能够满足各类大型石材幕墙安装的要求。幕墙拉结系统采用工厂预制件，操作方便，施工快捷，能够大幅度加快工程施工进度，并能够有效地解决石材与纵横向龙骨的连接问题。

通过披水板的构造设置可以有效地解决石材内侧排水的问题，保护内部结构。同时，限位钢销的构造设置，将上下层石材进行限位固定。

砌筑石材幕墙适用于设计地震设防烈度为 8 度区以下（含 8 度区），砂岩石材板块厚度大于 70mm，幕墙设计高度小于等于 100m，具有内外叶墙构造、非组合作用的砌筑夹心墙体系。

4.1.1　主要设计构造

砌筑石材幕墙系统主要构造为采用有效厚度不小于 70mm 厚砂岩；方钢立柱、不锈钢水平拉结件、水平承重角钢（隔 3m 高度设置）；结构柱、剪力墙位置：不锈钢水平拉结件＋水平承重角钢（隔 3m 高度设置）。石材面板采用水泥砂浆、不锈钢拉结件接缝连接，石材水平缝隙每层铺“Z”形 ϕ4 不锈钢钢筋网片，石材砌块之间采用防水砂浆填充进行密封。

由于砌体石材布设拉结网片及拉结件的需要，对接触面部分加厚砂浆层厚度时，为控制灰缝厚度（一般为 4～20mm），采用加垫砂浆块方案。针对砌筑石材系统，为了满足石材砌筑高厚比要求，设置钢结构托架，并沿水平灰缝方向，间距 300mm 布置一个拉结件，设置 1ϕ10 钢插销连接上下端起到限位作用。砌筑石材幕墙结构长度超过 12m 时，应设置 10mm 宽的变形缝。变形缝可采用打胶处理。

4.1.2　砌筑石材幕墙体系构造图（图 4-1～图 4-9）

4.1.3　砌筑石材幕墙拉结构造（图 4-10～图 4-12）

1）上下层石材设置拉结网片，拉结网片不应小于 4mm 直径，材质为 SUS304 不锈钢（图 4-10）。

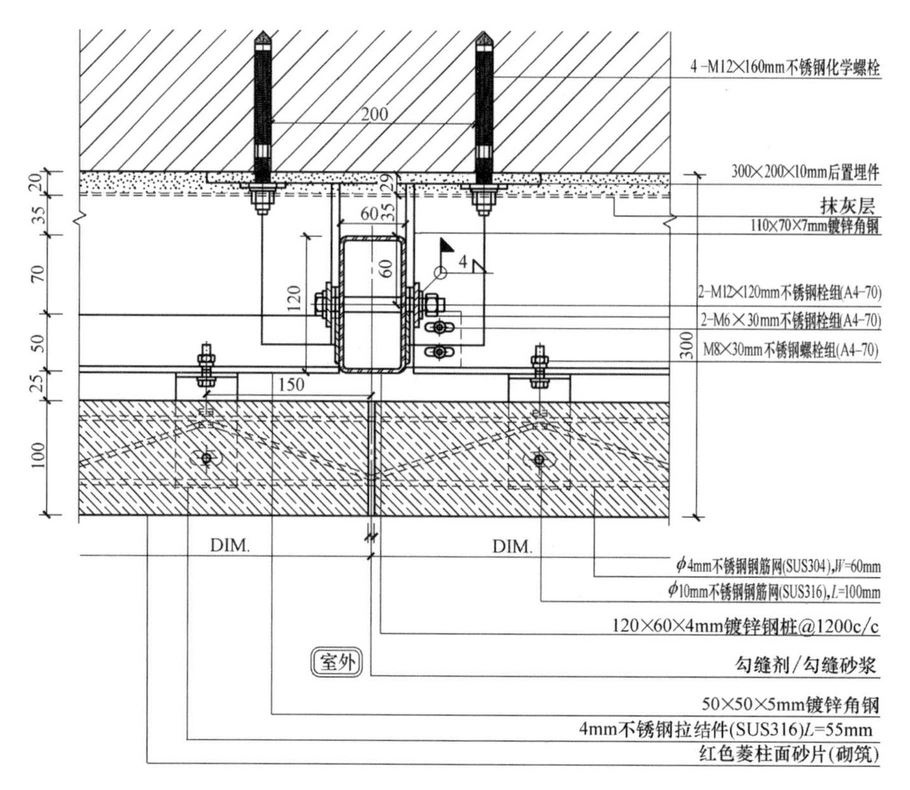

图 4-1 砌筑石材幕墙平剖图

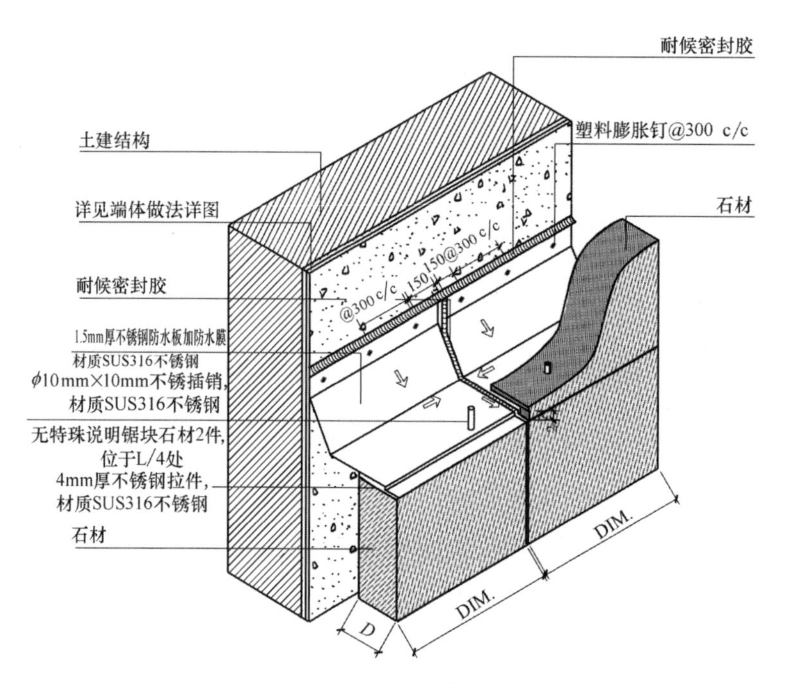

图 4-2 底层石材披水板构造示意图

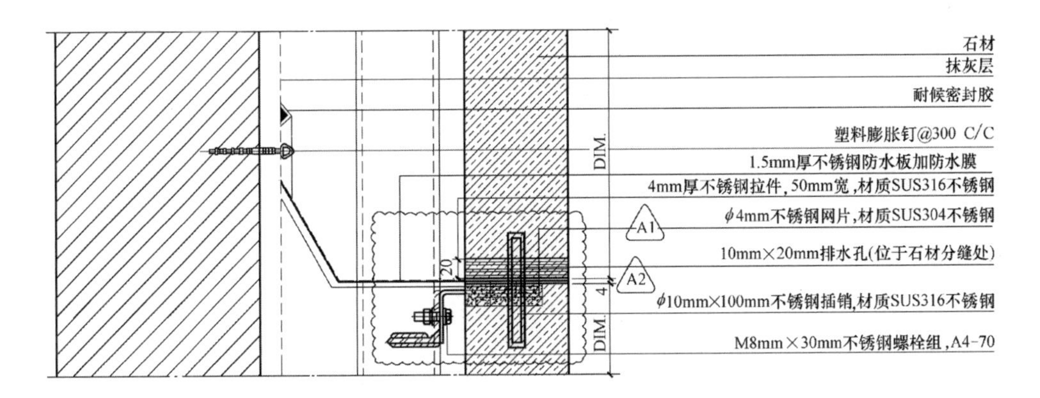

图 4-3　石材披水板接缝处竖剖节点图

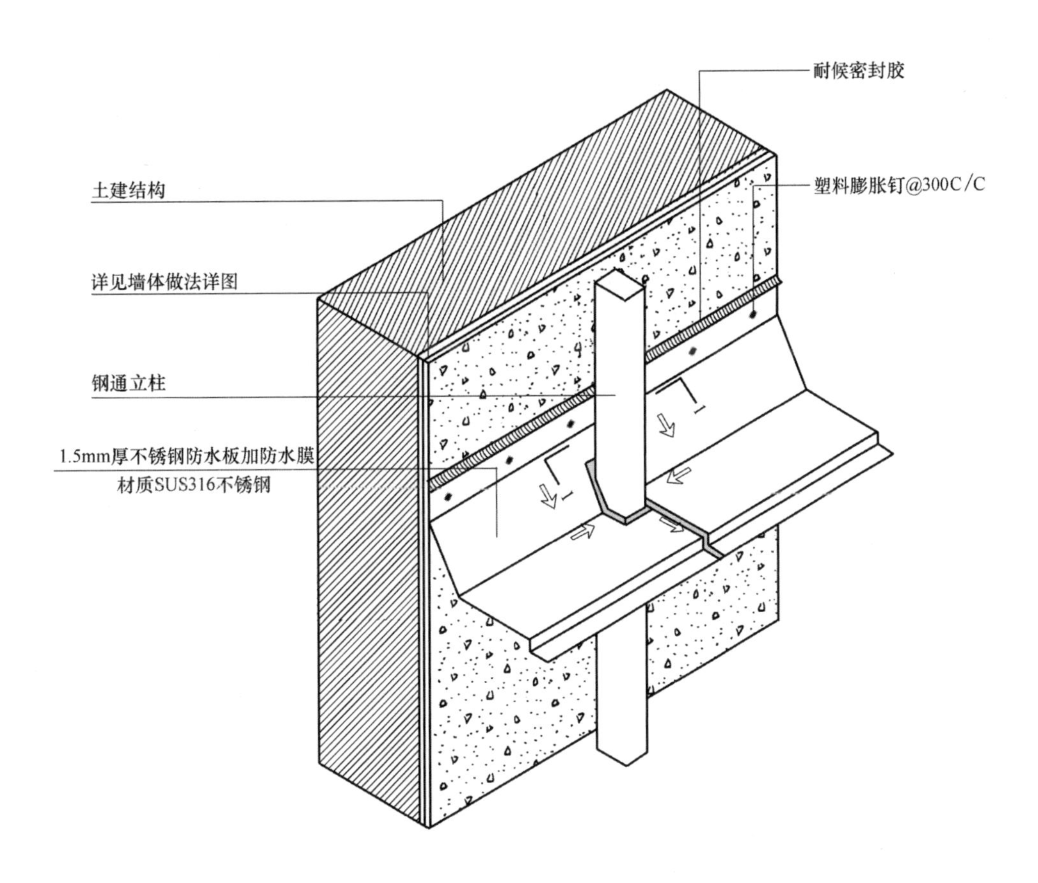

图 4-4　披水板遇竖向钢立柱构造节点图

2）拉结网片搭接分两种情况，平面搭接（图 4-11）与转角搭接（图 4-12），搭接长度为 150mm。

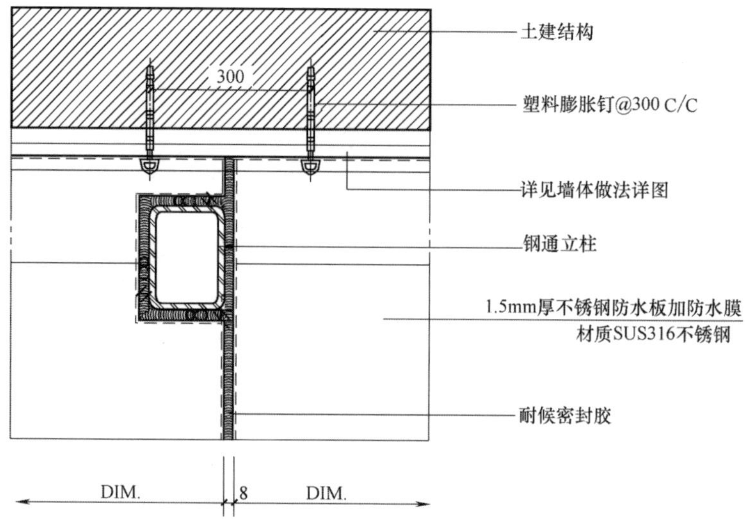

图 4-5　披水板竖向钢立柱防水做法

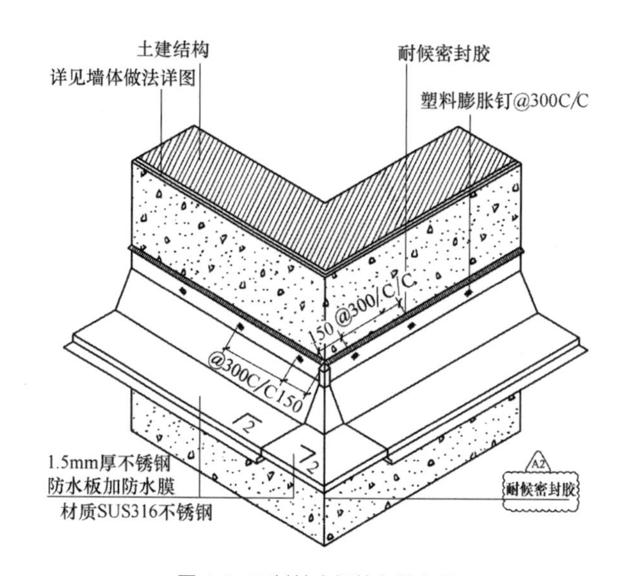

图 4-6　石材披水板转角节点图

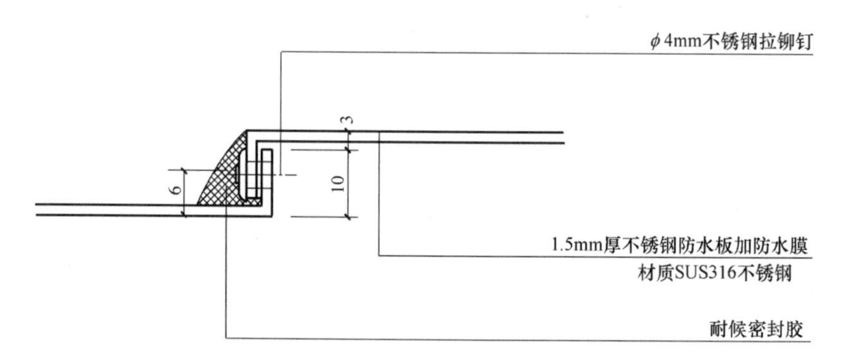

图 4-7　石材披水板接缝剖面节点图

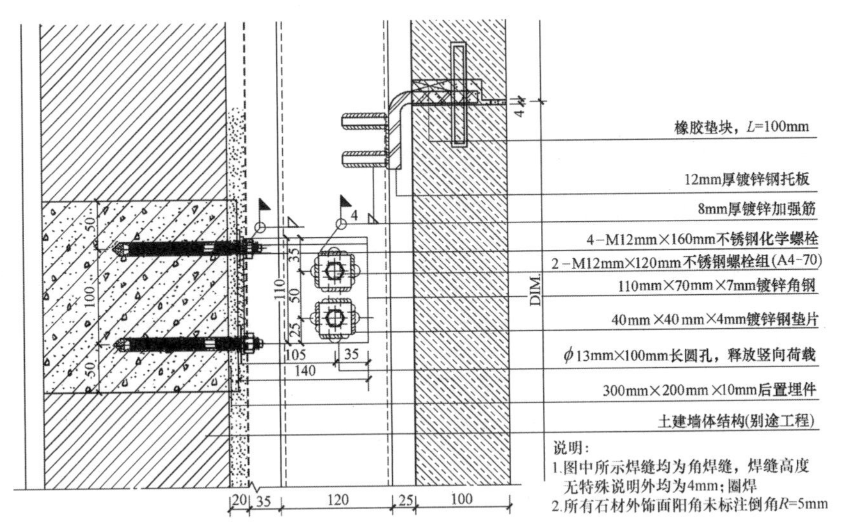

图 4-8　石材层间钢托板竖剖节点图

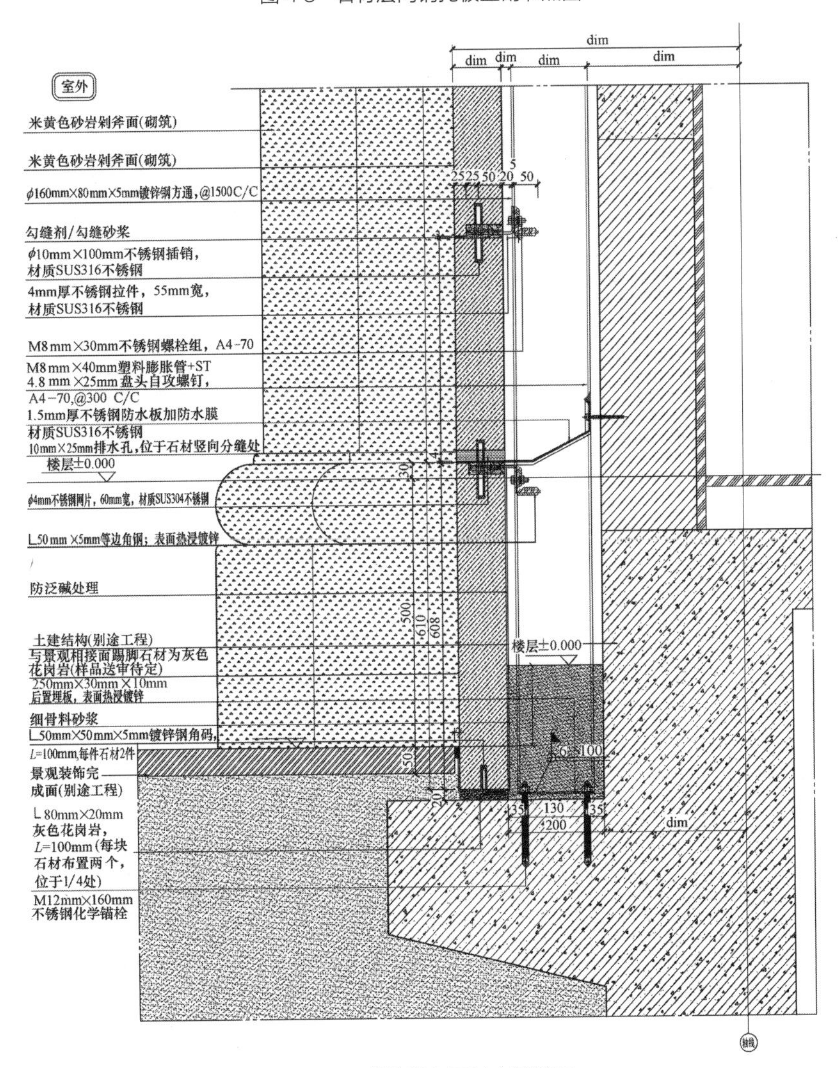

图 4-9　外墙勒角石材安装详图

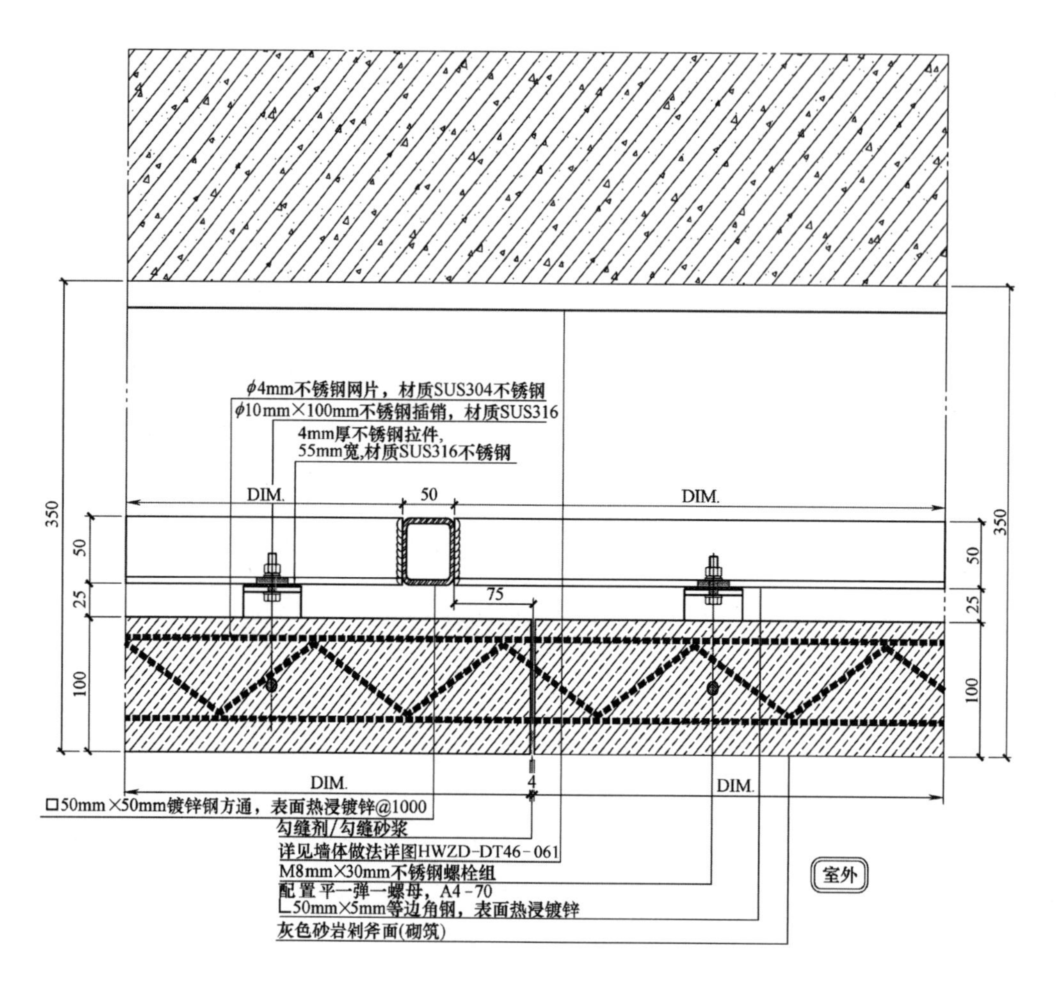

图 4-10　拉结网片

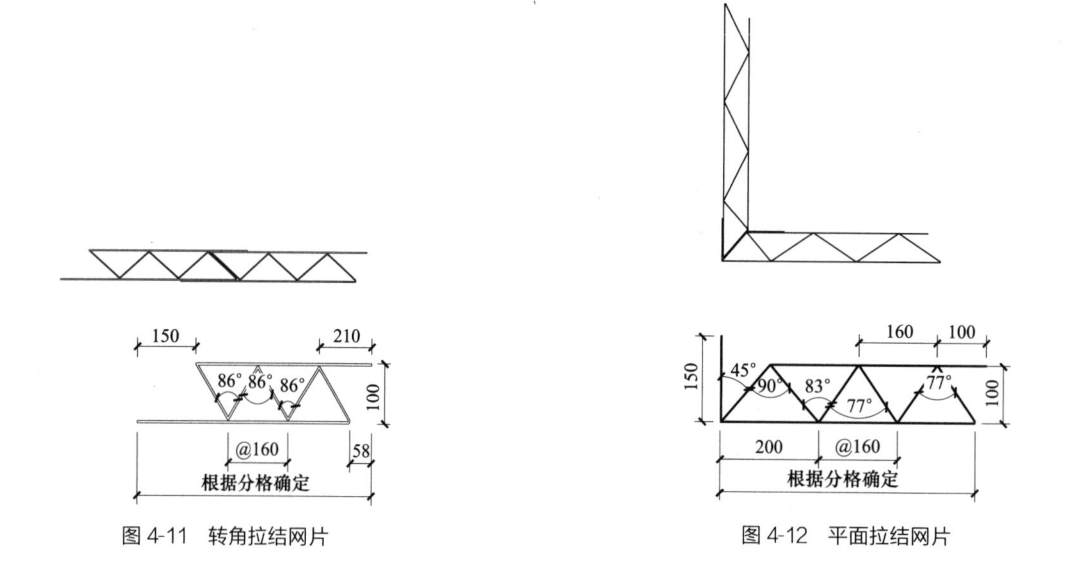

图 4-11　转角拉结网片

图 4-12　平面拉结网片

4.2　砌筑石材幕墙施工准备

4.2.1　材料要求

1. 龙骨材料

1）方钢立柱：规格为120mm×60mm×4mm表面镀锌层厚度≥75μm的镀锌方钢通。

2）钢托板：规格为260mm×110mm×12mm表面镀锌层厚度≥75μm的镀锌钢板。

3）横向钢通：规格为80mm×60mm×5mm表面镀锌层厚度≥75μm的镀锌横向钢通。

4）角钢：50mm×50mm×5mm镀锌水平角钢和110mm×70mm×7mm镀锌角钢。

2. 连接件

1）钢销：直径为10mm×100mmSUS316不锈钢钢销。

2）不锈钢水平拉结件（L形）：4mm厚，50mm宽，材质SUS316不锈钢水平拉结件。

3）不锈钢钢筋网：直径4mm、宽度60mm的304不锈钢钢筋网。

4）其他：后置埋板规格为300mm×200mm×12mm，表面镀锌层厚度不小于75μm。化学锚栓采用M12×160的SUS316不锈钢化学锚栓；螺栓组采用M12×120、M6×30和M8×30的不锈钢六角头螺栓组。

3. 石材

砂岩：弯曲强度≥3.0MPa，吸水率≤3.75%，密度≥2290kg/m^3，压缩强度≥54MPa（干），30 MPa（湿）；符合现行国家标准《天然砂岩建筑板材》GB/T 23452标准要求。

4.2.2　施工机具准备

1. 施工机械

石材切割机、砂轮切割机、磨光机、角磨机、电锤、吊篮、电焊机、台钻、水刀等。

2. 工具用具

螺丝刀、铁榔头、木榔头、活扳手、錾子、胶枪、线坠等。

3. 监测装置

经纬仪、水准仪、水平尺、钢卷尺、塞尺、靠尺。

4. 作业条件准备

1）安装幕墙应在主体结构工程验收后进行。

2）应有土建移交的控制线和基准线。

3）幕墙与主体结构连接的预埋件，应在主体结构施工时按设计要求埋设，后置埋件应进行拉拔试验，合格后方可使用。

4）吊篮、升降机等垂直运输设备安装到位。

5）脚手架、操作平台等搭设牢固、到位。

6）安全设施、环保设施准备齐全。

4.2.3 技术准备

1）石材幕墙工程开始前编制专项施工方案，专项施工方案包括施工进度计划、石材选料、加工、运输、保管、起重安装方法、安装顺序、检查验收、质量安全措施等。

2）深化设计

砌筑石材外墙体系设计依据建筑及结构施工图平立剖面及节点大样图，其他专业需要外装配合的有关图纸要求，做到既满足建筑师的要求，又应与现场的实际情况相吻合。石材幕墙深化设计图主要包括石材的安装立面图设计、石材节点大样图设计、石材的加工详图设计等。

（1）立面图设计：根据建筑立面图的板块分格要求，在各立面上将不同形状或不同尺寸的石材分别独立编号，编号应确保唯一并方便实用，所设计的石材安装立面图应清晰表达出各立面上所有不同种类的石材板块。若工程的体形较复杂，为查找石材立面图纸方便，还应设计编制石材安装立面图的位置索引，清晰地表示出建筑物每个区域墙面对应的立面编号。

（2）石材节点大样图设计：对建筑物的拐角、窗口、屋檐及其他复杂部位石材的形状、尺寸及连接方式，应单独设计石材节点大样图，以表明这些部位石材的实际情况。

（3）石材加工详图设计：石材立面图及节点大样图经建筑师批准后，按石材立面图上的石材尺寸分格及节点大样图的细节要求进行加工详图设计，并出具石材加工单。

（4）结构计算书。

4.2.4 施工准备

1）砌体工程施工前，由施工员负责砌筑工程的施工任务的划分、人员的安排、现场安全文明管理等。

2）施工过程中专职质检员应进行质量旁站监督检查，进行质量验收，对满足质量要求的部位进行质量标识。

3）施工前应组织工长、质量员、操作工人学习有关的技术措施和质量要点，组织操作人员进行详细的技术交底，明确质量目标和要求。

4.3　砌筑石材幕墙施工工艺

4.3.1　主要施工工艺流程

1. 结构预埋及金属骨架安装工序

定位放线→连接板定位→化学锚栓钻孔安装→连接板安装固定→转接件定位放线→转接件安装→转接件防腐→内叶墙防水修补→连接板安装验收→钢立柱定位放线→钢立柱安装→钢立柱安装检验→钢托板定位放线→钢托板安装→钢托板安装检验→横梁定位放线→角码安装→钢横梁安装→钢骨架安装验收。

2. 石材砌筑施工工序

石材加工进场→结构底层基面清理→测量放线→砌筑底层石材→砌筑检验→内空腔混凝土灌实、抹光（坡向外墙）→不锈钢披水板安装→披水板安装检验→内墙接缝防水密封胶→防水膜布铺设→防水检验→砌筑 2 层石材→不锈钢钢筋网安装→不锈钢水平拉结件调平→不锈钢钢销安装→拉结安装检验→卧浆铺平→砌筑上层石材→（钢托板以上）钢托板找平坐底浆→砌筑上层石材→墙面清理检验→勾缝剂配色、制备→勾缝（15d 后）→砖墙防护剂喷涂（28d 后）→墙面清理验收。

4.3.2　施工操作要点

1. 结构连接件安装

1）预埋件的埋设：预埋件制作时保证尺寸准确，尺寸应采用负公差，以便放入模板内。预埋件在放置时应保持位置正确，埋筋与主体结构钢筋进行逐个点焊，以保证混凝土浇筑过程中埋件不移位。预埋件锚板下面的混凝土应注意振捣密实。埋件应埋设牢固，位置准确，埋件标高差不应大于 10mm，埋件位置与设计位置的偏差不应大于 20mm。

2）后置连接板安装

（1）电锤打孔、化学药剂安装：

找出定位轴线、定位点后，对安装点定位打孔，同时安装化学药剂，严格按照化学药剂的安装说明及注意事项，尤其是在安装药剂之前一定要用空压机或者手动气筒吹净锚孔孔内粉屑，保持锚孔孔道干燥。

（2）螺杆、连接板安装：

药剂安装完毕，进行螺杆的安装，安装时严格控制螺杆的安装深度，待螺杆达到指定深度后，对后置铁板进行安装，在后置铁板安装过程中，在螺杆未完全固化前及时调整螺杆的方向，打孔时尽量避开混凝土钢筋，实在无法避免时，该孔可不放锚栓，采取在铁板旁边加固措施。

（3）连接板固定：

后置埋板安装时，应根据图纸的尺寸要求，对铁板的三维方向尺寸进行复核，在复核无误后，螺杆套上螺母固定。

连接件安装验收合格后，连接件焊点需进行防腐处理即涂刷防腐漆，所用的无机富锌漆的涂膜厚度必须不小于 100μm。

（4）连接板周边墙面防水修补：

施工工艺：基层处理→1：3 水泥砂浆（内掺防水剂）满铺填平→抹平压光→1.0mm 厚聚合物水泥基复合防水涂料涂刷。

修补前应该检查埋件，埋件安装端正，不应有歪斜，化学螺杆深度应统一，弹性钢垫片也应放置端正，螺帽应拧紧；验收合格进行墙面防水修补，修补平整度偏差不大于 10mm。

2. 钢龙骨安装

1）测量放线

根据土建施工单位提供的中心线、水平线、进出位线、50 线，施工人员依据基准点、线布置控制线。在底楼放出四大角控制线以及拐角控制线，基点（线）确定后，根据分格尺寸在两转角点之间进行分格，上下连线，确定锚板、龙骨及分缝等的位置准确无误，形成整体控制网。

2）立柱安装

以中心轴线为基准轴，按照设计图纸位置要求向两侧排基准立柱；将立柱与连接件连接，连接件再与主体埋件连接，在立柱安装就位后做临时固定，待整体框架安装调试无误后，将连接螺栓、连接钢件、预埋件焊接，并及时做防锈处理；立柱安装一般由下而上进行，带芯套的一端朝上。第一根立柱按悬垂构件先固定上端，调正后固定下端；第二根立柱将下端对准第一根立柱或竖框上端的芯套，用力将第二根立柱或竖框套上，并保留约 20mm（根据设计确定）的伸缩缝，再吊线或对位安装上端，依此往上安装。

对照施工图检查主龙骨的加工孔位是否正确，用螺栓将主龙骨与连接件连接，调整立柱的垂直度与水平度。立柱的前后位置依据连接件上长孔进行调节。

立柱就位后，依据龙骨图进行安装检查，各尺寸符合要求后，整个墙面立柱的安装尺寸误差应在控制尺寸范围内消化，误差数不得向外延伸，各立柱安装以靠近轴线为准进行分格检查。

3）横梁安装

立柱安装保护完毕后，应进行横梁安装的测量定位与放线。横梁测量是对建筑误差的调整，为保证室内与室外对外墙的美观要求，对外墙的垂直分格（横梁位）应做适当调整，一般调整以层为单元，测量定位后才能放线、安装；将横梁安装在立柱的预定位置上，要求连接牢固、接缝严密；当安装完一层高度时，应及时进行检查、调整、校正、固定，使其符合质量要求；同一层的横框安装应由下向上进行；角钢横梁通过角码和不锈钢螺栓与立柱一端焊接，一端螺栓固定；横梁安装后，应对焊缝进行防腐处理。

4）安装披水板及横梁上不锈钢连接件

首层石材处安装披水板，披水板采用 1.5mm 厚 SUS316 不锈钢制成，上部用 M8mm×40mm 塑料膨胀管、ST4.8mm×25mm 盘头自攻螺钉间距 300mm，固定在混凝土墙面上；下部通过石材限位钢销固定于石材缝隙处，披水板拼缝不大于 8mm，安装完成后采用硅酮密封胶对结构缝隙进行密封，披水板表面涂刷一层防水涂膜，在石材竖向拼缝处留置一 10mm×20mm 泄水孔，达到自排水的目的。

每层石材处必须设置不锈钢连接件，除特殊重、大石材外，原则上每块石材设置两个，位于石材 $L/4$ 处，不锈钢连接件采用 M8mm×30mm 不锈钢螺栓组与横梁相连（横梁开孔），不锈钢连接件与石材面板采用钢销限位固定，孔隙部分用专用石材胶进行粘结。

3. 石材安装施工节点

见图 4-13～图 4-30。

图 4-13　后置埋板安装

图 4-14　立柱龙骨安装

图 4-15　立柱连接

图 4-16　横梁连接

图 4-17 钢龙骨防腐

图 4-18 石材吊装

图 4-19 首层石材安装

图 4-20 首层石材后背砂浆填充

图 4-21 披水板安装

图 4-22 防水膜安装

图 4-23 不锈钢拉结网安装

图 4-24 拉结件安装

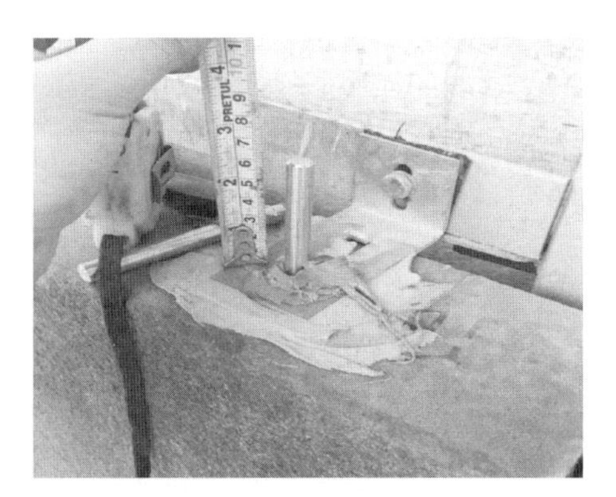

图 4-25　石材限位钢销安装

图 4-26　石材砌筑砂浆施工

图 4-27　上层石材安装

图 4-28　石材表面清洁

图 4-29　石材勾缝

图 4-30　拱券石材安装

4. 石材面板安装

1）限位钢销及网片安装

检查石材尺寸，有无破损、缺棱、缺角，然后分情况，将石材用机械搬运至工作面附近，对石材上下表面进行钻孔，孔径为 12mm，插入 ϕ10mm×100mmSUS316 不锈钢钢销，钢销通过不锈钢拉结件对上下层石材进行限位固定。

砌筑石材时每块石材横缝设置一道 $\phi 4$ 不锈钢钢筋网片，钢筋网片平接或转角搭接大于等于 150mm；砌筑时在首层每块石材竖向灰缝留置排水孔；上下层之间石材用 3mm 垫片，以确保石材缝隙勾缝完成后为 4mm。

2）石材安装

顺序应从下而上进行。作业时按排版位置吊起石材面板，石材安装要求“层层抬”方式，轻拿轻放，安装、吊装应报批施工方案。

大体积石材需吊装施工时，在石材顶面种植化学螺栓，石材吊装时的固定点不少于两个点。吊装横担用工字形钢，横担固定在需要安装的石材上面，再用卷扬机吊头连接吊装固定点，机械吊装至作业面位置，并通过垫板和不锈钢连接片进行石材标高和进出位调节。安装时，应先安装窗洞口及转角处石材。

3）石材坐浆

石材外墙水平灰缝和竖向灰缝宽度为 10mm，砌筑时宜采用十字塑料灰缝卡控制灰缝，卧浆宽度控制在 70 mm，在砖外侧预留 20 mm 的打胶、勾缝砂浆位置，灰缝砂浆饱满度不低于 90%。在砌筑时，石材外墙内侧应安装接灰板，防止砌筑砂浆掉入空腔底层披水板上，影响排水效果。砖墙砌筑时内侧外露舌头灰随砌随刮平。

4）不锈钢网片安装

每层不锈钢网片安装位置应与不锈钢连接件对位，平放在石材上表面，网片通长筋应卡入不锈钢连接件开口槽内，并随时检查固定效果，安装完毕拧紧连接件螺帽。每块石材一般设置不少于 2 根限位钢销，限位钢销采用 10mmSUS316 不锈钢制作，立放在石材销孔内，砂浆满灌坐实，限位钢销安装位置沿石材外边内侧方向不超过 50mm。

5）打胶、勾缝

石材安装完成后，进行表面清洁和清除缝隙中的灰尘，用直径 8～10mm 的泡沫塑料条填实石材缝隙内侧，留 8～10mm 深的缝；在缝两侧的石材上，靠缝粘贴 10～15mm 宽的胶带，以防止打胶嵌缝时污染板面；用打胶枪填满密封胶，进行石材打胶，如果发现密封胶污染板面，必须立即擦净；打胶预留 5～6mm 的缝隙，用专用勾缝剂进行勾缝；

勾缝采用成品勾缝剂，确保成型的石材缝隙密实，既具有防止水分侵入的能力，又要具备装饰效果，消除石材缝隙出现微裂缝的现象，增加建筑物耐久性与美观性；墙面勾缝应做到横平竖直，竖缝和水平缝隙凹进 1～2mm，深浅一致，搭接平整并压实抹光，不得有丢缝、开裂和粘结不牢等现象，交接处应平整，阳角应方正。勾水平缝时用长溜子，用溜子在砖缝内溜压密实、平整、深浅一致，待勾缝砂浆初凝后，用塑料挂板将勾缝砂浆表面刮毛，达到砌筑砂浆的表面肌理效果。施工时应注意用托灰板托住勾缝部位下口，防止勾缝砂浆沾污墙面。

勾好的水平缝和竖缝应深浅一致，密实、平整，粗糙有砂浆颗粒效果。

6）表面防护处理

对已经勾缝和清理完成的墙面，待彻底干透后，应追加喷涂墙面防水防护剂，涂两遍防护剂，应按叠加涂刷和叠加与纵横结合涂刷的工艺，防护剂处理后的表面须有比较强的憎水性和耐候性，且具有透气性良好，拒污力强的优点，之后应凉干 24h，再专门进行效果检验，以确定最后使用的防护剂达到最佳效果。

5. 石材与上部墙身结合部位应符合以下要求

1）上部空隙采用预制混凝土块进行填补（尺寸根据现场实际情况确定），采用硅酮耐候密封胶、泡沫棒进行面层交接处修补。

2）封口面层应与大面形成整体，与上部外墙面层无明显色差。

6. 石材表面清洁

1）清洁时先用浸泡过中性溶剂（50％水溶液）的湿纱布擦去污物，用干纱布擦干净。

2）清除灰浆、胶带残留物，宜使用竹铲、树脂铲等工具细刮。

3）不得用金属清扫工具，不得使用粘有砂子、金属屑的工具。

4）不得使用对石材幕墙产生腐蚀和污染的溶剂。

4.3.3　产品防护

1. 产品的运输和保管

1）幕墙用铝型材构件、钢构件以及石料板材应轻拿轻放，并采用适当的保护措施，防止在运输、搬运过程中相互碰撞、挤压、摩擦。

2）产品的保管场所应设在干燥、通风、防雨的地方。

3）根据材料的品种、规格、分类堆放，并做好相应的产品标识。

4）仓库保管员应定期检查仓库的防火设施和防潮情况。

5）仓库保管员应认真作好材料的收发记录，严格按材料计划发放材料。

2. 产品防护措施

1）幕墙材料安装加工过程中，应轻拿轻放，不能碰伤、划伤，已加工好的铝合金材料应贴好保护膜和标签。

2）加强半成品的保护工作，保持与土建单位的联系，防止已装好的幕墙受到损坏。

3）材料、半成品应按规定堆放，安全可靠，并安排专人保管。

4）饰面的结合层在凝结前，应采取防风、防暴晒、防水冲和振动等保护措施。

5）严禁水泥、石灰浆、涂料、颜料、油漆等液体污染墙面饰面。

4.4　砌筑石材幕墙质量标准

4.4.1　质量控制标准

1. 主控项目

1）石材幕墙工程所用材料的品种、规格、性能和等级应符合设计要求及国家现行产品标准和技术规范的规定。石材的弯曲强度不应小于 8.0MPa；吸水率应小于 0.8%。石材幕墙的铝合金挂件厚度不应小于 4mm，不锈钢挂件厚度不应小于 3mm。

检验方法：观察、尺量检查，检查产品合格证书，性能检测报告，材料进场验收记录和复验报告。

(1) 用于立柱、横梁等主要受力杆件的主要受力部分截面的最小实壁厚应大于等于 3mm。

(2) 铝合金型材膜厚的检验指标应符合下列规定：

阳极氧化膜平均最小膜厚应大于等于 15μm，最小膜厚应大于 12μm。

粉末静电喷涂层厚度平均值应大于等于 40μm，最大局部厚度小于等于 120μm。

电泳涂漆复合膜局部膜厚应大于等于 16μm。

氟碳喷涂层平均厚度应大于等于 40μm，最小局部厚度应大于等于 34μm。

(3) 石材砌筑幕墙工程所使用的钢构件应进行厚度、长度、膜度和表面质量的检验。

钢构件的厚度、长度及加工尺寸应符合设计要求。

当采用热浸镀锌处理时，其膜厚应大于 45μm，采用静电喷涂时，其膜厚应大于 40μm。

(4) 石材砌筑幕墙工程使用的石料板材应符合下列规定：

石材的长度、宽度、厚度、直角、异型角、半圆弧形状，异型材及花纹图案造型，石材的外形尺寸均应符合设计要求。

石材外表面的色泽应符合设计要求，花纹图案应按样板检查。石材四周不得有明显的色差。

石材连接部位应无崩坏、暗裂等缺陷；其他部位崩边不大于 5mm×20mm 时可修补后使用，但每层修补的石材块数不应大于 2%，且宜用于立面不明显部位。

石材加工尺寸允许偏差应符合现行行业标准《天然花岗石建筑板材》JC 205 的有关规定中一等品要求。

(5) 钢销式安装的石材、通槽式安装的石材、短槽式安装的石材，其加工应符合现行行业标准《金属与石材幕墙工程技术规范》JGJ 133 的第 6.3.2～第 6.3.4 条的规定。

(6) 硅酮结构胶、硅酮密封胶，在使用前应到指定的检测中心进行相溶性测试和剥离粘结性试验。

(7) 石材砌筑幕墙中与铝合金型材接触的五金件和坚固件应采用不锈钢材料或产品，其余钢衬应进行热浸镀锌或其他防腐处理。

2) 石材砌筑幕墙的造型、立面分格、颜色、光泽、花纹和图案应符合设计要求。

3) 石材孔、槽的数量、深度、位置、尺寸应符合设计要求。

4) 石材幕墙主体结构上的预埋件和后置埋件的位置、数量及后置埋件的拉拔力必须符合设计要求和下列规定：

(1) 预埋件的类型、规格、数量、位置及预埋等方法及防腐处理应符合设计要求。

(2) 预埋件的位置与设计位置的偏差应小于等于±20mm。

(3) 预埋件的埋设应牢固、可靠。

检验方法：检查拉拔力检测报告和隐蔽工程验收记录。

5）石材幕墙立柱与主体结构预埋件的连接，立柱与横梁的连接，连接件与金属框架的连接，连接件与石材面板的连接必须符合设计要求，安装必须牢固，具体规定如下：

（1）幕墙与预埋件的连接方法应符合设计要求：

① 连接件、绝缘片、紧固件的规格、数量应符合设计要求。

② 连接件与立柱应安装牢固，螺栓应有弹簧垫片等防脱落措施。

③ 连接件的可调节件应与螺栓牢固连接，并有防滑动措施。

④ 连接件与预埋件之间的位置偏差应使用钢板或型钢焊接调整，构造形式与焊缝应符合设计要求。

⑤ 预埋件、连接件表面应防腐完全，不遗漏、破损。

（2）幕墙顶部、底部的连接方法应符合设计要求：

① 立柱及顶、底部横梁幕墙板块与主体结构之间应有伸缩缝。

② 密封胶应光滑、平整，无遗漏。

（3）幕墙立柱的连接应符合下列规定：

① 芯管的材质、规格应符合设计要求。

② 芯管插入上、下立柱的长度应大于等于 250mm。

③ 上、下立柱间隙应大于等于 15mm，并用硅酮耐候胶密封间隙周边。

④ 立柱上端与主体结构固定支点连接，下端应为自由支点连接。

（4）幕墙横梁与立柱的连接应符合下列规定：

① 连接件、螺栓的规格、品种、数量应符合设计要求，螺栓应有防脱落措施，同一连接处的连接螺栓应大于等于 2 个。

② 梁、柱的连接应采用螺栓连接，连接应牢固、不松动。当梁、柱为铝合金型材时，两端连接处应设置弹性橡胶垫片。当横梁、立柱为型钢时，梁、柱连接可采用一面焊接，一面螺栓固定或两面螺栓固定形式，不可两面焊接。

6）石材幕墙的防火、保温材料的设置、设计要求。具体规定如下：

（1）防火节点构造必须符合设计要求。

（2）防火保温材料的品种，铺设厚度、等级应符合设计要求。

（3）防火、保温材料应安装牢固、铺设均匀、厚度一致，并严密无缝隙。

当需用镀锌钢板搁置防火、保温材料时，镀锌钢板应用射钉固定，并应确保镀锌钢不与幕墙面直接接触。四周缝隙应用耐候密封胶处理。

（4）隔板厚度大于等于 1.5mm，防火材料铺设厚度应大于等于 100mm。

7）石材幕墙的防雷装置必须与主体结构防雷装置可靠跨接。

（1）防雷节点构造应符合设计要求。

（2）连接方法应符合设计及相关规范要求。

（3）石材幕墙金属龙骨应与防雷引下线可靠跨接。

（4）石材幕墙整体框架及防雷体系安装完后应由专业检测单位进行防雷测试，并出具测试报告。

8）石材幕墙的伸缩缝、沉降缝、抗震缝及阳台角等各种结构变形缝、墙角的连接节点应符合设计要求和技术标准的规定。

9）石材幕墙表面和板缝的处理应符合下列规定：

（1）耐候硅酮密封胶的品种，胶缝的宽度、厚度均应符合设计要求；

（2）板缝注胶应饱满、密实、均匀、无气泡且平整、流畅，不应出现脱落、漏注现象。

10）石材幕墙应无渗漏。

检验方法：在易渗漏部位进行淋水检查。

2. 一般项目

1）石材幕墙的表面质量应符合下列规定：

（1）石材幕墙表面应平整、洁净、无污染、缺损和裂痕。颜色与花纹应协调一致，无明显色差，无明显修痕。

（2）石材幕墙的压条应平直、洁净、接口严密安装牢固。

（3）石材接缝应横平竖直，宽窄均匀，阴阳角石板压向应正确，板边合缝应顺直，凸线出墙厚度应一致，上下口应平直；石材面板上洞口、槽边应套割吻合，边缘应整齐。

（4）石材幕墙的密封胶缝应横平竖直、深浅一致、宽窄均匀、光滑顺直。

（5）石材幕墙上的滴水线、流水坡应正确、顺直。

2）石材成品外观质量：

同一批板材的色调应基本调和，花纹应基本一致。板材正面外观质量应符合表 4-1 的规定。重点做好色差的检查验收。石材的表面质量和检验方法应符合表 4-1 的规定，石材厚度的允许偏差应符合表 4-2 的规定。

石材成品外观质量标准　　表 4-1

<table>
<tr><th>项次</th><th>缺陷名称</th><th>规定内容</th><th>优等</th><th>一等</th><th>合格</th></tr>
<tr><td>1</td><td>缺棱</td><td>长度不超过 10mm,宽度不超过 1.2mm（长度小于 5mm、宽度小于 1.0mm 不计），周边每米长允许个数(个)</td><td rowspan="5">不允许</td><td rowspan="3">1</td><td rowspan="3">2</td></tr>
<tr><td>2</td><td>缺角</td><td>沿板材边长,长度≤3mm,宽度≤3mm（长度≤2mm、宽度≤2mm 不计），每块板允许个数（个）</td></tr>
<tr><td>3</td><td>裂纹</td><td>长度不超过两端顺延至板边总长度的 1/10（长度小于 20mm 的不计），每块板允许条数（条）</td></tr>
<tr><td>4</td><td>色斑</td><td>面积不超过 15mm×30mm（面积小于 10mm×10mm 不计），每块板允许个数（个）</td><td rowspan="2">2</td><td rowspan="2">3</td></tr>
<tr><td>5</td><td>色线</td><td>长度不超过两端顺延至板边总长度的 1/10（长度小于 40mm 的不计），每块板允许条数（条）</td></tr>
</table>

注：干挂板材不允许裂纹存在。

石材厚度的允许偏差（单位 mm） 表 4-2

项次	石材类型	安装方式	
		干挂	砌筑
1	花岗石	30+ 2/-0	100
2	砂岩	70+ 2/-0	100
3	石灰石	40+ 2/-0	100
4	其他（包括白云石）	40+ 2/-0	100

3）石材幕墙的龙骨安装质量应符合下列规定：

(1）石材幕墙工程中使用的材料必须具备相应的出厂合格证、质保书和检验报告。

(2）安装前对物件加工精度进行复检，合格后方可进行安装。

(3）预埋件安装必须符合设计要求，安装牢固，严禁歪、斜、倾。安装位置偏差控制在允许偏差范围内。

(4）安装幕墙立柱与横梁前，应按设计要求确定挂板时的缝宽及销钉位置。

4）石材幕墙的龙骨立柱或竖框安装质量和检验方法应符合表 4-3 的规定。

石材幕墙的龙骨立柱或竖框安装质量控制标准（单位 mm） 表 4-3

项次	项　目	尺寸范围	允许偏差	检验方法
1	相邻两竖向构件间距尺寸（固定端头）		±2.0	
2	相块相邻的石材	20m 以下 20m 以下	±1.5 ±2.0	
3	相邻两横向构件间距尺寸	间距＜2m 时 间距≥2m 时	±1.5 ±2.0	
4	分格对角线差	对角线长＜2m 时 对角线长≥2m 时	3.0 3.5	
5	竖向构件垂直度	高度≤30m 时 高度≤60m 时 高度≤90m 时 高度＞90m 时	10 15 20 25	
6	相邻两横向构件的水平标高差		2	
7	横向构件水平度	构件长＜2m 时 构件长≥2m 时	2 3	
8	竖向构件直线度		2.5	
9	竖向构件外表面平面度	相邻三立柱 宽度≤20m 时 宽度≤40m 时 宽度≤60m 时 宽度≤60m 时	≤2 ≤5 ≤7 ≤9 ≤10	

续表

项次	项　目	尺寸范围	允许偏差	检验方法
10	同高度内主要横向构件的水平度	长度≤35m 长度＞35m	≤5 ≤7	用水平仪
11	石材下连接托板水平夹角允许向上倾斜，不准向下倾斜		±2.0 -0	塞尺
12	石材下连接托板水平夹角允许向下倾斜		±2.0	

5）石材幕墙的龙骨横梁安装质量和检验方法应符合表4-4的规定。

石材幕墙的龙骨横梁安装质量控制标准（单位 mm）　　表4-4

项次	项目	尺寸范围	偏差	检验方法、量具
1	相邻两根横框的水平标高		≤1	钢卷尺
2	相邻两横框间距尺寸	≤2m ＞2m	±1.5 ±2.0	钢卷尺
3	同高度内横框的高度差	幕墙宽 ≤35m ＞35m	≤4.5 ≤6	经纬仪
4	横框水平度	≤2m ＞2m	≤2 ≤2	水平仪
5	分格对角线差	对角线长度 ≤2m ＞2m	≤2.5 ≤3.0	钢卷尺

6）石材幕墙的石材面板挂装系统安装允许偏差和检验方法应符合表4-5的规定。

石材面板挂装系统安装允许偏差（单位 mm）　　表4-5

<table>
<tr><th>项次</th><th colspan="2">项目</th><th>允许偏差</th><th>检验方法</th></tr>
<tr><td>1</td><td colspan="2">挂钩（插槽）中心偏差</td><td>≤2.0</td><td>钢直尺</td></tr>
<tr><td>2</td><td colspan="2">挂钩（插槽）标高</td><td>±1.0</td><td>卡尺</td></tr>
<tr><td>3</td><td colspan="2">背栓挂（插）件中心线与孔中心线偏差</td><td>≤1.0</td><td>卡尺</td></tr>
<tr><td rowspan="3">4</td><td rowspan="3">同一行石材上端水平偏差</td><td>相邻两板块</td><td>≤1.0</td><td rowspan="3">水平尺</td></tr>
<tr><td>长度≤35m</td><td>≤2.0</td></tr>
<tr><td>长度＞35m</td><td>≤3.0</td></tr>
<tr><td rowspan="3">5</td><td rowspan="3">同一列石材边部垂直偏差</td><td>相邻两板块</td><td>≤1.0</td><td rowspan="3">卡尺</td></tr>
<tr><td>长度≤35m</td><td>≤2.0</td></tr>
<tr><td>长度＞35m</td><td>≤3.0</td></tr>
<tr><td>6</td><td>石材外表面平整度</td><td>相邻两板块高低差</td><td>≤1.0</td><td>卡尺</td></tr>
<tr><td>7</td><td colspan="2">相邻两石材缝宽
（与设计值相比）</td><td>±1.0</td><td>卡尺</td></tr>
</table>

7）石材幕墙安装允许偏差和检验方法应符合表 4-6 的规定。

石材面板安装允许偏差（单位 mm）　表 4-6

项次	项　目		允许偏差	检验方法
1	竖缝及墙面垂直度（幕墙高度 H）	$H \leqslant 30m$	10	用激光仪或经纬仪
2		$30 < H \leqslant 60m$	15	
3		$60 < H \leqslant 90m$	20	
4		$H > 90m$	25	
5	幕墙平面度		2.5	用 2m 靠尺、钢板尺
6	竖缝直线度		2.5	用 2m 靠尺、钢板尺
7	横缝直线度		2.5	用 2m 靠尺、钢板尺
8	缝宽度（与设计值比较）		±2	用卡尺
9	两相邻面板之间接缝高低差		1.0	用深度尺

4.5　安全管理措施

1）幕墙安装施工的安全措施除应符合现行行业标准《建筑施工高处作业安全技术规范》JGJ 80 的规定外，还应遵守施工组织设计确定的各项要求。

2）施工前应作好安全技术交底，劳保工具应配备齐全。

3）施工现场应配备独立的配电系统，并检查施工用电的线路、闸箱、接零接地、漏电保护装置是否符合有关规定。

4）在高层建筑幕墙安装与上部结构施工交叉作业时，在主体结构的施工层下方应设置防护网。在距离地面 3m 高度处，应设置挑出 6m 的水平防护网。

5）安装幕墙用的施工机具和吊篮在使用前应进行严格检查，符合规定后方可使用。

6）施工人员作业时必须佩戴安全帽、系安全带，并配备工具袋。

7）现场焊接时，在焊接下方应设置接火斗，配置看火人员。

8）脚手架上的废弃杂物应及时清理，不得在窗口、栏杆上放置施工工具。

4.6　环境管理措施

1）施工现场周边根据噪声敏感区域不同，选择低噪声设备或其他措施，同时应按国家规定控制作业时间。

2）应做到工完场清，及时清理施工后滞的垃圾，如胶、胶桶、胶带纸等，保持现场环境卫生整洁。

3）对密封材料及清洁剂等可能产生有害物质或气体的材料，应做好保管工作，防止造成大气污染。

4.7 砌筑石材幕墙效果

具体见图 4-31～图 4-37。

图 4-31　全砌筑石材外墙

图 4-32　连续拱形砌筑石材窗套

图 4-33　全砌筑雕刻石材窗套、檐口

图 4-34　全砌筑雕刻石材联拱

图 4-35　全砌筑三色石材混拼外墙

图 4-36　全砌筑三色石材混拼外墙

图 4-37　双色雕刻石材套砌门窗套

5

第5章

砌筑砖幕墙施工技术

5.1 砌筑砖幕墙概况

5.1.1 砌筑砖幕墙介绍

建筑材料及施工工艺的迅速发展，新型建筑材料的研制成功，设计理念的不断变化，运用新型装饰材料和工艺对建、构筑物外部进行装饰装修，提升其使用功能和艺术价值，使其具有丰富的技术含量和艺术内涵，已成为建筑装饰行业的一个新的发展趋势。

砌筑砖幕墙具有保温、隔热、装饰和美观等功能，具有“绿色、环保、可持续发展”的崭新价值，其材料将阻燃和自承重装饰一体化集成。砌筑砖幕墙对拉结体系及安全可靠性提出更高的要求，采用传统的砌筑方法不能完全满足结构安全技术的要求。同时，砖幕墙属于装饰层，对稳定性的要求非常高，科学合理地选用拉结体系，进行装饰砖幕墙的施工安装，层间可不需设置混凝土挑板。

砌筑砖幕墙体系适用于砖墙厚度为115mm的砌筑外墙饰面的夹心墙系统，以热镀锌金属型钢龙骨体系为主要承力构件，通过铝合金角钢横梁、不锈钢拉结片及不锈钢网片拉结外层清水装饰砖墙，内外墙中间空腔体起保温、隔热、通风作用。

砌筑砖幕墙拉结体系是纵横向龙骨及拉结件为高强度的金属材料，所组成的拉结体系结构安全合理，具有较高的承受构件自重、风荷载和构件自身的地震荷载能力，能够满足烧结砖砌筑的要求。通过设置安全合理的拉结体系，将烧结砖进行安全、可靠、耐久的砌筑固定。

砌筑砖幕墙体系横向全部通过不锈钢拉结件与纵横向龙骨连接，一般竖向采用60mm厚烧结多孔砖砌筑，每1.8m设置一道承重钢托板与竖向龙骨连接，横向钢立柱通过镀锌钢通与结构墙上埋板焊接，竖向龙骨与横向龙骨焊接，横向角铝通过镀锌角钢与竖向龙骨连接，每4皮砖（280mm）铺设不锈钢钢筋网与龙骨体系上不锈钢拉结件咬接，砖幕墙和龙骨体系通过此种方法连接，既解决了拉结件与不锈钢钢筋网的连接问题，又解决了砖幕墙砌体的整体安全性。

砖砌体厚度一般为60mm厚烧结空心砖（满足高厚比$H \leqslant 30B$的规范要求），水平缝与竖缝的尺寸为10mm。砖砌筑采用水泥砂浆、不锈钢拉结件接缝连接，在砖砌块与承重角钢硬性接触处，采用弹性连接，有效提高外墙的抗震性能，并消除伸缩噪声。由于砌筑砖幕墙密封性能的提高，较好的吸收声波，可保证外墙的隔声效果。同时，体系自设排水系统。

拉结体系全部采用工场预制件，操作方便，施工快捷，能够大幅度加快工程施工进度，并能够有效地解决砖幕墙与纵横向龙骨的连接问题。

5.1.2 工艺原理

1）通过设置合理的拉结体系，将砖砌体装饰层进行可靠、耐久、有效的安装。每4皮砖（280mm）高度设置水平不锈钢拉结件与横向角铝连接，不锈钢拉结件梅花形状布置，水平不锈钢拉结件最大水平固定间距为500mm。

2）幕墙砖水平缝和竖缝灰缝尺寸为10mm。砖砌筑采用水泥砂浆，不锈钢钢筋拉结网片埋入水平的水泥砂浆砖缝中，每4皮砖（280mm）缝设置通长直径为4mm的不锈钢钢筋拉结网片，不锈钢钢筋拉结网片与不锈钢拉结件咬接。两个不锈钢钢筋拉结网片搭接时，两者应贴合，不能对接，应保证水泥砂浆将其全部覆盖，最小的搭接长度应为150mm。

3）龙骨体系横向框架采用120mm×120mm×4mm镀锌钢通焊接于主体预埋钢板或后置埋板上，纵向采用50mm×30mm×4mm钢通焊接于横向龙骨上，横向分隔采用40mm×40mm×3mm角铝通过角码与竖向方通相连接。

4）砖墙面通过拉结件与拉结网片拉结于龙骨体系。不锈钢钢筋拉结网片分为两种：一种是用于大面的一字型；另一种是用于转角的L形。

（1）一字形：采用4mm直径，材质304的不锈钢网片（网片宽60mm，内置三角分隔，三角角度由加工实际决定，分隔宽度为160mm）工厂焊接加工而成，长短头对接相连（对接150mm），既保证钢筋网片的有效搭接，又消除因为网片搭接所产生的砖砌体拼缝不密实的情况。

转角L形：转角L形内外L相接，材质为304不锈钢，直径为4mm，钢筋网宽度为60mm，搭接长度不小于150mm，有效解决了转角处钢筋网片的搭接问题。

（2）拉结件材质为316不锈钢的L形，宽度为50mm，长边长度为100mm，短边长度为50mm，在L形拉结件短边中心开30mm长圆孔，长边中心开卡槽（工厂加工而成，与钢筋网片放置位置在同一处），与砖缝中不锈钢钢筋网咬接连接，既解决拉结件与钢筋网的连接问题，又解决砖砌体的整体安全性。

5）拉结件通过螺栓组连接到横向或纵向龙骨体系上，交错布置。

6）横向角铝通过镀锌角码与竖向龙骨连接，镀锌角码为50mm×50mm×5mm角钢，长度40mm，与竖向龙骨焊接连接，镀锌角码与横向角铝用不锈钢螺栓组连接。

7）通过披水板的设置，有效地解决墙体夹层内排水的问题，确保内部不积水，达到自排水作用，保护内部结构。

5.1.3 适用范围

适用于设计地震设防烈度不大于8度区，砖幕墙设计高度不大于100m，具有内外叶墙非组合作用的砌筑夹心墙体系。主要用于别墅、多层高层建筑或既有建筑的翻新改造等高档外墙装饰，增加建筑物端庄、气派、典雅、新颖、古朴的时代艺术气息。

5.1.4　主要设计构造

1. 砌筑构造

一般采用240mm×115mm×60mm烧结黏土多孔砖，纯色或三色砖按比例混拼，水泥砂浆组砌，彩色砂浆勾缝。清水砖外墙的砌筑体系适用于外墙装饰饰面的夹层墙系统，构件体系除了承受构件自重、风荷载和构件自身的地震荷载之外，不承受任何其他所传递的重力荷载。清水砖外墙的砌体夹心墙系统包括内外两层墙体，这两层砌体墙被空气层隔开并采用不锈钢连接板将其连接。外叶墙砌体用黏土砖砌筑，内叶墙根据工程的位置不同采用混凝土实体墙或砌体砌筑。两层砌体墙中间的空气夹层起到保温隔热和通风的功能。在内叶墙体的外侧设有连续的防水层，外叶墙砌体作为装饰和雨屏墙。

2. 承重骨架体系

承重骨架体系由方钢立柱、水平承重钢托板构成，方钢立柱水平间距不大于500mm，水平承重钢托板每隔约1.8～2.8m高度设置，满足砖砌筑高厚比$H \leqslant 30B$且不大于3m的设计要求；方钢立柱上柱或下柱之间采用芯柱机械连接，方钢立柱与水平承重钢托板满焊连接，方钢立柱沿砌体每4皮砖高度设置铝合金角钢横梁，通过铝合金角码拴接，方钢立柱、水平承重钢托板通过预埋件、后置钢板连接件与主体结构连接；骨架体系主要构件设计计算挠度≤1/600跨长，所有热镀锌钢材镀锌膜厚度≥75μm。

3. 砖与骨架连接体系

砖砌体采用水泥砂浆砌筑，每4皮砖内配“Z”形ϕ4不锈钢钢筋网片，通过“L”形50mm×4mmSUS316不锈钢拉结件、50mm×50mm×5mm铝合金角钢与钢骨架水平拉结，钢筋网片纵向间距280mm，通长设置；不锈钢拉结件沿水平灰缝方向间距500mm布置一个拉结点，上下拉结件梅花点状布置；钢筋网片通过砖砌块间水平灰缝的水泥砂浆粘结摩擦力与砌体形成整体，水泥砂浆外侧采用防水勾缝砂浆填充密封。

4. 抗位移构造

砖砌体在转角位置设置1ϕ10钢插销连接上下端砌体并水平限位。砌体墙面长度超过12m时，应设置10mm宽的马牙槎形垂直变形缝。变形缝内采用防水密封胶处理。

5. 幕墙空腔体防水及通风构造

后背二次结构砌体墙或剪力墙表面水泥砂浆抹灰两道：12mm厚1∶3水泥砂浆打底扫毛或划道，8mm厚1∶2.5水泥砂浆抹平，表面防水：1.0mm厚聚合物水泥基复合防水涂料满涂。

砌体底端设置5mm厚SUS316不锈钢披水板，坡向外侧，与后背墙膨胀螺栓连接。披水板上口底层砌体沿水平方向间距1.0m，在砖块立缝位置设置泄水孔一道，在砌体顶层沿水平方向间距1.0m，砖块立缝位置设置通风孔一道，泄水孔、通风孔内无水泥砂浆填充物，保持通畅，通风孔底设置水泥砂浆挡水坡，防止雨水倒灌。

5.1.5 砌筑砖幕墙体系构造图

如图 5-1～图 5-9 所示。

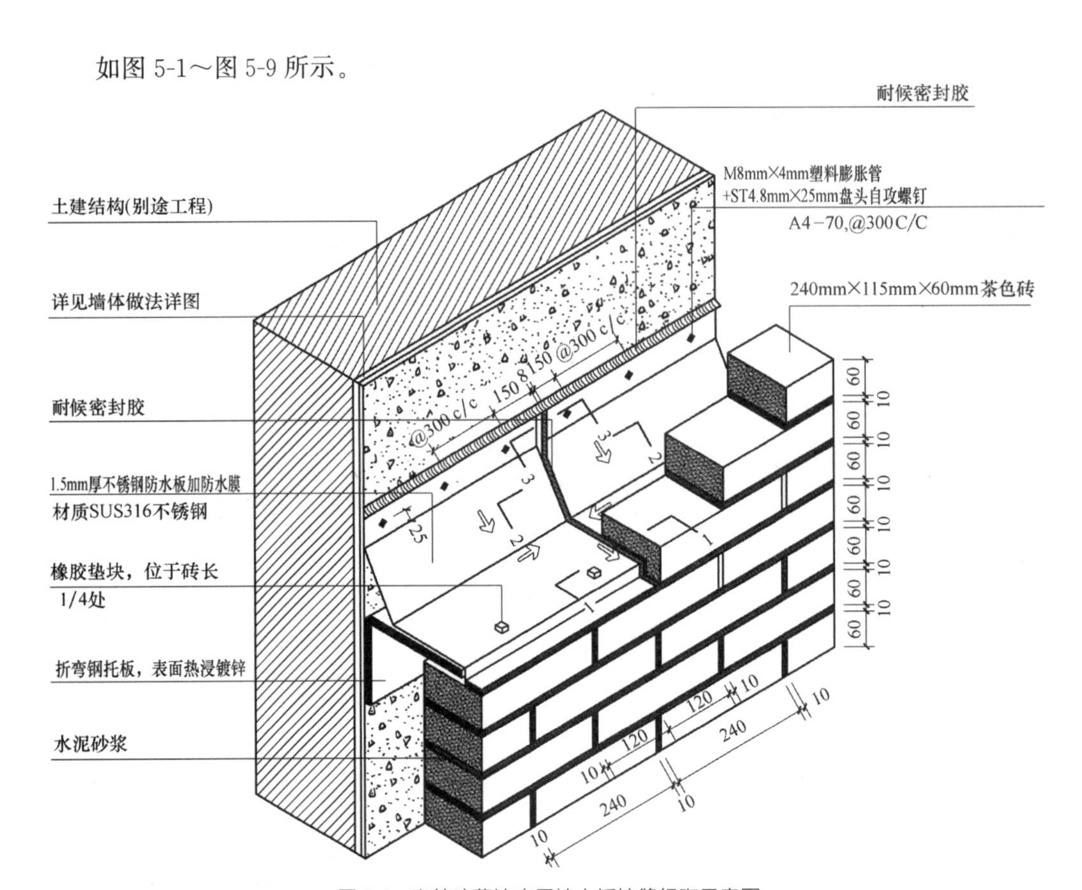

图 5-1 砌筑砖幕墙底层披水板接缝组砌示意图

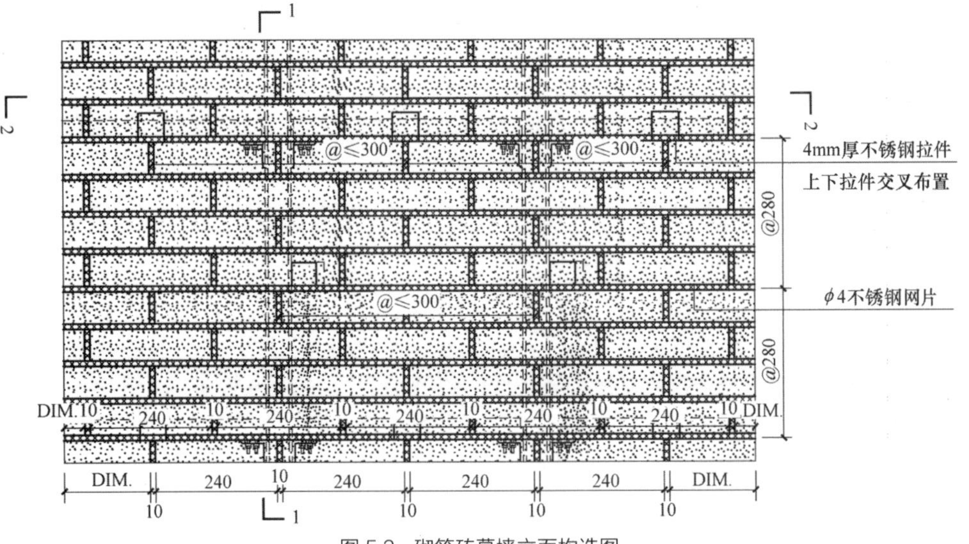

图 5-2 砌筑砖幕墙立面构造图

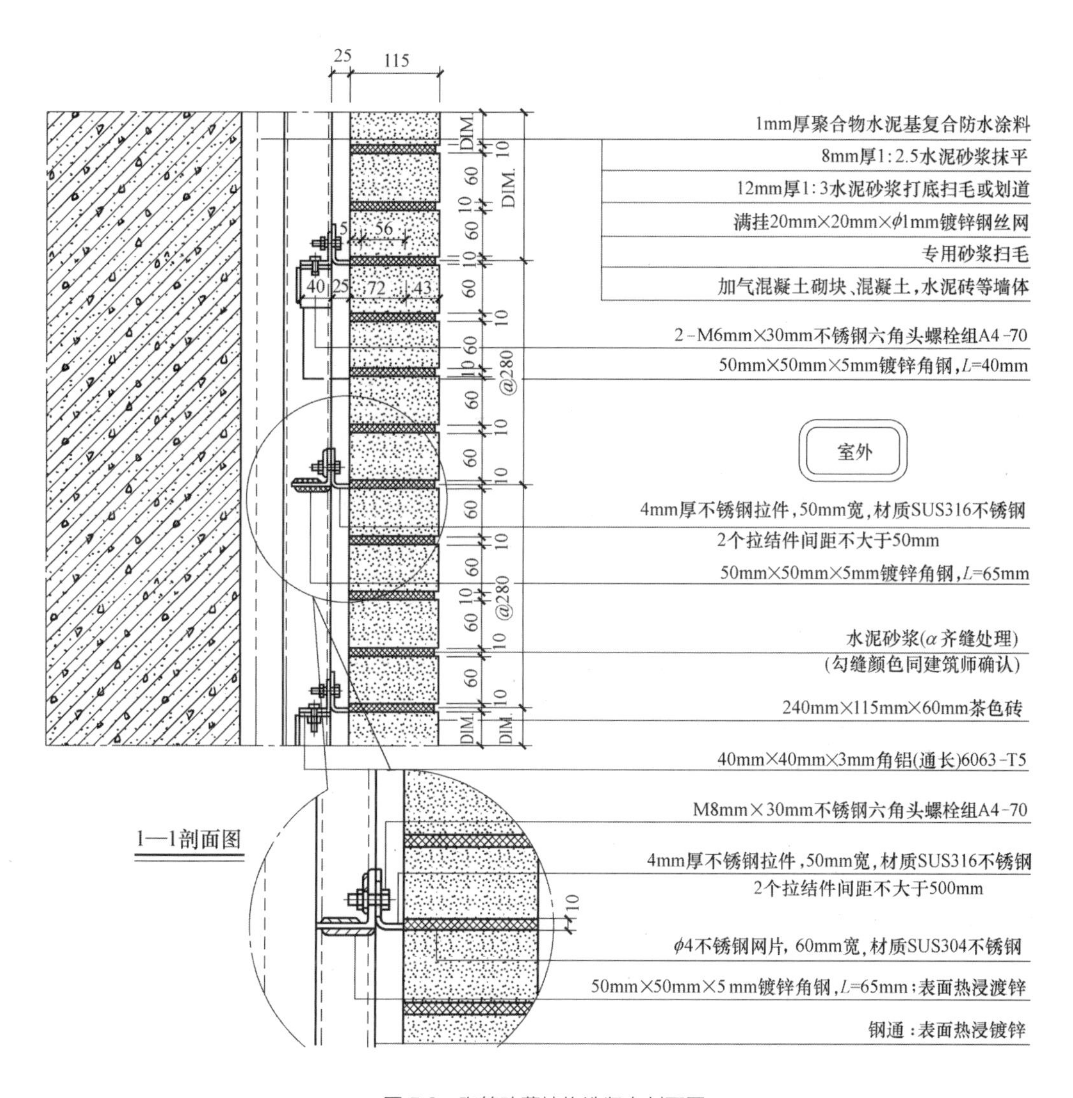

图 5-3　砌筑砖幕墙构造竖向剖面图

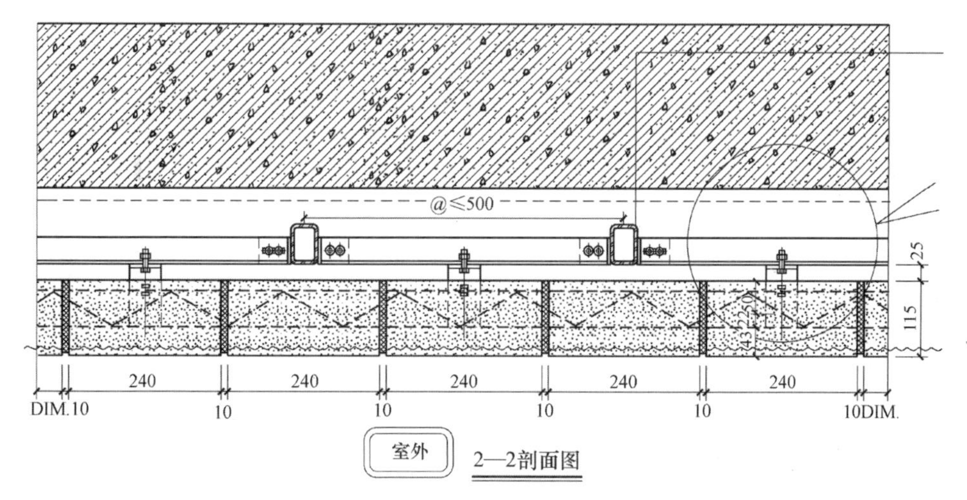

图 5-4　砌筑砖幕墙立面构造横向剖面图

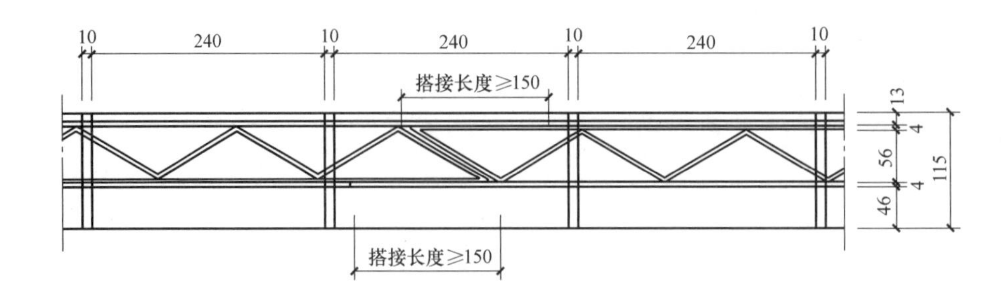

图 5-5 ϕ4mm 不锈钢钢筋网连接构造图

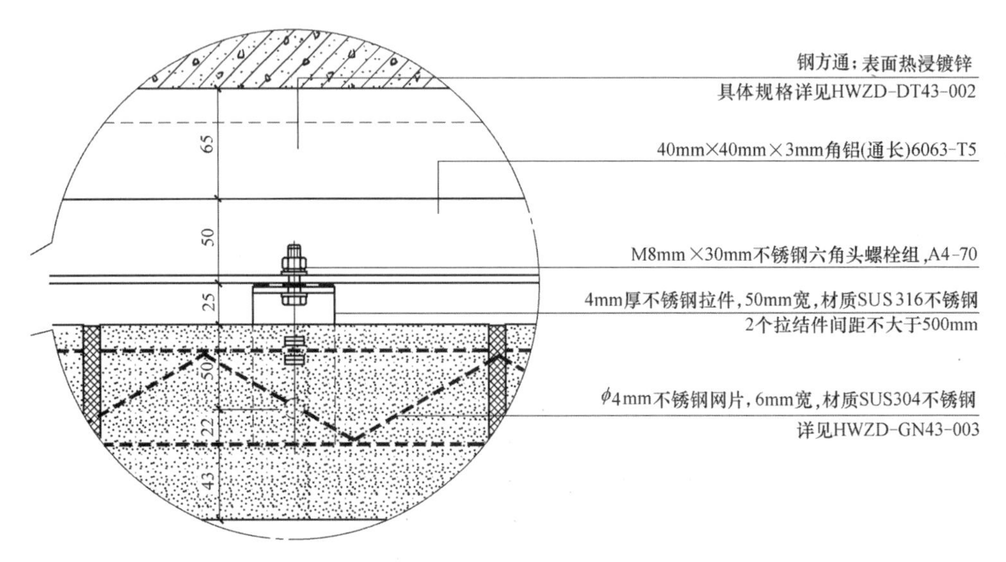

图 5-6 砌筑砖幕墙层间不锈钢钢筋网平面布置图

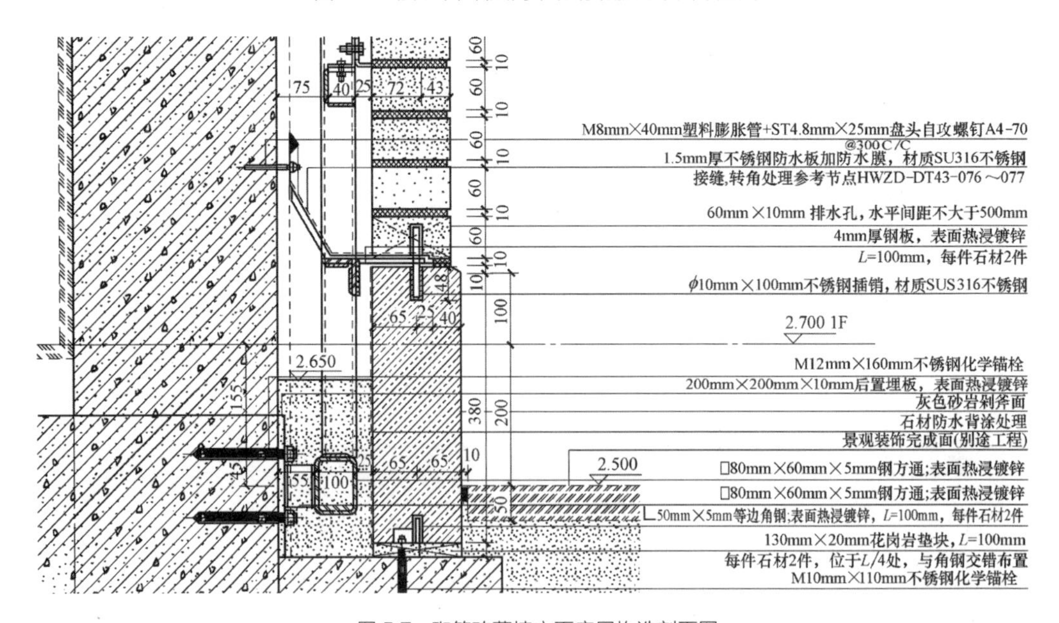

图 5-7 砌筑砖幕墙立面底层构造剖面图

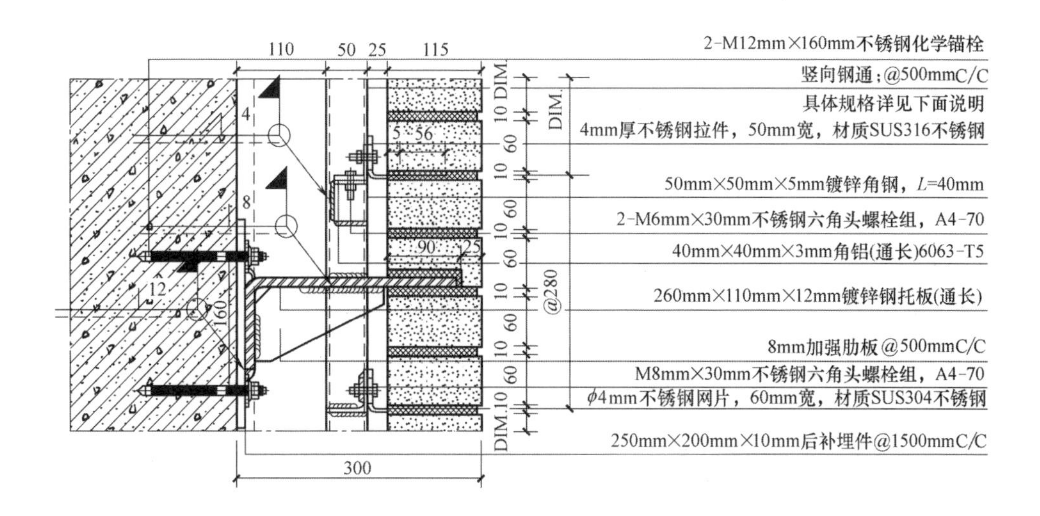

图 5-8 砌筑砖幕墙立面层间钢托板构造图

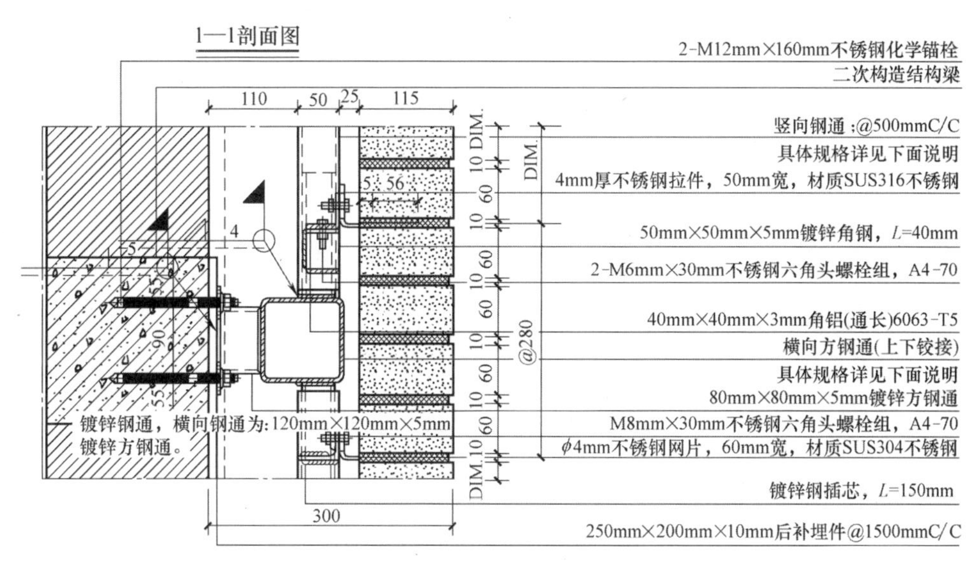

图 5-9 砌筑砖幕墙转换层钢骨架构造图

5.2 砌筑砖幕墙施工准备

5.2.1 材料要求

1）龙骨材料：

横向钢通：120mm×120mm×5mm，表面热镀锌；竖向钢通：80mm×40mm×4mm，表面热镀锌；钢托板：260mm×110mm×12mm，表面热镀锌；L50mm×5mm等边角钢，表面热镀锌（镀锌层厚度≥75μm）。

2）连接件：

拉结件：材质SUS316不锈钢，长边长度100mm，短边长度50mm，宽度50mm，厚度5mm。

不锈钢插销：其材质为直径为10mm的SUS316不锈钢。

3）披水板：选用1.5mm厚SUS306不锈钢。

4）钢筋网片：选用材质直径为4mm、宽度为60mmSUS304的不锈钢钢筋网片。

5）角铝：40mm×40mm×4mm阳极氧化。

6）紧固件：M8×30和M6×30不锈钢螺栓。

7）砖：240mm×115mm×60mm规格黏土烧结优等品砖。砖的吸水率小于15%，砖的抗压强度不小于30MPa。砖的外观质量标准见表5-1。

外观质量标准（单位：mm） 表5-1

<table>
<tr><th colspan="2">项目</th><th>优等品</th><th>一等品</th><th>合格</th></tr>
<tr><td colspan="2">两条面高度差小于等于</td><td>2</td><td>3</td><td>4</td></tr>
<tr><td colspan="2">弯曲小于等于</td><td>2</td><td>3</td><td>4</td></tr>
<tr><td colspan="2">杂质凸出高度小于等于</td><td>2</td><td>3</td><td>4</td></tr>
<tr><td colspan="2">缺棱掉角的三个破坏尺寸不得同时大于</td><td>5</td><td>20</td><td>30</td></tr>
<tr><td rowspan="2">裂纹长度</td><td>①大面上宽度方向及其延伸至条面的长度小于等于</td><td>30</td><td>60</td><td>80</td></tr>
<tr><td>②大面上长度方向及其延伸至顶面的长度或条顶面上水平裂缝的长度小于等于</td><td>50</td><td>80</td><td>100</td></tr>
<tr><td colspan="2">完整面不得少于</td><td>两条面和二顶面</td><td>一条面和一顶面</td><td>—</td></tr>
<tr><td colspan="2">颜色</td><td>基本一致</td><td>—</td><td>—</td></tr>
</table>

注：为装饰而施加的色差、凹凸纹、拉毛、压花等不算缺陷。

凡有下列缺陷之一者，不得称为完整面：

1. 缺损在条面或顶面上造成的破坏面尺寸同时大于10mm×10mm。

2. 条面或顶面上裂纹宽度大于1mm，其长度超过30mm。

3. 压陷、粘底、焦花在条面或顶面上的凹陷或凸出超过2mm，区域尺寸同时大于10mm×10mm。

8）砂浆：预拌干混砂浆，砂浆强度应大于等于M10。

5.2.2 施工机具准备

1）机械设备包括台钻、切割机、电焊机、电锯、水刀等。

2）工具用具包括红蓝铅笔、角尺、1.5mm钢丝线、扫帚、冲击钻、鱼丝线、红油漆、扭矩扳手等。

3）检测装置包括全站仪、水准仪、经纬仪、钢卷尺、靠尺。

5.2.3 技术准备

1）砖幕墙工程开始前编制专项施工方案（包括施工策划、内叶墙砌体预留窗洞口、流水施工、保证质量措施等）。

2）深化设计应包含：深化设计说明，内叶墙砖砌体二次深化设计，砖幕墙平、立面图，幕墙构件平、立面图，墙材与主次龙骨连接、安装详图，主龙骨与主体结构连接详图，设计计算书。

5.2.4 施工准备

1）砌体工程施工前，由施工管理人员负责砌筑工程的施工任务的划分、人员的安排、现场安全文明管理。

2）专职质检员应在施工过程中进行质量旁站监督检查，进行质量验收，对满足质量要求的部位进行标识。

3）施工前组织作业队工长、质量员、工人学习有关的技术措施和质量要点，组织操作人员进行详细的技术交底，增强质量意识，明确质量目标。

5.3 砌筑砖幕墙施工工艺

5.3.1 主要施工工艺流程

1. 结构预埋及金属骨架安装工序

定位放线→连接板定位→化学锚栓钻孔安装→连接板安装固定→转接件定位放线→转接件安装→转接件防腐→内叶墙防水修补→连接板安装验收→钢立柱定位放线→钢立柱安装→钢立柱安装检验→钢托板定位放线→钢托板安装→钢托板安装检验→横梁定位放线→铝合金角码安装→铝合金角钢横梁安装→不锈钢水平拉结件安装（含防腐垫片）→整体钢骨架安装验收。

2. 砌筑砖幕墙施工工序

三色混拼备砖、选砖→裁砖、磨砖、定制雕刻砖→结构底层基面清理→抄平立皮数杆→坐底浆→摞底排砖→砌筑底层4皮勒脚砖→砌筑检验→内空腔混凝土灌实、抹光（坡向外墙）→不锈钢披水板安装→披水板安装检验→内墙接缝防水密封胶→防水膜布铺设→防水检验→挂线砌筑1～4皮砖→不锈钢钢筋网安装→不锈钢水平拉结件调平→拉结安装检验→挂线砌筑5～8皮砖→不锈钢钢筋网安装→不锈钢水平拉结件调平→拉结安装检验→（钢托板以上）卧浆槽裁砖→钢托板找平坐底浆→挂线砌筑1～4皮砖→墙面清理检验→勾缝剂配色、制备→砖勾缝（15d后）→砖墙防护剂喷涂（28d后）→墙面清理验收。

5.3.2 施工操作要点

1. 图纸会审、技术交底

1）深化设计图纸齐全，且通过图纸会审。

2）项目技术人员向操作人员进行全面的技术交底和操作培训，明确注意事项，并做好施工技术交底记录。

2. 定位、放线、测量

1）首先，确定好基准轴线和水准点，再确定轴线控制线和水平标高点。根据基准点线布置图，以及首层原始标高点，施工人员依据基准点、线布置墙面分格控制线（以墙身50线为高程基准，墙面转角轴线为横向控制线），定出安装控制线。

2）各控制基点（线）确定后，根据分格尺寸在两转角点之间进行分格，上下连线，确定锚板、龙骨及分缝等的位置，形成整体控制网。

3）根据放线后的现场情况，对实际施工的土建结构进行测量，对误差较大应调整的位置进行处理，然后进行下一道工序。

3. 预埋件、连接件安装

1）预埋件的埋设和复核：

（1）预埋件采用预埋或后置埋设，预埋件规格为 250mm×200mm×10mm 热镀锌铁板，根据龙骨布置图（图 5-10），横向间距为 1500mm，竖向间距为 1800mm。

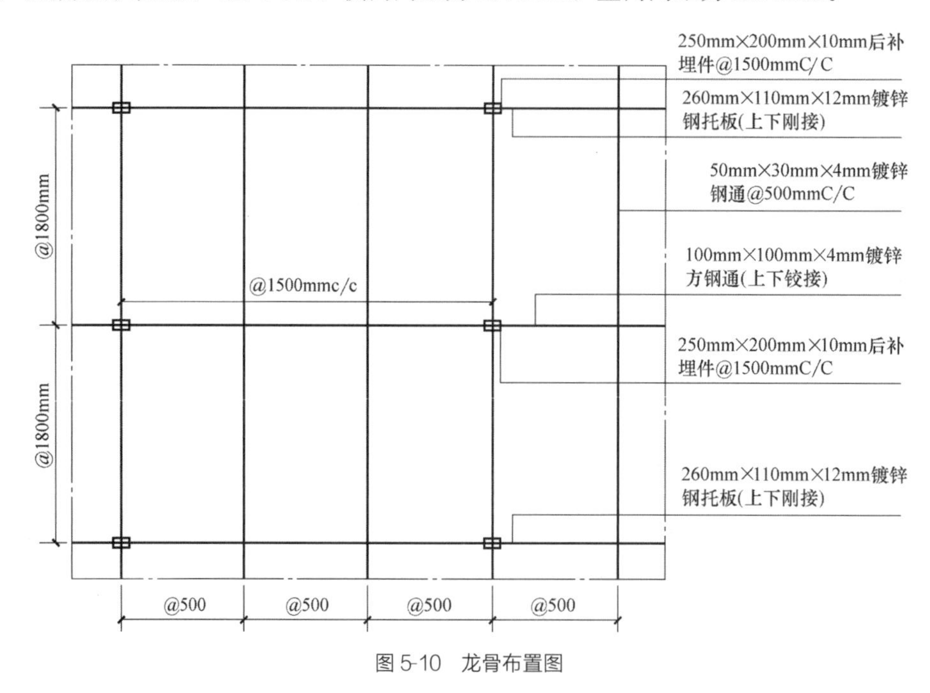

图 5-10　龙骨布置图

（2）预埋件的尺寸应制作准确，尺寸应采用负误差，以便放入模板内。预埋件在放置时应保持正确，埋筋与主体结构钢筋进行逐个点焊，以保证混凝土浇筑过程中埋件不移位。预埋件锚板下面的混凝土应注意振捣密实。预埋件应埋设牢固，位置准确，预埋件标高差不应大于 10mm，预埋件位置与设计位置的偏差不应大于 20mm。

（3）由测量放线人员将支座的定位线弹在结构上，检查预埋件中心线与支座的定位线是否一致，通过十字定位线，检查出预埋件左右、上下的偏差，预埋件位置偏差应控制在 5mm 内。

2）后置埋件安装

（1）当埋件为后置时，根据埋件安装位置的垂直、水平控制线用化学锚栓将其固定在主体结构上，通过对化学锚栓拉拔试验检查是否达到设计强度要求。若埋件偏差大于 5mm 时，应重新设置后置埋板。

（2）电锤打孔、化学药剂安装：

找出定位轴线、定位点后，对安装点定位打孔，同时安装化学药剂。化学药剂安装工艺严格按照化学药剂的安装说明及注意事项。尤其是锚孔在安装药剂之前，应采用空压机或者手动气筒吹净孔内粉屑，保持孔道干燥。

（3）螺杆、连接板安装：

药剂安装完毕，进行螺杆的安装。安装时严格控制螺杆的安装深度，待螺杆达到指定深度后，进行后置埋板安装。在后置铁板的安装过程中，在螺杆未完全固化前，及时调整螺杆的方向。打孔时尽量避开混凝土钢筋，实在无法避免时，该孔可不设置锚栓，采取在后置埋板旁边加固措施。

（4）连接板固定：

后置埋板安装时，应根据图纸的尺寸要求，对铁板的三维方向尺寸进行复核，在复核无误后，螺杆套上螺母固定。

后置埋板安装验收合格后，后置埋板焊点需进行防腐处理即涂刷防腐漆，所用的无机富锌漆的涂膜厚度必须不小于 100μm；

3）预埋件和后置埋件同连接支架焊接

（1）将连接支架确定位置焊接到预埋件上，焊缝宽度和长度要符合设计要求。焊接时先点焊，后满焊；先两侧，后中间。检查焊缝质量，所有焊点、焊缝均需去焊渣并作防锈处理（图 5-11）。

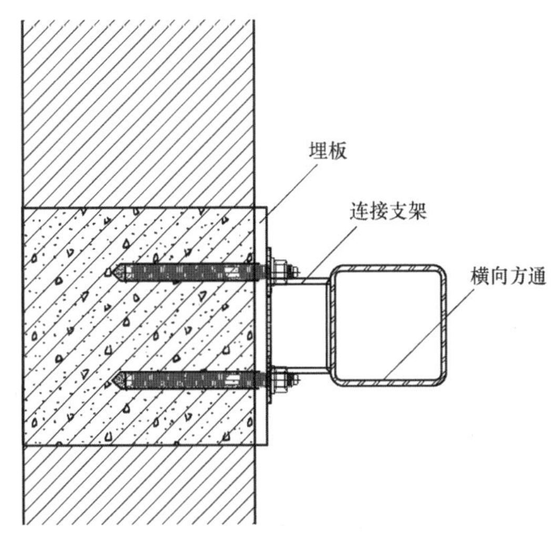

图 5-11　连接支架与埋板焊接相连

(2) 转接件根据龙骨布置图位置焊接在埋板上，点焊后用水平仪检测，相邻支座水平误差应符合设计标准，转接件与埋板焊接必须牢固。

(3) 支座的焊接应防止焊接时的受热变形，其顺序为上、下、左、右，并需清除焊渣和检查焊缝及校核，同时做好防腐处理。

4) 埋板或后置埋板周边墙面防水修补处理

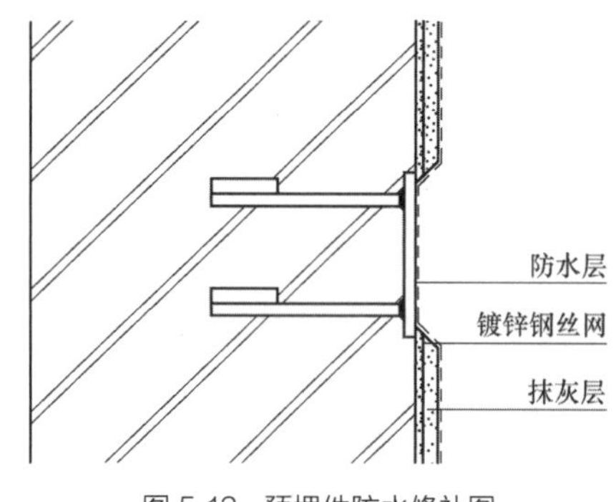

图 5-12 预埋件防水修补图

(1) 修补处理方法

预埋件部位不抹灰，抹灰至预埋件边角处做喇叭口处理，为防止因不同材质抹灰所造成的抹灰层开裂现象，应将镀锌钢丝网稍微伸入预埋件范围。抹灰完成后，清理好预埋件表面。待完成龙骨焊接施工和防锈处理后，采用柔性防水材料整体均匀涂刷，并保证防水层厚度（图 5-12)。若是后置埋板，在后置埋板开孔部位用密封胶注满（图 5-13)，将后置埋板内外层有效隔离。

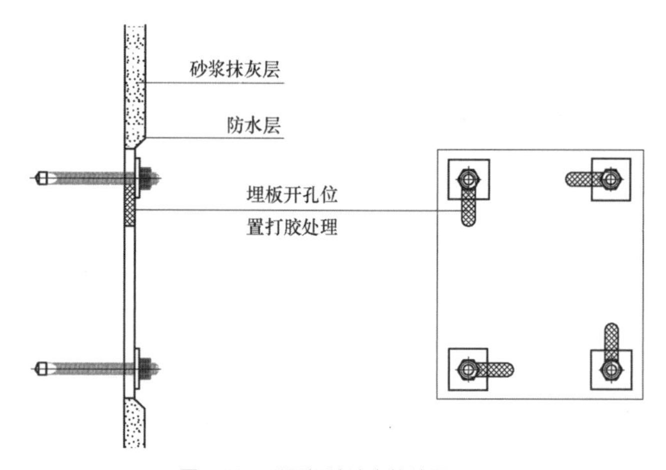

图 5-13 后置埋件防水修补图

(2) 施工工艺

基层处理→1∶3 水泥砂浆（内掺防水剂）满铺填平→抹平压光→1.0mm 厚聚合物水泥基复合防水涂料涂刷。

修补前应该检查埋件，埋件安装应端正，尽量不要歪斜，四个化学螺杆深度应统一，钢弹性垫片也应放置端正，螺帽应拧紧；验收合格进行墙面防水修补，修补平整度偏差不大于 10mm。

4. 横向方通龙骨及承重托板安装

1) 施工准备

(1) 放基准线：在立柱校正时，首先应放基准线。所有基准线的放置要求准确无误，先应吊垂直基准线，每隔 3～4 根立柱应吊一根垂直基准线，垂直基准线放好后应用经纬仪测定基准线的准确度，应保证基准线的自身准确，基准线垂直位于立柱的外侧面。

（2）打水平线：在垂直基准线放好后，应每隔2～3层打一次闭合水平线，水平线用水准仪抄平固定，水平线位于立柱的外侧面。

（3）建立基准平面（垂直）：在基准垂直与基准水平线确定后，所有立柱的外侧面都应位于这个基准面上，同时立柱应与基准垂直线平齐，否则就应调整。

（4）平面误差调整：在测到平面误差后，对有平面外误差的立柱进行调整，必要时将螺栓松开调整，如仍调整不好必须重新安装。

（5）平面内垂直误差调整：分割误差调整不能单独分开调整，调整时必须综合整体平面内垂直误差。

2）横向龙骨安装

（1）依据龙骨布置图放线的位置进行安装，竖向间距1800mm。安装施工一般是从底层开始，然后逐层向上推移进行。

（2）横向钢龙骨固定于埋板两支座间，通过镀锌钢通转接件将横向钢龙骨和主体埋板焊接，先点焊，确认无误后将横向钢龙骨、转接件、埋板满焊，并及时做防锈处理（图5-14）。

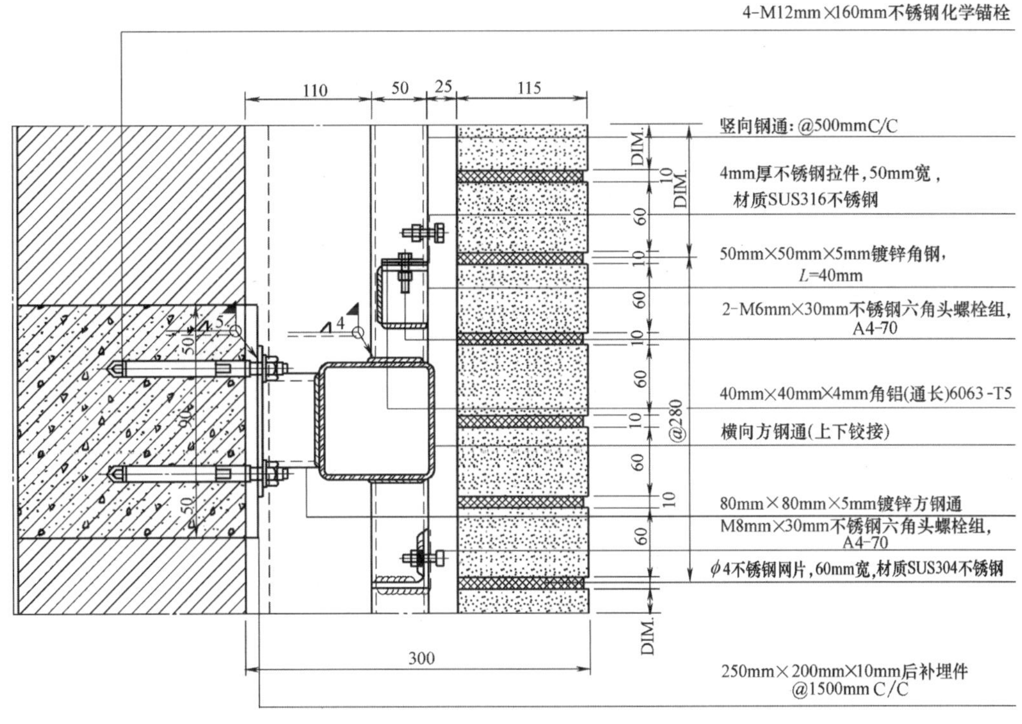

图5-14　转接件连接埋板和横向钢龙骨

（3）横向龙骨应安装牢固，同根横向龙骨两端或相邻两根横向龙骨水平标高偏差不应大于2mm。安装完成后，应及时检查、校正，进行防腐防锈处理。

（4）垂直方向高度不大于3m设置260mm×110mm×12mm通长钢托板（表面热镀锌），钢托板与主体埋板焊接，水平标高偏差不大于10mm。

（5）横向钢通端头封堵（图5-15）。

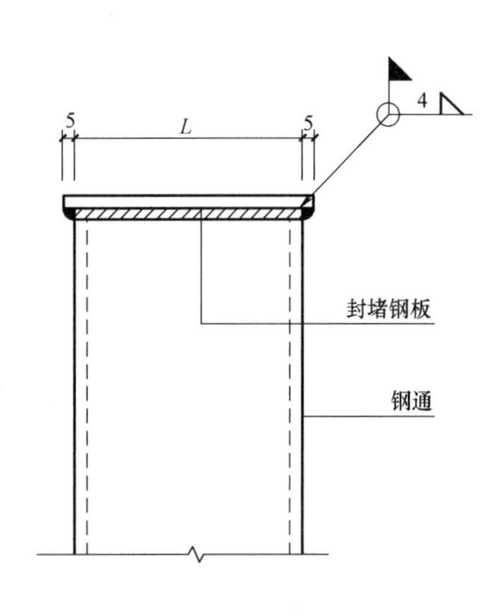

图 5-15 封堵钢板焊接示意图

3）承重托板安装

（1）承重托板从墙面最底处开始安装，采用 260mm×110mm×12mm 的镀锌弯折钢板焊接于连接方通上，连接方通采用 160mm×80mm×8mm 镀锌钢通（前端封堵）焊接于预埋板或后置埋板上，每层间隔设置，承重弯折托板伸入砌体距离为 90mm，托板下部间距 500mm 采用 8mm 加强肋板（$L=100$mm）成三角焊接加强（图 5-16）。

（2）横向方通龙骨间距承重托板 1800mm 一道，采用 100mm×100mm×4mm 钢方通，以墙身 50mm 线为基准绕四周同长，通过连接支架焊接于锚板上。横向龙骨安装水平偏差不应大于 5mm。

（3）横龙骨安装完成后采用水平尺对其水平度进行检查，对焊缝做防锈处理。

（4）钢托板位置砖幕墙砌筑应符合设计要求（图 5-17）。

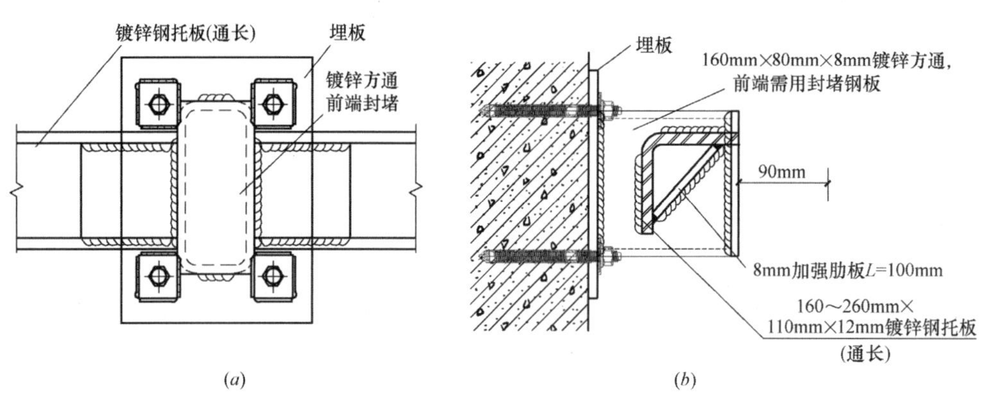

图 5-16 承重托板安装及加强肋板示意

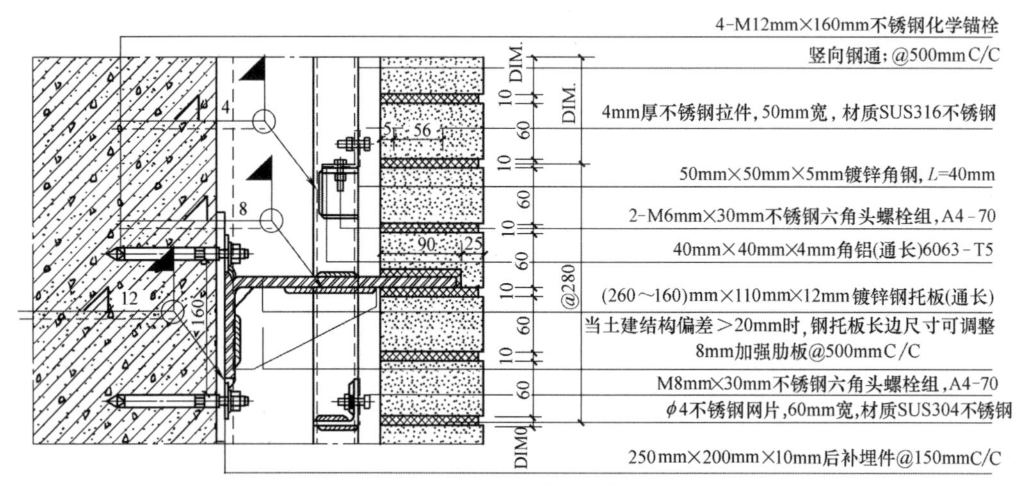

图 5-17 钢托板处砖砌筑图

4）竖向龙骨安装应符合下列要求

（1）竖向龙骨根据实际情况进行断料。龙骨的断料尺寸，应比分割尺寸小 3mm，便于安装。

（2）根据墙面轴线，布设钢丝线作为定位基准（间距 500mm），进行竖龙骨的安装。

（3）竖龙骨与承重托板连接采用刚性连接（焊接方式连接）。

（4）竖龙骨与横向龙骨相连接时采用柔性连接（上下铰接），在横向龙骨上下焊接 150mm 镀锌钢套芯，竖龙骨连接时承插入套芯中。

（5）对照施工图检查竖龙骨的加工孔位是否正确，保证后续拉结体系与砖墙面模数的统一。

（6）竖龙骨安装后，应对焊缝进行防腐处理。

5. 竖向钢龙骨安装

1）横向龙骨及钢托板安装完成以后，竖向龙骨根据实际情况进行断料，龙骨的断料尺寸应比分割尺寸小 3mm，便于安装。

2）竖向龙骨根据龙骨布置图间距 500mm，与横向钢通进行焊接。先点焊，后满焊；先下部，后上部（图 5-18）。

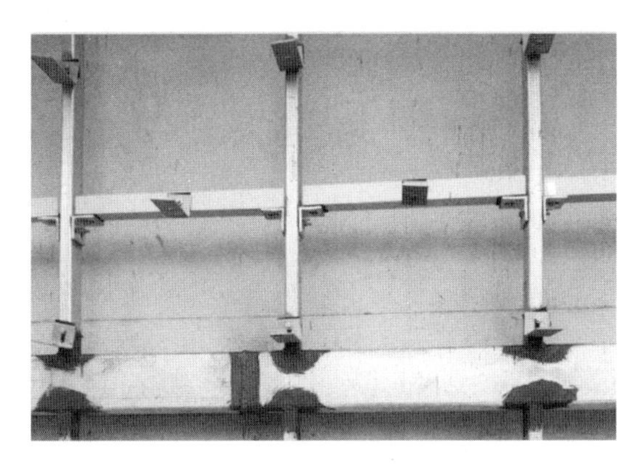

图 5-18　竖向龙骨安装

3）墙面竖向龙骨的安装尺寸误差应在控制尺寸范围内消化，误差数不得向外伸延，各竖向龙骨安装以靠近轴线的钢丝线为准进行分格检查。

4）对照龙骨布置图检查竖向龙骨的加工孔位是否正确，调整竖向龙骨的垂直度和水平度。

5）竖向龙骨一般由下往上安装，以中心轴线为基准轴，按照龙骨布置图位置要求向两侧排基准立柱。

6）竖向龙骨安装在横向龙骨的预定位置上，要求连接牢固、接缝严密。当安装完一层高度时，应及时进行检查、调整、校正、固定，使其符合质量要求。

7）竖向龙骨安装顺序是以层为单位进行安装，整体上是从下往上进行。

8）竖向龙骨套芯连接（图 5-19）。

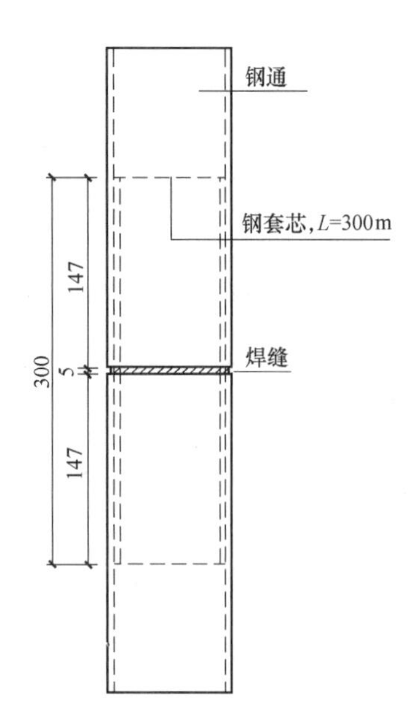

图 5-19 钢通对接焊示意图

9）立柱安装一般由下而上进行，第一根立柱按悬垂构件先固定上端，调整后固定下端；第二根立柱将下端对准第一根立柱，再吊线或对位安装梁上端，依此往上安装。

10）立柱上、下柱间应留有不小于 15mm 的缝隙，闭口型材可采用长度不小于 400mm 的芯柱连接，芯柱与上柱或下柱之间应采用机械连接（如不锈钢螺栓连接）方式固定，芯柱总长度不应小于 400mm。开口型材上柱与下柱之间可采用等强型材机械连接。上、下立柱之间的缝隙应填塞耐候密封胶密封。

11）立柱跨层通长布置时，立柱与主体结构的连接支承点每层不宜少于 1 个；当每层设 2 个支承点时，一般将立柱设计成受拉构件。上支点采用圆孔，立柱在支点铰接悬挂，下支点采用长圆孔或椭圆孔连接，形成吊挂受力状态。

12）立柱在每个连接部位的受力螺栓至少需要布置 2 个，螺栓直径不宜少于 10mm。

13）立柱安装后，对照上步工序测量定位线，对进出位初调，安装误差控制要求如下：标高±3mm、前后±2mm、左右±3mm。待基本安装完后，在下道工序中再进行全面调整。

6. 横向（水平）铝合金龙骨安装

1）铝合金龙骨选用 40mm×40mm×3mm 角铝，通长布设。铝合金龙骨与竖向龙骨连接通过角码（50mm×50mm×5mm 镀锌角钢，$L=40$mm）采用螺栓组向连接。

2）定位放线：横梁放线是在立柱上标出横梁应在位置，在每根立柱上标出的位置都应准确无误，一般放线是遵循从中间向上下分线的原则进行。以每层水平线为标准，随时复查横向（水平）铝合金龙骨是否水平。

3）横向铝合金龙骨与竖向龙骨向连接时，在竖向龙骨相应位置水平开设 2 孔，用 2 组 M6mm×30mm 不锈钢螺栓组固定角码，根据角码的位置在横向铝合金龙骨相应位置采用 1 组 M6mm×30mm 螺栓相连接，将横向铝合金龙骨与竖向龙骨连为一体，具体做法如图 5-20 所示。

4）定位钻孔：横梁安装是否准确取决于螺栓孔位的准确与否，横梁螺栓位钻孔时应注意定位的准确，尽量采用模具卡孔定位，开孔孔径大于螺栓直径 0.5 mm。

5）角码安装：铝合金角钢横梁与钢立柱采用铝合金角码机械连接，当立柱与角码采用不同金属材料时，应在立柱接触面对穿柔性防腐、防噪垫圈分隔。横梁连接角码通过不锈钢螺栓穿透立柱（钻孔）一次固定而成，与立柱连接的螺栓不应少于 2 个，螺栓直径不应小于 10mm，螺帽下设两平一弹钢垫片。横梁与立柱之间应有一定的相对位移能力。

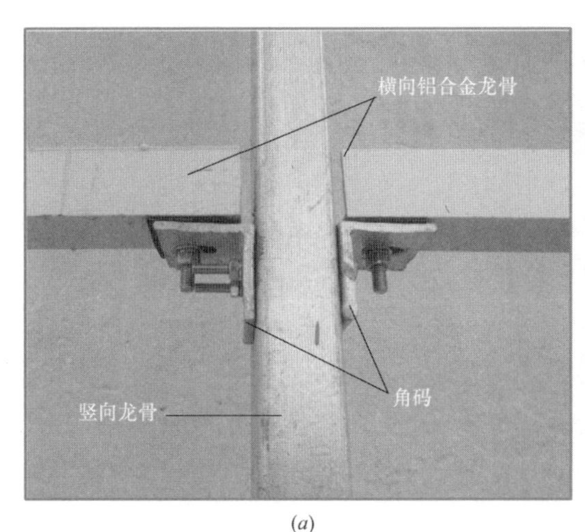

(a)

(b)

图 5-20　横向铝合金龙骨与竖向龙骨连接示意图

7. 铝合金角钢安装

1）铝合金角钢安装包括两个部分：一是角码防腐垫圈安装；二是铝合金角码安装。

2）铝合金角钢横梁采用螺栓与角码连接安装，应安装牢固、平整。铝合金角钢与钢角码接触面之间应加防腐隔离柔性垫片，以防止产生双金属腐蚀。

3）横向龙骨和竖向龙骨安装完成以后，在竖向龙骨分格之间安装水平角铝（40mm×40mm×4mm 阳极氧化），竖向间距为 600mm。

4）水平角铝通过镀锌角码（50mm×50mm×5mm 镀锌角钢，$L=40$mm）与竖向龙骨连接，镀锌角码与竖向龙骨进行焊接或螺栓连接，与水平角铝通过六角螺栓组连接（M6mm×30mm 不锈钢）（图 5-21）。

5）水平角铝断料尺寸应比分割尺寸每边小 5mm，便于安装。

8. 不锈钢水平拉结件安装

1）不锈钢水平拉结件安装工序

（1）横向龙骨、竖向龙骨、水平角铝安装完成后，安装砖拉结件，拉结件水平间距 500mm，竖向间距 600mm，上下层错位布置（图 5-22），成梅花交叉形状布置（图 5-23）。砖幕墙拉结件采用 M8mm×30mm 不锈钢六角头螺栓组与横向铝合金龙骨相连（横向铝合金龙骨开孔）或竖向龙骨相连（竖向龙骨上开孔），拉结件（厚 3mm，宽 50mmSUS316 不锈钢制成 L 形，中间设置一凹槽，便于拉结网片的卡扣）贴合于砖砌块灰缝中。

（2）拉结网片待砖砌块砌筑到拉结件位置时，通长放置，卡扣于拉结件的凹槽中。

（3）拉结网片分为两种规格：平面搭接“一字形”（图 5-24）与转角搭接“转角 L 形”（图 5-25），搭接长度为 150mm。

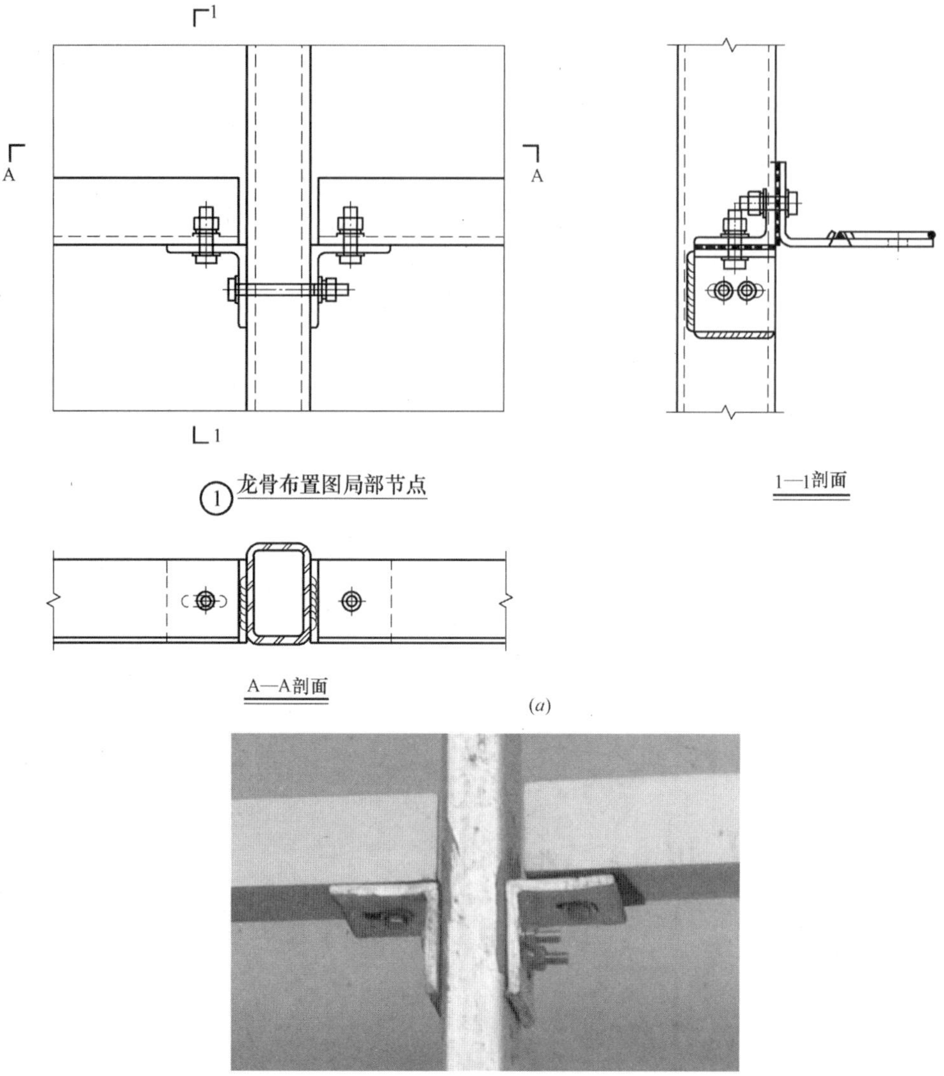

1 龙骨布置图局部节点

1—1剖面

A—A剖面

(*a*)

(*b*)

图 5-21 水平角铝安装连接图

(*a*) 角码连接图 (*b*) 角码连接现场施工图

图 5-22 拉结件布置图

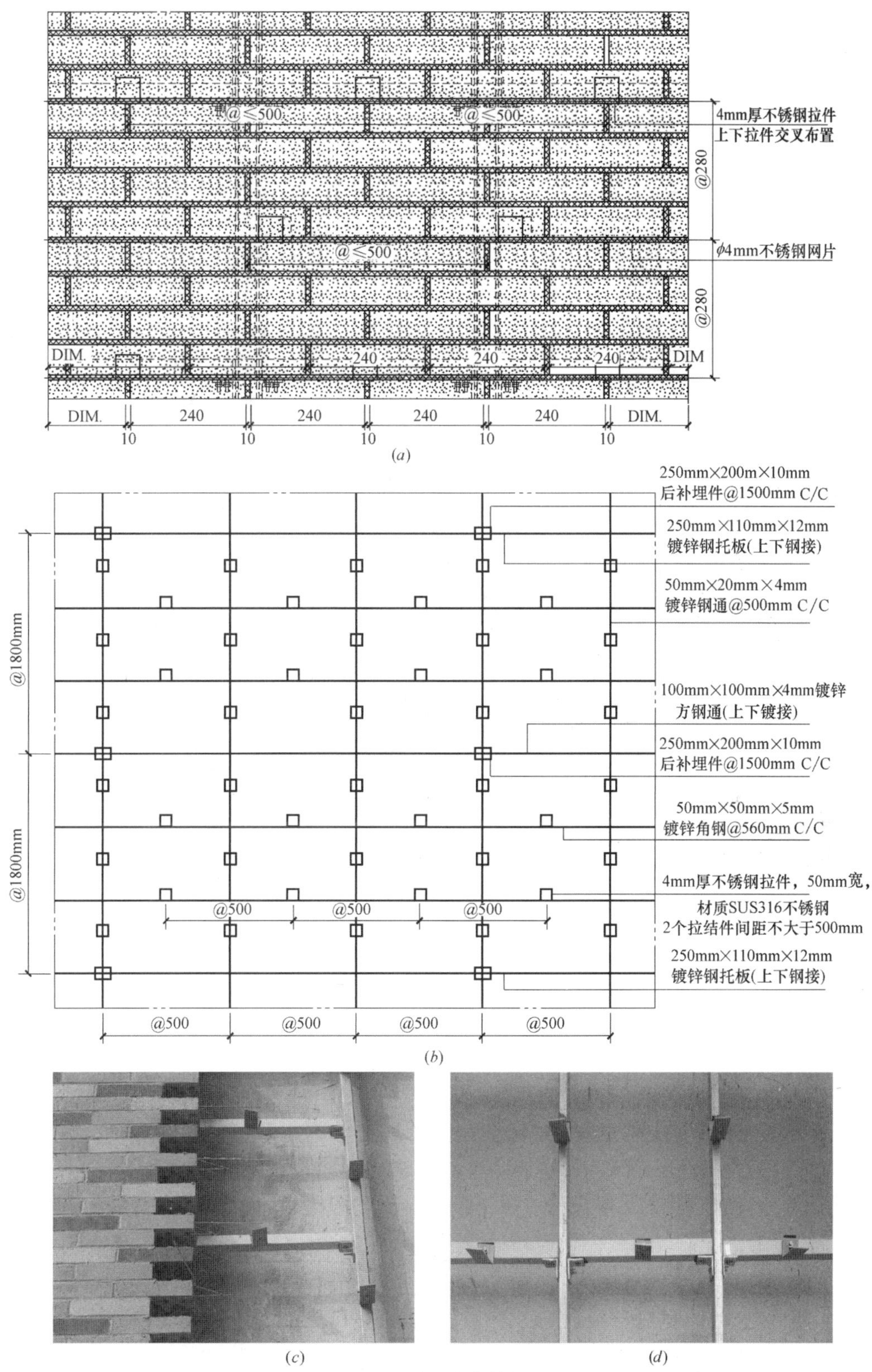

图 5-23　拉结件梅花布置
(*a*) 墙面构造图；(*b*) 拉结件布置图；(*c*)(*d*) 拉结件实体图

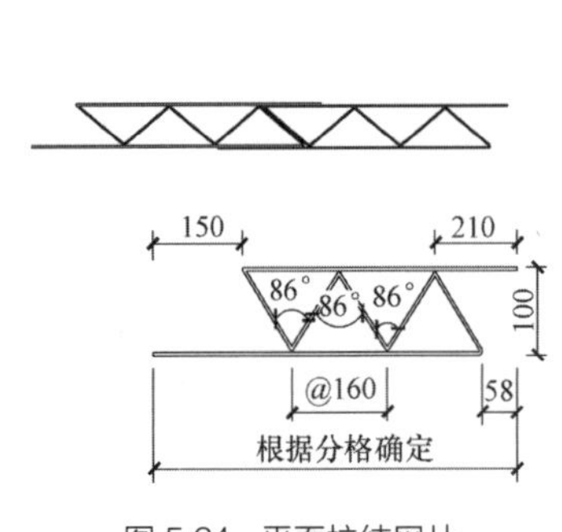

图 5-24 平面拉结网片

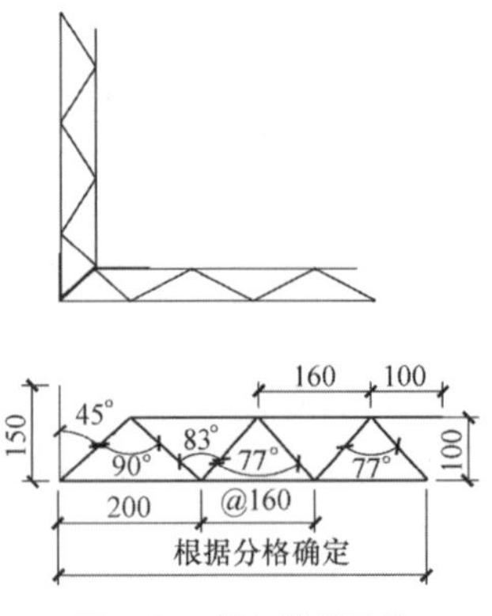

图 5-25 转角拉结网片

(4) 拉结件材质为 316 不锈钢的 L 形，宽度为 50mm，长边长度为 100mm，短边长度为 50mm，长边中心开卡槽，与砖缝中不锈钢钢筋网咬接连接，在 L 形拉结件短边中心开 30mm 长圆孔（图 5-26），与水平角铝用不锈钢螺栓组连接（M8mm×30mm 不锈钢），依据控制线进行上下调节。

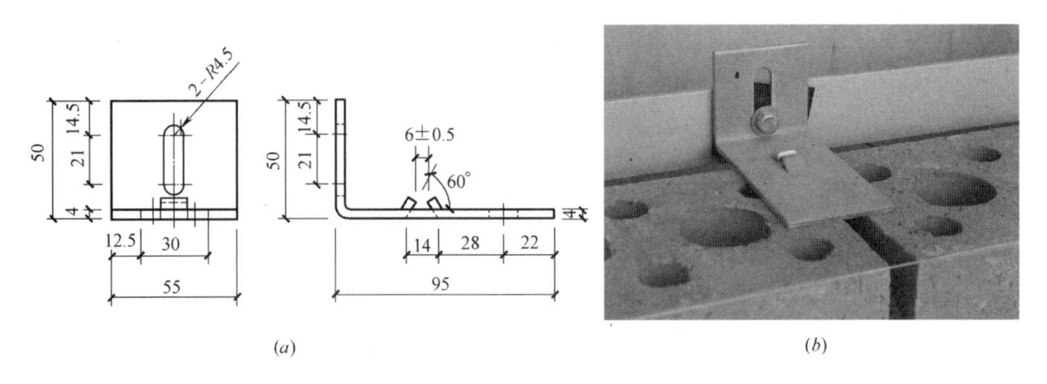

图 5-26 不锈钢拉结件

(*a*) 不锈钢拉结件加工图；(*b*) 不锈钢拉结件实景图

(5) 将拉结件全部拧到 5 分紧后再依据砌砖高度进行调节，质量符合要求。

2) 不锈钢水平拉结件安装要点

(1) 不锈钢水平拉结件是砖外墙体系的重要连接构件，采用 50mm×4mmSUS316 L 形不锈钢拉结件，不锈钢拉结件前端设计有开口卡槽与不锈钢网片通长筋卡位连接。

(2) 不锈钢水平拉结件与铝合金角钢、型钢立柱采用螺栓连接，M6mm×25mmSUS316 不锈钢螺栓，现场定位打孔。定位放线时应严格按照皮数杆确定的每 4 皮砖的水平标高，水平划线、开孔，拉结件水平间距 500 mm。

(3) 不锈钢水平拉结件安装时，拉结件与铝合金角钢之间，因材质不同必须安装防腐垫片。不锈钢水平拉结件在砌体施工前可以预先安装，也可以随砌体施工进度配合安装。预安装时，螺栓螺帽不能拧紧，砌体施工到该部位时应预留可调节空间，待不锈钢网片安装完成后，拧紧螺帽。

9. 施工实例

如图 5-27～图 5-34 所示。

图 5-27　钢立柱安装

图 5-28　铝合金角钢横梁安装

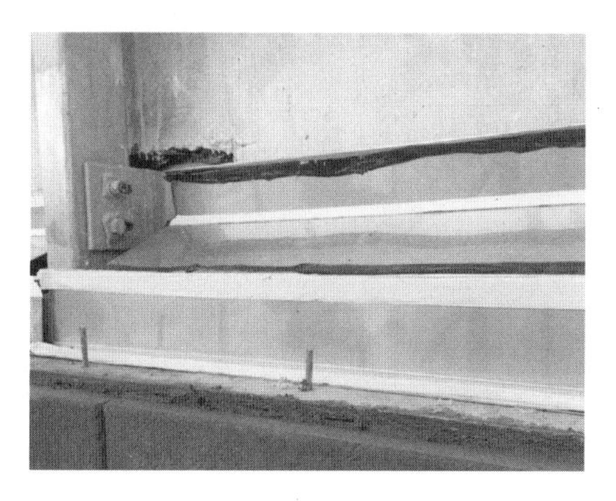

图 5-29　不锈钢披水板安装

图 5-30　砖墙砌筑

图 5-31　Z 形不锈钢网片安装

图 5-32　不锈钢水平拉结件安装

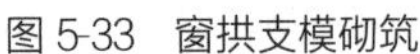

图 5-33 窗拱支模砌筑

图 5-34 砖墙勾缝

10. 清水砖砌筑施工

1）三色砖混拼备砖

按照建筑师给定的三色砖设计比例，在砖进场后，指派专门人员对砖进行比例混拼备砖，按比例挑选混拼后重新堆锭，待现场使用时再运输至施工作业面，严禁没有进行比例混拼的砖直接上架，施工时禁止操作工人按喜好挑砖砌筑。

2）裁砖、磨砖、雕刻砖加工

根据深化设计图纸，外墙立面三维效果图，以及设计师批复的立面效果意见等文件，确定裁砖、磨砖、雕刻砖工艺，复杂立面效果，必须设计砖砌体立面加工图，将裁切、磨砖、雕刻砖的位置、数量，以及砖看面的加工肌理效果明确标注和编号。

砖料外露面的批量裁切、打磨、雕刻，宜安排在场外专业厂家加工，打磨、雕刻砖应注重砖看面的加工肌理同原砖外观效果一致，可以采用喷砂、水刀等仿真加工工艺。砖雕刻宜半工半机加工，水刀定型、人工细雕、机械喷砂处理，加工完成后，雕刻砖应按加工图设计，逐一编号归锭包装。重要部位应备份加工砖，防止运输及倒运过程中的损耗。

3）抄平

砌筑前在基础面或楼面上定出各层标高，用砂浆或细石混凝土找平，使各层墙底部标高符合设计要求。

4）放线

砌筑前，以底层轴线定位钉为标志，拉上准线，沿准线吊挂线锤将轴线放到基础面上，根据轴线弹出纵横墙边线，确定门窗位置。在楼层上，用经纬仪和线锤配合使用将各轴线引上，并弹出各墙边线，划出门窗位置。各层门窗位置应用线锤检查是否在同一铅垂线上。

对放出的控制线，应由专门的质量检验人员采用经纬仪和钢尺用直角坐标法进行复核，确保准确无误。

5）立皮数杆

皮数杆上划有每皮砖和灰缝厚度，以及楼面、门窗洞口、过梁等标高位置。皮数杆应立于墙角、内外墙交接处、楼梯间及墙面变化较多的部位，间距不大于 10m。在皮数杆之间拉准线，依准线逐皮砌筑。准线长度不宜过长，过长应在中间设置腰线，以避免下垂和风吹形成的影响。准线采用极细的尼龙线绳张紧，以减少误差。

6）砖砌筑

（1）组砌方式的选择按深化设计图纸要求。砌砖时应先对墙面进行排版，横竖向灰缝均不应大于8mm。砖缝与钢龙骨拉结体系若有误差，应在排版时通过灰缝调整消除误差。砌体上下层每隔1500mm每块砖布置一根ϕ6mm热镀锌钢筋。墙面砖采用三色搭配，按照设计比例进行混搭。

（2）砌筑方法采用“三一”砌砖法，即一铲灰、一块砖、一挤揉的操作方法。砌筑时必须跟线走，条砖和丁砖在铺灰方向和手使劲的方向是不同的，砌砖时手腕必须根据方向不同而变换。砌的砖必须放平，且灰浆不能半边厚、半边薄，造成砖面倾斜。砌筑过程中应对砖面进行选择，整齐、规则的看面应砌筑在外面。

（3）砌筑前，应将砌筑部位基底清理干净，放出墙身中心线及边线，浇水湿润。

（4）砖墙每天砌筑高度不超过16皮，即砌筑高度不大于1.12m，工序间歇时间不能少于12小时，防止砂浆沉陷造成的砌体竖向变形。

（5）砖墙水平灰缝和竖向灰缝宽度为10mm，砌筑时宜采用十字塑料灰缝卡控制灰缝，丁砖灰缝控制线布置间距不宜超过5条缝。卧浆宽度控制在90mm，在砖外侧预留20mm的打胶、勾缝砂浆位置，灰缝砂浆饱满度不低于90%。砖墙内侧在砌筑时，应安装接灰板，防止砌筑砂浆掉入空腔底层披水板上，影响排水效果。砖墙砌筑时，内侧外露舌头灰随砌随刮平。

（6）对已经施工完成的墙面及龙骨体系进行检查并验收合格，按照设计的位置安装好水平钢筋网片和不锈钢拉结件。

（7）按照设计砖的长度，在基础面上进行摆砖，砖缝关系到墙面整体效果，砖缝为10mm。

（8）幕墙砖不能用水浸，可直接使用，砂浆采用半干硬型的M10砂浆。

（9）砖缝和砌筑面的砂浆一定要饱满，砌筑时，砖灰缝划进10～15mm的缝，为填入勾缝剂做准备。

（10）砖错缝砌筑，砌筑中应选择整齐、美观的砖面砌筑在外面；砌的砖必须放平，且灰浆不能半边厚、半边薄，造成砖面倾斜；砌好的砖墙面如有鼓肚，不能砸平，必须拆除重砌。

11. 不锈钢钢筋拉结网片安装

1）砌筑时每四皮砖安装一道ϕ4mm不锈钢钢筋网片（间距280mm）（图5-35），钢筋网片搭接≥150mm。不锈钢网片安装位置应与不锈钢连接件对位，平放在砖上表面，网片通长筋应卡入不锈钢连接件开口槽内，并随时检查固定效果，安装完毕拧紧连接件螺帽。砖墙阳角部位宜设置限位钢销，限位钢销采用10mmSUS316不锈钢制作，立放在砖孔内，砂浆满灌坐实，限位钢销安装位置沿砖墙顶角向两端长度方向不超过20mm。

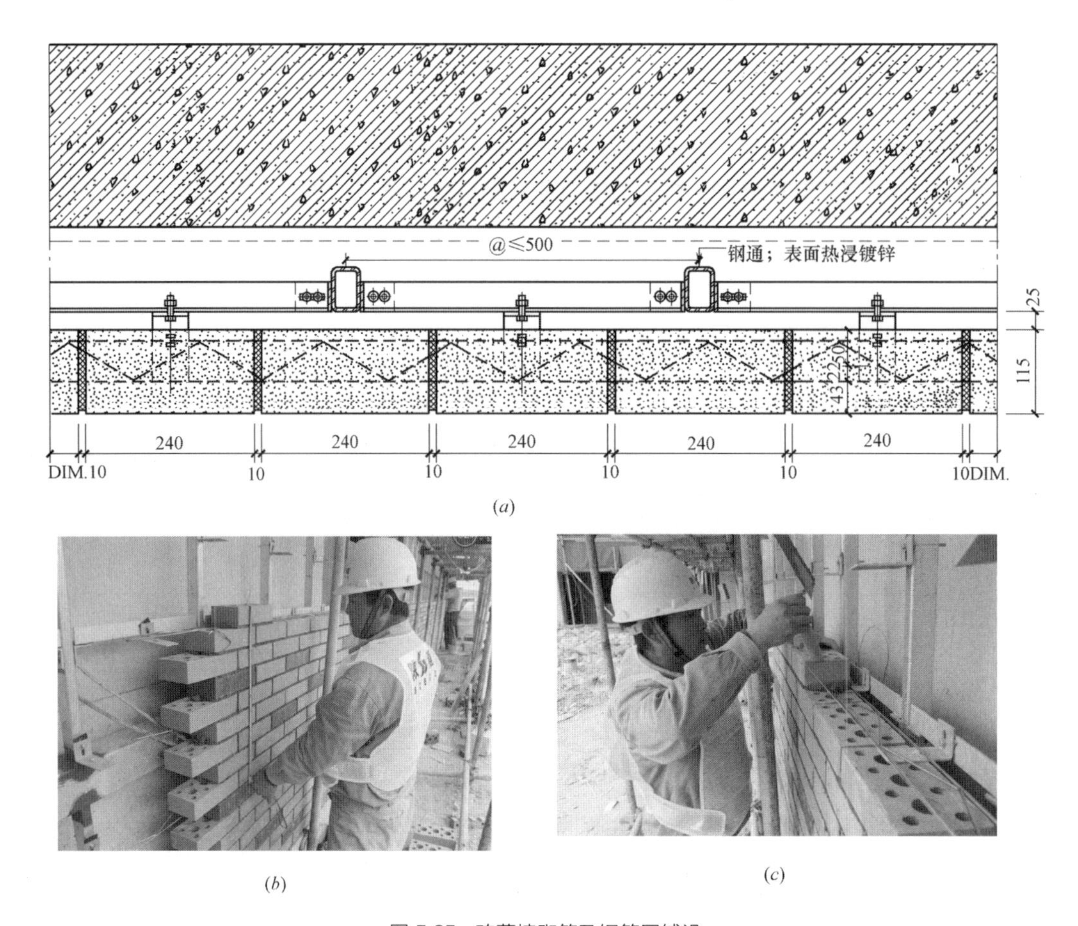

图 5-35　砖幕墙砌筑及钢筋网铺设

（*a*）不锈钢钢筋网铺设；（*b*）砖幕墙砌筑一；（*c*）砖幕墙砌筑二

2）砌筑施工中，不锈钢钢筋网片（直径为 4mm，材质为 SUS304 不锈钢）与不锈钢拉结件咬接，钢筋网卡扣在拉结件卡槽中（图 5-36），对砖幕墙进行整体拉结，确保整体性及牢固性。

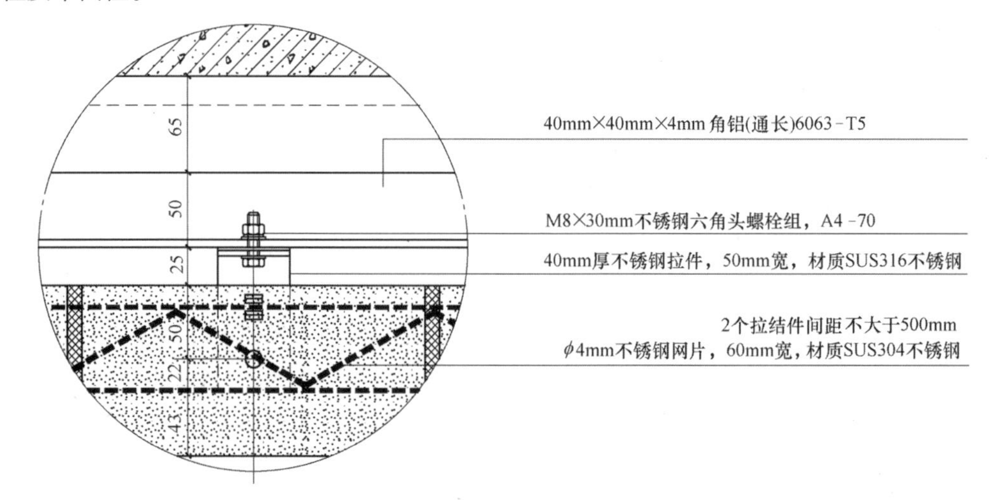

图 5-36　钢筋网与拉结件连接

3）不锈钢钢筋网平铺在水平砖缝中，砂浆覆盖密实，不得有翘边等情况。

4）不锈钢钢筋网分为两种：一种是用于大面的一字形，另一种是用于转角的L形。

（1）一字形：材质为304不锈钢，直径为4mm，钢筋网宽度为60mm，内置三角分隔（分隔宽度间距为160mm，三角角度为113°），工厂焊接加工而成，长短头搭接相连，间距大于等于150mm（图5-37），既保证了钢筋网连续性，又保证了钢筋网的整体性。

（2）L形：材质为304不锈钢，直径为4mm，钢筋网宽度为60mm，搭接长度≥150mm（图5-38），既保证了钢筋网连续性，又保证了和水泥砂浆很好的黏合性。

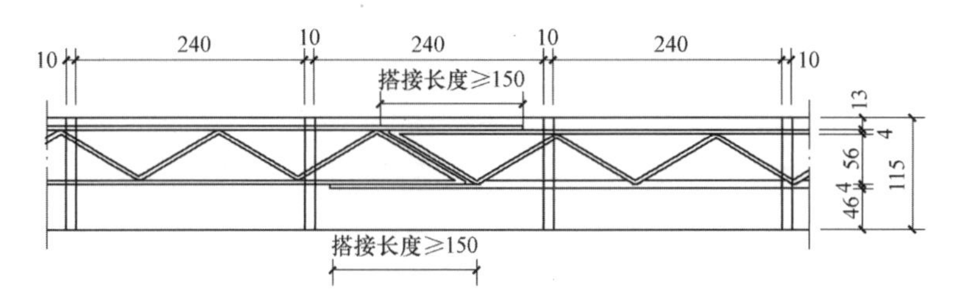

图5-37 不锈钢钢筋网连接

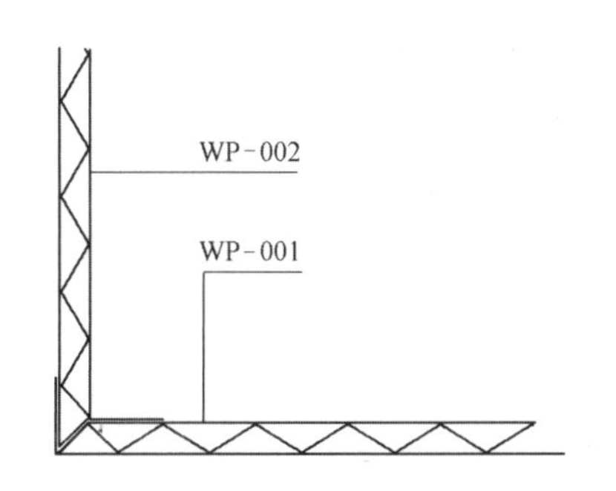

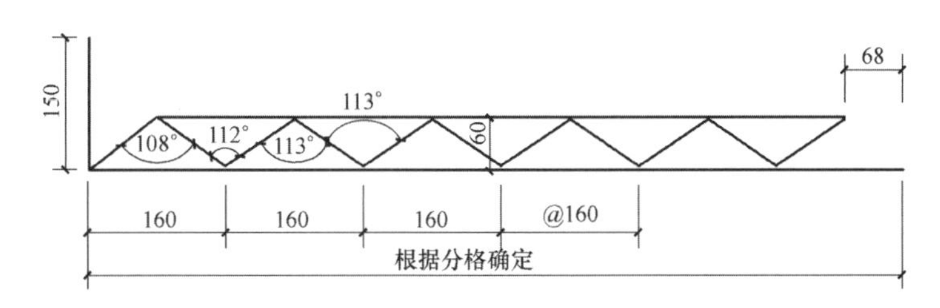

图5-38 不锈钢钢筋网转角连接

5）不锈钢披水板安装

（1）底层4皮勒脚砖（或底层勒脚石材）砌筑安装完成后，经验收合格，将砖墙（石材）内侧内空腔混凝土灌实，表面随打随抹光，应坡度明显，坡向外墙方向，与第4皮砖（或石材）上口接平，待混凝土凝固后，进行不锈钢披水板安装，不锈钢披水板尺寸根据深化设计图纸及现场砌体进出位实际尺寸确定，工厂定制加工，现场安装。

（2）安装前应检查内叶墙防水情况，确定完好后，划线打孔安装膨胀管，膨胀管安装完毕，沿划线上口，安装丁基胶防水胶条，再安装不锈钢披水板。不锈钢披水板板块之间采用搭接，铝合金拉铆钉连接固定。不锈钢披水板安装顺序从转角处开始安装，向中间排版，不锈钢披水板长出部分现场切割。不锈钢披水板连接完毕，用膨胀螺丝在内叶墙面上固定牢固，与墙面的防水胶条连接牢固。不锈钢披水板遇立柱处现场开口处理。不锈钢披水板与内叶墙面交接处上口，打防水密封胶。

(3) 不锈钢披水板安装固定后，沿顺长方向粘贴丁基胶条，上铺防水膜，用手摁压与丁基胶条粘结牢固，立柱开口处防水膜应沿立柱高度卷起，防水膜搭接接缝处、立柱开口处，用防水密封胶，粘结牢固。

(4) 披水板的安装工艺（图 5-39）

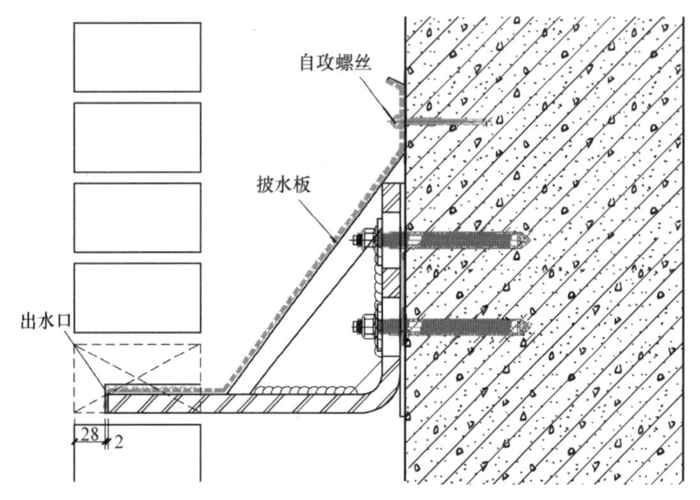

图 5-39　披水板示意图

① 披水板采用 1.5mm 厚 SUS306 不锈钢制成，上部用 M8mm×40mm 塑料膨胀管、ST4.8mm×25mm 盘头自攻螺钉间距 300mm 固定在混凝土墙面上，下部粘结在砖砌体表面上，披水板拼缝不大于 8mm（图 5-40）。安装完成后采用硅酮密封胶对结构缝隙处进行密封，披水板表面铺设一层防水涂膜，在砖砌体中设置一 10mm×20mm 排水孔，形成出水口，达到结构自排水的目的。

② 上部空隙采用泡沫棒、硅酮耐候密封胶、勾缝剂进行面层交接处修补。

③ 外砖墙与内侧墙之间应保证至少 50mm 厚的顶底开放的流动空气层，披水板安装在夹层空气层的底部，通过排水孔将水和水汽排出墙外，排水孔的间距不大于 2m，可通风的排水孔位于最下面一排砖的竖向砖缝中来保证排水。

12. 清缝、勾缝

1) 清洁时先用浸泡过中性溶剂（50%水溶液）的湿纱布擦去污物，用干纱布擦干净。

2) 清除灰浆、胶带残留物，宜使用竹铲、树脂铲等工具细刮，不得用金属清扫工具，不得使用粘有砂子、金属屑的工具，不得使用对幕墙产生腐蚀和污染的溶剂。

3) 通过拉线把游丁偏差大的开补找齐，水平缝不平和瞎缝也要拉线找平。如果砌墙时划线太浅或漏刮的灰缝，用瓦刀剔凿出缝子，深度控制在 12～14mm 之内，并清扫干

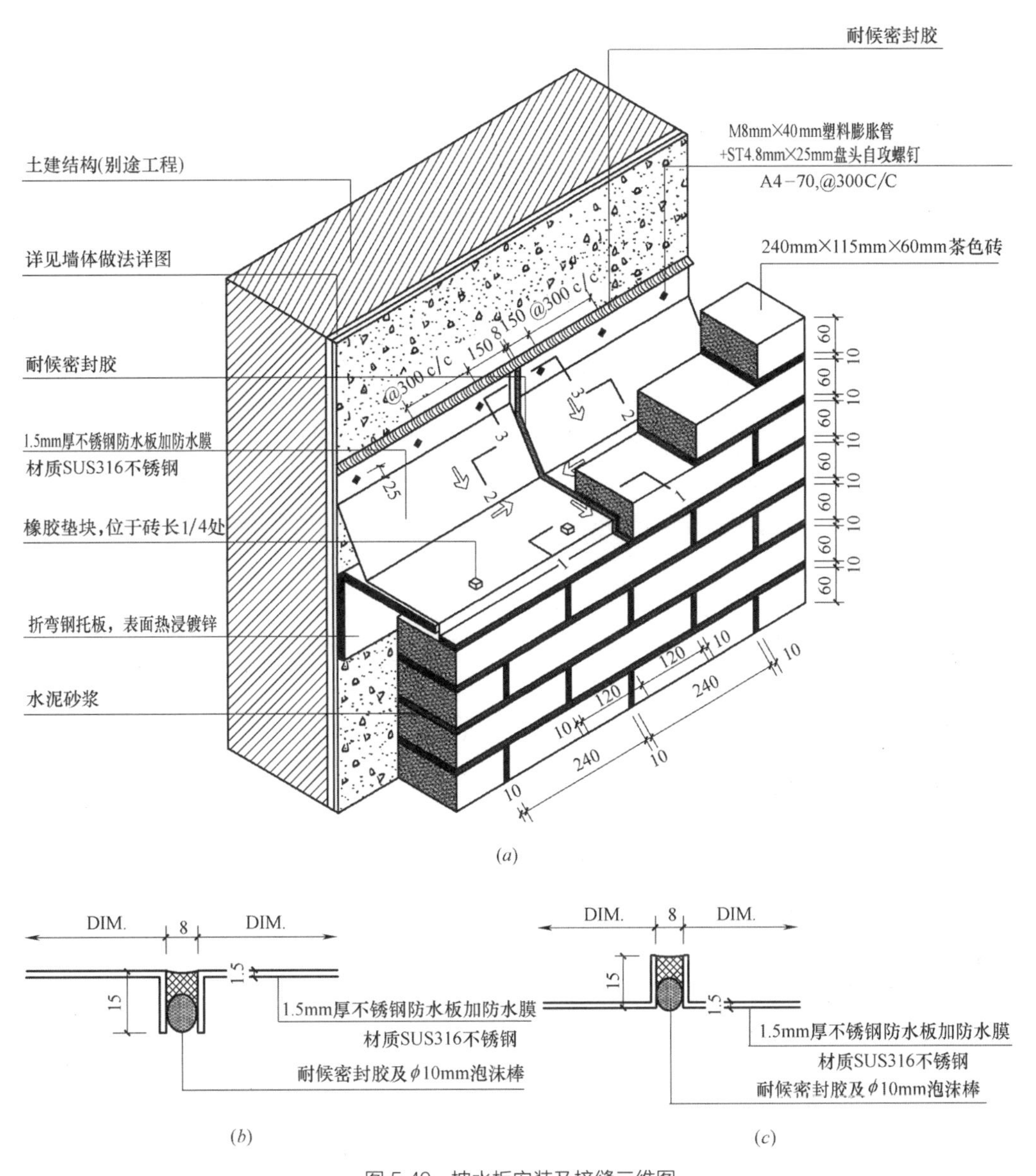

图 5-40　披水板安装及接缝三维图

（*a*）披水板接缝处三维示意图；（*b*）披水板接缝剖面；（*c*）披水板接缝剖面

净。对缺棱掉角的砖必须掏出重新补一块完整的砖，清除墙面粘结的砂浆、泥浆和杂物。

4）勾缝采用成品勾缝剂，确保成型的砖缝密实，既具有防止水分侵入的能力，又应具备装饰效果，消除砖缝出现微裂缝的现象，增加建筑物耐久性与美观性。勾缝砂浆采用低碱性原材料或水泥基聚合物共混物材料制备，砂浆粗骨料选用石英砂或中粗砂为宜。勾缝砂浆制备加工应由专业厂家生产成袋装成品砂浆，砂浆色号应符合建筑师确认样板及深化设计图纸要求。

5）勾缝砂浆加水拌制时，应控制用水量，配制出稠度适宜的勾缝砂浆湿料，偏干硬为宜。填充工具采用定制塑料腔嘴，先将勾缝砂浆填放入塑料腔内，从后端挤压勾缝砂浆，通过塑料腔嘴填充进墙体砖缝内，挤压进砖缝的勾缝砂浆湿料应饱满略凸出砖墙面，待勾缝砂浆初凝后二次刮毛。

6）墙面勾缝应做到横平竖直，竖缝和水平缝隙凹进1～3mm，深浅一致，搭接平整并压实抹光，不得有丢缝、开裂和粘结不牢等现象，交接处应平整，阳角应方正。砖墙勾缝顺序是自上而下，先勾水平缝，后勾立缝。

7）墙面勾缝应做到横平竖直，深浅一致，搭接平整并压实抹光，不得有丢缝、开裂和粘结不牢等现象。阴角处不能上下有直通、瞎缝、丢缝的现象。完成一处勾缝后，用毛刷把墙面清扫干净（一边勾缝、一边清理，防止污染勾好的墙面），勾完的缝不应有搭槎、毛刺、舌头灰等缺陷。

8）勾水平缝时用长溜子，用溜子在砖缝内溜压密实、平整、深浅一致，待勾缝砂浆初凝后，用塑料刮板将勾缝砂浆表面刮毛，达到砌筑砂浆的表面肌理效果。施工时，应注意用托灰板托住勾缝部位下口，防止勾缝砂浆沾污墙面。

9）勾好的水平缝和竖缝应深浅一致，密实、平整，有砂浆颗粒粗糙效果。

13. 表面保护剂涂刷

1）砌体面层清洁应符合以下规定：

（1）清洁时先用浸泡过中性溶剂（50%水溶液）的湿纱布擦去污物，用干纱布擦干净。

（2）清除灰浆、胶带残留物，宜使用竹铲、树脂铲等工具细刮。

（3）不得用金属清扫工具，不得使用粘有砂子、金属碎屑的工具。

（4）不得使用对幕墙产生腐蚀和污染的溶剂。

2）对已经勾缝和清理完成的墙面，待彻底干透后，必须追加喷涂墙面防水保护剂，涂两遍防护剂，应按叠加涂刷和叠加与纵横结合涂刷的工艺。

3）防护剂处理后的表面须有比较强的憎水性和耐候性，且具有透气性好、拒污力强的优点，防护剂处理后须达到无泛碱现象。

4）防护剂处理后不能影响原建筑立面颜色效果，之后应凉干24h，再专门进行效果检验，以确定最后使用的防护剂达到最佳效果。

5.4 砌筑砖幕墙质量标准

5.4.1 连接件安装质量标准（表5-2）

连接件安装控制标准　　表5-2

项次	允许偏差项目	安装偏差精度控制要求（mm）
1	标高	±1.0（有上下调节时±2.0）
2	连接件两端点平等度偏差	≤1.0
3	距安装轴线水平距离	≤1.0

续表

项次	允许偏差项目	安装偏差精度控制要求（mm）
4	垂直偏差（上下两端点与垂线偏差）	≤1.0
5	两连接件连接点中心水平距离	≤1.0
6	相邻三连接件（上下、左右）偏差	≤1.0

5.4.2　型钢骨架安装质量标准

1. 立柱或竖框质量控制标准（表 5-3）

立柱或竖框质量控制标准　　表 5-3

项次	立柱位置	尺寸范围	偏差（mm）	检测方法、量具
1	立柱安装标高		≤3	钢卷尺
2	立柱前后		≤2	钢卷尺
3	立柱左右		≤3	钢卷尺
4	相邻两根立柱安装标高		≤3	钢卷尺
5	同层立柱的最大标高		≤5	钢卷尺
6	相邻两根立柱的距离		≤2	钢卷尺
7	立柱垂直度	立柱总高度（m） ≤30 ≤60 ≤90 > 90	≤6 ≤10 ≤18 ≤20	经纬仪

2. 横梁安装质量控制标准（表 5-4）

横梁安装质量控制标准　　表 5-4

项次	项目	尺寸范围	偏差（mm）	检验方法、量具
1	相邻两根横框的水平标高		≤1	钢卷尺
2	相邻两横框间距尺寸	≤2000mm > 2000mm	±1.5 ±2.0	钢卷尺
3	同高度内横框的高度差	幕墙宽 ≤35m > 35m	≤4.5 ≤6	经纬仪
4	横框水平度	≤2000mm > 2000mm	≤2 ≤2	水平仪
5	分格对角线差	对角线长度 ≤2000mm > 2000mm	≤2.5 ≤3.0	钢卷尺

3. 钢骨架安装允许偏差项目（表 5-5）

竖向构件和横向构件的组装允许偏差　　表 5-5

项次	项目	尺寸范围	允许偏差（mm）	检查方法
1	相邻两竖向构件间距尺寸（固定端头）		±2.0	
2	两块相邻的石材	20m 以下 20m 以下	±1.5 ±2.0	
3	两邻两横向构件间距尺寸	间距＜2000mm 时 间距≥2000mm 时	±1.5 ±2.0	
4	分格对角线差	对角线长＜2000mm 时 对角线长≥2000mm 时	3.0 3.5	
5	竖向构件垂直度	高度≤30m 时 高度≤60m 时 高度≤90m 时 高度＞90m 时	10 15 20 25	
6	相邻两横向构件的水平标高差		2	
7	横向构件水平度	构件长＜2000mm 时 构件长≥2000mm 时	2 3	
8	竖向构件直线度		2.5	
9	竖向构件外表面平面度	相邻三立柱 宽度≤20m 时 宽度≤40m 时 宽度≤60m 时 宽度≤60m 时	≤2 ≤5 ≤7 ≤9 ≤10	
10	同高度内主要横向构件的水平度	长度≤35m 长度＞35m	≤5 ≤7	用水平仪
11	清水砖砌体下连接托板水平夹角允许向上倾斜不准向下倾斜		±2.0	塞尺
12	清水砖砌体下连接托板水平夹角允许向下倾斜		±2.0	塞尺

5.4.3　砌筑砖幕墙质量标准

1. 主控项目

1）砖和砂浆的强度等级必须符合设计要求。

抽检数量：每一生产厂家的砖到现场后，按烧结砖 15 万块、多孔砖 5 万块各为一验收批，抽检数量为 1 组。

检验方法：查砖和砂浆试块试验报告。

2）砌体水平灰缝的砂浆饱满度不得小于 80%。

抽检数量：每检验批抽查不应少于 5 处。

检验方法：用百格网检查砖底面与砂浆的粘结痕迹面积。每处检测 3 块砖，取其平均值。

2. 一般项目

1）竖向灰缝不得出现透明缝、瞎缝和假缝。

2）砖砌体的灰缝应横平竖直，厚薄均匀。水平灰缝厚度宜为 10mm，但不应小于 9mm，也不应大于 12mm。

3）砖砌体的一般尺寸允许偏差应符合表 5-6 规定。

砖砌体的一般尺寸允许偏差　表 5-6

<table>
<tr><th>项次</th><th colspan="2">项目</th><th>允许偏差（mm）</th><th>检验方法</th><th>抽检数量</th></tr>
<tr><td>1</td><td colspan="2">基础顶面和楼面标高</td><td>± 10</td><td>用水平仪和尺检查</td><td>不应少于 5 处</td></tr>
<tr><td>2</td><td>表面平整度</td><td>清水墙、柱</td><td>2</td><td>用 2m 靠尺和楔形塞尺检查</td><td>有代表性自然间 10%，但不应少于 3 间，每间不应少于 2 处</td></tr>
<tr><td>3</td><td colspan="2">门窗洞口高、宽（后塞口）</td><td>± 3</td><td>用尺检查</td><td>检验批洞口的 10%，且不应少于 5 处</td></tr>
<tr><td>4</td><td colspan="2">外墙上下窗口偏移</td><td>10</td><td>以底层窗口为准，用经仪或吊线检查</td><td>检验批的 10%，且不应少于 5 处</td></tr>
<tr><td>5</td><td>水平灰缝平直度</td><td>清水墙</td><td>2</td><td>拉 10m 线和尺检查</td><td>有代表性自然间 10%，但不应少于 3 间，每间不应少于 2 处</td></tr>
<tr><td>6</td><td colspan="2">清水墙游丁走缝</td><td>2</td><td>吊线和尺检查，以每层第一皮砖为准</td><td>有代表性自然间 10%，但不应少于 3 间，每间不应少于 2 处</td></tr>
</table>

4）砖砌体的位置及垂直度允许偏差应符合表 5-7 的规定。

砖砌体的位置及垂直度允许偏差　表 5-7

<table>
<tr><th>项次</th><th colspan="3">项目</th><th>允许偏差（mm）</th><th>检验方法</th></tr>
<tr><td>1</td><td colspan="3">轴线位置偏移</td><td>8</td><td>用经纬仪和尺检查或用其他测量仪器检查</td></tr>
<tr><td rowspan="3">2</td><td rowspan="3">垂直度</td><td colspan="2">每层</td><td>3</td><td>用 2m 托线板检查</td></tr>
<tr><td rowspan="2">全高</td><td>≤ 10m</td><td>8</td><td rowspan="2">用经纬仪、吊线和尺检查，或用其他测量仪器检查</td></tr>
<tr><td>> 10m</td><td>15</td></tr>
</table>

抽检数量：轴线查全部承重墙柱；外墙垂直度全高查检阳角不应少于 4 处，每层每 20m 抽检一处；内墙按有代表性的自然间抽检 10%，但不应少于 3 间，每间不应少于 2 处，柱不少于 5 根。

5）复杂砌筑砖幕墙立面应深化设计砖砌体立面加工图，将裁切、磨砖、雕刻砖的位置、数量，以及砖外露面的加工肌理效果明确标注和编号。砖进场后，指派专门人员进行比例混拼备砖，按比例挑选混拼后重新堆锭，严禁没有进行比例混拼的砖直接上架，施工时禁止操作工人按个人喜好挑砖砌筑。

3. 其他质量要求

1）立柱跨层通长布置时，立柱与主体结构的连接支承点每层不宜少于一个，立柱在每个连接部位的受力螺栓至少需要布置 2 个，螺栓直径不宜少于 10mm。

2）连接件焊点应进行防腐处理即涂刷防腐漆，所用的无机富锌漆的涂膜厚度不得小于 100μm。

3）不锈钢水平拉结件安装时，铝合金角钢与钢角码接触面之间，拉结件与铝合金角钢之间，因材质不同必须安装防腐隔离柔性垫片，以防止产生双金属腐蚀。

4）砖墙每天砌筑高度不超过 16 皮，即砌筑高度不大于 1.12m，工序间歇时间不能少于 12 小时，防止砂浆沉陷造成砌体竖向变形。

5.4.4 质量控制措施

1）砌筑墙角应做到“三层一吊，五层一靠”，就是砌三层用线锤吊一下垂直度，砌五层用靠尺加线锤靠一次，使墙角的垂直度在砌筑过程中，始终保持在允许偏差以内。砌大角时，应选用棱角整齐、砖面方正的砖。

2）砌墙挂立线必须做到“三线归一”。第一步先挂上立线用线锤进行吊正；第二步拴上平线拉紧，使立线拉成弓弦状；第三步用线锤顺着平线方向吊找平线，当锤线与平线、立线三线相重合，说明立线和平线是在同一个垂直面上，立线是正确的。如不重合，就再调整立线。

3）砌墙应做到“上跟线、下跟棱、对接要平”。上跟线是指砖的上棱紧跟挂线，跟线的标准是砖棱略低于挂线半线的位置，当挂线遇风吹动可顺水平方向自由颤动，不至于被砖棱挡线。

4）砌砖工程当采用铺浆法砌筑时，铺浆长度不得超过 750mm；施工期间气温超过 30℃时，铺浆长度不得超过 500mm。

5）砖砌圆拱门窗套口时，灰缝应留成楔形缝。开口灰缝的宽度不应小于 5mm；套口边小口灰缝宽度不应大于 12mm。

6）平砖拱底模板，起拱高度大于 1%净跨长。底模拆除应在灰缝砂浆强度不低于设计强度的 90%后方可拆除。

5.5 安全管理措施

1）遵循国家有关安全的法律法规和现行行业标准《建筑施工高处作业安全技术规范》

JGJ 80、《建筑机械使用安全技术规程》JGJ 33、《施工现场临时用电安全技术规范》JGJ 46 的有关规定。

2）所有施工操作人员进入施工现场必须戴好安全帽，高空作业必须系安全带。

3）对操作人员必须进行入场安全教育和安全交底，贯彻“安全第一、预防为主”的思想，特种作业人员持证上岗，并佩戴相应的劳保用品。

4）遵守有关劳动安全、卫生法规要求，加强施工安全管理和安全教育，执行各项安全生产规章制度。

5）安装施工机具在使用前，应进行严格检查，电动工具应进行绝缘电压测试。

6）脚手架上堆砖不得超过三层（侧放），翻架时应先将架板上的碎砖等杂物清理干净后再翻架。

7）科学合理布置现场，照明条件应满足夜间作业要求。

8）登高作业一定要检查架子的牢固性，架上操作要注意脚下滑，防止跌落，支撑架要稳固，防止倒塌砸人。

9）使用电动工具时，电线不能硬拉乱扯，非电工不得随意接线，杜绝触电事故的发生。

10）现场焊接作业时，应采取防火措施。

11）电焊作业人员应使用面罩或护目镜。

12）砖幕墙外表面的检查、清洗，不得在 6 级以上风力和大雨天气下进行。

5.6　环境管理措施

1）在施工现场平面布置和组织施工过程中，应严格遵守国家有关环境保护的法律、法规和规章制度。

2）所有废物、污物应及时收集在有盖的铁桶内存放，定期按规定处理，不随便乱扔以免污染环境。

3）及时清理现场焊接时遗弃的焊渣、焊条头等废弃物，现场废弃物应按分类集中清理处置。

4）龙骨体系焊接时应戴好防护用品，焊接时应站在上风位置，防止锰烟中毒。

5）合理利用切割余下的材料，降低现场建筑垃圾排放。

6）现场加工切割时应选用封闭室内或工棚，降低噪声污染，尽量减少夜间施工，防止造成噪声污染。

7）优先选用先进的环保机械。采取设立隔声墙、隔声罩等消声措施，降低施工噪声到允许值以下，同时尽可能避免夜间施工。

8）将施工场地和作业限制在工程建设允许的范围内，合理布置、规范围挡，做到标牌清楚、齐全，各种标识醒目，施工场地整洁文明。

9）定期清理场内垃圾，做好垃圾及废料运输过程中的防散落与沿途污染措施。废水按环境卫生指标进行处理达标，并应按当地环保要求的指定地点排放。弃渣及其他工程废弃物按工程建设指定的地点和方案进行合理堆放和处治。

10）对施工现场道路、材料堆场地面应进行硬化，以减少土层外露所导致的晴天扬尘和雨天泥浆污染。

5.7 砌筑砖幕墙效果

见图 5-41～图 5-51。

图 5-41 石材窗套口砖外墙

图 5-42 顶部砖造型外墙

图 5-43 多层圆造型窗套口外墙

图 5-44 复杂组砌砖外墙

图 5-45　石材与砖混砌外墙

图 5-46　大跨度悬吊砖拱外墙

图 5-47　异形砖拱柱廊

图 5-48　多层次砖石混砌外墙

图 5-49　异形拱雕刻砖外墙

图 5-50　结构外悬挂组砌砖外墙

图 5-51　全钢架砖石混砌外墙

第6章

灰泥施工技术

6.1 灰泥概况

彩色灰泥是一种新型建筑内外墙装饰材料。其主要组成是以无机（水泥基）胶凝材料为主，配以优质矿物骨料、填料、无机颜料、其他添加剂等精制而成（图 6-1）。

可广泛适用于新建、扩建、改建等建筑工程内外墙装饰面层欧式彩色灰泥施工。目前，普遍应用于外墙外保温面层代替瓷砖、真石漆与涂料饰面，外墙旧瓷砖翻新改造等。

图 6-1 灰泥成分组成示意

6.1.1 灰泥分类

根据设计要求，灰泥主要可分为：

1）平面灰泥（图 6-2）。外墙灰泥大多表面肌理为平面灰泥，其中表面效果有平面磨砂效果、平面拉丝效果。

2）特殊纹样灰泥（图 6-3）。特殊纹样灰泥效果具有多变、美观、艳丽等特点，根据不同建筑风格，可完美表达设计风格。

图 6-2 平面灰泥建筑实景

图 6-3 特殊纹样灰泥建筑实景

3）凹凸缝灰泥（图 6-4）。凹凸缝灰泥为外墙基层做出凹凸进出感，然后由灰泥面层装饰。可做出仿石效果，如各色砂岩、花岗石。

4）装饰绘画灰泥（图 6-5）。装饰绘画灰泥是以灰泥为绘画颜料在外墙绘制，具有较稳定的特性，目前国内外为首例。

图 6-4 凹凸缝灰泥建筑实景

图 6-5 装饰绘画灰泥建筑实景

5）GRC 及檐口边喷涂灰泥。建筑中有异型 GRC 构件或雕刻，需要进行表面处理，即可用灰泥喷涂施工。

6.1.2 灰泥特点

1）材料先进，节能环保。充分利用国内的原料，取材方便，现场配料确定配合比，工厂化加工生产，生产能耗低，产生的废料不会对环境造成影响。

2）施工快捷简单，安全可靠。灰泥能够与抗裂砂浆很好地结合，同属聚合物砂浆系列，“相似相容”，不易脱落。主要材料为无机材料，不会燃烧，进一步增强建筑防火性能。

3）灰泥可塑性强，能够做出仿石材或砂岩等风格，搭配不同施工工具和施工工艺可制备多种造型。作为一种无机材料，粉刷灰泥耐候、抗裂、抑泛碱等性能优异。

4）外墙彩色灰泥颜色持久、耐候性强，给人一种古朴素雅、回归自然的感觉，颜色丰富、质感多样，可自由搭配。

6.2　灰泥施工准备

6.2.1　材料和设备

1. 灰泥材料技术要求

见表 6-1。

灰泥材料技术要求　　表 6-1

项次	项目		技术指标	
			外墙饰面砂浆	内墙（包括顶棚）饰面砂浆
1	外观		应为干粉状物，且均匀、无结块、无杂物	
2	可操作时间	30min	刮涂无障碍	
3	初期干燥抗裂性		无裂纹	
4	吸水量	30min	≤2.0g	
		240min	≤5.0g	
5	强度	抗折强度	≥2.50MPa	
		抗压强度	≥4.50MPa	
		拉伸粘结原强度	≥0.50MPa	
		老化循环拉伸粘结原强度	≥0.50MPa	—
6	抗泛碱性		无可见泛碱，不掉粉	—
7	耐污染性（白色或浅色）	立体状	≤2 级	—
8	耐候性（750h）		≤1 级	—

注：抗泛碱、耐候性、耐沾污性试验仅适用于外墙饰面砂浆。
依据《墙面饰面砂浆》JC/T 1024 相关规定。

2. 灰泥材料配合比

灰泥干粉称重（25kg 一包装）→水称重（5.7kg）→灰泥与水混合→使用搅拌机搅拌不少于 5min→静置 10～15min→搅拌 5～7min→可进行施工。

灰泥搅拌时间及静置时间为质量控制重点，应保证灰泥颜色的均匀、稳定以及灰泥的和易性。

3. 基层封闭底漆

基层封闭底漆材料技术要求见表 6-2。

封闭底漆材料要求 表 6-2

项次	项目	内墙	外墙	
			用于抗泛碱性及抗盐析性要求较高的建筑外墙涂饰工程	用于抗泛碱性及抗盐析性要求一般的建筑外墙涂饰工程
1	容器中的状态	无硬块，搅拌后呈均匀状态		
2	施工性	刷涂无障碍		
3	低温稳定性[a]	不变质		
4	涂膜外观	正常		
5	干燥时间（表干）	≤2h		
6	耐水性	—	96h 无异常	
7	耐碱性	24h 无异常	48h 无异常	
8	附着力	≤2 级	≤1 级	≤2 级
9	透水性	≤0.5ml	≤0.3ml	≤0.5ml
10	抗泛碱性	48h 无异常	72h 无异常	48h 无异常
11	抗盐析性	—	144h 无异常	72h 无异常
12	有害物质限量[b]	b	—	—
13	面涂适应性	商定		

a 水性底漆测试此项内容。
b 水性内墙底漆符合现行国家标准《室内装饰装修材料内墙涂料中有害物质限量》GB 18582 技术要求；溶剂型内墙底漆符合现行国家标准《民用建筑工程室内环境污染控制规范》GB 50325 技术要求

说明：依据《建筑内外墙用底漆》JG/T 210 相关规定。

4. 主要机具

1）施工机械：角磨机、电动吊篮、空气压缩机、电闸箱、电动定时搅拌机等。

2）机具用具：手推车、辊筒、标准化料桶、排笔、托灰板、滚筒、油灰刀、托灰板、漆刷、电缆线、钢卷尺、口罩、铁抹刀、橡胶手套、锤子等。

3）监测装置：施工前应准备好经检定、校验合格的 2m 铝合金检测尺、钢直角、塞尺等。

6.2.2 技术准备

1）熟悉图纸，了解设计要求，根据现场作业环境，施工前对操作班组进行书面技术、质量及安全交底。

2）大面积施工前，先涂饰样板，经建设、监理认可后方可组织大面积施工。

3）灰泥深化设计：

（1）灰泥外墙图纸设计要求。

外墙灰泥应由外装设计单位负责提出具体设计要求、节点做法。

（2）灰泥外墙效果深化设计

外装灰泥工程施工单位应根据设计要求，进行外装灰泥深化设计，明确具体施工工艺、工序、各种材料和配料要求。同时，施工单位应根据深化设计方案，在现场制作实体灰泥样板。外装灰泥深化设计、实体施工灰泥样板应由原外装设计单位确认后，方可实施。

（3）灰泥外墙效果深化设计流程

建筑设计图→外装分色设计图→参考建筑原型图片→外装灰泥深化设计→制作实体灰泥样板→建筑设计师确认。

（4）灰泥材料选择、色板和样板确认

施工单位应在现场制作灰泥色板，由建筑设计师确认灰泥颜色、饰面抹灰效果。除灰泥视觉样板需设计师确认以外，灰泥表面肌理纹样也需要同时确认。

（5）外墙灰泥标准设计构造（图 6-6）

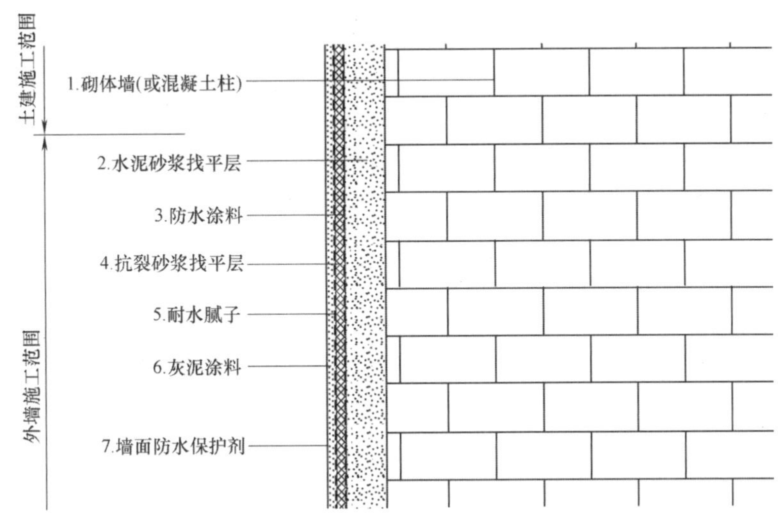

图 6-6　外墙灰泥标准设计

（6）不同施工工艺的灰泥纹理

① 辊涂工艺见图 6-7。

图 6-7　采用辊筒手工辊涂纹理效果

② 镘刀平涂工艺见图 6-8。

图 6-8 采用镘刀手工平涂纹理效果

③ 特色平涂工艺见图 6-9。

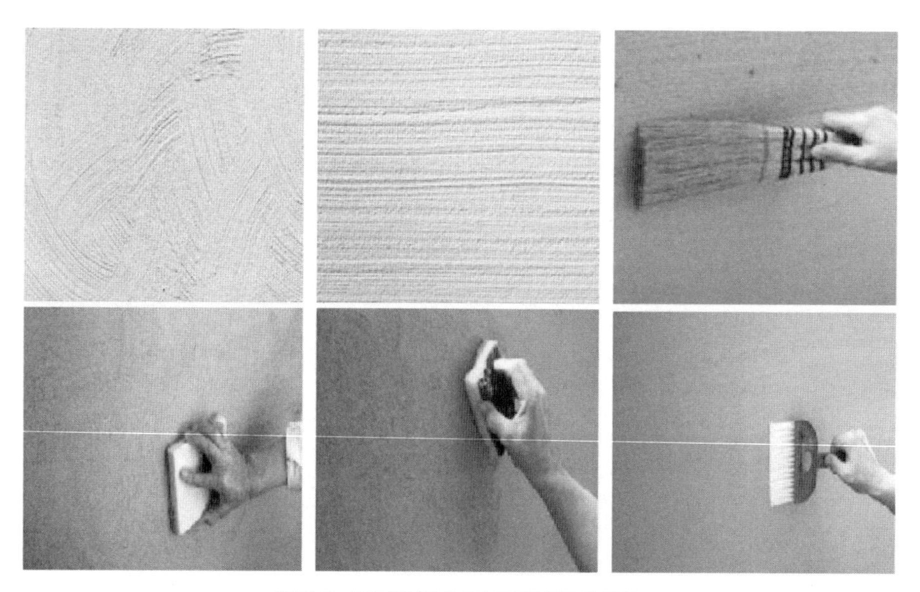

图 6-9 采用特色工具手工平涂纹理效果

④ 喷涂工艺见图 6-10。

图 6-10 采用机械喷涂纹理效果

6.2.3 物资准备

1）封底水溶性漆料、灰泥、水、专用填充料、色粉。

2）无机材料应做有害物质限量复试，并应符合有关标准要求。

3）墙面清洁剂：松香水、油污稀释清洁剂等。

4）施工设施准备

（1）施工机械

空气压缩机、油漆搅拌机、砂纸打磨机。

（2）工具用具

单斗喷枪、高马凳、脚手板、大桶、小油桶、铜丝筛箩、镘刀、橡皮刮板、钢皮刮板、笤帚、拉毛滚、刷子、排笔、砂纸、棉丝、擦布等。灰泥面层施工常用工具见图6-11。

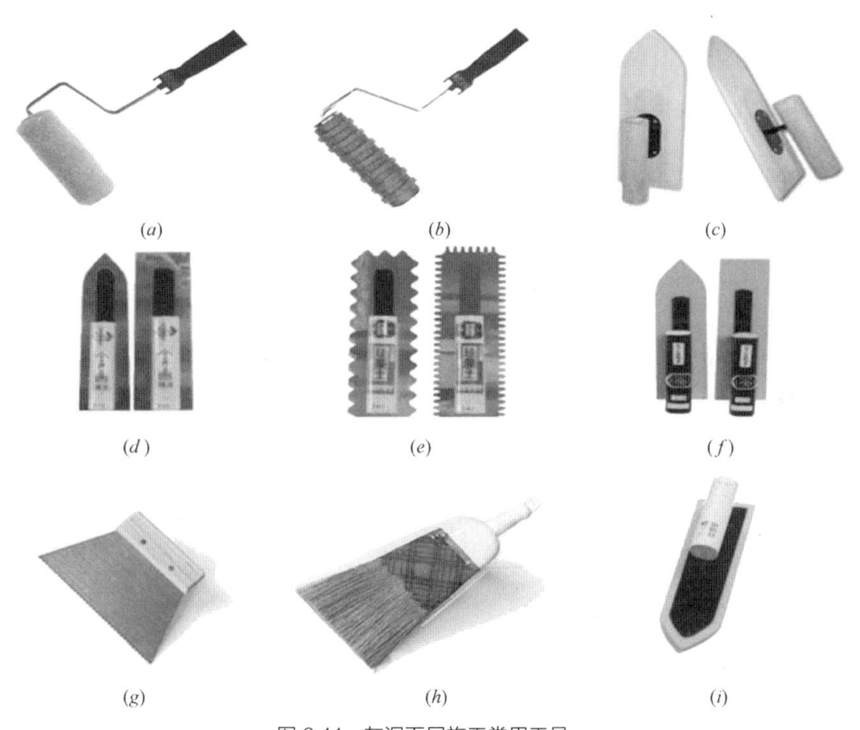

图6-11 灰泥面层施工常用工具

（a）拉毛滚；（b）橡胶印花滚；（c）木镘刀；（d）不铁钢镘刀；（e）不锈钢齿型镘刀；（f）塑料镘刀；（g）齿型刮梳；（h）家庭用小扫把；（i）橡胶镘刀

6.2.4 作业条件

1）墙面的设备管井、孔洞应提前处理完毕，为保证墙面干燥一致，各种穿墙孔洞都应提前抹灰补齐，含水率不得大于6%。

2）门窗应提前安装好玻璃。

3）作业环境应通风良好，周围环境比较干燥。

4）灰泥施工作业环境：

（1）施工环境温度一般在10～35℃之间为宜。

（2）雨雾天不可施工灰泥面层。雨天施工将造成面层灰泥颜色变淡、变花。大雨或持续阴雨天过后，墙体内水分饱和，应晾晒4天以上才能面层涂装。

（3）作业区应防止外来飞溅物，避免碰撞，造成半成品、成品损伤。

（4）在施工过程中，严禁在用料中随意加水稀释。

（5）不喷涂粉刷灰泥部位及物件，应采用挡板或纸张等隔离。

6.3 灰泥施工工艺

6.3.1 外墙基层处理施工工艺

外墙基层处理施工工序流程如下：

墙体外立面喷浆毛化→挂满20mm×20mm×ϕ1mm镀锌钢丝网→12mm厚1∶3水泥砂浆打底扫毛或划道→8mm厚1∶2.5水泥砂浆抹平→1.0mm厚聚合物水泥基复合防水涂料→抗裂砂浆找平层2mm→满刮两道外墙防水腻子。

6.3.2 平面灰泥施工工艺

平面灰泥施工工艺如下：

1）墙面要求抹灰平整，应采用靠尺检验。

2）水泥基墙面满涂抗碱封闭底漆两遍，墙表面应有良好的渗透性及成膜性。

3）满刮两道灰泥下涂找平，每道工序厚度约1mm。

4）根据设计要求进行墙面分格，粘贴分格纸。

5）不同材料接槎处理。

6）满刮灰泥上涂，同时根据设计要求做肌理效果。做完后墙面应颜色一致，不能有发花、发白、发黑等现象。

7）清理分格纸及修理等工序。

8）喷涂有机硅水性面防水膜两遍，表面不能有发花的现象。可选择水性面漆，其外观透明，有较好的渗透性，对墙面可以起到抗碱防水保护作用。

6.3.3 灰泥特殊纹饰涂装施工工艺

灰泥特殊纹饰涂装工艺如下：

1）～5）项同6.3.2。

6）采用专用模具印花，厚度3mm。

7）满刮印花周边的上涂灰泥两遍，厚度3mm。

8）满刮细料找平一遍，厚度0.5mm。

9）清理分格纸，局部修理。

10）用砂纸打磨。

11）清理墙面表面灰尘，可采用喷涂枪清理。

12）面涂有机硅水性面漆两遍。

6.3.4 装饰绘画施工工艺

装饰绘画施工工艺如下：

1）～5）项同6.3.2。

6）清理墙体表面。

7）手工绘画工艺。

8）面涂有机硅水性面漆两道。

6.3.5 灰泥施工要点

1. 外墙面基层抹灰施工

1）将墙体表面的灰尘、污垢和油渍等清理干净，并全面浇水湿润，基层清理干净。

（1）砖砌体：应清除表面杂物，残留灰浆、舌头灰、尘土等。

（2）混凝土基体：表面喷浆毛化。

（3）加气混凝土基体：应在湿润后边喷浆毛化，边抹强度不小于M5的水泥混合砂浆。

（4）一般在抹灰前一天，用软管或胶皮管或喷壶顺墙自上而下浇水湿润。

2）抹灰做灰饼前在墙面满挂10mm×10mmϕ1mm镀锌钢丝网。

3）镀锌钢丝网满挂完成，开始喷浆毛化。

4）吊垂直、套方、找规矩、做灰饼。

根据设计图纸要求的抹灰质量，以及基层表面平整垂直情况，用一面墙做基准，吊垂直、套方、找规矩，确定抹灰厚度，抹灰厚度一般为12mm，1∶3水泥砂浆打底扫毛或划道。

操作时应先抹上灰饼，再抹下灰饼。抹灰饼时应根据墙体抹灰要求确定灰饼的正确位置，再用靠尺板找好垂直和平整。灰饼宜用1∶2水泥砂浆抹成50mm见方形状。

墙体面积较大时，应先在地面弹出十字中心线，然后按基层面平整度弹出墙角线，随后在距墙阴角100mm处吊垂线并弹出铅垂线，再按地上弹出的墙角线，往墙上翻引弹出阴角两面墙上的抹灰层厚度控制线，以此做灰饼，然后根据灰饼充筋。

5）弹灰层控制线：冲筋后在墙面上弹出抹灰层控制线。

6）12mm厚1∶3水泥砂浆打底扫毛或划道

一般情况下充筋完成 2h 左右开始抹底灰为宜，抹前应先抹一层薄灰，要求将基体抹严，抹底灰时应用力压实，使砂浆挤入细小缝隙内。接着分层装档、抹灰层与充筋平，每遍厚度控制在 5～7mm，用木杠刮找平整，用木抹子搓毛。然后全面检查底子灰是否平整，阴阳角是否方直、整洁，阴、阳角交接处、檐口交接处是否光滑、平整、顺直，并用托线板检查墙面垂直与平整情况。

7）8mm 厚 1：2.5 水泥砂浆抹平。

应在底层砂浆抹好后第二天开始抹面灰（抹底灰时如底灰过干应浇水湿润），面层砂浆配合比为 1：2.5 水泥砂浆，抹灰厚度 8mm，操作时应两人同时配合进行，一人先刮一遍薄灰，另一人随即抹平。依先上后下的顺序进行，然后赶实压光，压时要掌握火候，既不要出现水纹，也不可压活，压好后随即用毛刷蘸水将罩面灰污染处清理干净。施工时整面墙不宜甩破活，如遇有预留施工洞时，等待预留施工洞封堵后再行施工为宜。

8）水泥砂浆抹灰面层应适时喷水养护。

9）外墙面质量应符合现行国家标准《建筑装饰装修工程质量验收规范》GB 50210（表 6-3）要求。

基层处理质量要求和检验方法　　表 6-3

项次	项目	允许偏差（mm）		检验方法
		普通抹灰	高级抹灰	
1	立面垂直度	4	3	用 2m 垂直检测尺检查
2	表面平整度	4	3	用 2m 靠尺和塞尺检查
3	阴阳角方正	4	3	用直角检测尺检查
4	分格条（缝）直线度	4	3	拉 5m 线，不足 5m 拉通线，用钢直尺检查

说明：依据现行国家标准《建筑装饰装修工程质量验收规范》GB 50210 相关规定。

2. 防水涂料施工

1）1.0mm 厚聚合物水泥基复合防水涂料施工。

2）抗裂砂浆找平层 2mm。

3）刮两道外墙防水腻子。

（1）按规定要求进行基层处理后，均匀用力涂抹防水腻子一遍，以改善防水层与基层的粘结力。

（2）干燥固化后，再在其上涂刷第 2 遍。

（3）防水腻子应均匀，不可过厚，也不得漏刷。

（4）防水腻子应确保防水层厚度，并确保不露底。

3. 底腻子

1）应严格按照国家有关规范、标准、材料使用说明及设计要求组织施工。如设计图纸有具体要求时，应采用成品腻子。成品腻子品牌、规格，应在订购前得到建筑师、建设单位及监理单位等认可。

2）室外用腻子应符合现行行业标准《建筑外墙用腻子》JG/T 157 要求，且须满足以下性能：

（1）线性收缩性≤0.5%。

（2）粘结强度≥0.6MPa（标准条件）。

（3）粘结强度≥0.5MPa（浸水）。

（4）压剪胶接强度≥0.7MPa（耐冻融）。

（5）压剪胶接强度≥0.7MPa（耐高温）。

4. 表面平整、精修

1）墙体或顶棚上的饰面砂浆层应厚度均匀，平整一致。饰面抹灰施工前，先临时以小块水泥浆在墙体、顶棚上及转角处标出指定厚度，砂浆抹平，再以浮抹或镘抹精修至平滑表面。

2）任何种类饰面的打底，在不平整的基层表面上时，应先将基层表面修补平整。图纸所示或设计要求的找平、饰面砂浆厚度，应不包括任何结合砂浆（如喷溅层）或修补砂浆厚度。

3）在处理修补室外表面饰面找平或抹灰砂浆施工，应按以下要求处理：

当需处理面积不大于 $1m^2$ 或当修补厚度在墙面任何一点不大于 8mm 时，以与打底配比相同的砂浆一次修补填平，镘平后划麻表面以加强结合效果。按设计要求指定，打底抹面砂浆应掺加胶粘剂。

当处理面积超于 $1m^2$ 或厚度在墙面任何一点大于 8mm 时，需先在处理表面增加 10mm×10mmϕ1mm 镀锌钢丝网加固处理。镀锌钢丝网用射钉稳固在处理表面，镀锌钢丝网横向钢丝应向外。钢丝网下应加有垫块，以使钢丝网处于填平修补砂浆的中央，然后按上述要求填平。

4）墙体中开槽预埋机电管线后，必须在开槽范围内外挂钢丝网，并用水泥砂浆修补平整。

5. 修整处理

1）在粉刷、饰面砖的墙地面等部位，管道、托座、栏杆扶手、格栅、排水口等连接处应彻底修整处理；与金属窗框及细木部件连接处应留有内凹角。

2）除特殊说明外，所有灰泥与石材交接处应设置隔离用的角铝，避免与石材直接接触。

3）粉刷完毕后，等待粉刷层彻底干透后，应在粉刷层外喷涂墙面防水保护剂。

6. 灰泥涂饰施工

1）抗碱封闭底漆施工，不能在高温直射的阳光下或雨天、高湿度、5℃以下、大风等气候条件下施工。采用滚涂施工，滚刷一遍。要求用力均匀，速度协调，来回滚涂道数一致，厚薄均匀。待底漆完全干固，方可进行下步工序的施工。待干燥后，将表面全部覆盖底漆，无漏刷或明显接槎、接痕及“发花”现象。

2）下涂施工时用抹灰刀进行满刮，墙面来回抹平。墙面无接槎，吸水应均匀。阳角使用靠尺刮直，阴角使用阴角条刮直，窗边线条使用靠尺刮直。刮完下涂后，应干燥 24

小时。

3）弹线分格并粘贴分格纸，根据设计要求对墙面进行分格，分格时从整个单体的四周由上而下同时分格，以保证四周相应的灰缝在同一水平线上。粘贴胶带纸，须先贴直线，再贴横线，做到灰缝横平竖直。

4）处理外墙门窗洞口不同材料的接槎，应在下涂施工及门窗套安装完成后、上涂施工前进行。接缝内用硅酮耐候密封胶进行填充，填缝应密实。接缝外采用混合砂子或石材颗粒的密封胶封闭到位。

5）上涂施工时应保证劳动力充足，同一外墙面应一次施工完成。上、下两层架体或左、右两部吊篮施工接槎部位应来回抹平不少于三遍，保证墙面的整体效果。施工前应了解一周之内的天气情况，避开阴雨天气施工，保证墙面的最优含水率。

6）清理分格纸，应掌握好清理的时间，清理时应匀速缓慢接起胶带纸，保证分隔缝顺直，防止分隔缝边缘面层遭到破坏。

7）灰泥面层防水保护

喷涂有机硅防水保护膜时，一定应在灰泥完全干透 24 小时后进行。选用下壶喷枪，压力 4～7kg/cm^2，罩面漆用量 0.3～0.5kg/m^2。施工温度不低于 10℃，喷涂两遍，间隔 2h，厚度约 30μm，完全干燥需 7d。

7. 灰泥面层颜色、肌理控制

每做一种颜色的灰泥墙面，应对灰泥颜色进行审核。审核依据为建筑设计师所确定的颜色样板。施工前将灰泥材料配制好，取出一小部分进行拌制，做出一小块色板，建议应不小于 1m^2。待颜色稳定后同样板颜色对比。两者吻合即可大面上墙施工；若颜色有差异，应进行调色修正。柱、梁和天花板等，都应先施工一层起结合作用的“喷溅层”毛化处理，或使用界面剂，或对已浇筑混凝土墙柱表面打毛，确保饰面底层粘结牢固。

混凝土表面应用水及钢丝刷彻底除去所有油迹（脱模板用），再用甩浆器、镘刀或竹刷甩洒、喷溅稠度均匀的水泥浆，至清理干净的混凝土表面上。“喷溅层”厚度不应超过 6mm，密度为 50mm×50mm 面积内必须沾有。敷设后 1 小时内要保持喷溅层潮湿，然后待其固结。

在“喷溅层”上施工抹灰层或水泥砂浆打底前，应清理干净喷溅层上的油迹、砂尘及松散粒子，并用清水浇湿表面以减低墙体表面及喷溅层的吸水性。上述材料的质量应满足现行行业标准《混凝土界面处理剂》JC/T 907 的相关要求。

6.4 灰泥施工质量标准

6.4.1 质量验收依据

严格按照国家现行标准《建筑装饰装修工程质量验收规范》GB 50210 中有关涂饰工

程验收标准和《建筑涂饰工程施工及验收规程》JGJ/T 29 中有关质量标准进行验收。

6.4.2　主控项目

1）灰泥施工所用材料的品种、型号和性能应符合设计要求。

检验方法：检查产品合格证书、性能检测报告和进场验收记录。

2）灰泥施工的颜色、图案应符合设计要求。

检验方法：观察。

3）灰泥施工应涂饰均匀、粘结牢固，不得漏涂、透底、掉粉。

检验方法：观察；手摸检查。

4）灰泥施工的基层处理应符合标准要求。

检验方法；观察；手摸检查；检查施工记录。

6.4.3　一般项目

1）灰泥施工质量要求和检验方法（表 6-4）。

灰泥施工质量要求和检验方法　表 6-4

项次	项　目	检查方法	质量要求
1	垂直度	2m 铝合金检测尺	≤ ± 3mm
2	平整度	2m 铝合金检测尺	≤ ± 3mm
3	阴阳角方正	直角检测尺检查	≤ ± 3mm
4	脱皮、漏刷、反锈	观察法	不允许
5	咬色、流坠	观察法	不允许
6	光泽	观察法	光泽均匀一致
7	疙瘩	观察、手摸检查	不允许
8	分色裹棱	观察法	不允许
9	开裂	观察法	不允许
10	针孔、砂眼	观察、手摸检查	不允许
11	装饰线、分色线平直	拉 5m 线检查，不足 5m 拉通线检查	偏差不大于 1mm
12	颜色、刷纹	观察、手摸检查	颜色一致

说明：依据现行国家标准《建筑装饰装修工程质量验收规范》GB 50210 相关规定。

2）灰泥墙面验收时应检查下列文件和记录：

（1）灰泥墙面的施工图、设计说明及其他设计文件。

（2）材料的产品合格证书、性能检测报告和进场验收记录。

（3）各分项工程的检验批应按下列规定划分：

① 室外灰泥墙面每一栋楼的同类涂料涂饰的墙面每 500～1000m² 应划分为一个检验批，不足 500m² 也应划分为一个检验批。

② 室内灰泥墙面同类涂料涂饰的墙面每 50 间（大面积房间和走廊按涂饰面积 30m² 为一间）应划分为一个检验批，不足 50 间也应划分为一个检验批。

(4) 检查数量应符合下列规定：

① 室外灰泥施工每 100m² 应至少检查一处，每处不得小于 10m²。

② 室内灰泥施工每个检验批应至少抽查 10%，并不得少于 3 间；不足 3 间时应全数检查。

(5) 灰泥施工的基层处理应符合下列要求：

① 新建筑物的混凝土或抹灰基层在灰泥施工前应涂刷抗碱封闭底漆。旧墙面在灰泥施工前应清除疏松的旧装修层，并涂刷界面剂。

② 混凝土或抹灰基层灰泥施工时，含水率不得大于 8%。灰泥施工的环境温度应在 5～35℃之间。

③ 基层腻子应平整、坚实、牢固，无粉化、起皮和裂缝；内墙腻子的粘结强度应符合现行行业标准《建筑室内用腻子》JG/T 298 的规定。厨房、卫生间墙面必须使用耐水腻子。

④ 环境温度低于 10℃或表面雾湿时，不宜施工。

6.4.4 施工质量通病防治

1. 灰泥色差

在外墙欧式彩色平面灰泥施工过程中，色差是影响灰泥质量的重要指标，根据地域的不同，相同颜色灰泥的配比也不尽相同。在施工准备阶段，现场调配彩色灰泥颜色并记录数据，在选择颜色的同时确定施工现场所用灰泥的配比，以减小欧式彩色平面灰泥色差；同时，根据灰泥搅拌后的最佳使用时间、工人平均生产率，选择合理的容器，并采用定时搅拌机对灰泥搅拌时间进行控制，保证施工过程中的效果。

2. 表面裂缝

灰泥在施工过程中及完成后一定时间内，受基层、温湿度等的影响，容易产生裂缝。借助外加剂铝酸盐水泥，加速硬化过程，减少灰泥的干燥收缩，降低开裂可能性。使用改性三元共聚胶粉，提高灰泥成型后的粘结力和内聚力，增加柔性，减少开裂。在不同材料的接槎位置，应使用拌合砂或石材细颗粒的密封胶，与硅酮耐候密封胶组合进行处理，增强灰泥墙面的抗裂性能。

3. 墙面抗裂措施（图 6-12）

1）挂 10mm×10mmϕ1mm 镀锌钢丝网

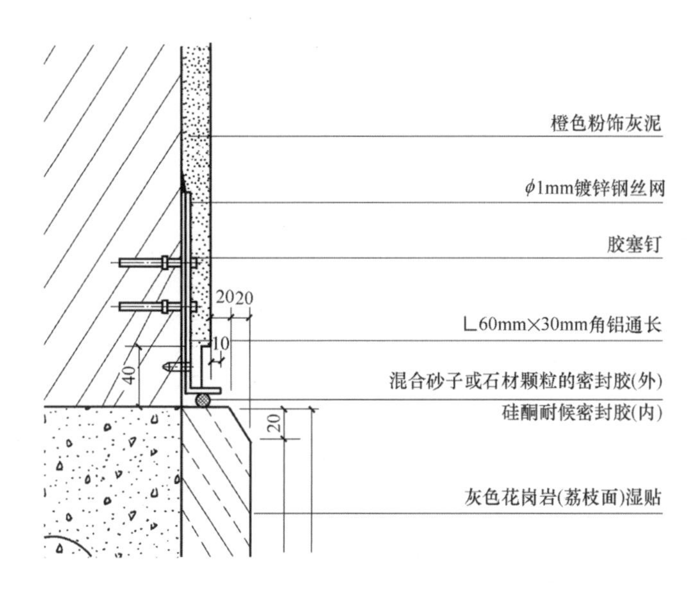

图 6-12　灰泥抗裂处理节点示意

抹灰墙面挂满 10mm×10mmϕ1mm 镀锌钢丝网，起到抹灰层抗裂作用。

2）基层处理

检查墙体抹灰层，去除滴溅的水泥浆和松脱碎裂的附着物、整平接缝，清理突出部位；检查墙体是否有空鼓、翻皮，如有要敲掉重新抹水泥砂浆。

检查墙面的平整度，如果墙面的平整度差，则用水泥砂浆预先修补平整，并进行适当的养护；基面要求：pH≤10，含水率≤10%。

3）墙面设置变形分隔缝

（1）切槽口：跟着外墙粉刷层工序走，粉刷完成后即可开始切割分格缝槽口，切割深度至剪力墙基层面，位置和窗套上口线条平齐，槽口宽度为 20mm，水平分格缝间距为 4 层一道。垂直分隔缝应设在阴角处。

（2）补槽口：在槽口内壁先粉刷一道抗裂砂浆，然后内嵌玻纤网格布满铺整个内壁，并且上下两个方向延伸至外墙不小于 200mm 的长度，以保证和外墙大面镀锌钢丝网搭接。接着用抗裂砂浆填实槽口后就可以安装分格缝预制嵌条。

（3）收边收口：分格缝嵌条安装好后，再进行外墙大面抗裂砂浆的粉刷，注意分格缝嵌条上下边接口处的粉刷。

6.5　安全管理措施

1）灰泥施工前，应检查脚手架、马凳等是否牢固。

2）灰泥施工前应集中工人进行安全教育，并进行书面交底。

3）施工现场应设油漆材料专用库房，配备消防设施，实施专人管理。

4）施工现场应有严禁烟火安全标语，现场应设专职安全员监督保证施工现场无明火。

5）采用双排外架时，应有专项方案，经过审核后由持证人员搭设完成，并建立相关的验收记录。作业周边洞口防护严密。

6）施工现场的脚手架、防护措施、安全标志和警告牌不得擅自改动，施工脚手架经验收合格。在使用过程中应定期对作业环境及脚手架等进行安全检查。

7）采用吊篮方式施工时，吊篮设备必须提供产品合格证、检验报告、防坠安全器检测报告，吊篮导绳及安全绳应保持牢靠，无断股、毛边、纠结等缺陷。每台吊篮施工人员不许超过吊篮核载人数，不得超载施工。未经验收、审批的吊篮设备不得投入使用。

8）高空作业所用材料要堆放平稳，操作工具应随手放入工具袋内，上下传递物件严禁抛掷。

9）登高（2m 以上）作业时必须系合格的安全带，系挂牢固，高挂低用，应穿防滑鞋，应把手头工具放在工具袋内。

10）喷涂作业方法时，操作人员应戴口罩、手套、护目镜等。

11）如遇恶劣天气，禁止高空作业。

6.6 环境管理措施

1）现场清扫设专人洒水，不得有扬尘污染。打磨粉尘用湿布擦净。

2）不允许在民用建筑工程室内用有机溶剂清洗施工用具。

3）灰泥使用后，应及时封闭存放，废料应及时清出室内。

4）施工现场周边应根据噪声敏感区域的不同，选择低噪声设备或其他措施，同时应按国家有关规定控制施工作业时间。

5）每天完工后应将剩油漆材料，剩余灰泥、废弃物（如废油桶、油刷、棉纱等）收集后集中按环保要求分类处理，不准乱扔。

6）施工时应保持良好的通风环境。

6.7 灰泥效果

如图 6-13～图 6-17。

(*a*)

(*b*)

(*c*)

(*d*)

(*e*)

(*f*)

图 6-13　灰泥外墙实景（平涂）（一）

(*g*)

图 6-13　灰泥外墙实景（平涂）（二）

(*a*)

(*b*)

图 6-14　灰泥外墙实景（特殊纹样）

图 6-15　灰泥外墙实景（凹凸缝）

图 6-16　灰泥外墙实景（喷涂）

(*a*)

(*b*)

(*c*)

图 6-17　灰泥外墙实景（绘画）

7

第7章

金属骨架干挂瓦屋面施工技术

7.1　金属骨架干挂瓦屋面概况

屋面瓦的历史可以追溯到远古，自有史记载以来，直至清末，我国的传统建筑几乎都是采用坡屋面，坡屋面基本都使用了屋面瓦。屋面瓦作为最古老的建筑材料之一，千百年来被广泛使用。它不仅起到了遮风挡雨的作用，而且有着重要的装饰效果。传统湿贴工艺及防腐木挂瓦条工艺施工抗风抗震能力差，观感质量差，耐久性差，施工进度缓慢。

金属骨架干挂瓦屋面施工是坡屋面施工的一个工艺创新做法，适用于一般工业与民用建筑有防水要求的、同时有较高的抗风抗震要求的坡屋面形式的干挂瓦屋面施工。

7.1.1　金属骨架干挂瓦屋面工艺原理

在结构屋面种植化学锚栓，并通过化学锚栓固定可调节 L 形镀锌支架，用以固定结构屋面与屋面瓦的连接。通过镀锌 L 形支架连接铝方通顺水条来调整最终屋面瓦安装的平直度，通过铝方通顺水条连接的铝方通挂瓦条来控制最终干挂瓦片的位置，通过自攻螺丝结合抗风搭扣固定屋面瓦片（图 7-1）。

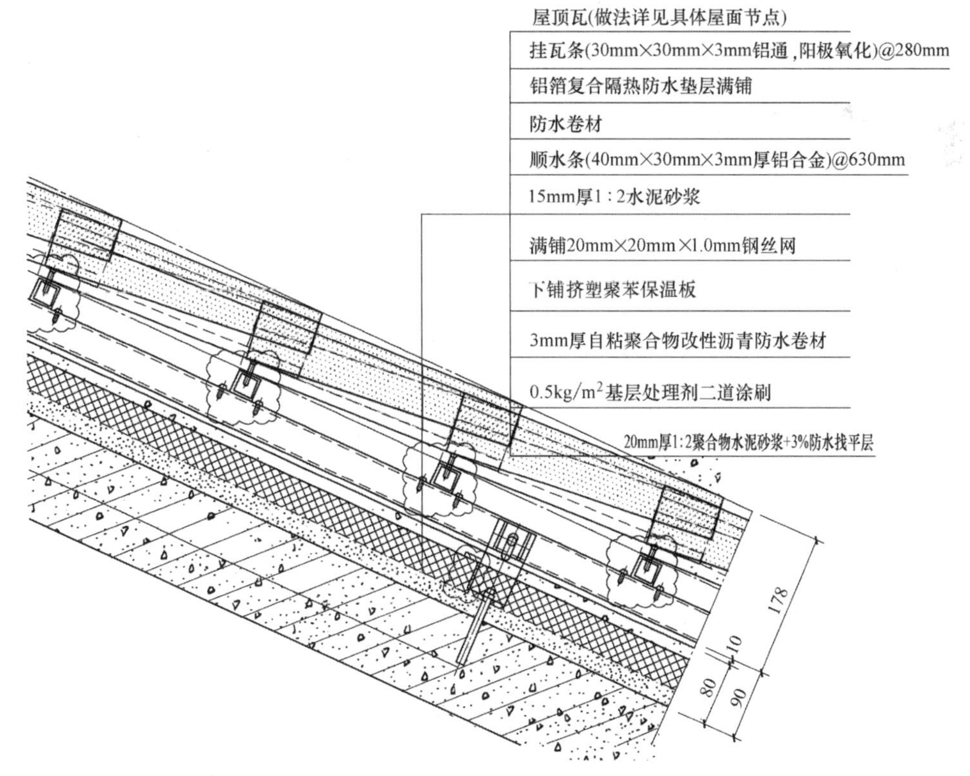

图 7-1　瓦屋面体系构造示意

这种工艺在屋面瓦背面不需要湿贴作业，而是靠连接件基本的强度承受饰面传递过来的外力，在屋面瓦与结构屋面间形成一定宽度的空气层，可起到一定的隔声隔热作用。

7.1.2 工艺特点

1）新型支撑体系连接可靠，有较高的抗震抗风能力，适应风力较大地区。
2）支撑体系采用铝合金材料及镀锌配件，耐久性好。
3）可准确控制瓦片表面平整度与顺直度，提高观感质量。
4）瓦片之间独立受力，独立安装，节点做法灵活，可连续作业，缩短施工周期。
5）避免瓦片表面污染、变色“泛碱”，使屋面保持色彩光泽。
6）减少湿作业，受气候变化影响小，节约冬期施工、雨期施工措施费用。

7.1.3 屋面瓦瓦型

常见屋面瓦类型分别有以下 5 种：平板瓦、鱼鳞瓦、罗曼瓦、筒瓦四种机制陶瓦和石板瓦。

图 7-2 平板瓦

1. 平板瓦（图 7-2）

主要是指以黏土烧结而成一种平板式的瓦，平板瓦是用在房屋两侧。它不是单一样式，有欧式平瓦、日式平瓦、中式平瓦等；挂瓦的顺序应由每坡屋面的右下侧开始，由右向左、自下而上、左压右、上压下顺序铺设，上下行错开半块瓦。

平板瓦按屋面体系分为以下 4 种主要组件瓦：边瓦、脊瓦、平板瓦、收口瓦（图 7-3）。

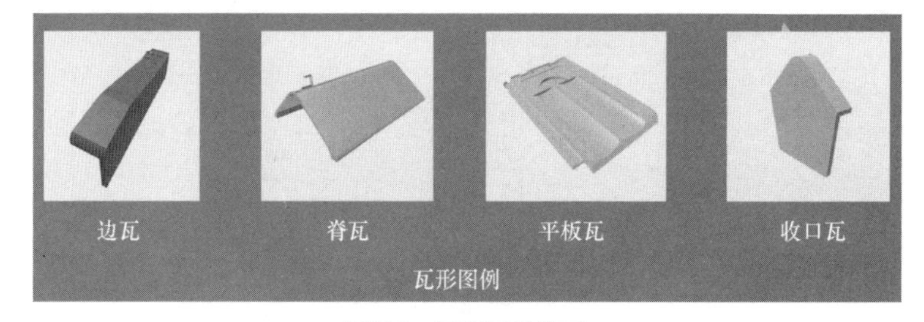

图 7-3 平板瓦组件瓦

2. 鱼鳞瓦（图 7-4）

鱼鳞形屋面瓦片是由一矩形体和两段弧形片体拼合，弧形片体的形状为鱼鳞状形，且在弧形片体两侧边上设有前凸缘，矩形体的外侧设有后凸缘，后凸缘呈 U 形，前凸缘与后凸缘的凸起方向相反，相邻瓦片的矩形体并行放置，上方的瓦片放置在该接缝上。当瓦片被排列在一起时，其两翼凸缘可防止渗漏情况的出现，因此具有很好的防水防漏效果。另外，瓦片的矩形体并行放置，上方的瓦片放置在接缝上，更好地阻止水从接缝处渗漏。

图 7-4　鱼鳞瓦

鱼鳞瓦按屋面体系分为以下 4 种主要组件瓦：边瓦、脊瓦、鱼鳞平瓦、脊瓦边瓦（图 7-5）。

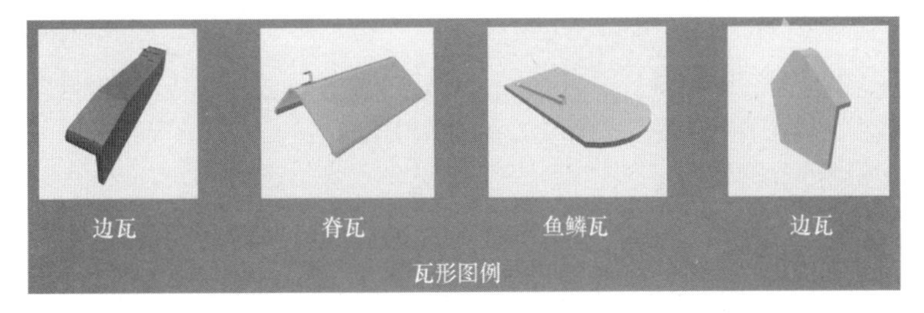

图 7-5　鱼鳞瓦组件瓦

3. 罗曼瓦（图 7-6）

也称为欧式连锁瓦，该瓦谷底部结构，能够使雨水流出更顺畅、更迅速，因为欧式连锁瓦有头部高出部分，起着挡水作用，即使在水平屋面上，也不会出现雨水逆流现象。

图 7-6　罗曼瓦

罗曼瓦也称 S 瓦，按屋面体系分为以下 5 种主要配件瓦：边瓦、脊瓦、S 瓦、脊瓦边瓦、盾瓦（脊瓦下脚封边瓦）（图 7-7）。

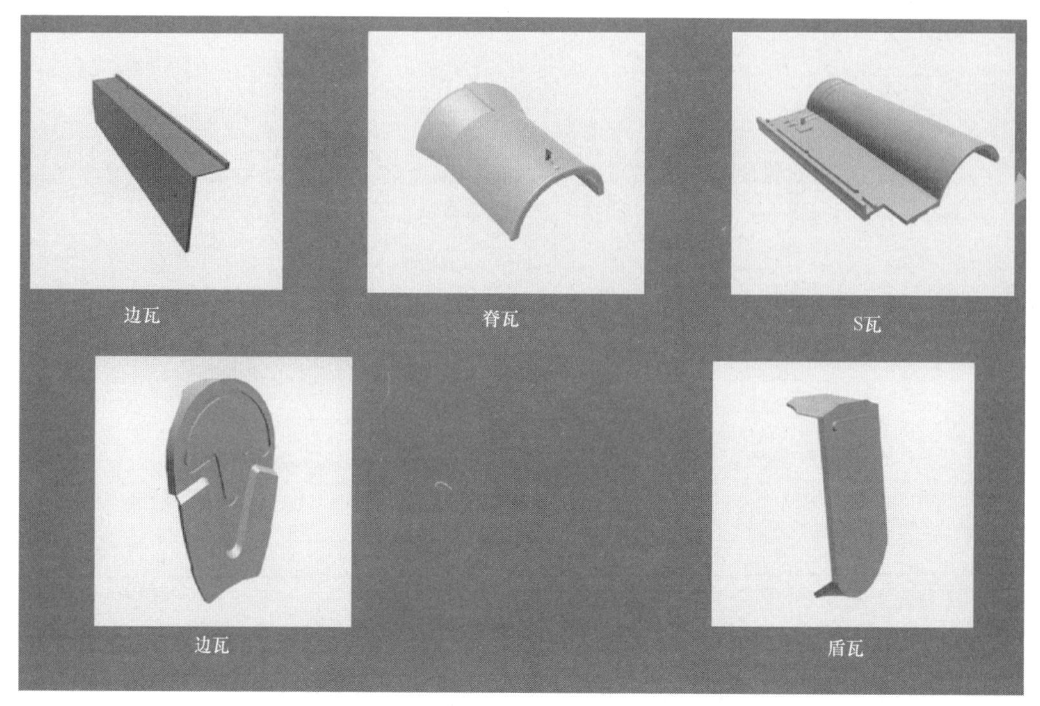

图 7-7　罗曼瓦组件瓦

图 7-8　筒瓦

4. 筒瓦（图 7-8）

也称西班牙筒瓦，形状呈半弧形，以优质黏土为原材料经过 1200℃高温一次烧结而成。瓦的颜色变化自然，表现丰富，诠释不同建筑风格。

筒瓦按屋面体系分为以下 4 种主要组件瓦：上瓦（上水瓦）、下瓦、脊瓦、盾瓦（图 7-9）。

5. 石板瓦（图 7-10）

石板瓦是一种天然的板岩石，经过机械劈开形成的片状石板，经过裁切、打磨、钻孔后，形成屋面盖瓦，优质的板石必须具备的特点：劈分性能好、平整度好、色差小、黑度高（其他颜色同理）、弯曲强度高、含钙铁硫量低、烧失量低、耐酸碱性能好、吸水率低、耐候性好、抗紫外线能力强、经久不褪色、不风化、不生锈等特点，一般青石板瓦劈分厚度在 7～9mm。石板瓦由于属于天然石材，只能加工成为各种形状的平面瓦，按屋面体系设计所需要的其他配件瓦，如边瓦、脊瓦，多采用金属板材按造型加工，进行组合搭配（图 7-11）。

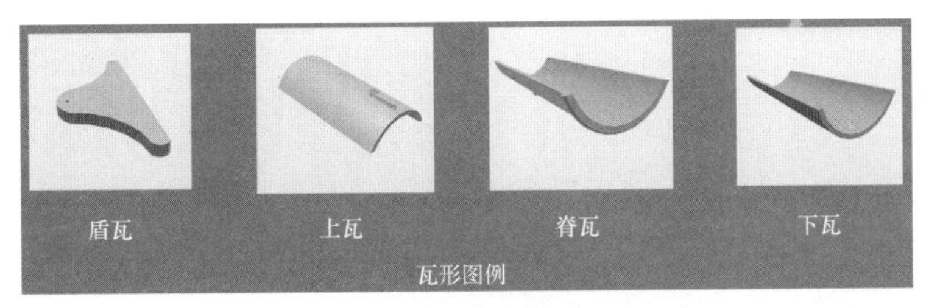

图 7-9　筒瓦组件瓦

7.1.4　瓦屋面的主要构造

1. 屋面连接体系

图 7-10　石板瓦

屋面连接采用 50mm×5mm L 形支架定制热镀锌支架，长度 130～230mm，镀锌层厚度应大于 75μm。沿锚栓位置安装，加一平一弹垫片。横向间距为 630mm，竖向间距为 1200mm。

连接化学锚栓：采用 M10mm/110mm，SUS316 不锈钢化学锚栓，锚入深度不小于 80mm。

图 7-11　石板瓦组件瓦

2. 防水及保温体系

1）混凝土结构层上采用 20mm 厚 1∶2 水泥砂浆找平，砂浆内掺 3%防水剂，压实赶光。

2）防水结合层处理涂刷防水基层处理剂二道，用量为 0.5kg/m^2。

3）防水层：铺贴 3.0mm 厚自粘聚合物改性沥青防水卷材。

4）L 支架底防水易贴灵堵漏处理。

5）保温层及砂浆保护层。

挤塑聚苯板保温板，沿 L 支架横向安装抗滑移 40mm×4mm 镀锌角钢，竖向间距为

3600mm。满铺 20mm×20mm×1.2mm 镀锌钢丝网，浇筑 15mm 厚 1：2 水泥砂浆保护层，压实赶光。

3. 金属骨架干挂体系

顺水条采用 3003 系列 40mm×30mm×3mm 铝合金方通，沿坡向放入双 L 支架卡槽上口，铝方通与 L 支架接触面采用 2mm 厚三元乙丙防腐垫片隔离。M6mm×65mm A4 不锈钢螺栓侧向对穿方通连接固定在 L 支架上，拧紧螺丝。垫片点焊牢固，焊点防锈漆处理。

4. 挂瓦条安装

挂瓦条采用 3003 系列 30mm×30mm×3mm 铝合金方通，通过连接角码，ST4.2mm 自攻螺钉固定于顺水条上。挂瓦条应固定平整牢固，上棱应成一直线。挂瓦条连接角码为 30mm×25mm×3mm 铝合金连接角码，采用 4-ST4.2mm×16mm 不锈钢自攻螺钉与顺水条连接牢固，顺水条横向间距 630mm。

5. 屋面检修杆

采用 SUS316ϕ50mm×2mm 厚不锈钢检修杆，间距 1500mm。

6. 金属骨架干挂瓦屋面构造

1）瓦屋面构造做法（图 7-12）

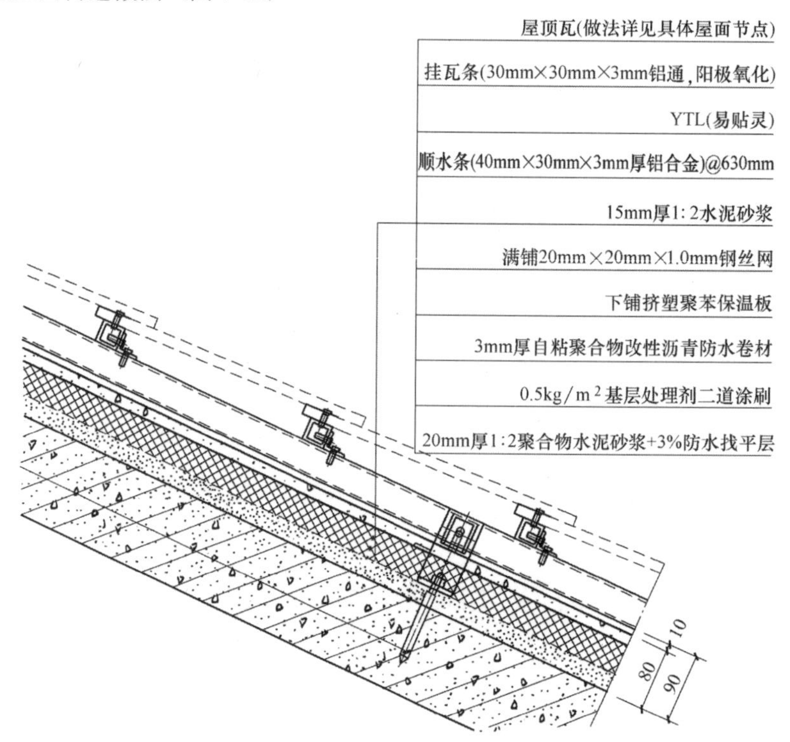

图 7-12 瓦屋面构造

2) 屋面龙骨布置图

(1) 平板瓦、鱼鳞平瓦龙骨布置图 (图 7-13)

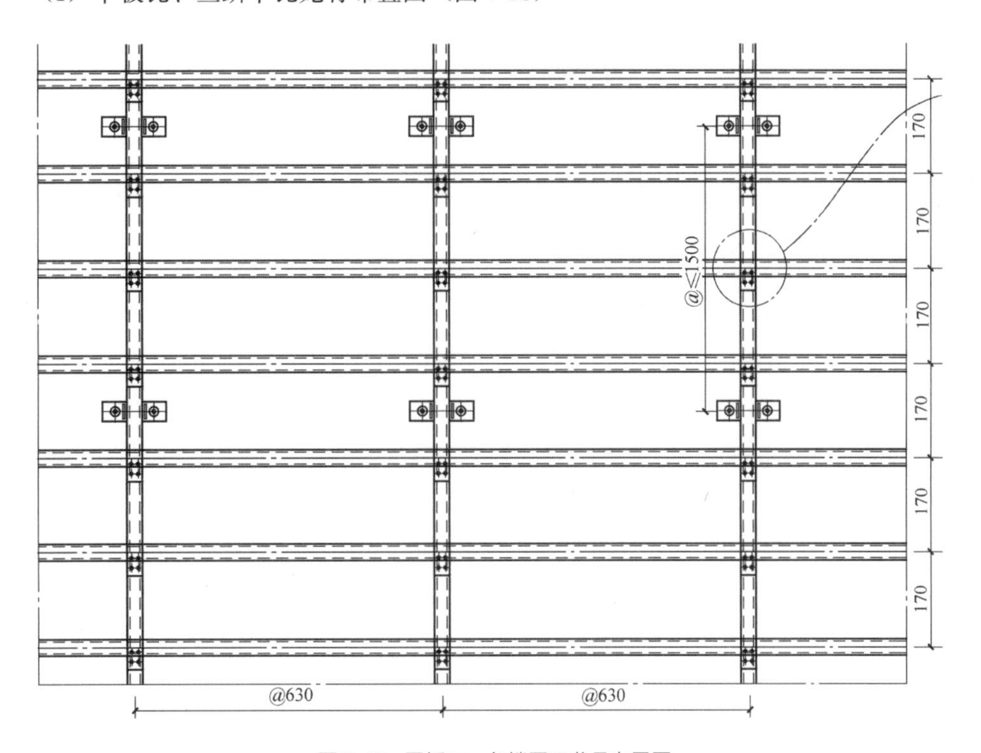

图 7-13　平板瓦、鱼鳞平瓦龙骨布置图

(2) 筒瓦龙骨布置图 (图 7-14)

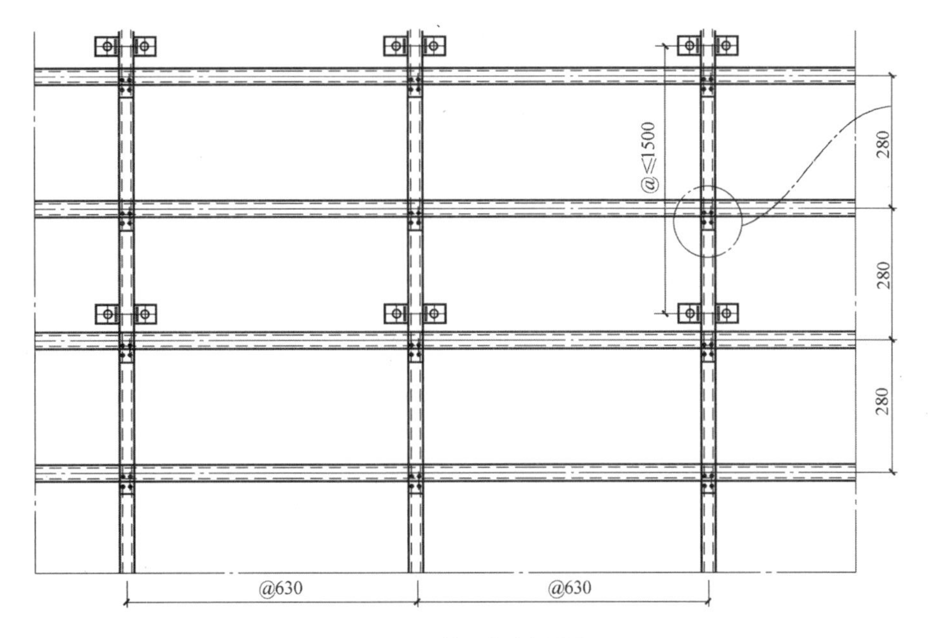

图 7-14　筒瓦龙骨布置图

(3) 罗曼瓦龙骨布置图（图 7-15）

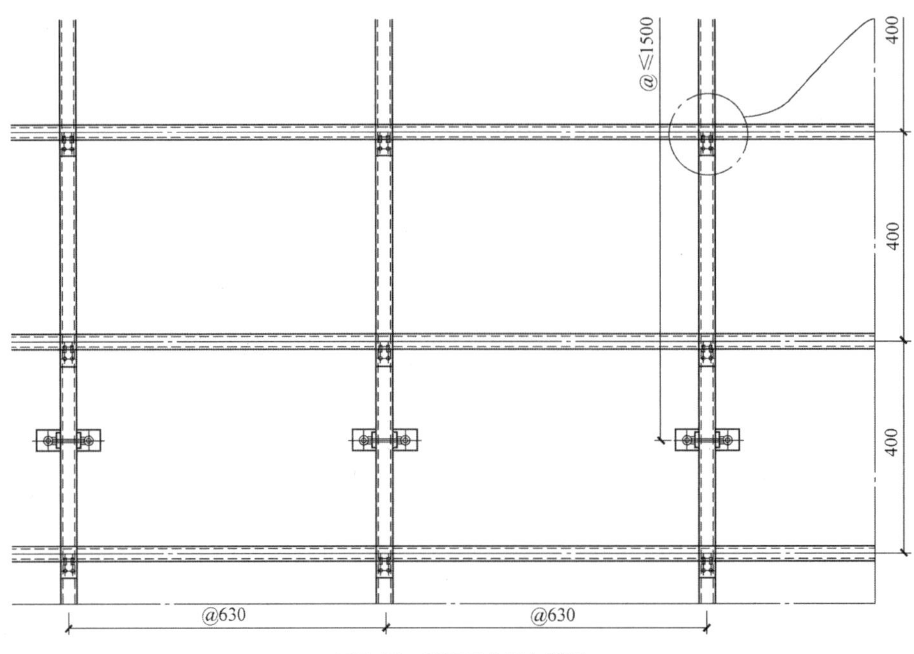

图 7-15 罗曼瓦龙骨布置图

(4) 石板瓦龙骨布置图（图 7-16）

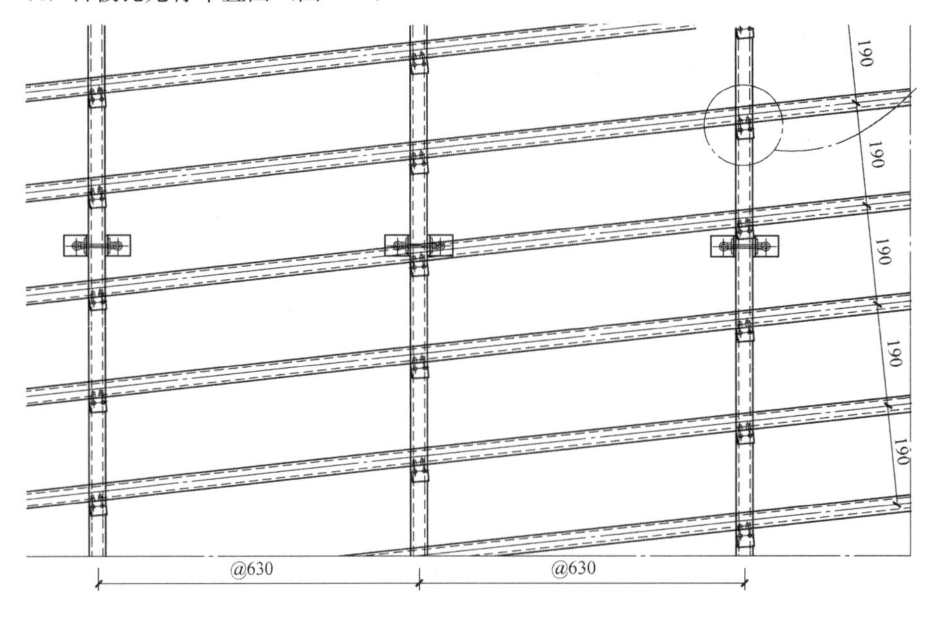

图 7-16 石板瓦龙骨布置图

3）屋面瓦连接构造

(1) 平板瓦、鱼鳞平瓦（图 7-17、图 7-18）

(2) 筒瓦（图 7-19、图 7-20）

(3) 罗曼瓦（图 7-21、图 7-22）

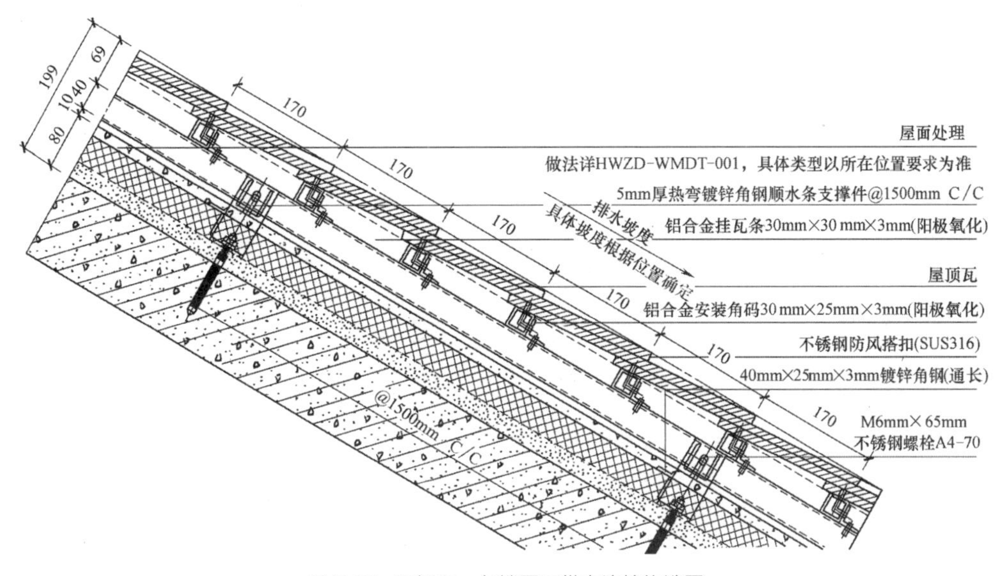

图 7-17　平板瓦、鱼鳞平瓦纵向连接构造图

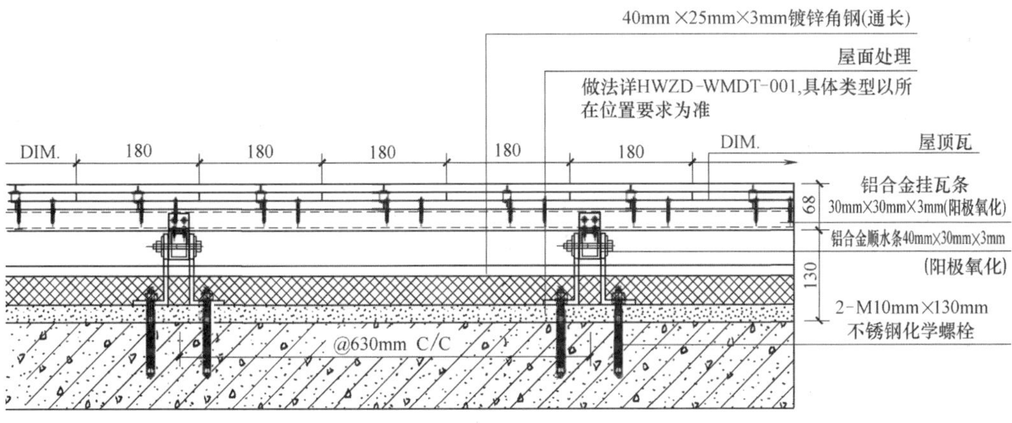

图 7-18　平板瓦、鱼鳞平瓦横向连接构造图

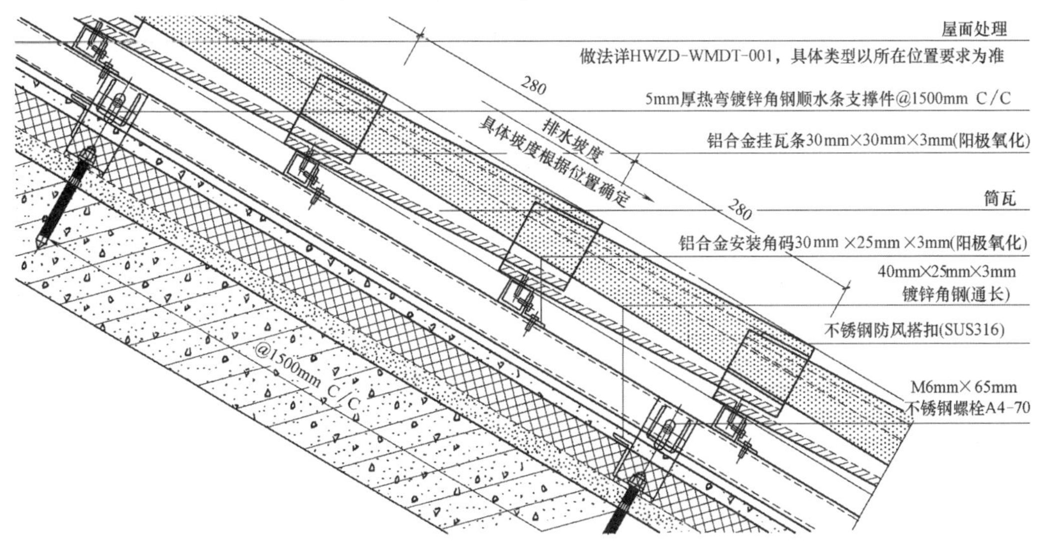

图 7-19　筒瓦纵向连接构造图

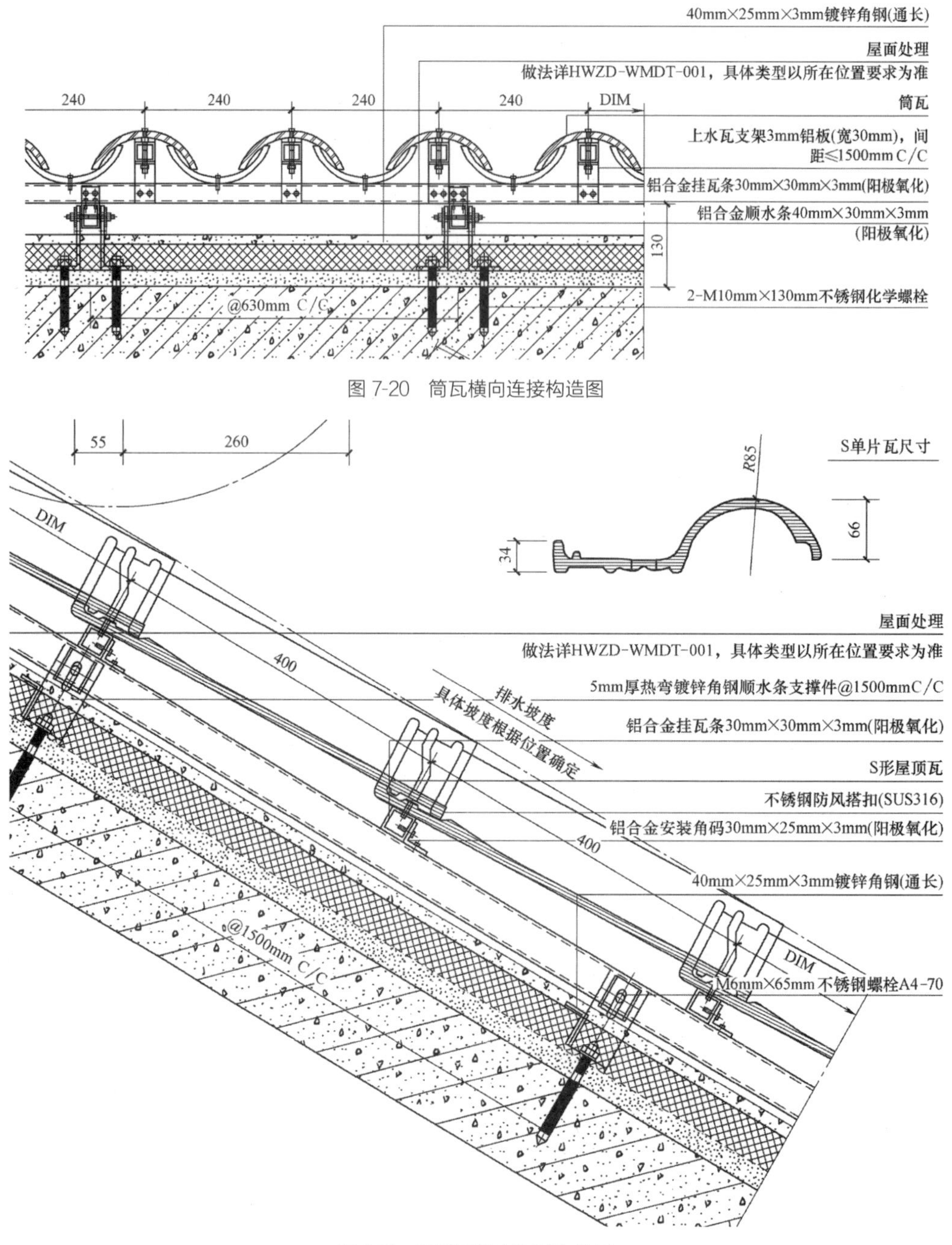

图 7-20 筒瓦横向连接构造图

图 7-21 罗曼瓦纵向连接构造图

4）屋脊瓦构造

（1）平板瓦、鱼鳞平瓦（图 7-23）

（2）筒瓦（图 7-24）

（3）罗曼瓦（图 7-25）

5）起手瓦构造

（1）平板瓦、鱼鳞平瓦起手瓦（图 7-26）

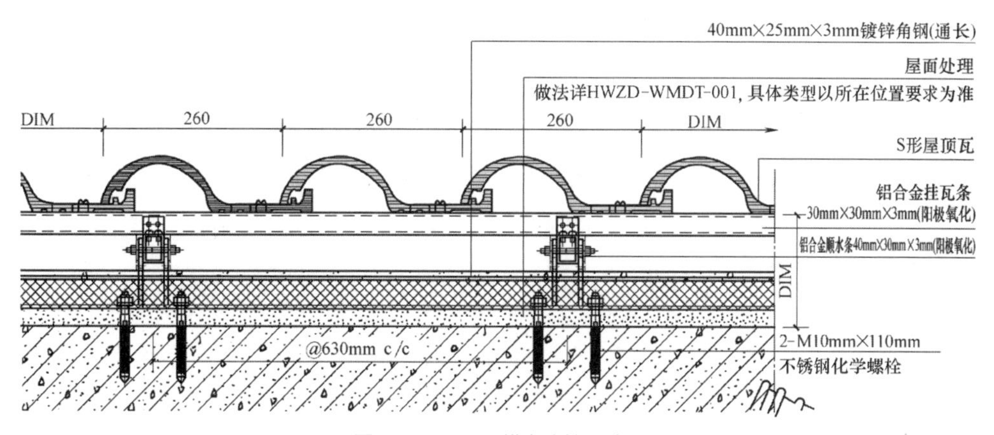

图 7-22　罗曼瓦横向连接构造图

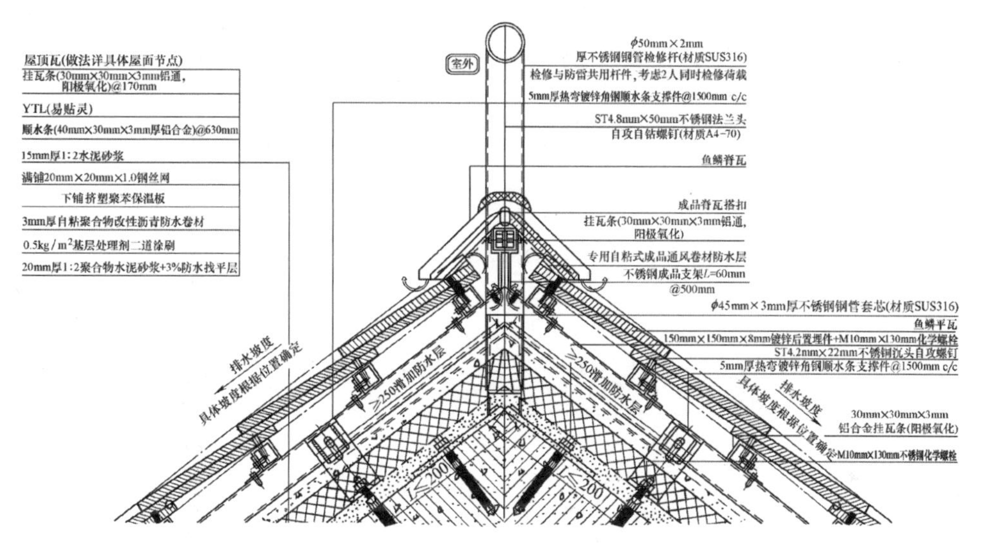

图 7-23　平板瓦、鱼鳞平瓦屋脊构造

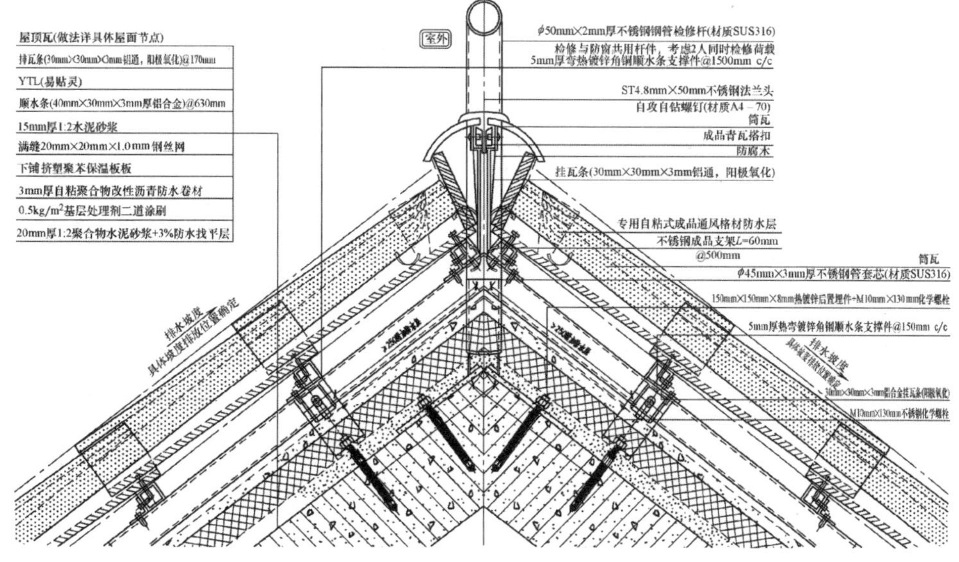

图 7-24　筒瓦屋脊构造

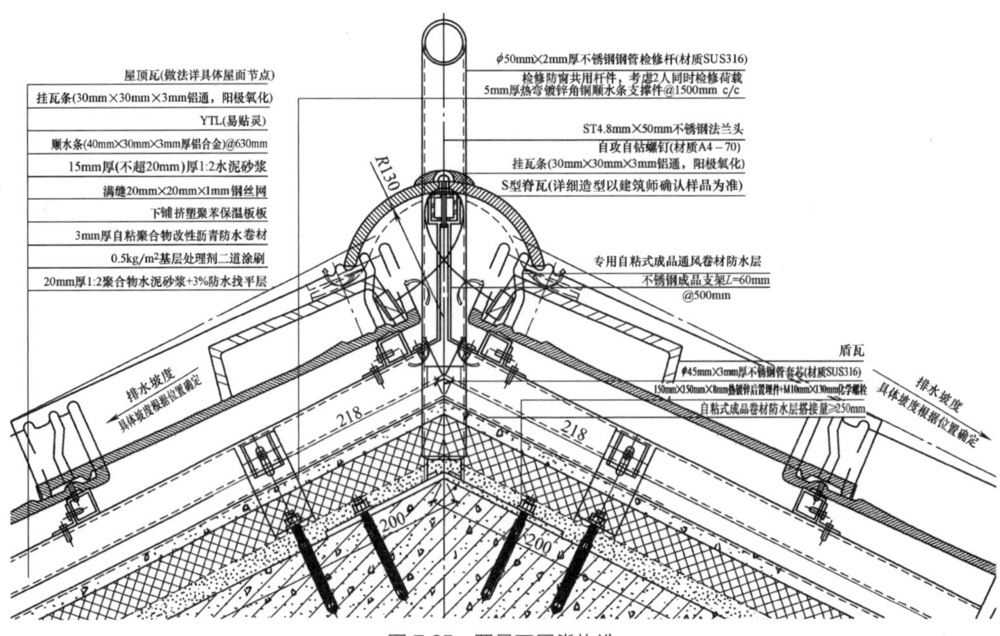

图 7-25　罗曼瓦屋脊构造

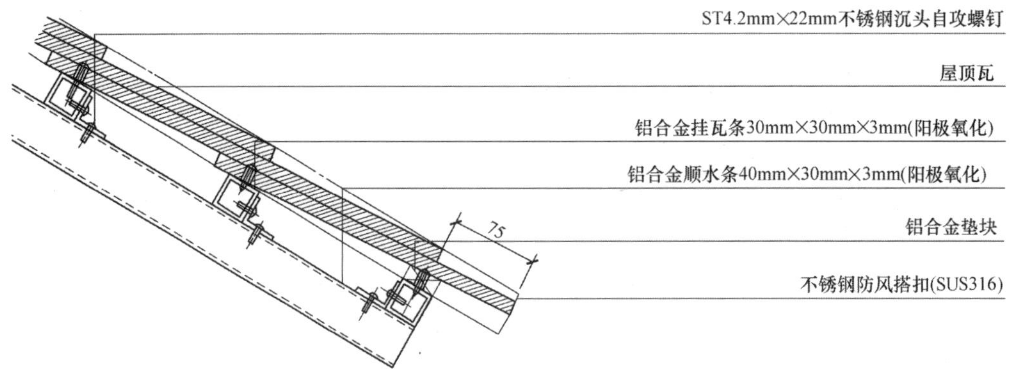

图 7-26　平板瓦、鱼鳞平瓦起手瓦构造

（2）筒瓦起手瓦（图 7-27）

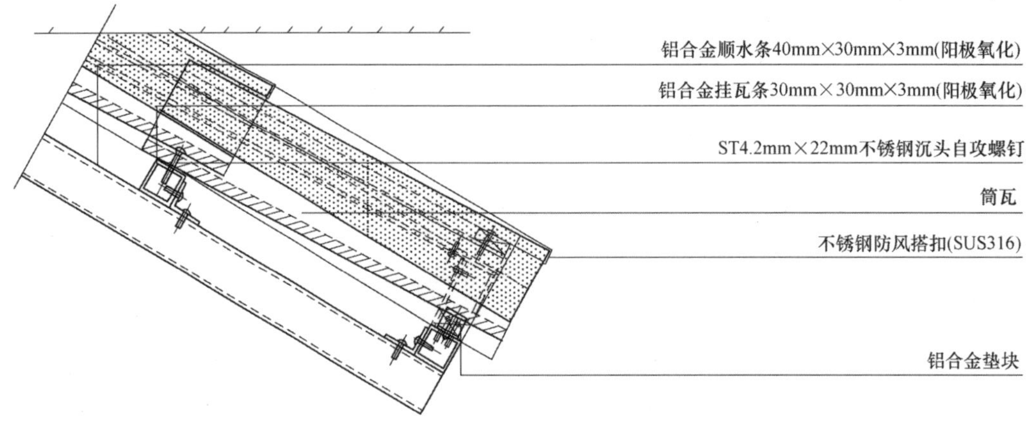

图 7-27　筒瓦起手瓦构造

（3）罗曼瓦起手瓦（图 7-28）

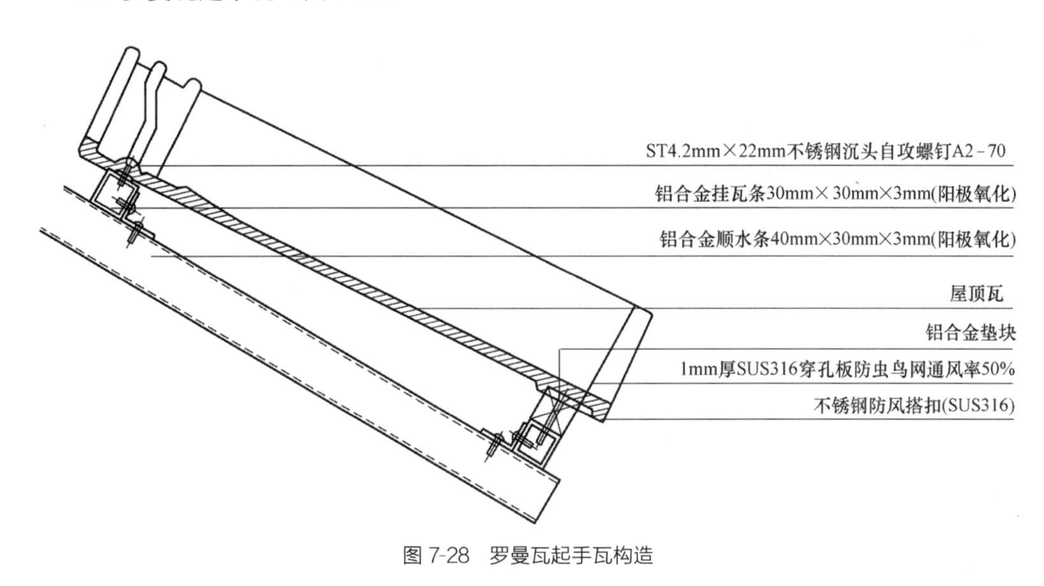

图 7-28　罗曼瓦起手瓦构造

7.1.5　瓦屋面材料技术参数

1. 金属材料力学性能

1）铝合金材料的力学性能（表 7-1）

铝合金材料力学性能　　表 7-1

项次	牌号及状态	强度设计值 f_a（N/mm²）			弹性模量 E（N/mm²）	重力密度 Γ_g（kN/mm³）	泊松比 ν
		抗拉、抗压	抗剪	局部承压			
1	6063-T5	90	55	185	0.70×10^5	27.0	0.3
2	6063A-T5	135	75	220	0.70×10^5	27.0	0.3
3	6063-T6	150	85	240	0.70×10^5	27.0	0.3

2）钢材材料的力学性能（表 7-2）

钢材材料力学性能　　表 7-2

项次	钢材牌号	厚度或直径 d（mm）	抗拉、抗弯、抗压强度（N/mm²）	抗剪（N/mm²）	端面承压（N/mm²）	弹性模量（N/mm²）	重力密度 Γ_g（kN/mm³）	泊松比 ν
1	Q235	$d\leqslant16$	215	125	325	2.06×10^5	78.5	0.3
		$16<d\leqslant40$	205	120				
2	Q345	$d\leqslant16$	310	180	400	2.06×10^5	78.5	0.3
		$16<d\leqslant35$	295	170				

3）不锈钢螺栓强度设计值（表 7-3）

普通螺栓连接的强度设计值（单位： N/mm^2） 表 7-3

项次	组别	性能等级	抗拉强度	抗剪强度
1	A2、A4	70	280	265

2. 屋面瓦技术参数

1）平板瓦技术参数（表 7-4）

平板瓦技术参数要求 表 7-4

项次	项目/材料名称		技术要求
1	块瓦	常规规格(mm)长×宽×厚	380×175×12
2		瓦脊（mm）	330×235
3		单位面积用量	15 片
4		单片种量（kg）	2.4kg
5		抗弯曲破坏荷重（N）	≥1700
6	变形偏差（mm）		≤3
7	石灰爆裂		不允许
8	抗冻性能		经 15 次冻融循环不出现剥落、掉角、掉棱及裂纹增加现象
9	表面效果（磕碰等）		距 1m 处无明显缺陷
10	外观质量		符合《烧结瓦》GB/T 21149—2007 标准
11	尺寸允许偏差		符合《烧结瓦》GB/T 21149—2007 标准
12	物理性能	吸水率（%）	≤6%
13		抗冻性能	符合《烧结瓦》GB/T 21149—2007 标准
14		耐冷热性能	符合《烧结瓦》GB/T 21149—2007 标准
15		抗渗性能	符合《烧结瓦》GB/T 21149—2007 标准

2）鱼鳞瓦技术参数（表 7-5）

鱼鳞瓦技术参数 表 7-5

项次	名称/型号	技术参数	招标技术文件	品牌报审单位技术文件	复试报告	备注
1	鱼鳞瓦	抗弯曲性能（N）	弯曲破坏荷重≥1200N	1650～1800	最大值 1880，最小值 1530	
2		抗冻性能	经 15 次冻融循环不出现剥落、掉角、掉棱及裂纹增加现象	符合		
3		吸水率（%）	Ⅰ类瓦≤6%，6%＜Ⅱ类瓦≤10%	5.8	最大值 7.2，最小值 7.1	
4		抗渗性能	经 3h 瓦背面无水滴产生，若其吸水率≤10%，取消抗渗性能要求	取消	取消	此项要求只适用无釉瓦类
5		耐急冷急热性	经 10 次急冷急热循环不出现炸裂、剥落、及裂纹延长现象	不适用	符合要求	此项要求只适用于有釉瓦类

3）罗曼瓦技术参数（表 7-6）

罗曼瓦技术参数　表 7-6

项次	名称/型号	技术参数	招标技术文件	品牌报审单位技术文件	复试报告	备注
1	S 瓦 485×315	抗弯曲性能（N）	弯曲破坏荷重≥1600N	最小值 3050，最大值 3520	最大值 4511，最小值 4218	
2		抗冻性能	经 15 次冻融循环不出现剥落、掉角、掉棱及裂纹增加现象	合格		
3		吸水率（%）	Ⅰ类瓦≤6%，6%＜Ⅱ类瓦≤10%	最大值 4.9，最小值 4.3	最大值 4.3，最小值 4.1	
4		抗渗性能	经 3h 瓦背面无水滴产生，若其吸水率≤10%，取消抗渗性能要求	取消	取消	
5		耐急冷急热性	经 10 次急冷急热循环不出现炸裂、剥落、及裂纹延长现象	合格	符合	
6		内照射指数 I_{Ra}（A 类≤1.0）		0.2		放射性核素限量指数
7		外照射指数 I_r（A 类≤1.3）		0.6		
8	S 瓦 490×320	抗弯曲性能（N）	弯曲破坏荷重≥1600N	2770～3010	最大值 2231，最小值 1987	
9		抗冻性能	经 15 次冻融循环不出现剥落、掉角、掉棱及裂纹增加现象	符合		
10		吸水率（%）	Ⅰ类瓦≤6%，6%＜Ⅱ类瓦≤10%	最大值 4.5，最小值 4.2，平均值 4.3	最大值 5.0，最小值 4.9	
11		抗渗性能	经 3h 瓦背面无水滴产生，若其吸水率≤10%，取消抗渗性能要求	取消	取消	
12		耐急冷急热性	经 10 次急冷急热循环不出现炸裂、剥落及裂纹延长现象	符合	符合	
13		内照射指数 I_{Ra}（A 类≤1.0）		0.6		
14		外照射指数 I_r（A 类≤1.3）		0.9		

4）石板瓦技术参数（表 7-7）

石板瓦技术参数　表 7-7

序号	名称/型号	技术参数	招标技术文件	品牌报审单位技术文件	复试报告	备注
1	石板瓦	抗弯曲性能（N）	弯曲破坏荷重≥1200N		最大值 1354，最小值 1259	
2		弯曲强度（MPa）		68.6		

续表

序号	名称/型号	技术参数	招标技术文件	品牌报审单位技术文件	复试报告	备注
3	石板瓦	抗冻性能	经15次冻融循环不出现剥落、掉角、掉棱及裂纹增加现象			
4		吸水率（%）	Ⅰ类瓦≤6%，6%＜Ⅱ类瓦≤10%	0.21	最大值0.3，最小值0.2	
5		抗渗性能	经3h瓦背面无水滴产生，若其吸水率≤10%，取消抗渗性能要求			
6		耐急冷急热性	经10次急冷急热循环不出现炸裂、剥落、及裂纹延长现象			
7		内照射指数 I_{Ra}（≤1.0）		0.1		
8		外照射指数 I_r（≤1.3）		0.3		

7.2 瓦屋面施工准备

7.2.1 技术准备

1）熟悉施工图纸，检查现场和图纸变更的情况。

2）根据设计图纸及相关施工验收规范的要求，编制施工方案（或作业指导书）。

3）根据施工图和施工方案，按需用量准备合格的材料。

4）按照施工方案或作业指导书要求，明确技术要求和质量标准，对操作工人进行安全、技术交底和岗前培训。

7.2.2 物资准备

1）瓦的种类很多，应按设计要求选购相应规格的瓦。

2）材料进场后应进行外观检验，并按规定进行抽样复验。

3）瓦的外观检查应符合现行国家标准要求。

4）钢筋规格及强度等级应符合设计要求，进场后按规范要求进行复试，抽样时应会同监理见证取样。

5）挂瓦条规格应符合选定要求，材质符合相应标准要求，表面经过防腐处理。

6）钢钉材质应符合相应标准要求，规格适用于选定的顺水条、挂瓦条。

7）水泥砂浆应具有良好的和易性，强度等级不低于 M5。

7.2.3　施工机具准备

1. 施工机械

施工现场水平、垂直运输设备，视现场具体条件配置。施工现场钢筋、模板、混凝土加工设备，视现场具体条件配置。

2. 工具用具

手推车、电动砂轮、切割机、手电钻、射钉枪、射钉、电动圆盘锯、瓦刀、泥桶、线坠、墨斗、铁抹子、水桶、喷壶、锹、扁錾子、钉锤、橡皮榔头等。

3. 监测装置

方尺、合金水平尺、2m 靠尺、5m 钢卷尺。

7.2.4　作业条件准备

1）材料按规格、种类整齐码放在施工现场便于取用的区域。

2）对屋顶混凝土结构层进行检验，混凝土结构层需养护完成。

3）避雷、机电等预埋管等安装到位，并验收合格。

4）合理调配使用设备机具，包括脚手架、塔吊、升降机等。

5）所需材料、机具、设备均已进场，并复试、检验合格。工作面应清理干净，符合后续施工要求的条件；安全防护设施应满足施工要求。

6）对施工人员进行技术安全交底，或相应的技术、安全培训，特种作业人员应持证上岗。施工人员的生活、居住条件应满足文明施工的要求。

7.3　瓦屋面施工工艺

7.3.1　主要施工工艺流程

屋面找平→铺设自粘防水卷材→弹线定位并固定 L 形支架→顺水条支架处防水卷材施工→聚苯板保温层施工→砂浆保护层内附钢丝网→弹线定位→安装顺水条（通过螺栓固定于 L 支架）→安装挂瓦条（通过角码和自攻钉固定于顺水条）→安装排水沟及脊瓦支架等→安装主瓦片（自攻钉＋抗风搭扣固定）→安装其他配件瓦→检验平整度→屋面节点处理（图 7-29、图 7-30）。

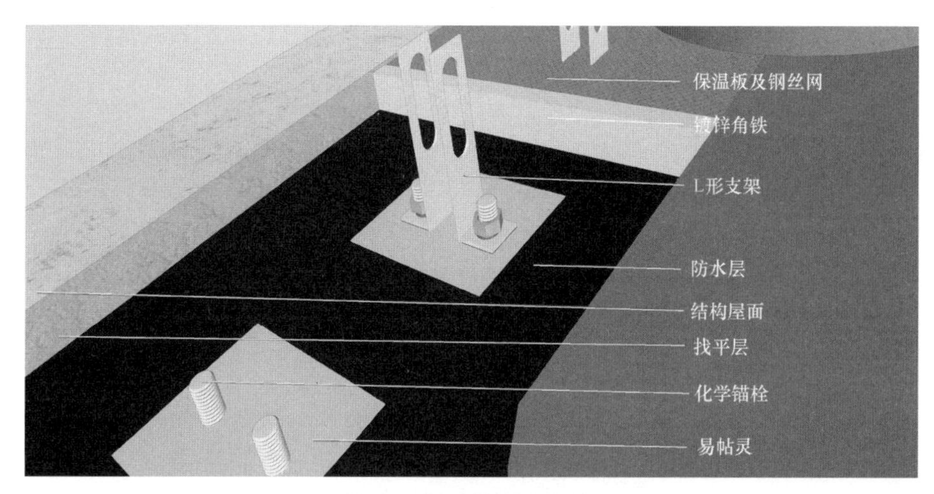

图 7-29　施工工艺效果示意图

图 7-30　施工工艺效果示意图

图 7-31　屋面找平施工

7.3.2　施工操作要点

1. 找平层基层处理（图 7-31）

混凝土结构层上施工 20mm 厚 1∶2 水泥砂浆找平层，砂浆内掺 3%防水剂，压实赶光。

1）找平层采用 20mm 厚 1∶2 水泥砂浆，加 3%防水剂。要求基层的强度，应达到设计要求，基层表面应平整、干燥、干净，无尖锐物、孔洞、蜂窝、麻面、起砂等质量缺陷。

2）基层清理干净后，根据坡度，拉线固定底座基准块。操作前，先将底层洒水湿润，刷素水泥浆一遍，随刷随铺砂浆，表面光滑部位应凿毛。

3）按照配合比拌合水泥砂浆，水灰比不可过大，应拌合成干硬性砂浆（即砂浆外表湿润，手握成团，不泌水份为准），用压尺刮平打实后，木抹子抹平，然后用铁抹子压实磨光（最后一次压光应在砂浆初凝后，凝结完成前完成）。应注意将边角的砂眼抹平。

4）基层与突出的屋面结构的交接处和基层的转角处，找平层均做成圆弧形，圆弧半径为 50mm 为宜。

5）找平层设分格缝，并用沥青嵌填密封，分格缝纵横的最大间距不超过 6m，缝宽 10mm，缝深 6mm。

2. 防水结合层处理

涂刷防水基层处理剂二道，用量为 0.5kg/m^2。

3. 防水层施工（图 7-32）

顺坡面自下向上铺贴 3.0mm 厚自粘聚合物改性沥青防水卷材，确保铺贴牢固，搭接长度满足规范要求。

1）采用 3.0mm 厚双面自粘聚合物改性防水卷材，卷材之间的搭接宽度为 100mm，满铺，搭接大于 100mm，搭接缝密封严密，不得有皱折、翘边和鼓泡等缺陷，粘贴方式采用自粘粘合。

图 7-32　屋面防水施工

2）局部增强处理：对阴阳角、水落口、管子根部等形状复杂的地方，应有附加层，附加层卷材宽度不应小于 500mm。

3）铺贴卷材应垂直屋脊铺设，不得平行铺设。铺贴从流水坡度的下坡开始，从两边檐口依次向上铺贴，最后用整条卷材封脊。

4）收头处理：天沟、檐沟、泛水等和卷材末端收头处或重叠三层处，须用与氯磺化聚乙烯等嵌缝膏密封。在密封膏尚未固化时，再用聚合物水泥砂浆压缝封闭，立面卷材收头的端部应裁齐塞入预留的槽，并用金属压条或垫片钉压牢固，最大钉距不应大于 900mm，上口应用密封材料封固。

4. 屋面 L 支架安装

1）L 支架定位放线（即顺水条定位）（图 7-33）

屋面放线按轴网布置，确定化学锚栓固定点。采用直径 10mm 化学锚栓。化学锚栓固定要求垂直于屋面，并用裁剪自粘橡胶高分子防水卷材 200mm×100mm，开孔化学锚栓位置，粘贴于防水层，用以密封化学锚栓孔隙。

L 支架采用成品镀锌 L 支架，厚度 5mm。安装保证 L 支架长边垂直于屋面基层且牢固。横向间距为 630mm，竖向间距为 1200mm。

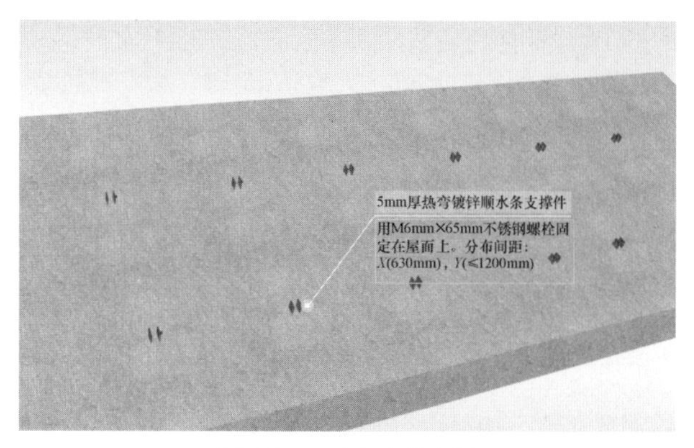

图 7-33 L 支架定位布置

2）化学锚栓施工

根据定位，确定化学锚栓打孔位置。采用 M10mm×110mm、SUS316 不锈钢化学锚栓，锚入深度不小于 80mm。

3）L 支架底应采用防水涂料堵漏处理。

4）L 支架安装（图 7-34）

安装 L 支架，采用 50mm×5mm 成品热镀锌 L 支架，长度 130～230mm，镀锌层厚度大于 75μm。沿锚栓位置安装，加一平一弹垫片，安装螺帽并拧紧，保证长边垂直于屋面基层。

5. 保温层及砂浆保护层的施工（图 7-35）

上铺 40mm 厚挤塑聚苯板保温板。沿 L 支架横向安装抗滑移 40mm×4mm 镀锌角钢，竖向间距为 3600mm，与支架绑扎固定。满铺 20mm×20mm×1.2mm 镀锌钢丝网，粉刷 20mm 厚 1∶2 水泥砂浆保护层，水泥砂浆内附钢丝网片，压实赶光。

图 7-34 L 支架定位安装

图 7-35 屋面保温层施工

6. 铝合金顺水条的安装

依据斜沟的轮廓线（即中心线），平行于轮廓线的两侧，各放一根定位线，两条定位线之间是安装天沟的区域，也是安装天沟瓦的依据线，每边定位线距中心线 160mm；实际施工完成后，天沟沟位置宽度为 120mm（图 7-36）。

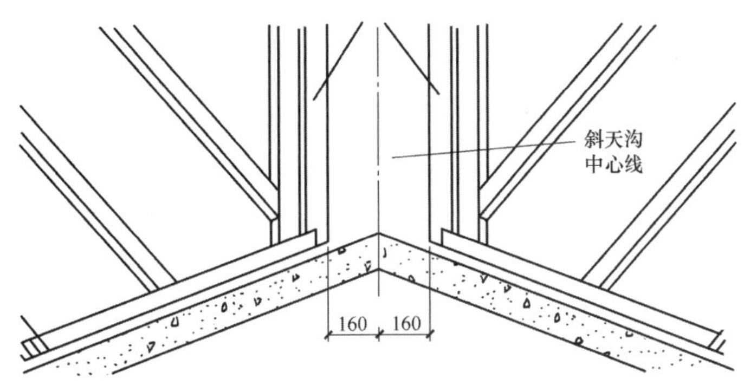

图 7-36　斜天沟放线示意图

选用 40mm×30mm×3m 铝合金方通，按照净间距 600mm 沿水流方向铺设（通过螺栓侧向固定在 L 支架上）。先安装屋脊、天沟、烟囱等部位的附加顺水条，在保证屋面尺寸的前提下，以正脊端点和檐口线交点弹一直线为准，保证安装附加顺水条顺直。所有顺水条直接侧向固定于 L 支架上，保证螺栓固定点牢固（图 7-37）。

铝合金方通沿坡向放入双 L 支架卡槽上口，铝方通与 L 支架接触面采用 2mm 厚三元乙丙防腐垫片隔离。

图 7-37　铝合金顺水条布置

随后，安装屋脊、排水沟、烟囱等特殊部位的附加顺水条；在保证屋面尺寸的前提下，应以正脊端点和檐口线交点弹一直线为准，保证安装附加顺水条顺直。通过螺栓侧向固定在 L 支架上，M6mm×65mmA4 不锈钢螺栓侧向对穿方通连接固定在 L 支架上，拧紧螺丝。为防止螺栓向下滑移，安装完成后，垫片需点焊牢固，焊点防锈漆处理。铝合金顺水条与镀锌 L 形支架之间用 2mm 厚三元乙丙橡胶垫，防止不同材质之间起化学反应，达到绝缘作用（图 7-38、图 7-39）。

屋脊、排水沟等部位的附加顺水条安装；在保证屋面尺寸的前提下，以正脊端点和檐口线交点弹一直线为准，保证附加顺水条与大面安装顺直。

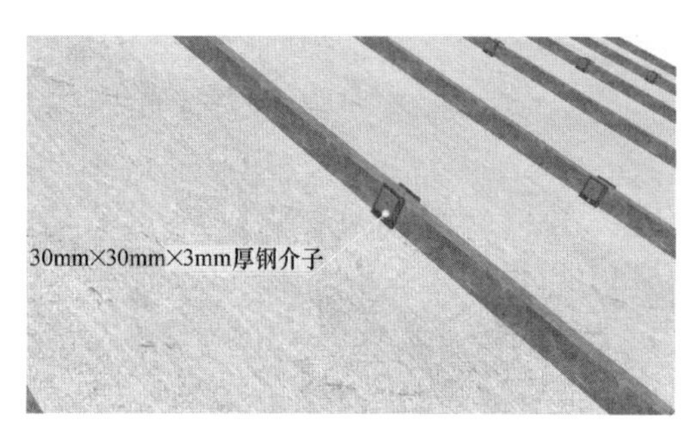

图 7-38 铝合金顺水条连接节点 1

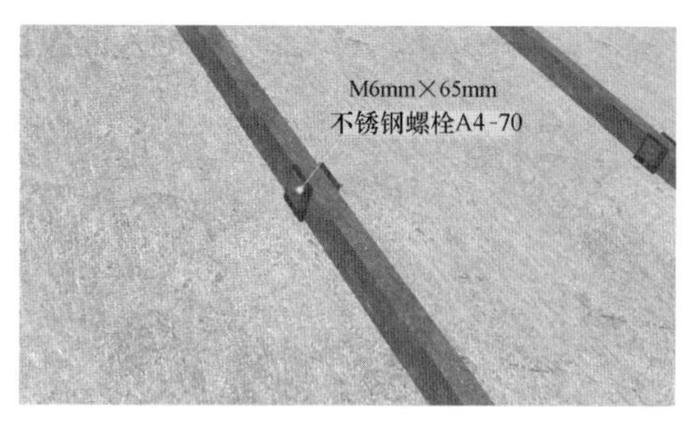

图 7-39 铝合金顺水条连接节点 2

7. 挂瓦条安装

1）挂瓦条定位

主瓦上下搭接长度为 60～65mm。按照坡度大小范围的规定，确定搭接长度，然后按下述方法计算确定挂瓦条的间距，放线顺序如下：

（1）距正屋脊轮廓线向下 30mm 弹出一平行屋脊的平行线，确定最上端的一排挂瓦条的位置。

（2）从屋檐向上 385mm，弹出一条平行于檐口边的平行线，确定第一排挂瓦条的位置。

（3）从屋檐向上 50mm，弹出一条平行于檐口边的平行线，确定屋檐第一排瓦的枕瓦条位置。

（4）沿坡长等分中间间距 385mm，确定中间挂瓦条位置。

（5）从左右山檐量出相等距离弹出两条平行线，平行线距山檐距离长度极少相等，以接近一瓦或者半瓦宽适宜。平行线线距为瓦片模数（模数取 390mm）宽的整倍数，误差大的可根据实际情况来调节，保证每排瓦左右误差不超过 2mm。

2）连接角码安装（图 7-40）

在顺水条上沿横向间距 630mm 线，安装 30mm×25mm×3mm 铝合金连接角码，采用 4-ST4.2mm×16mm 不锈钢自攻螺钉与顺水条连接牢固。

3）挂瓦条安装

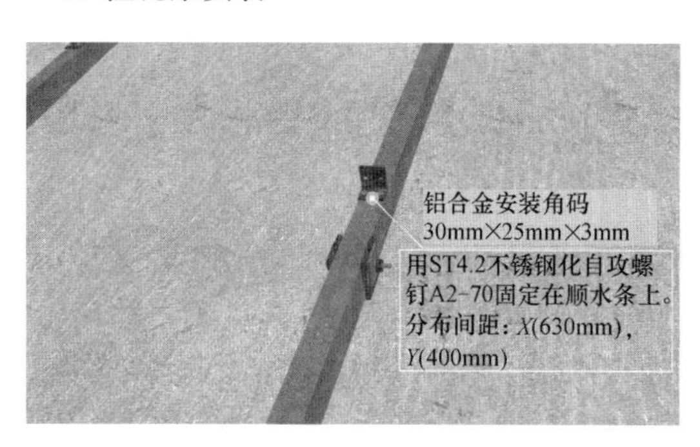

图 7-40 铝合金挂瓦条角码安装

挂瓦条间距不宜大于 265mm，以保证屋面瓦上下的最小搭接长度，使上一排瓦片的挡雨檐在下一排瓦的瓦槽内。

采用 3003 系列 30mm×30mm×3mm 铝合金方通，通过顺水条上安装的角铝利用 ST4.2mm 自攻螺钉固定于顺水条上。挂瓦条应固定平整、牢固，上棱应成一直线。应保证连接点牢固，连接完成后需采用防锈漆处理（图7-41、图7-42）。

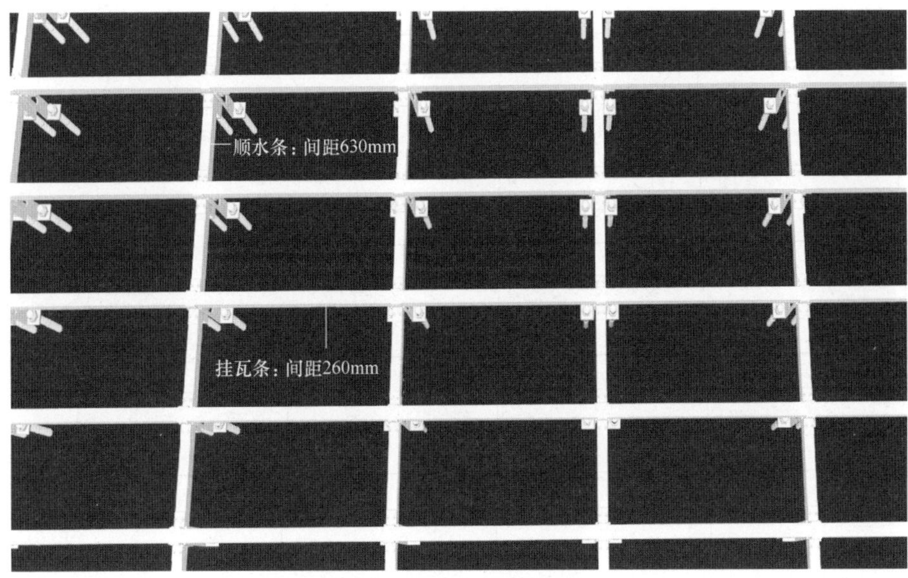

图7-41　顺水条挂瓦条安装效果示意图

图7-42　铝合金挂瓦条安装布置

屋面瓦种类多（如平板瓦、鱼鳞平瓦、罗曼瓦、筒瓦、石板瓦等），屋面做法在顺水条以下做法完全一致，由于每种瓦的规格和长度不一样，因此挂瓦条的间距根据瓦的种类有所区别。

屋面坡度为17.5°～55°时，主瓦上下搭接重叠长度为30～40mm。按照坡度大小范围的规定，确定搭接长度，然后按下述方法计算确定挂瓦条的间距放线（图7-43～图7-46）。

8. 安装排水沟（图7-47）

依据斜沟的轮廓线（即中心线），平行于轮廓线的两侧，各放一根定位线，两条定位线之间是安装排水沟的区域，也是安装排水沟瓦的依据线，每边定位线距中心线 160mm；实际施工完成后，排水沟位置距中心线为 120mm；采用 SUS 316 不锈钢板 1.5mm 厚定制排水沟，表面同瓦色氟碳漆喷涂两道，排水沟通过自攻钉固定于附加顺水条上。

图 7-43 平板瓦、鱼鳞平瓦、罗曼瓦挂瓦条安装实景

图 7-44 筒瓦挂瓦条安装实景

图 7-45 石板瓦挂瓦条安装实景

图 7-46 铝合金挂瓦条连接节点

距斜天沟中心线 160mm（沿斜面宽度），采用水泥砂浆粘贴排水沟瓦。斜天沟两侧的瓦材应切割整齐，瓦边缘平直，沟两侧用水泥砂浆封堵抹平。采用成品天沟，天沟通过自攻钉固定于附加顺水条上。

9. 屋面瓦安装

1）排版（图 7-48）

挂瓦条安装固定后，铺瓦前应弹出纵向直线，做法如下：

（1）在挂瓦条层左右两边的山檐预留 50mm 处取以檐口线成直角弹线。

（2）从屋檐和屋脊方向分别对线，预铺两片瓦的边筋位置，对正弹出控制纵向直线，或者按两片瓦的宽度尺寸推算，确定弹出纵向直线。

2）预铺瓦（图 7-49）

预铺瓦过程中，特别是大面积的双坡屋面，以屋面的横向长度来分摊主瓦的有效宽度，可充分利用主瓦左右搭接边筋的 4mm 调节距离，端部尽量调节成一片整瓦或半片瓦的宽度。

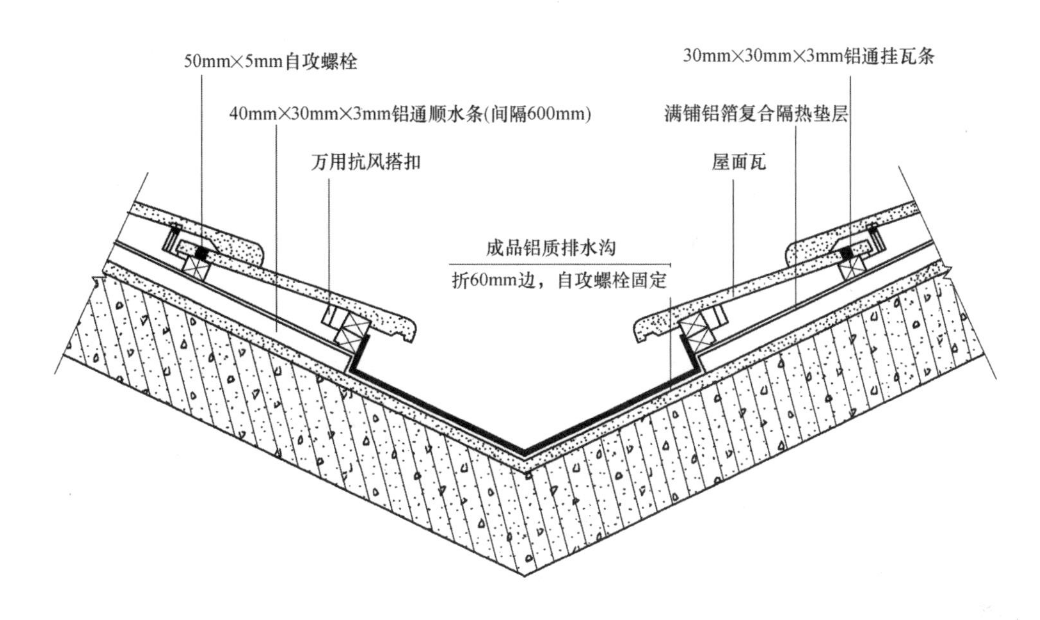

图7-47　斜天沟排水沟做法示意

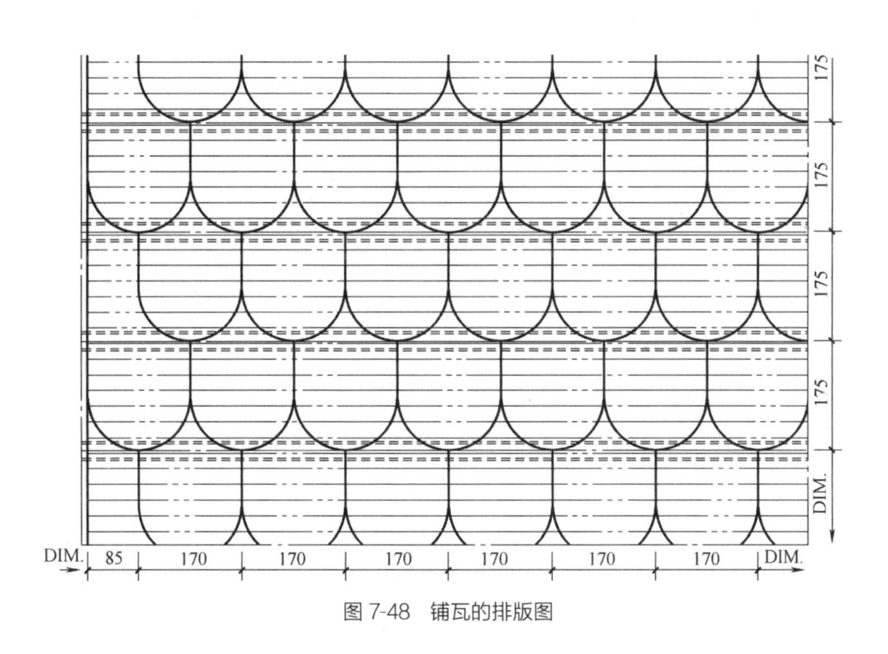

图7-48　铺瓦的排版图

3）铺瓦（图7-50、图7-51）

主瓦挑出檐口50～70mm，平瓦隔排错缝排瓦；排水沟和檐沟处，瓦头伸出檐口一般为50～70mm。每片主瓦的瓦爪必须紧扣挂瓦条。使用ST4.2mm×32mm不锈钢自攻螺钉与通过钉孔固定于挂瓦条上；屋面中有斜脊和斜沟时，瓦片需要截切，截切时应依斜脊线平行保留20mm。当部分主瓦的瓦爪被截去，无法挂瓦时，可采用不锈钢截瓦搭扣固定。

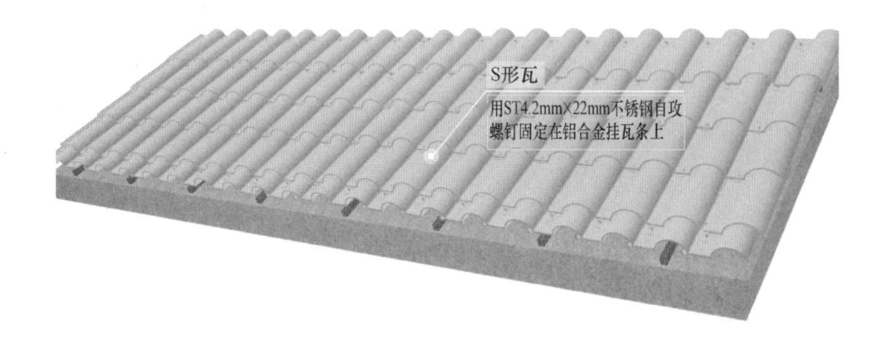

图 7-49 屋面瓦安装

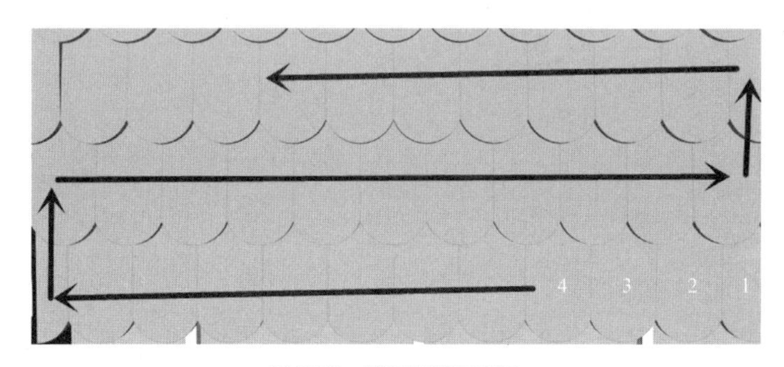

图 7-50 铺瓦顺序示意图

图 7-51 铺瓦实体图

4）抗风搭扣安装

根据实际屋面及风荷载计算，瓦片需要使用自攻螺钉通过钉孔固定于挂瓦条上。同时，每片瓦需采用专用的抗风搭扣压紧固，抗风搭扣与瓦钉共用连接，每片瓦安装一个抗风搭扣，上瓦抗风搭扣安装固定在下瓦上面（图 7-52、图 7-53）。

5）屋面瓦的固定

根据实际屋面及风荷载计算，瓦片需用使用自攻螺钉通过钉孔固定于挂瓦条上。同时，按设计要求，每片瓦需采用成品抗风搭扣做紧固。

6）配件瓦的安装

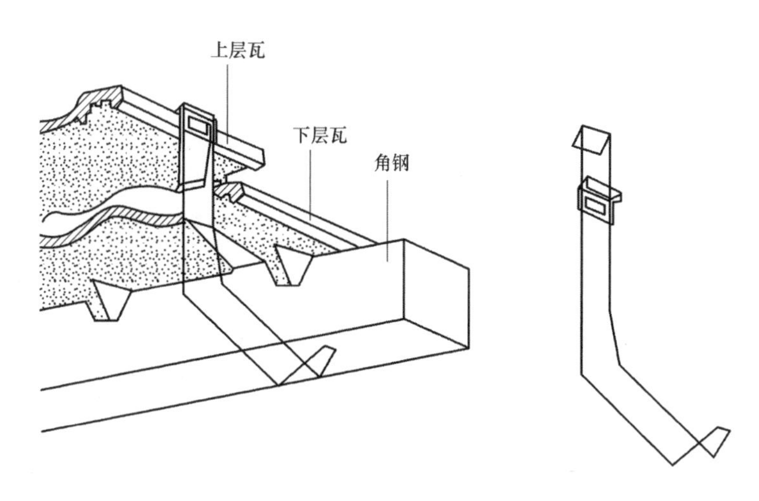

图 7-52 抗风搭扣示意图

图 7-53 抗风搭扣安装

（1）脊瓦部位（包括正脊、斜脊）为通风屋脊做法，采用托木支架、透气卷材、脊瓦，通过固定连接实现屋脊美观和通风功能；要求屋脊瓦平直，透气卷材封口自然美观（图 7-54）。

（2）基本做法：托木支架直接焊接固定于附加挂瓦条上，支架间距为 1 个/m；支架施工完成后，在支架顶部固定 40mm×40mm 不锈钢托木支架，并上覆透气卷材，透气卷材应与两边主瓦粘结牢固；做完透气卷材封口后，再将成品脊瓦通过钉子及紧固件固定于不锈钢托木支架上，完成脊瓦施工处理（图 7-55）。

（3）其他：三个坡向屋面交接顶端，即两斜脊和正脊交接处，则采用配件瓦三向脊，如多向屋面和倾角过大的交接部位可采用脊瓦切割拼接；全部可通过钉子固定于托木上，部分钉孔部位需做密封胶处理。

（4）边瓦部位，所有边瓦采用两个螺钉通过钉孔固定于边脊位置，同时每片边瓦采用专用边瓦搭扣固定（图 7-56）。

（5）安装檐口挡箅，用不锈钢自攻钉固定于檐口挂瓦条上。

（6）清理

屋面瓦安装完成后，应进行一次全面的检查清理工作，将安装过程中遗留在屋面的碎屑、废渣清除干净，同时修补校正瓦行。

10. 检修杆安装（图 7-57）

1）安装 SUS316ϕ50mm×2mm 厚不锈钢检修立杆，间距 1500mm；

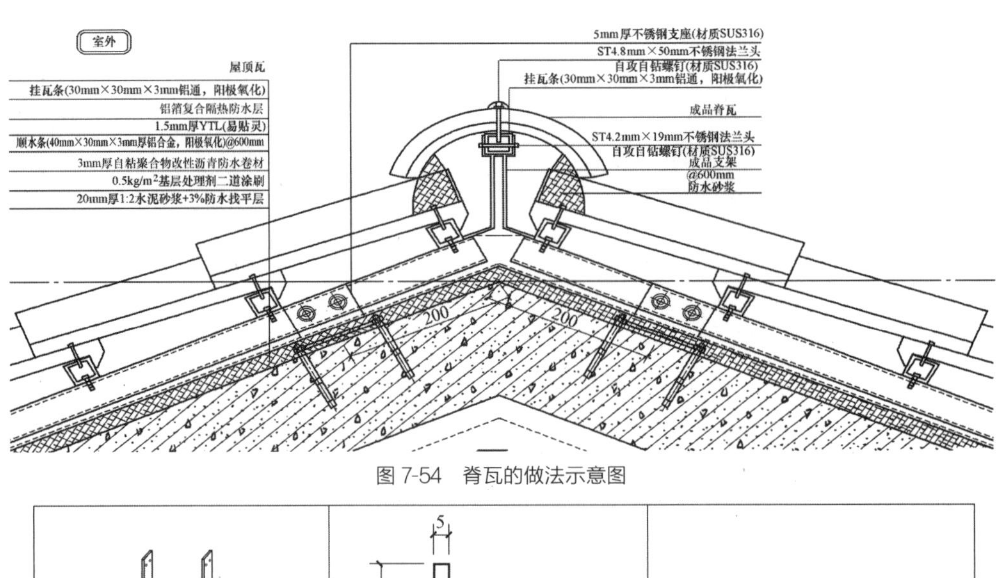

图 7-54　脊瓦的做法示意图

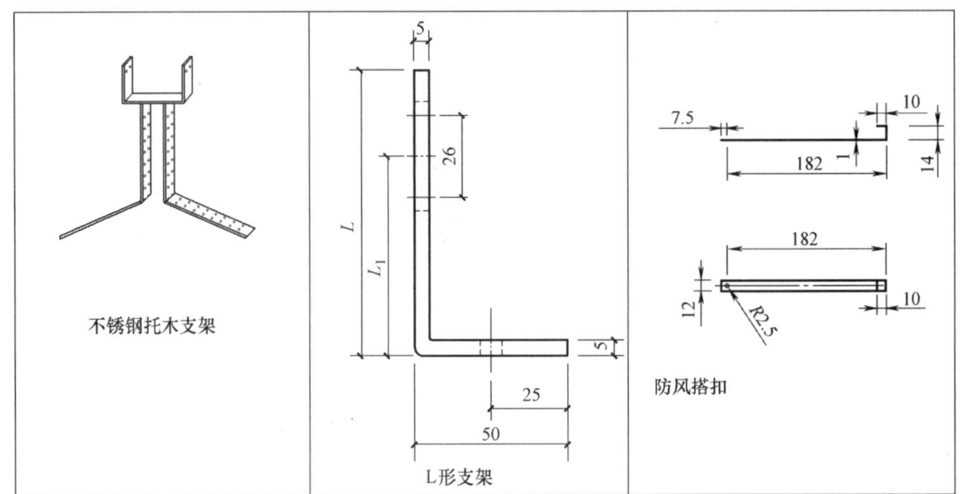

图 7-55　紧固件形状

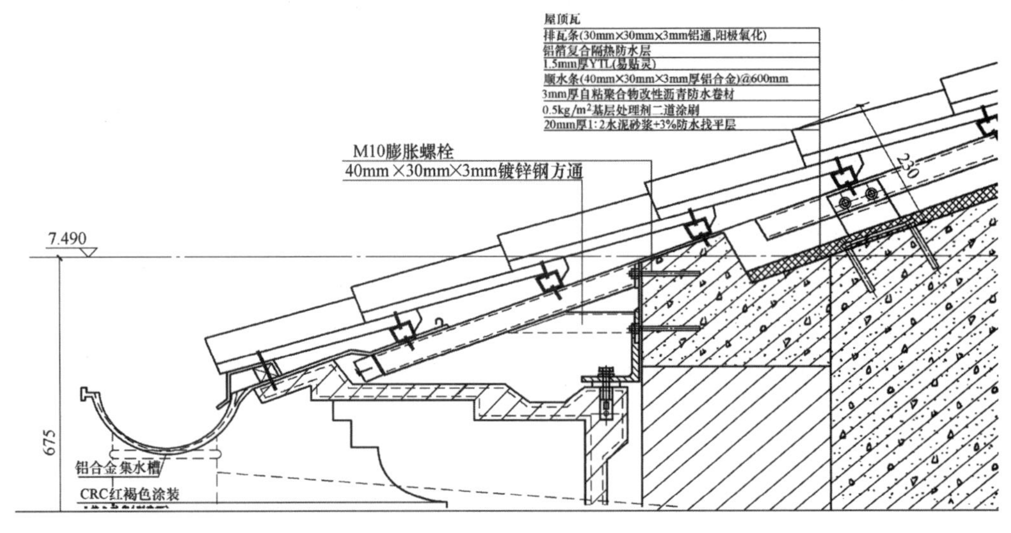

图 7-56　檐口瓦的做法示意图

2）安装 SUS316ϕ50mm×2mm 厚不锈钢检修水平杆，与立杆满焊连接，并与屋面接地引下线可靠搭接。

7.3.3　节点处理

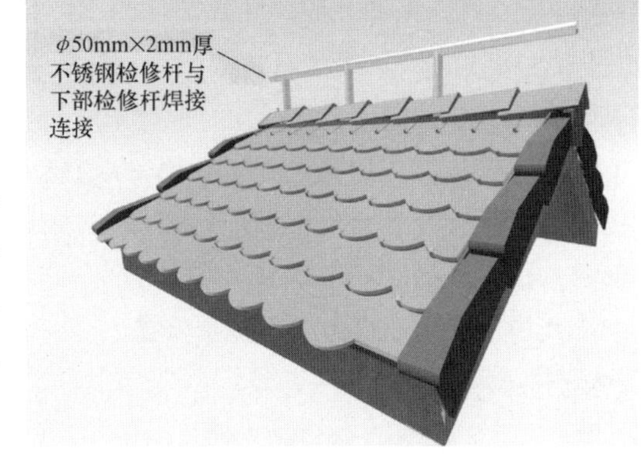

图 7-57　屋面检修杆安装

屋面瓦片与墙体、其他构筑物结合的部位处理，是屋面防水的关键。处理时应认真考虑结合连接的方法和材料，严格遵照设计的要求或相应的标准图集的做法施工。节点部位如通气管道、烟道周边、老虎窗两侧等部位，则此类部位在做防水施工前要做附加防水层（图 7-58）。

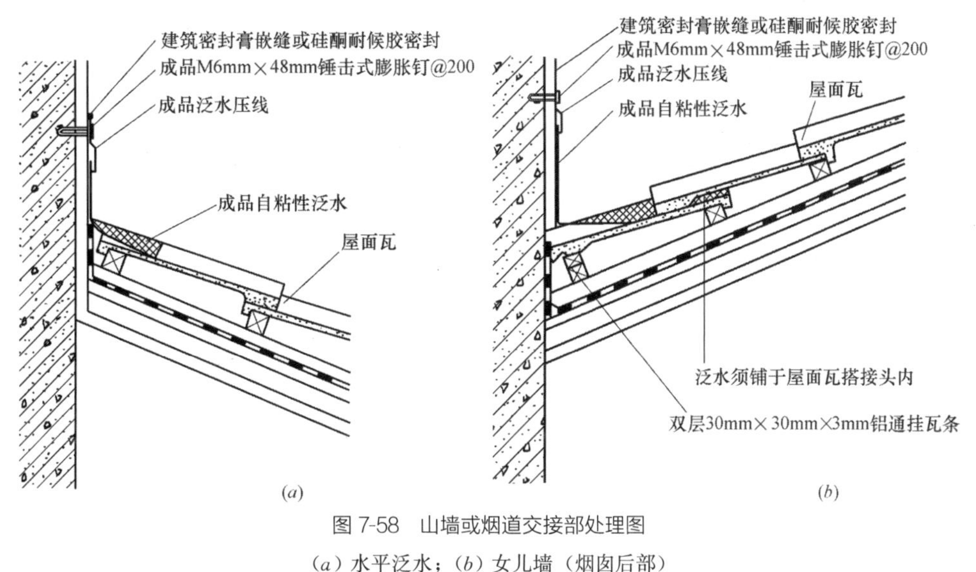

图 7-58　山墙或烟道交接部处理图

（*a*）水平泛水；（*b*）女儿墙（烟囱后部）

7.4　瓦屋面质量标准

7.4.1　质量控制标准

《坡屋面工程技术规范》GB 50693、《屋面工程技术规范》GB 50345、《倒置式屋面工程技术规程》JGJ 230、《屋面工程质量验收规范》GB 50207、《烧结瓦》GB/T 21149。

7.4.2　主控项目

1）屋面型材、瓦的材质等级、强度、含水率应符合设计要求及相关验收的规定。

2）屋面型材龙骨支撑的连接方式及锚固方式应符合设计要求。

顺水条及挂瓦条的截面尺寸应符合设计要求，厚度应一致。顺水条及挂瓦条应分档均匀、平整、牢固，瓦面平整，行列整齐，搭接紧密，檐口平直。

3）脊瓦应搭盖正确，间距均匀，封固严密；屋脊和斜脊应顺直，无起伏现象。

4）泛水做法应符合规范设计要求，顺直整齐，结合严密，无渗漏。

5）屋面瓦应铺置牢固，地震设防地区、大风地区或坡度大于45%的屋面，应采取固定加强措施。

6）瓦屋面采用材料进场检验及验收。

检查数量：全数检查。

检查方法：观察检查和检查验收记录。

7.4.3 一般项目

1）屋面骨架的安装允许偏差应符合表7-8的规定。

瓦屋面骨架的安装允许偏差　　表7-8

项次	项目	允许偏差（mm）	检验方法
1	型材截面尺寸	-2	游标卡尺量
2	厚度	-0.5	游标卡尺量，取大小径的平均值
3	连接件、支撑件安装间距	±5	钢尺量
4	挂瓦条、顺水条上表面平直	-10	沿坡拉线钢尺量
5	挂瓦条间距	±5	钢尺量
6	顺水条间距	±10	钢尺量

2）屋面型材龙骨平面支撑设置应按设计文件检查。

检查数量：整个骨架支撑体系。

检查方法：按施工图检查。

7.4.4 其他质量控制要求

1）安装时不得在挂瓦条上施加超过设计规定的荷载。

2）屋面瓦及挂瓦条的上表面应平整顺直。当设计有特殊要求时，应满足设计要求。

7.4.5 质量保证措施

1. 质量检验依据

施工质量验收规范及设计图纸要求，其他未尽事宜参照现行国家标准《屋面工程质量验收规范》GB 50207。

2. 质量薄弱环节及措施

开工前做好施工技术方案，做好材料准备，施工前加强施工人员的入场教育及岗前技术培训。严格遵守施工工艺，主动控制工序质量，保证每道工序质量正常稳定。施工中技术人员及质量管理人员及时检查工序活动的效果，设置工序质量控制点，使施工质量处于受控状态。

不宜在大风及雨天施工，施工中遇到下雨时应采取保护措施。

基层应坚固、平整、清洁、干燥，表面疏松处必须清除，新抹基层7天以上方可使用。

7.4.6　成品保护

1）顺水条、挂瓦条铺设之后，在铺瓦之前应避免踩踏。在已铺好的瓦屋面上，施工和维护人员尽量行走在瓦片的中部，而不要踩在比较薄弱的瓦片咬接处。

2）裁切瓦片时，对瓦片标上编号，并尽量在屋面下进行，以免粉末沾水污染屋面。

7.5　安全管理措施

1）交叉施工、防止物体打击事故是整个施工过程中的重点。主要应对措施如下：

（1）合理安排施工工序，尽可能避免交叉作业。

（2）首层进行封闭管理，设置安全通道，其他区域禁止进入建筑物内。

（3）各层满铺脚手板与安全网，做好防护措施。

（4）规范楼层及脚手架上临时堆放物料的管理，防止物料从楼层、架体上滑落伤人。

（5）作业人员随身携带的工具做好固定措施，防止掉落击伤下方作业人员。

2）当作业临边防护措施被移除、防护损坏后得不到及时恢复时，存在高处坠落、物体打击的安全隐患。应对措施如下：

（1）对“四口、五临边”按照规范要求做好防护措施。楼梯口、预留洞口、坑井口、通道口、屋面、楼层等临边洞口用黄黑相间的制式警示栏杆围挡。

（2）外脚手架满铺架板，外立面用绿色密目安全网围护；施工层临边应设防护栏杆、踢脚板；首层建筑标高处隔离层采用木架板，上面满铺一层安全平网。

（3）高处作业人员必须按要求系好安全带，做到高挂低用。

（4）对因作业要求拆除的防护，应做到施工完成及时恢复，损坏的防护及时更换、维修。

3）斜屋面、屋脊与屋檐落差高、坡度大，保证安全完成瓦屋面施工是重点。主要应对措施如下：

（1）外脚手架搭设高度应超过屋檐口 2 步高度，在屋檐高度的脚手架作业层做好安全防护，并在脚手架靠近屋面一侧用安全兜网设置立面防护。

（2）在屋脊检修杆上设置数道安全绳，安全绳上安装防坠器，使作业人员有安全保证。

（3）屋面作业人员佩戴安全带，将安全挂钩固定于防坠器上；在铺设瓦片时，作业人员立足于龙骨上。安全带及临边的安全网形成双保险。

7.6 环境保护措施

1）通过防止扬尘、垃圾分类、降低噪声等方面进行控制，降低对环境的消极影响。

2）对加工区、材料堆放区进行地面硬化，防止扬尘；设置砖、瓦加工车间；要求全封闭，内设除尘设施，降尘降噪，杜绝粉尘污染。

3）合理规划平面布置、加强操作管理，减少噪声对周围环境的影响。

4）施工现场应建立封闭式垃圾回收间，分可回收和不可回收垃圾的堆放间；生活办公区域设置垃圾分类箱。各个垃圾站点配备专人负责定期清理，保证垃圾站周围的整洁。

5）对于化学油料等溶剂物品，有专门防渗漏的库房进行存放。

7.7 瓦屋面效果（图 7-59～图 7-65）

图 7-59 屋脊构造细部

图 7-60 屋脊斜四通细部

图 7-61　鱼鳞平瓦实景

图 7-62　罗曼瓦实景

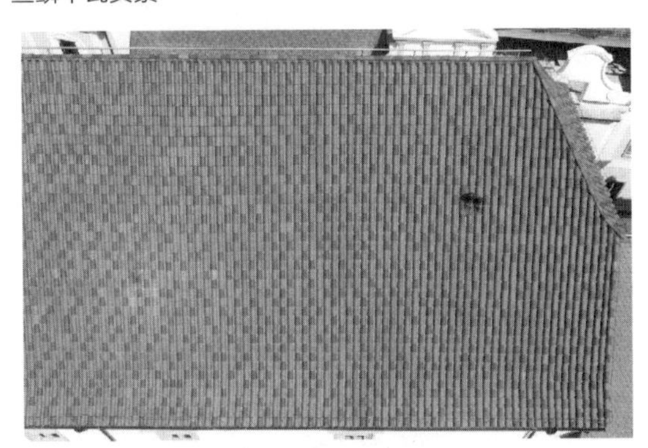

图 7-63　筒瓦实景

(*a*)

(*b*)

图 7-64　青石板瓦实景

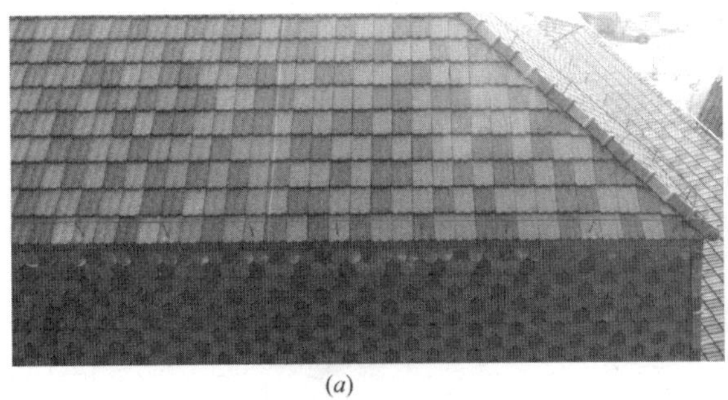

(*a*)

(*b*)

图 7-65　平板瓦实景

第8章

GRC构件施工技术

8.1　GRC 构件概况

GRC 是玻璃纤维增强水泥（Glass Fiber Reinforced Cement）的英文缩写，是 20 世纪 70 年代发明的一种新型复合材料。它将轻质、高强、高韧性和耐水、不燃、隔声、隔热、易于加工等特性集于一体，在建筑上占有独特的地位。迄今随着低碱水泥、抗碱玻璃纤维的相继出现，GRC 装饰构件被大量应用建筑物上。GRC 构件包含柱、装饰线、门窗、围栏、园林用品、城市雕塑等，造型各异，争相斗艳，大大提高了城市文化和建筑品位。

8.1.1　原材料组成和功能

1. 耐碱玻璃纤维

选用玻璃纤维增强水泥（GRC）协会指定生产厂家，并应符合现行行业标准《耐碱玻璃纤维无捻粗纱》JC/T 572、《耐碱玻璃纤维网布》JC/T 841 有关规定，分为耐碱玻璃纤维网格布和无捻玻璃纤维短切粗纱两种，是 GRC 主要增强材料，主要起抗弯、抗拉、抗冲击和抗裂的作用。

2. 低碱高强度等级水泥

选用玻璃纤维增强水泥（GRC）协会指定生产厂家，并应符合现行行业标准《快硬硫铝酸盐水泥》JC 714 有关规定。分为快硬硫铝酸盐水泥和高标号低碱水泥两种，强度等级采用 42.5 及以上，是 GRC 主要胶凝材料，主要起抗压作用等加强作用。

3. 集料

砂子应符合现行国家标准《建设用砂》GB/T 14684 规定，含泥量不大于 0.5%，喷射工艺用砂粒径宜小于 1.2mm，用于加强肋或填充空腔的砂不受此限。

4. 钢筋

除非有足够的防锈保护层，产品内一般不允许采用钢网和通筋加强结构。预留钢筋头和镀锌预埋标准件主要用于产品的安装牢固使用，且需经过防锈处理。异形结构（如圆雕）可采用经防锈处理的钢筋加固结构。

5. 轻质填料

当构件存在明显较大空腔（如异形结构型产品）需要在生产过程中填充时，使用膨胀珍珠岩、陶粒轻质混凝土填充。薄壳型产品生产时，不能采用轻质填料以确保产品强度；回填法安装工艺，采用以上轻质混凝土填充，以减轻自重。

6. 外加剂

根据水泥性质、生产工艺和气温等条件，选择性地加入高效减水剂、塑化剂、缓凝剂、早强剂、阻锈剂、着色剂等外加剂，使用的外加剂应符合现行国家标准《混凝土外加剂》GB 8076 相关标准的规定，提高产品相应的质量品质。

8.1.2 产品的厚度和结构选型

1. 薄壳型

构件厚度约 8～15mm，适合外形流畅、工艺简洁的产品形式，如线板、一般柱身（壳）、装饰平板等。

2. 中厚板型

构件厚度约 12～25mm，适合外形起伏较大、工艺复杂的产品形式，如浮雕、柱头、涡卷（装饰块）等。

3. 异形结构型

构件厚度约 15～30mm，适合圆雕、大型平板、特大型构件等。

8.1.3 GRC 构件物理力学性能要求

见表 8-1。

GRC 构件物理力学性能指标 表 8-1

项次	名 称	力学性能要求	项次	名 称	力学性能要求
1	体积密度	1800～2200kg/m^3	5	软化系数	≥0.8
2	吸水率	≤18.0%	7	内照射指数	I_{Ra}≤1.3
3	抗压强度	≥40.0MPa	6	抗冲击强度	≥8.0kJ/m^2
4	抗弯强度	≥5.0MPa	8	外照射指数	I_r≤1.9

以上性能应符合现行国家标准《玻璃纤维增强水泥性能试验方法》GB/T 15231 和《建筑材料放射线核素限量》GB 6566 中 B 类产品标准。

8.2　施工准备

8.2.1　GRC 构件模型制作

1. 深化 GRC 设计图纸，异形、曲面 GRC 还应建立三维放样模型

利用三维软件建立 GRC 板幕墙外立面效果模型，同时利用结构分析软件对 GRC 板板面及幕墙主龙骨进行受力分析。

2. 制作仿真实物模型

根据仿真模型放样完成的加工制作深化图，应对建筑物外形每个面进行制模放线，同时依据 BIM 三维模型放样结果制作 1∶25 的实物缩小观察模型，校核是否与效果图相符。

模型放样制作要点：依据一个面的理论尺寸进行放线，转角应定位准确，应保证面与面转角放线准确无误，放线误差控制在 2.0mm 以内。

8.2.2　GRC 构件深化设计

GRC 构件用于建筑物上，应进行深化设计。对于新建建筑，GRC 构件应包括在建筑设计和结构设计中；对于既有建筑装饰改造工程，须进行专项的建筑和结构设计。严禁仅依据立面效果图施工。深化设计应经建设及设计单位审核通过后，再与 GRC 构件生产厂家进行联系下单加工，并交底。应先进行构件样板加工，样板经建设及设计单位审核确认封样后，方可正式加工。

1. GRC 构件设计要求

GRC 外墙装饰构件的设计应符合国家有关建筑和结构的规范要求。建筑立面设计与构件选用，使用 GRC 外墙装饰构件的建筑立面设计必须满足以下要求：

1）满足建筑物使用功能的要求；

2）与建筑物所在环境协调；

3）美观、和谐、风格统一；

4）比例正确、尺度合适；

5）技术可行、安装方便；

6）经济合理。

2. GRC 构件设计主要内容

建筑立面设计（即构件应用设计）应给出详细的施工图、节点图，并确定构件类型、

品种、规格、质感、颜色；构件使用的部位与数量；构件的组合排列与接缝方式；构件的收口处理。GRC 外墙装饰构件的设计工作应包括：

1）外墙装饰建筑外观设计

建筑外观严格按照建筑图以及相关招标图纸文件要求执行。GRC 采用最小壁厚 15mm，针对单个 GRC 构造厚度根据具体情况设计，颜色以建筑师确认分色图为准。

2）GRC 构件设计

应由经建设单位、设计单位考察认可的供应商厂家进行 GRC 成品加工，连接预制件应在加工厂安装定位，支撑龙骨系统现场安装。

3）安全设计

主要是构件与建筑物连接节点设计。GRC 线条横向间距不大于 6m 范围内布置伸缩缝隙，保证在温差和相关荷载变形作用下不出现裂缝。

4）更换维护设计

GRC 整体成型，现场直接栓连接在构造龙骨上，更换维护十分方便。

3. GRC 构件在欧式风格建筑工程中主要应用

见表 8-2。

GRC 在欧式风格建筑工程中主要应用　　表 8-2

大型仿砂岩浮雕	砂岩浮雕

大机械喷注浮雕	浮雕斗栱

续表

	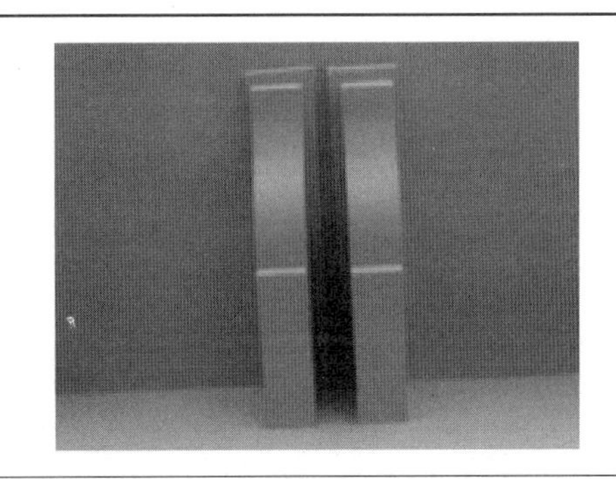
装饰斗栱	装饰斗栱 2

装饰底托	装饰波澜线

线条装饰块	多线条装饰块

GRC 装饰柱	GRC 装饰柱头

续表

GRC 装饰柱脚	科林斯柱

科林斯柱头	科林斯柱墩

GRC 饰线 1	GRC 饰线 2

山花 1	山花 2

续表

连廊	门套

门套 2	窗套 1

窗套 2	檐口花线

装饰塔尖	花瓶、栏杆 1

续表

花瓶、栏杆 2	花盆 1

花杯	花架斗栱

吊顶 1	吊顶 2

4. GRC 主要构件节点深化构造

1）檐口深化设计构造（图 8-1）

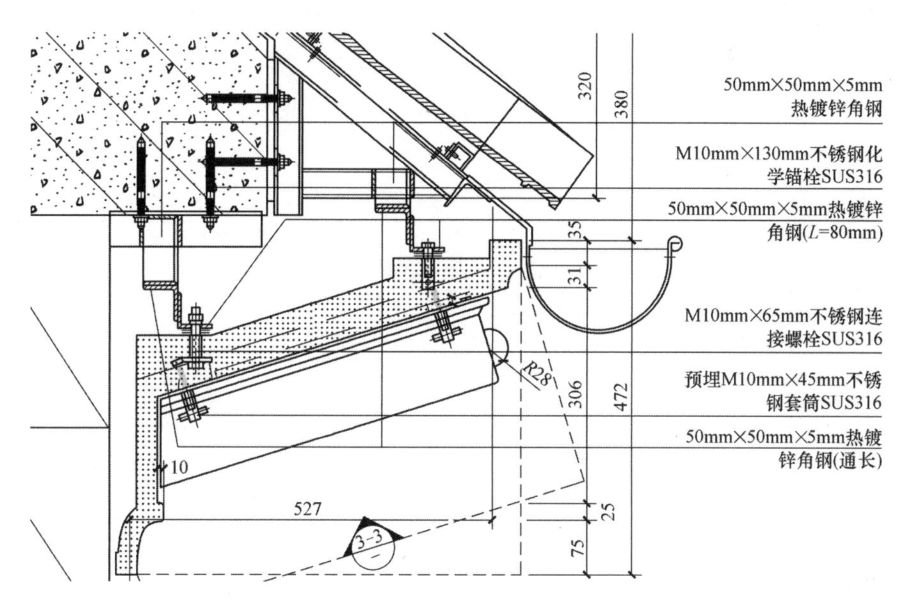

图 8-1　檐口深化设计构造

2）腰线深化设计构造（图 8-2）

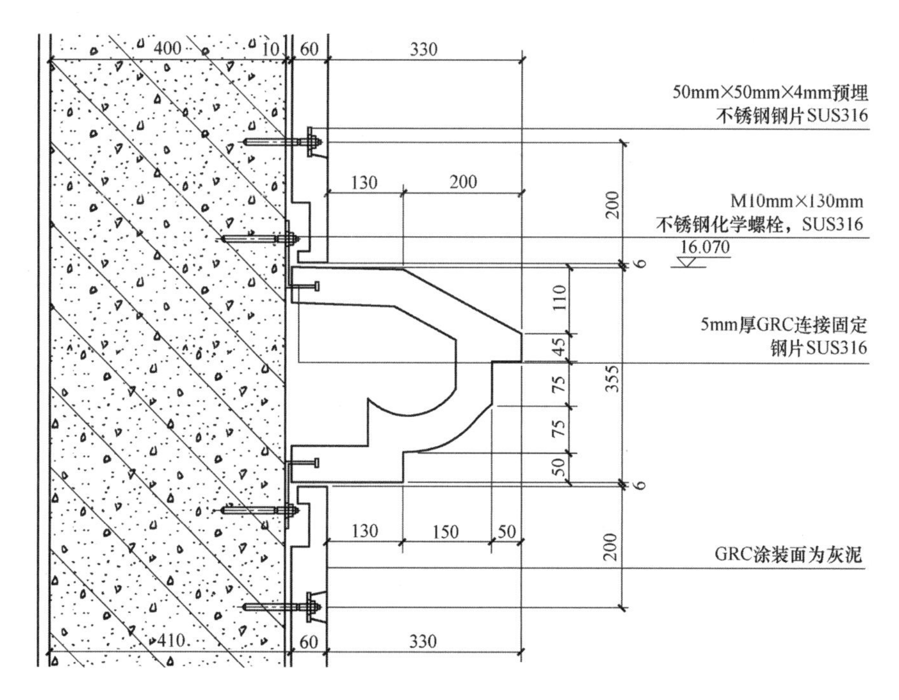

图 8-2　腰线深化设计构造

3）镂空雕刻深化设计构造（图 8-3～图 8-5）

图 8-3　镂空雕刻实景

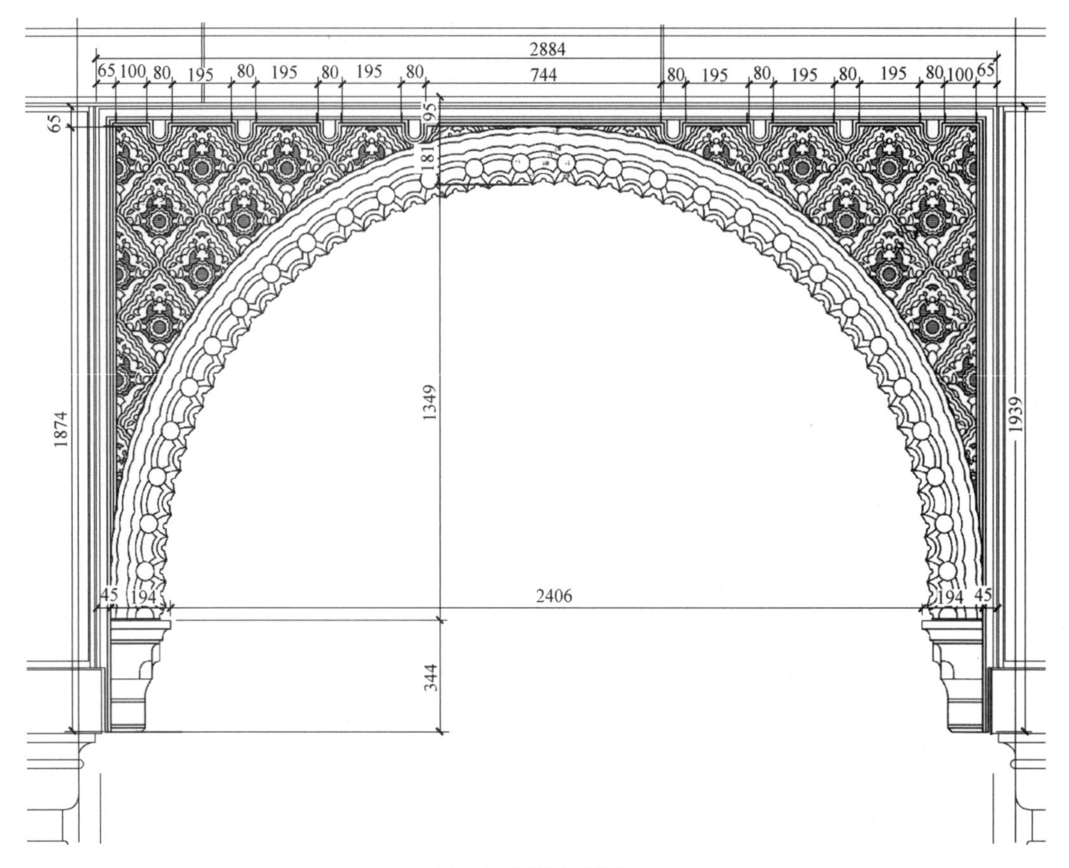

图 8-4　镂空雕刻设计

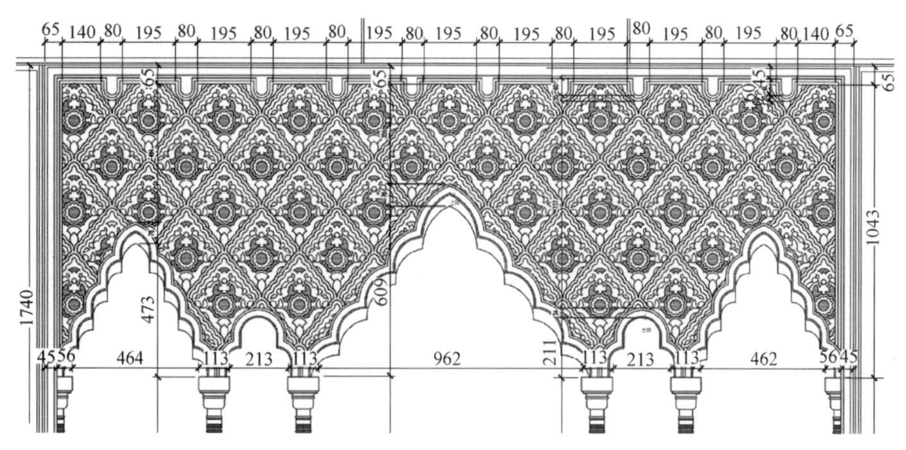

图 8-5　镂空雕刻深化设计构造

4）GRC 整体柱构件深化设计构造（图 8-6、图 8-7）

(*a*)

(*b*)

图 8-6　GRC 装饰柱实景

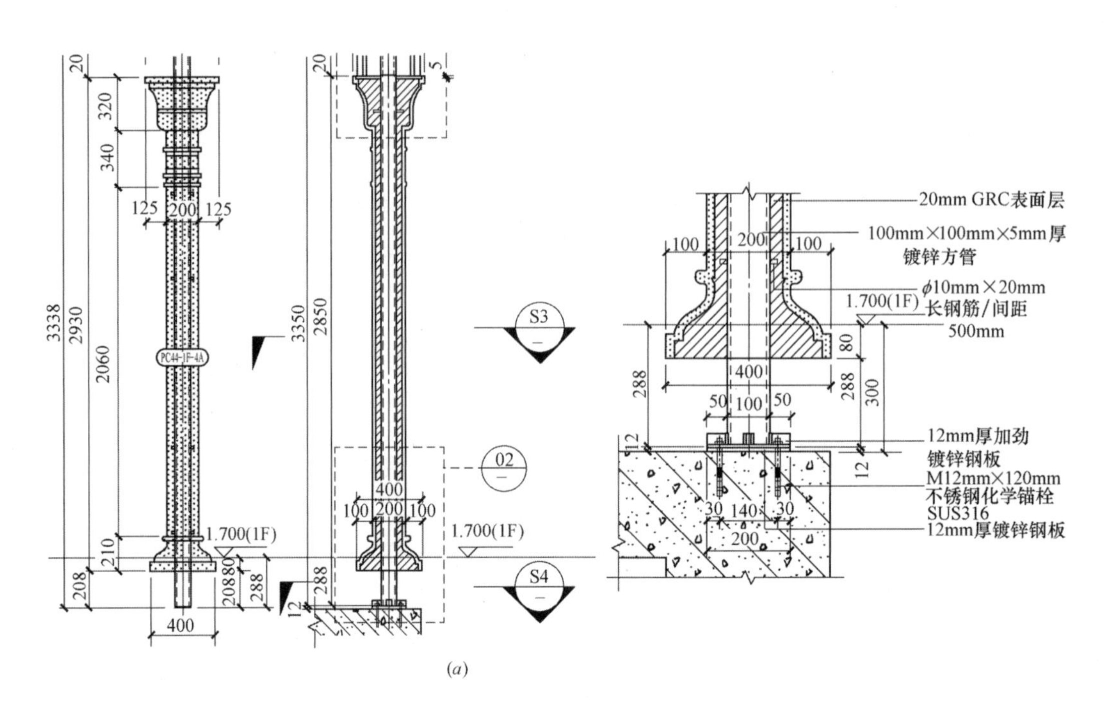

(*a*)

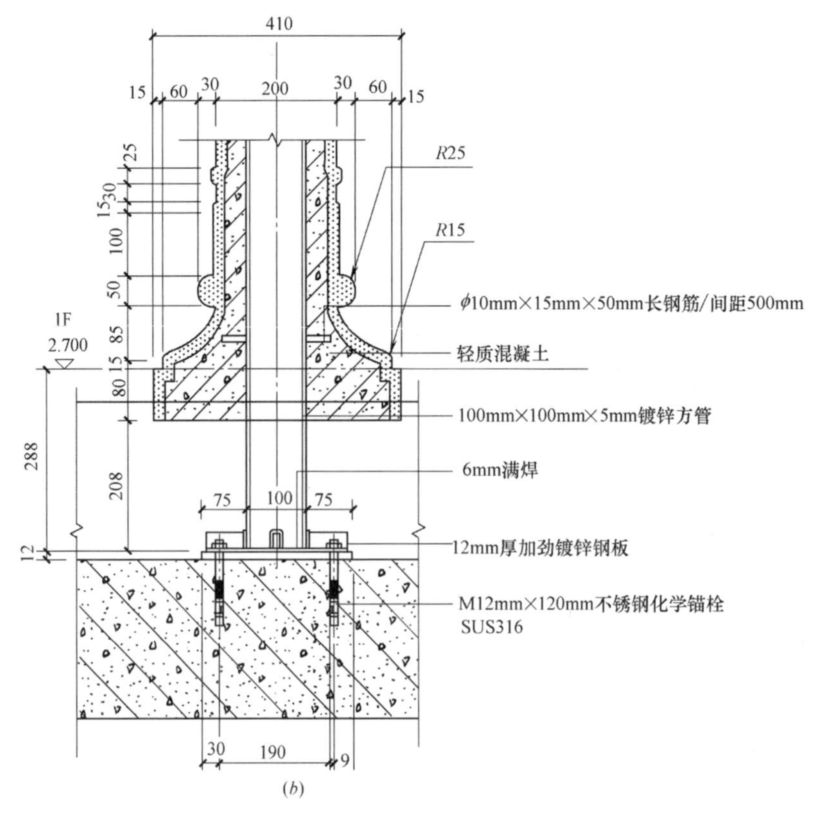

(*b*)

图 8-7 装饰柱深化设计构造

5）GRC 半柱类构件深化设计构造（图 8-8）

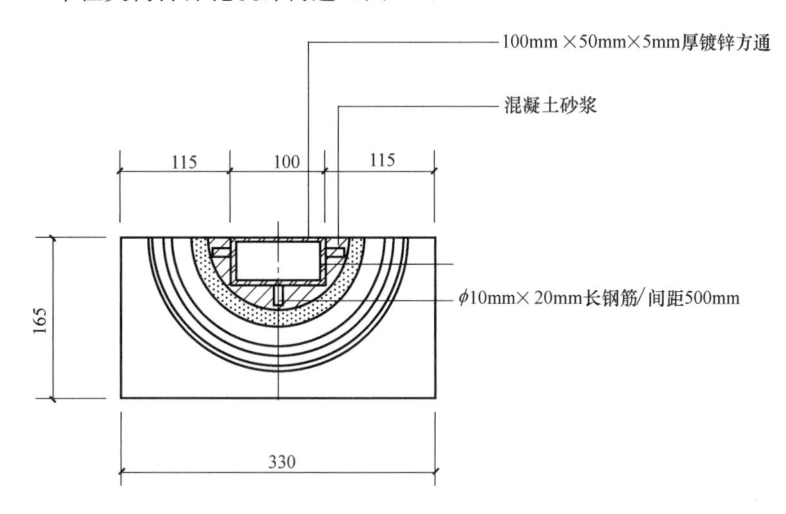

图 8-8　半柱深化设计构造

6）窗套深化设计构造（图 8-9）

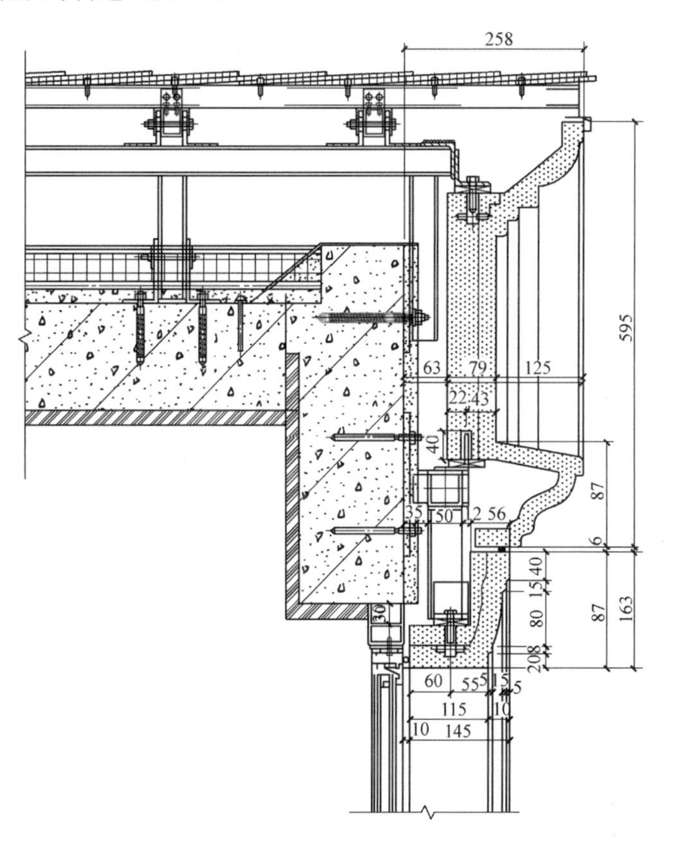

图 8-9　GRC 造型窗套深化设计构造

7）花饰、漩涡类构件深化设计构造（图 8-10、图 8-11）

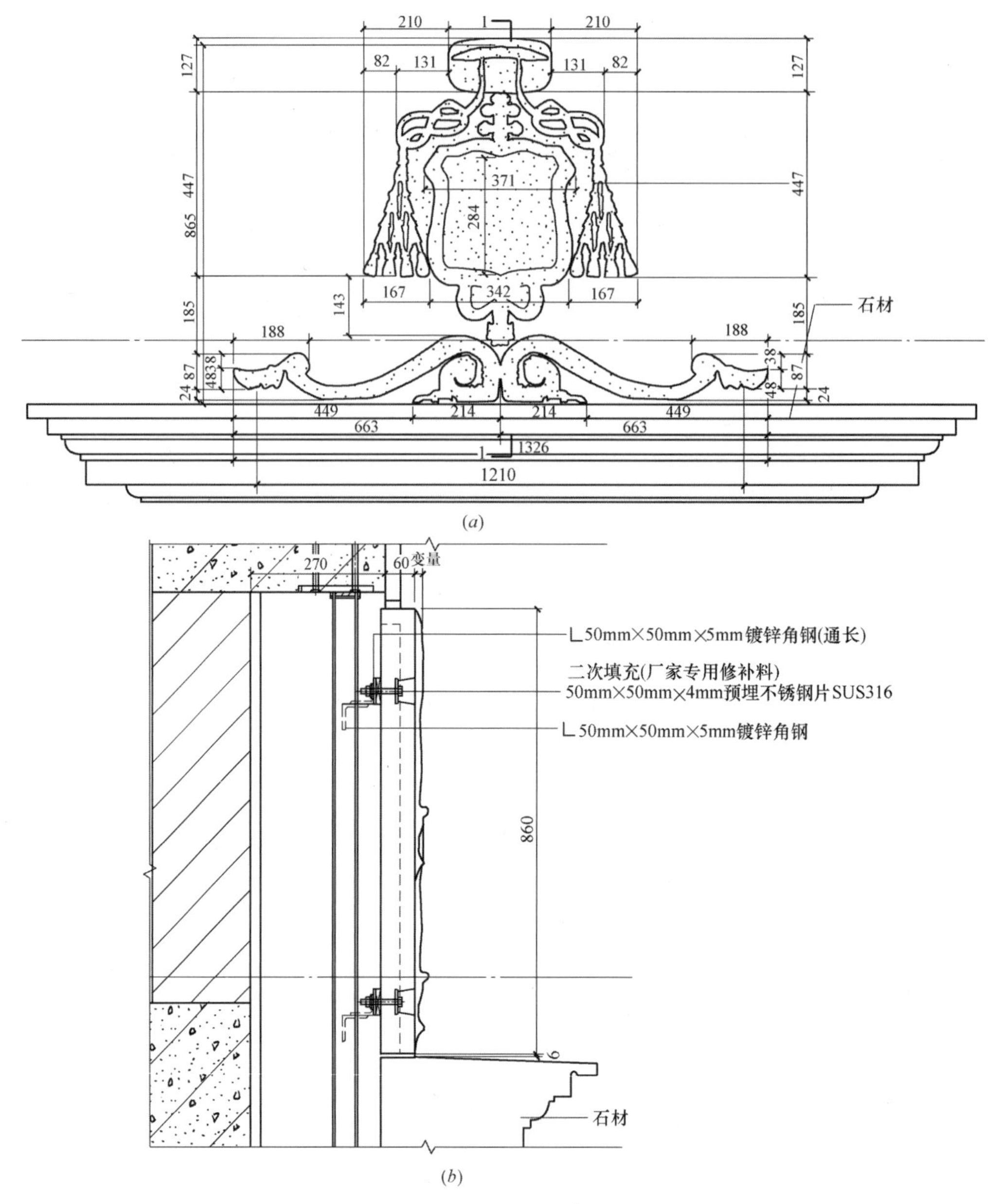

图 8-10　花饰类构件深化设计构造

（*a*）立面图；（*b*）1—1 剖面图

5. GRC 构件设计计算主要内容

GRC 构件深化设计应出具设计计算书，并经过计算验证符合规范要求后，方可实施安装。设计计算主要内容应该包括：

1）承受荷载计算（设计规范取值）；

2）主承力骨架受力验算：立柱计算、立柱连接伸缩缝计算、横梁计算等；

3）GRC 短槽、托板连接件的选用与计算；

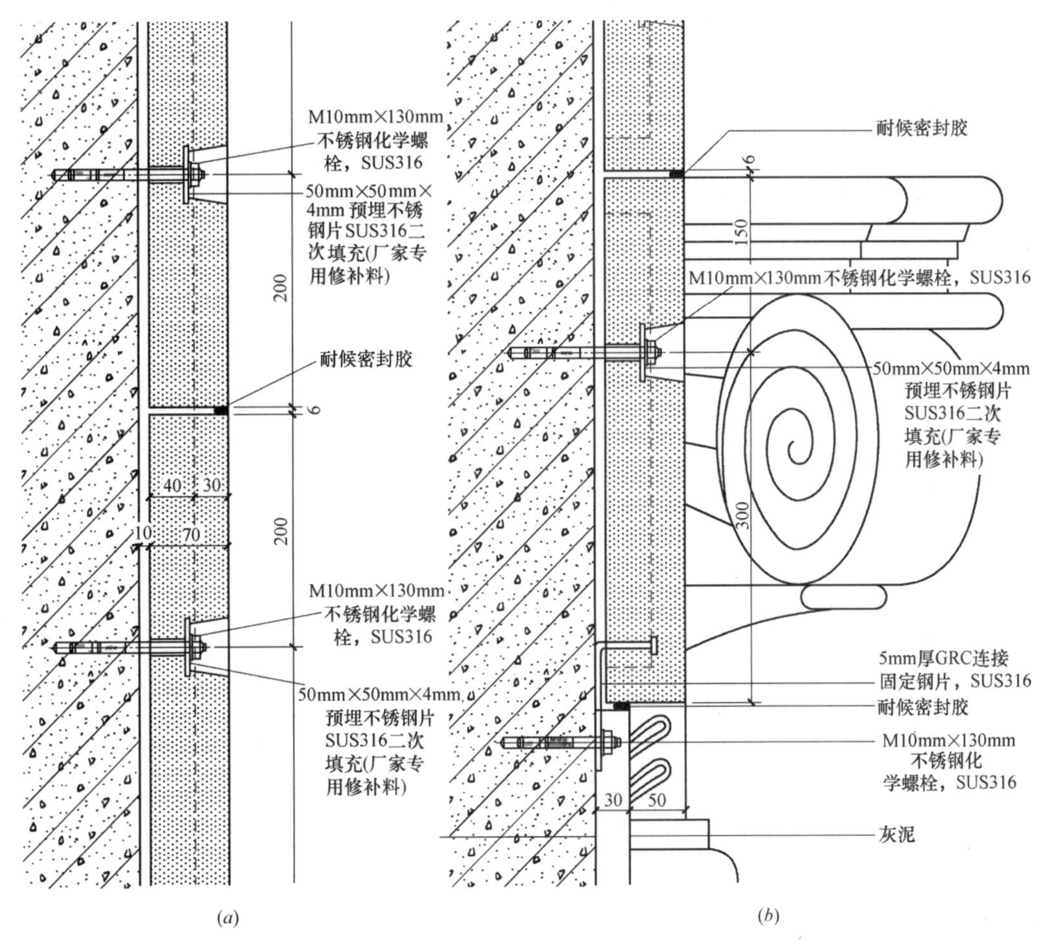

图 8-11　漩涡类构件深化设计构造

4）GRC 构件板块荷载计算；

5）连接件计算：埋件计算（定型化学锚栓）、转接件强度计算等；

6）GRC 幕墙焊缝计算；

7）GRC 幕墙、幕墙胶类及伸缩缝计算。

8.2.3　对建筑物基层和安装工作面的要求

1）建筑墙面砖结构 180mm 及以上厚砖墙，如 120mm 厚砖墙应采用 MU7.5 等级砖砌块和 M5 等级或以上水泥砂浆砌筑；在女儿墙等墙体顶部安装时，还应要求墙体顶有不小于 150mm 厚以上的钢筋混凝土压顶梁；也可直接现浇强度不小于 C15 的混凝土基层，以确保安装基面的牢固和膨胀螺栓等安装配件的连接锚固。

2）一般要求 GRC 构件在土建抹灰之后安装，以确保构件定位的准确性，不出现因抹灰之前安装预留间距不足，导致抹灰后将构件部分尺寸填埋（抹灰厚度不均和过厚），影响原构件设计外观悬挑效果；抹灰后安装，还可以避免抹灰工序对已安装构件的损坏和污染。

3）构件安装前，应对安装基面进行适当的凿毛处理，检查构件与安装基面的防渗防漏措施。

4）构件安装工作面应有安全牢固的脚手架，脚手架需离墙面400mm以上且不能小于构件向外悬挑的尺寸，以便于施工安装。当操作脚手架不符合安装要求时，应加以整改。

8.3 施工准备

8.3.1 施工作业条件准备

1. 施工作业条件

1）施工现场应具备水、电、路等施工条件。

2）材料及施工温度宜≥5℃，大风、下雨不得施工。

2. GRC构件性能要求

1）水密性能：GRC装饰板应为密封胶接缝系统，混凝土墙面的防水表面处理应施工验收合格，完成工序交接。混凝土柱装饰物上的GRC是一道密封的，中间的空间不允许进水。所有可能会进水的空间，都应采用安装泛水板与混凝土结构隔离。

2）气密性能：除排水缝系统的规定外，在设计及安装气密系统时需要采用高标准措施，减小空气渗透。GRC与外墙装饰的连接处应达到最佳空气渗透标准要求。

3）耐碱玻璃纤维：玻璃纤维须是耐碱的连续玻璃纤维，具有在高碱度的水泥环境中仍然保持高强度的特性，耐碱短玻璃纤维中氧化锆含量ZrO_2不小于16.5%，玻璃纤维的持续强度不小于300MPa（依据德国《预制混凝土产品·水泥和混凝土中玻璃纤维残留强力的试验方法（SIC试验）》DIN EN 14649—2005）。

4）水泥：根据构件类型，主要采用快硬硫铝酸盐水泥、低碱度硫铝酸盐水泥、普通硅酸盐水泥、白色硅酸盐水泥。水泥强度不应低于《通用硅酸盐水泥》GB 175中PO52.5型号的强度指标。或美国通用水泥标准《水泥标准性能规范》ASTMC 1157—2011中，28天抗压强度要求不低于52.5MPa相关规定。

5）力学性能，见表8-3。

8.3.2 主要材料

1. 白水泥

1）52.5白水泥主要技术指标应符合现行国家标准《白色硅酸盐水泥》GB/T 2015要求（表8-4）。

GRC 构件力学性能　表 8-3

项次	力学性能	指　标
1	GRC 饰板的挠度	≤1/360
2	弯曲强度	(LOP) ≥80~120kgf/cm^2
		(MOR) ≥250~350kgf/cm^2
3	弹性系数	≥18~25×10^{4}kgf/cm^2
4	导热率	≤0.6~0.9Kcal/m·h·deg
5	比重	≥2.2kg/m^3

注：同时为了满足长期强度要求，GRC 产品需满足所有产品在暴露 10 年或沉浸于 60℃的水中 28 天以上的 MOR 应达到最初 MOR 值的 80%。

52.5 白水泥主要技术指标　表 8-4

项次	名　称	主要技术指标	
1	强度	3 天	28 天
2	抗折强度（MPa）	4.0	7.0
3	抗压强度（MPa）	22.0	52.5
4	细度	45μm 方孔筛余不大于 30.0%	
5	凝固时间（初凝）	不小于 45 分钟	
6	凝固时间（终凝）	不大于 600 分钟	
7	白度	1 级白度（P·W-1）不低于 89，2 级白度（P·W-1）不低于 87	

2）产品使用要求

(1) P·W-1、52.5 级白水泥为早强型、无放射性的绿色环保型产品，产品白度高、强度大、碱度低、抗大气稳定性好、色泽艳丽光亮。

(2) 储存：存放在干燥、通风及阴凉的场所，严格做好防潮工作，可用托板将水泥与地面隔离，产品存放时间为 3 个月。

(3) 包装规格：25kg、40kg、50kg 纸塑复合袋。

2. GRC 构件结构层

1）采用 42.5 硅酸盐水泥时，必须掺入可与 $Ca(OH)_2$ 反应的硅质材料，如硅灰、粉煤灰、磨细矿渣或偏高岭土等。

2）耐碱玻璃纤维：当采用硅酸盐水泥时，耐碱短玻璃纤维 ZrO_2 含量＞16.5%。

3）颜料：采用无机矿物色粉。

4）外加剂：加入高效减水剂、缓凝剂、早强剂等。

5）其他组成材料：粉煤灰、硅灰、磨细矿渣、偏高岭土按照供货商提供的说明使用。

6）GRC 结构层力学性能

GRC 结构层的物理力学性能应符合表 8-5 规定。

3. 拉色装饰层

1）水泥：用于装饰层的水泥必须控制其颜色的一致性。

GRC 结构层力学性能　　表 8-5

项次	性　能	指标要求	
1	抗弯比例极限强度（MPa）	平均值	≥7.0
		单块最小值	≥6.0
2	抗弯极限强度（MPa）	平均值	≥18.0
		单块最小值	≥15.0
3	抗冲击强度（kJ/m^2）	≥8.0	
4	体积密度（干燥状态）（g/cm^3）	≥1.8	
5	吸水率（%）	≤14.0	
6	抗冻性	经 25 次冻融循环，无起层、剥落等破坏现象	

2）集料的级配、清洁度应符合装饰层设计要求。

3）颜料：采用无机矿物色粉。

4）外加剂：加入高效减水剂、缓凝剂、早强剂等。

4. 板框架与五金件

1）板框架：板框架可采用轻型钢或结构型钢或二者组合进行预制，应进行防腐处理。

2）锚固件与连接件：用以支撑或把板连接到结构上的连接件，应采用低合金高强度结构钢，连接件应进行防腐处理。

8.3.3 施工准备

1. 技术准备

1）施工及技术管理人员，必须认真熟悉施工图纸，及时检查现场和图纸变更的情况；

2）编制施工方案，并给予建设、监理审批；

3）对施工人员进行技术及安全交底；

4）安排临时仓库，做好原材料保护措施；

5）配合建设单位沟通协调总包单位施工设施设备使用事宜，包括脚手架、塔吊、升降机等；

6）协同建设单位对混凝土结构进行检验验收，混凝土结构需要养护完成。

2. 施工准备

1）准备好泥抹、毛刷、压辊等需要用到的工具；

2）检查螺杆喷射车是否运转正常，检查搅拌机是否运行正常；

3）检查模具并确认是否符合开工条件要求；

4）检查原材料是否准备好。

3. 劳动力准备

施工劳动力主要包括材料运输、测量弹线、搬运、切割、铺设、固定、安装等。

4. 设备及材料准备

1）机械设备包括台钻、切割机、电焊机、电锯、水刀等。

2）工具用具包括红蓝铅笔、角尺、1.5mm 钢丝线、扫帚、冲击钻、鱼丝线、红油漆、扭矩扳手等。

3）检测装置包括全站仪、水准仪、经纬仪、50m 钢卷尺、1m 钢卷尺、5m 和 3m 钢卷尺、靠尺。

8.4 施工工艺

8.4.1 工艺流程

GRC 镂空雕刻构件、GRC 装饰柱构件、GRC 造型窗套构件、GRC 吊顶构件、GRC 山花构件等主要构件制作安装工艺流程：

施工准备→基层清理→测量放线→排版放样→GRC 定制加工→预制埋件安装→GRC 主龙骨安装→防腐防锈漆涂刷→GRC 面板安装→GRC 板胶缝及表面结合层处理→表面喷涂罩面漆→GRC 面板清洁，成品保护。

8.4.2 操作要点及技术要求

1. GRC 板基模制作

加工厂根据建模放样的尺寸，按照建筑物的形状分成 n 个大面进行分面制作基膜，每个面基膜制作面积≤600m^2。先在加工厂的地面上均匀铺设 200mm 厚的制作材料，铺设宽度等于制作面最大宽度加 1m，制作面长度等于制作面最大长度加 1m。需要雕刻时，应由雕刻师反复比对效果图，再进行基膜凹凸粗纹理的雕刻。雕刻方向由内向外退步完成。在雕刻过程中，应在建筑师的指导下，注意制作材料厚薄一致，纹理自然起伏，使其基模实物接近设计师要求的艺术效果。

2. GRC 板胎模制作

将制作好的基模按照效果图分缝的尺寸，用细麻线拉线分块进行切割并编号，待分块的基模硬化以后，将每一块基模翻模压制成为玻璃钢成型制成胎模。

3. GRC板加工制作成型

1）GRC模具制作

用木方制作模具操作台，操作台面积等于8块GRC胎模面积（≥70m²），将胎模嵌置在操作台上固定密封。

2）GRC的浇筑

用搅拌机将配置好的原料搅拌均匀后，倒入操作台进行浇筑成型。浇筑过程中，将每块GRC面板的背腹钢架预埋件埋入板内，GRC配置的原料主要成分为玻璃纤维、水泥、结构胶、可回收建筑垃圾、无机矿物色粉和添加剂等。

3）脱模拉色

首先，待GRC在操作台上固化以后，用吊车吊钩固定在背腹钢架预埋件上，将成品GRC板直接吊入拉色区进行清洗拉色。先用高压水枪对刚脱模的GRC板进行清洗，晾干后采用着色枪喷涂拉色，喷涂次数不少于3次，最后编号出厂。由于GRC板在浇筑硬化过程中，材料颜色分布不均匀，为了使面板颜色更加均匀达到设计要求，必须喷涂着色剂，其中着色剂除含矿物色粉外必须添加保护剂防止GRC板掉色返碱。

4. 面层制作

1）面层料搅拌

先将所用原材料称好后备用。将称量好的水加入搅拌桶中，然后再将计量准确的色粉加入水中，开机搅拌30s，再将2/3的水泥及2/3的砂子加入搅拌桶中，在搅拌的过程中迅速加入计量好的减水剂总量的2/5继续搅拌约1min，再加入剩下的1/3的水泥和砂子到搅拌桶中。在搅拌过程中再加入剩下减水剂的一半，与此同时快速加入计量好的胶浆。在搅拌的过程中，根据浆料的流动度来添加剩下的减水剂，确保搅拌过程的顺利进行，并控制浆料的坍落度在要求范围内。搅拌结束后立即对浆料做坍落度测试，坍落度一般控制在6～7环较合适。如果浆料在搅拌桶内出现假凝现象，则可适当加入少量的减水剂再搅拌30s。搅拌人员需要在保证所有原料都搅拌均匀的情况下，以最快速度将面料搅拌好，并且在正常情况下在最短的时间内将料浆用完。搅拌好料浆严禁二次加水使用，但可加入适量的减水剂搅拌均匀后使用。

施工环境温度大于35℃时，面层搅拌需使用低温冰水。面层料在称量前，应对所有计量器具进行校验，确保计量器具无误差，方可进行使用。核对原材料的品种与质量，然后严格按照配比进行称量，误差不得大于1%。

2）面层料的喷射

将搅拌好的面层料加入螺杆喷射车内，使用面层枪进行喷射，面层的喷射厚度为3～5mm，须分3次进行喷射，第一次喷射厚度为1～2mm。采用拉点式喷射，即喷枪与模具面的角度应控制在125°左右，使料浆落到模具面上形成不规则的流痕长点。

在喷射作业前，需要先对模具的阴角位进行面浆处理。喷射作业时，要求喷射枪操作人员控制好喷枪的气压和料浆的流速，喷射速度要快，可先在废模板上进行试喷以调整其效果，效果达到要求后方可进行喷射。喷射时只能是同一方向进行，切不可在模具上来回进行，且保证喷枪的起落点都控制在喷射面积的有效范围之外，这样可以保证疏密效果。

喷射时，应从模具的边缘和底部开始喷射，注意控制第一层面层的覆盖面积，应控制在整个模面的 70%左右，空隙大小不要求均匀但疏密应一致。第一层面浆喷射完成后需进行凉浆，凉浆时间应根据自然环境温度进行确定；一般是控制在用手指轻压面浆，感到有软感但不粘手时，即可进行第二次大面积面浆的喷射。

第二次面浆的喷射应满喷，做法与普通 GRC 产品面浆一样，但其厚度应控制在 1～2mm 范围内。在第二遍面料喷射完后，须用毛刷将整个面层轻刷一次，以减少表面气孔的产生，同时应用毛刷和灰刀将模具的边缘和阴、阳角位轻刷处理一下，以防止积砂和出现孔洞。对于没有喷到或者喷少的部位，应适量进行补喷。对于产品的滴水槽部位也需要特别注意，一定要刷到位，不能有孔洞积砂的现象出现。同样待第二层面料有了初步固化，即用手指轻压表面同样感到有明显的软感但不粘手指时，可以开始喷射第三层面料，其厚度应控制在 1mm 范围内，绝不可超厚，尤其是模具的边缘和阴、阳角位置。此次面料的喷射主要是弥补前两次所造成的缺陷和厚度的不足。

3）结构层的制作

（1）结构层配合比（表 8-6）

结构层配合比　　表 8-6

白水泥	砂	耐碱玻璃纤维	减水剂	胶浆	水
50kg	70kg	4.5kg	417ml	2500ml	20±1kg

制作第一层结构料时，需采用面层的配方进行制作，防止结构层颜色影响面层颜色。

（2）结构层的搅拌

首先将所有原材料称量好，然后将称量好的水加入搅拌桶中，同时将色粉加入装有计量好水的搅拌桶中，然后开机搅拌 10s，然后再将 2/3 的水泥及 2/3 的砂子加入搅拌桶中搅拌 45s。此过程中须加计量准确的减水剂和胶浆，再将剩下的 1/3 水泥和砂子加入搅拌桶中，同时将腻子粉加入桶中搅拌。在搅拌过程中，根据浆料的流动度添加适量的减水剂，确保搅拌过程的顺利进行，并使得浆料的坍落度控制在要求范围内。根据气温的变化，可以适当调整减水剂掺量使浆料的流动度达到相应的要求。在搅拌过程中应测试浆料坍落度，一般控制在 4～6 环较合适。

如果浆料在搅拌桶内出现假凝现象，则再搅拌 30s。喷射枪操作人员在正常情况下需要在 45min 内将浆料喷完。结构层料在喷射到模具上之前，应进行纤维含量测试，确保纤维量达到规定的要求。如未能达到要求，则需要对螺杆车的喷射气压和浆料流量进行调整，再次进行检测，直至达到要求。检测合格后，开始喷射。结构层分次进行喷射，每次厚度为 5mm，但第一层结构料须与面料一样是有色的。结构料的喷射采用纵横交错的方法。

应注意的事项：

① 结构料喷射时，当第一层有色结构料喷射完成后须进行凉浆，凉浆时间以用手触摸料浆表面料浆完全不粘手，但能按出手印时为宜。以后的结构料喷射则不需凉浆，但也不可一次成型。

② 对于带有大的立面的模具，待制作好的立面部分面层料初步固化，即用手指轻压面浆能见到有手指印但面浆不会粘手为宜。这样可确保在喷射结构层时不会带动立面部分浆料下滑，同时也不会由于面层已经完全固化，造成面层与结构层分层，这时候开始制作结构层。

③ 对于平板类或者是立面部位较高模具，待浆料有了初步固化之后即浆料基本不粘手但能见到指印为标准，然后再进行结构层喷射。合模产品凉浆时间应适当延长，并且要将合模缝控制到最小。

每喷射完一层结构料后，都需要进行辊压，然后进行下一层喷射。在第一遍结构料制作好之后，应使用小压辊进行辊压，并且注意控制辊压的力度（尤其是对于立面部分，只能允许向上辊压），不能太大，以免影响面层，也不能太小，而导致结料与面料粘结不好或产品的密实度不好。待第一层结构料有了初步固化之后，再进行下一层结构料喷射。注意产品拐角处不要形成空壳，对于模具的阳角即产品的阴角处，辊压时一定应从下往上进行辊压，把握好力度。在喷射最后一层结构料时，用测厚尺检查产品的厚度，在达到相应厚度后立即停止喷射，厚度不够的地方应进行补喷。然后按照要求收光、制作梁位。梁位的制作以及预埋件的摆放，应严格按照图纸或技术交底要求进行，正确使用定位装置。梁位的制作应密实，可以采用先喷浆料后压定位梁板，再将侧面辊压塞实，静停一段时间后，再拆除定位梁板，辊压收光。梁位制作完成后，应再次进行校验，确保无误。所有的梁位制作要求平直且大小一致，不得有弯曲现象。

对于产品脱模吊环，应在产品制作结构层的时候同时进行制作，切不可在结构层制作完成后再加料补做，这样可防止因产品脱模吊环的强度不足而出现产品脱不出模等情况。起吊环最好是安放在梁位与梁位的交叉处，这样既可保证起吊环的强度以及产品装饰面的美观，也可节省材料。

起吊钩的材质，应根据产品重量、造型及吊装方法确定，由设计人员在图纸中说明或下发图纸时进行详细的技术交底。

（3）产品的养护及脱模

① 产品收光结束或完成最后一道工序后，即进入自然养护状态。产品初期在模内养护时，不能将模具和产品进行任何移动。

② 产品在自然养护过程中，需注意观察产品的失水状况。对于温度过高，或者空气流动过快的情况，需采取适当措施进行保湿养护。

③ 在夏季（室温在25℃以上时）时，产品养护8～10h以上时，便可脱模。在冬期施工时，脱模时间应相对延长，一般应控制在12h以上。脱模时首先须对产品进行检查，看是否可以脱模，检查方法是用硬物在产品背面用力刻划，没有划痕即可。

④ 在确认产品达到脱模强度后，脱模人员须在产品背面作好产品标示（如产品编号、生产日期、工程编号、产品重量、生产班组等，如有防腐要求的，还需涂刷防腐剂，如乳

化沥青等），满足脱模要求的产品应及时进行脱模。脱模时应遵循先做的产品先脱模的原则。

⑤ 准备好脱模工具，例如电动螺丝刀、扳手、橡皮锤、气压枪。

⑥ 拆除螺丝以及周围的模板。

⑦ 使用皮锤轻轻地敲打模具的边缘和底部。

⑧ 脱模时应根据产品和模具的具体情况采取相应的脱模方法，如遇造型复杂比较难脱模产品的时候，应小心谨慎。可先将产品适当吊起，然后用橡皮锤敲打模具边缘，再用气枪吹气，使得产品能够平衡脱离模具，绝不允许强行脱模，造成产品或模具的损坏。

⑨ 对于大型产品需要用起吊设备进行脱模时，需根据产品的造型来确定脱模方向和方式，便于脱模。

⑩ 脱模后，产品表面不可以直接与地面接触，应使用无色衬垫垫起。当运输到养护区域或修补区域时，也需使用无色衬垫，产品可视面不能挤压、粘贴或多层叠放。脱模后，对于质量检验合格的产品，应及时运至成品养护区保管。对于不合格的产品，应运至修补区及时修补处理。当需要起吊脱模时，现场人员应注意互相配合，确保人身安全以及产品能够顺利脱模。此外，产品脱模时不应起吊过高，避免损坏产品和模具。

（4）表面修补（表 8-7）

表面修补料浆配合比　　表 8-7

白水泥	砂	3920	303T	铬绿	胶浆	减水剂	水
1kg	0.5kg	0.2kg	1.8g	0.6g	40ml		适量

① 产品脱模后，应及时通知质量管理人员进行检查。有瑕疵需要修补的产品，应运至修补区域及时修补处理。但要求产品的修补须在产品失水前完成。此过程中应注意，产品不能与硬物直接接触，必须使用橡皮垫或者其他软的东西垫在产品下面。

② 禁止在室外进行修补，避免产品风吹日晒或雨淋。

③ 用细磨石或者磨光机对产品的边缘及背面进行修饰，去除飞边毛刺。

④ 修补时应先将需要修补的部位及周围清理干净，然后用胶水或胶浆将待修补部位润湿，再进行修补。

⑤ 对于较大的修补区域，修补完成之后，需要用湿毛巾将其覆盖，防止失水过快而产生裂纹。

⑥ 待修补料初步固化后，将修补区域清理干净，并用抹布或细砂纸将修补部分擦拭干净或者轻微打磨，使之与周围颜色效果基本一致。

（5）密封剂涂刷及包装出货

密封剂的涂刷工作应在产品生产完成 7 天后进行，密封剂采用专用防水剂。涂刷前应将产品表面清理干净，应尽量避免在粉尘大的环境下进行涂刷作业。涂刷应均匀，不得出现漏喷涂或过量造成流淌的现象，避免造成不必要的浪费。

5. GRC 安装

1）进场构件检验

（1）由于构件系场外加工预制，所以必须保证进场构件的质量。按照外观和尺寸偏差进行现场检验，且进场构件须有出场合格证书，严禁使用不合格的构件

（2）构件安装前应对建筑物连接结构表面进行处理，保证其平整、坚实。

（3）构件表面有缺棱掉角等轻微缺陷时，安装前应采用膨胀水泥砂浆料进行修补。

（4）安装前，应弹出水平、垂直和构件中心控制线。

2）固定件的制作安装

（1）腰线线条采用 ϕ8 平爆螺栓或采用 ϕ8 钢筋植筋固定，如采用植筋固定，钢筋入墙体不小于 100mm，且与墙体倾角为 120°左右。

（2）整体柱采用加构造柱植筋入混凝土结构固定。

（3）小型单件花饰、斗栱施工。

3）窗套、檐口 GRC 线条类安装要求

（1）檐口 GRC 直接混凝土墙上打 ϕ8mm×100mm 膨胀螺栓与构件预埋件焊接固定（预埋件与膨胀螺栓焊接点间距 500mm）。

（2）当 GRC 为单构件且自重小于 25kg 时（如单件窗套线、和单件花饰小构件），安装连接点不少于 3 个，采用上下、左右连接；当 GRC 构件自重大于 25kg 时，每增加 10kg，应至少增加两个连接点；连接点间距不得大于 400mm。

（3）采用焊接方式连接时，焊接钢筋双面焊缝长度不应小于 5 倍钢筋直径，单面焊接焊缝长度不应小于 10 倍钢筋直径。焊缝高度不小于 3mm，焊缝等级不低于二级，禁止使用点对点、点对面的焊接方式。

（4）特别注意：当墙体为轻质砌体时，需用 ϕ8 钢筋制作穿墙杆与构件预埋件焊接固定。

4）外墙安装基线

（1）在 GRC 构件安装处弹出安装门窗套、檐口等构件控制基线，用来控制构件的水平垂直度。

（2）弹出各 GRC 位置构件安装线。

5）GRC 构件安装放线

（1）在外墙操作面弹线定出构件安装位置，经校核后方可施工，应严格控制各构件安装水平标高，标高允许误差 3mm。

（2）构件下安装定位钢筋，安装完成后拆除。

（3）根据构件尺寸在墙面弹出安放位置。

（4）先安装转角构件，使其尽可能方正，通过同一工作面的两个转角拉线确定装饰线条位置。

（5）临时定位安装应准确无误，构件安装完成后应检查整个面的平整度和垂直度，表面允许误差为±2mm。

(6) 安装前，必须对安装回填面的墙身进行凿毛处理，然后才能安装构件。

(7) 半圆柱以及超过300mm长的涡卷托底时，除两侧预留钢筋外，还必须用ϕ10mm的膨胀螺栓作受力点（或按设计要求设置角钢骨架）。

(8) 安装垂直高度小于180mm的装饰线时，先使用ϕ10mm×100mm膨胀螺栓按每隔250mm布置安装。

(9) 安装垂直高度大于180mm的饰线时，必须使用上下两排间距100mm以上ϕ10mm×100mm膨胀螺栓焊接（或按设计要求设置角钢管架）。

(10) 安装圆柱柱身、柱头、柱座时，必须四面十字形吊垂直线，花纹对直对平。

6) 连接件焊接

(1) 所有焊接点焊缝宽度不少于5mm，长度不少于连接筋直径的4倍，清除全部焊渣。

(2) 焊接点均应涂红丹防锈漆，打底面涂银色油漆。

(3) 焊接点与回填或补缝的完成面的保护层最小值10mm。

7) 回填

(1) 回填的目的是把GRC构件与主体连接成一个整体，防止与主体间的接缝开裂。

(2) 回填时，必须对回填面的所有废渣杂物清除干净，淋透水后才能回填，并用钢筋或竹竿翻插回填料使其密实，不能有空洞。大饰线（离主体500mm以上）回填料需使用陶粒混凝土或膨胀珍珠岩做底层填充料，距离完成面20mm处用防水油膏做好墙与填充料的防水处理，然后表面用M5砂浆回填收平。回填料收平后，应马上处理好回填构件的结合缝（避免出现回填料与主体、构件脱节，以防止水渗透）。饰线、柱顶等构件的回填面还必须按8%找坡水泥砂浆压光，做到光滑无积水。

(3) 当饰线垂直高度在150mm以下时，可一次性回填，在150～350mm时需分两次回填，在350mm以上时需分三次回填，避免因回填次数少、重量大而造成变形和填充料下沉开裂。

8) 接缝处理

安装后的饰线继续干缩，从而产生收缩应力，导致接缝、节点处开裂，仅靠填嵌水泥砂浆作刚性连接，对干缩、温差、震动等应力较为敏感，极易诱发板缝开裂。故若接缝采用一般1∶2普通水泥砂浆与板的相容性和粘结力差，抗拉强度低，以及当接缝宽度≥15mm时，易产生干缩微裂，温差较大时，便会产生温度裂缝。

接缝应采取以下措施：

(1) 补缝前对构件接缝进行检查，错位超过5mm的应返工安装，5mm以下做打磨处理。

(2) 对大线条及未回填的线条，接缝必须用耐碱玻璃纤维布进行防裂处理，并在上表面涂刷弹性防水材料处理。

(3) 构件接缝采用特制水泥砂浆填补，其配合比：硅酸盐水泥∶中砂（含泥量<0.5）∶108胶（水胶比为1∶1）∶UEA高效减少膨胀剂∶PP纤维＝1∶2∶0.4∶0.8∶0.0015。

（4）所有接缝宽度控制在 5mm 左右，对补好的接缝进行检查，突出部位重新打磨，保证光滑、顺直，无明显凹凸。

（5）应保证滴水线畅通，在接缝处应重新处理滴水线。

9）堵缝施工

GRC 构件（空挂）安装的接口很容易产生裂缝，是影响构件安装质量的重要环节，需要采用硫铝酸盐水泥、中砂（含泥量<0.5%）、108 胶、UEA 高效膨胀剂、耐碱玻璃纤维配比的混合物填补缝隙及接口。安装接槎应平顺，误差不得超过 2mm，并应进行打磨处理，裸露于空气中的 GRC 腰线、窗套线等直接焊接件及其焊缝应进行涂刷防锈漆处理，防锈处理后再用聚合物水泥砂浆封口。

8.5 质量标准

8.5.1 技术标准及质量要求

1）原材料质量应符合各自相应的现行国家规范、行业标准相关标准；GRC 构件制作安装应符合现行国家标准《建筑工程施工质量验收统一标准》GB 50300、《建筑装饰装修工程质量验收标准》GB 50210 及相关的现行国家规范、行业标准和检测方法。

2）符合图纸设计要求、样品式样要求。

3）材料进场须办理报验，提供检测报告及合格证明，必要时需对产品进行抽样送检。

4）施工单位须配合进行深化图纸，绘制施工大样图。

5）各类材料须符合现行国家行业规范标准相应要求：

水泥为低碱度水泥，灰水比 1∶10 的水泥浆液，其 pH 值不得大于 8.5；砂子符合现行国家标准《建设用砂》GB/T 14684 中细砂规格；玻璃纤维须符合《耐碱玻璃纤维无捻粗纱》JC/T 572 标准；预埋板件、钢筋、钢型材采用 Q235 碳素钢，均须热镀锌处理，镀锌层厚度≥45μm。

8.5.2 质量控制

1. 外观

板应边缘整齐，外观不应有缺棱掉角，非明显部位缺棱掉角允许修补。

侧面防水缝部位不应有空洞；一般部位空洞的长度不应大于 5mm、深度不应大于 3mm，每平方米板上空洞不应多于 3 处。有特殊表面装饰效果要求时除外。

2. 尺寸允许偏差

1）板尺寸允许偏差见表 8-8 中的规定。

板尺寸允许偏差 表 8-8

项次	项 目		允许偏差
1	长 度	长度≤2m	±3mm/m
		长度>2m	≤±6mm
2	宽 度	宽度≤2m	±3mm/m
		宽度>2m	≤±6mm
3	厚度		0mm～+3mm
4	接缝高低差		≤5mm
5	对角线差（仅适用于矩形板）	板面积<$2m^2$	对角线差≤5mm
		板面积≥$2m^2$	对角线差≤10mm
6	外露纤维，贯通裂纹		无
7	构件面裂纹，长度 10～30mm，宽度≤0.2mm		≤3 处/m^2
8	蜂窝气孔，长径 5～10mm，深度 2～5mm		≤3 处/m^2
9	缺棱掉角，深度（mm）×宽度（mm）×长度（mm）：（≤5）×（≤10）×（≤25）		≤3 处/m^2
	构件面平整度		≤2mm/1000mm

2）线条允许偏差项目及安装允许偏差值见表 8-9。

线条允许偏差项目及安装允许偏差 表 8-9

项次	项 目	允许偏差	检验方法
1	上檐水平度	5mm	2m 靠尺板加水平尺检查
2	下沿水平度	3mm	2m 靠尺板加水平尺检查
3	立面垂直度	3mm	2m 托线板
4	接缝平直度	2mm	拉 5m 小线检查，不足 5m 拉通线和尺量检查
5	阳角方正	3mm	方尺和楔形塞尺
6	接缝高低差	1mm	直尺和楔形塞尺

3）构件力学性能

玻璃纤维增强水泥花饰构件性能参照现行国家标准《玻璃纤维增强水泥性能试验方法》GB/T 15231 要求检测，符合表 8-10 指标要求。

4）环境保护技术指标要求

花饰构件应符合现行国家标准《建筑材料放射线核素限量》GB 6566B 类产品标准（表 8-11）。

构件力学性能　　表 8-10

项次	检验项目	单　位	标准指标
1	体积密度	kg/m^2	1800～2200
2	吸水率	%	≤10.0
3	抗压强度	MPa	≥3.05
4	抗弯强度	MPa	≥20.0
5	软化系数	—	≥0.8
6	抗冲击强度	kJ/m^2	≥12.0

环境保护技术指标　　表 8-11

项次	检验项目	标准要求(装饰材料)
		B 类(室外使用)
1	内照射指数I_{ra}	≤1.3
2	外照射指数I_{r}	≤1.9

5）GRC 安装

（1）符合现行国家标准《建筑工程施工质量验收统一标准》GB 50300、《建筑装饰装修工程质量验收标准》GB 50210 中相关要求。

（2）钢结构焊接采用 E43 系列焊条，焊缝质量要求不低于三级。

（3）花饰构件表面应洁净，接缝应严密吻合，不得有歪斜、裂缝、翘曲及损坏。

（4）花饰构件安装的允许偏差符合表 8-12 规定。

花饰构件安装允许偏差　　表 8-12

项次	检验项目	检测范围	允许偏差（mm）
1	条型花饰的水平度或垂直度	每米	2
		全长	6
2	单独花饰中心位置偏移	全长	15

8.5.3 质量保证措施

1. 技术措施

1）认真学习和会审施工图纸，并做好逐级技术交底。

2）严格按照施工验收规范和操作规程，加强分部、分项工程质量评定工作。

3）坚持按图施工，如有变更必须征得建设和设计单位同意。

4）接受质检部门和建设单位各有关部门及总包、监理对施工现场的监督，发现问题及时解决，直至达到质量要求。

5）产品的设计厚度为要求厚度的最小值，构件任何位置的厚度都不得低于该位置的设计厚度，厚度误差控制在 0～+2mm，拐角处可以适当超厚。

6）在制作产品面层效果时，尽量减少空气流动，防止水分散失过快。

7）所有埋件、托孔的中心位移应控制在3～5mm范围内，所有托孔大小尺寸应满足图纸要求且棱角分明，不允许有不规则现象。

8）所有产品必须保证外形棱角分明，产品的背面要有可见的辊痕，不得有瑕疵和飞边毛刺。

9）所有产品在出货前要根据深化设计加工图进行拼接，确保每件产品都能满足安装要求，同时也应确保所有产品的颜色效果一致。

2. 现场措施

1）施工准备

开工前做好施工技术方案，做好材料准备，施工前加强施工人员的入场教育及上岗前技术培训。严格遵守施工工艺，主动控制工序活动质量，保证每道工序质量正常、稳定，及时检查工序活动的效果，设置工序质量控制点，使施工质量处于受控状态。应对施工人员进行详细技术交底，依施工节点图纸、施工操作规范和现场的情况施工。

2）施工阶段

分包施工项目负责人应及时与建设单位及施工总包单位沟通协调遇到的问题，严格把控各施工节点，对建设、监理、总包单位提出的意见做出回复和整改。不宜在大风及雨天施工，施工中遇到下雨应采取成品保护措施。基层应坚固、平整、清洁、干燥，必须清除表面疏松处，新抹基层7天以上方可使用。

3. 成品保护

产品脱模或者经修补完成后，经过质量检验确认合格的产品，需运至成品养护（摆放）区。在产品搬运及摆放时应注意：

1）产品应轻拿轻放，特别是平板类产品，杜绝粗心大意造成产品的损坏。

2）注意产品表面的保护，避免产品表面遭到污染和破坏，禁止将水洒到产品表面，如果发生此类情况，应立即用干净的抹布将其擦拭干净，并用气枪吹干。

3）应根据产品的具体造型，采取相应的摆放方法，防止产品在摆放过程中出现变形开裂。

4）密封剂的涂刷工作最好在产品生产完成7天后进行，密封剂采用专用防水剂，涂刷前应将产品表面清理干净，应尽量避免在粉尘大的环境下进行涂刷作业。涂刷应均匀，不能出现漏刷。

8.6　安全管理措施

1）施工前，应做好班前安全教育和安全交底，未经三级教育的操作人员不得上岗。

2）用电设备应安装漏电保护装置，并张贴安全用电标识，严禁无证人员进行电工作业。应定期进行安全用电检查，不符合要求的立即进行整改。

3）GRC 面板在安装过程中，操作人员进行上下交叉施工时，采用双排落地式钢管外脚手架，既保证外墙立面装饰，又能让人员全封闭施工。

4）GRC 板起吊应平稳，不得偏移和大幅度摆动，操作人员必须站在安全可靠处，严禁操作人员与 GRC 板一同起吊。

5）在对 GRC 板面进行清理前，应检查高处作业人员操作工具是否佩带齐全，安全防护措施是否满足要求，操作过程中不湿手接触电源开关。

8.7 环保措施

1）施工过程中，自觉形成环保意识，最大限度减少施工中产生的噪声和环境污染。

2）应作好施工现场污水的合理排放，施工现场废水、污水应通过临时下水道排入正式污水井和污水管道中。

3）施工过程中的废弃物应及时清运，集中堆放，做到工完场清。

4）密封胶和光触媒在现场使用和运输时，装料不应超过容器的 3/4，提在手上走动时不得晃荡，应避免遗洒、污染地面以及浪费材料；使用时应注意及时加盖，避免材料失效报废。

5）必须严格按照当地环保规定做好文明施工、文明现场。

8.8 GRC 构件完成效果

具体见图 8-12～图 8-19。

(a)

(b)

图 8-12 檐口实景

图 8-13　腰线

图 8-14　花饰窗套

(a)

(b)

(c)

图 8-15　山花

(a)

(b)

图 8-16　柱子

(a)

(b)

图 8-17　镂空花

图 8-18　杯型

图 8-19　吊顶

第9章

檐口系统造型施工技术

9.1 檐口系统造型概况

檐口系统是欧式建筑外立面中重要的组成部分，形式多变，造型、色彩夸张，用料选择多样是檐口造型体系最表观的呈现。欧式建筑外装工程檐口系统是承接屋面体系和外墙体系两大系统的衔接和过渡部位，在整个施工过程中，是工程设计、施工、质量控制管理的重点、难点部分。只有把檐口系统空间尺寸、造型、设计选型掌握好，才能确保外装工程施工符合要求。

檐口系统按照檐口使用材料分类，可以分为石材造型、GRC造型两大类。

9.2 檐口系统造型构造

9.2.1 檐口干挂石材造型（表9-1）

檐口干挂石材造型构造　　表9-1

项　次	内　容
构造	70mm砂岩，铝型材连接件，背栓，角钢，化学锚栓等
面材类型	70mm厚砂岩
铝合金型材	石材连接件型材，表面阳极氧化

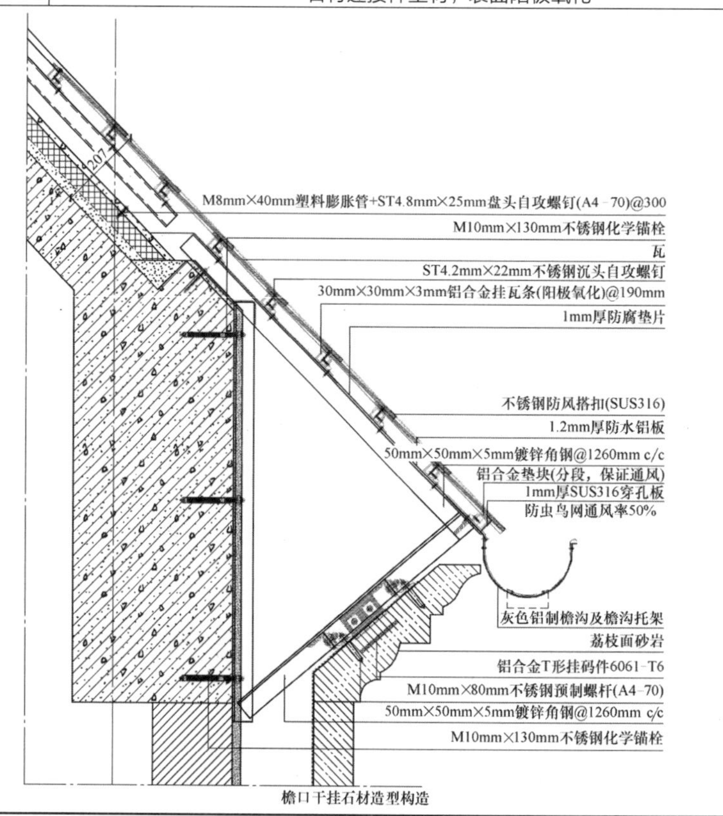

檐口干挂石材造型构造

9.2.2　檐口干挂 GRC 造型（表 9-2）

檐口干挂 GRC 造型构造　　表 9-2

项　次	内　容
构造	30mm 厚 GRC，铝型材连接件，背栓，方通，化学锚栓等
面材类型	30mm 厚 GRC
铝合金型材	GRC 连接件型材，表面阳极氧化

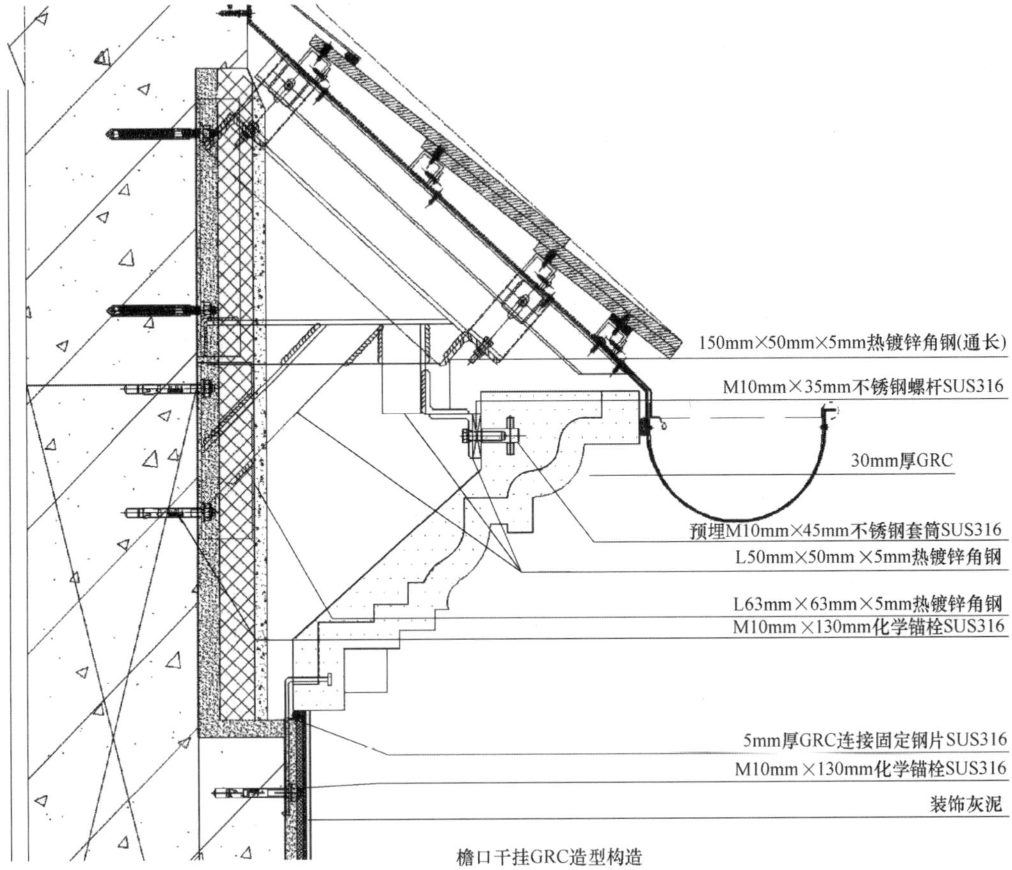

檐口干挂GRC造型构造

9.3　檐口构件加工制作

9.3.1　石材檐口构件加工

1. 施工准备

1）深化檐口石材设计图纸，并建立三维放样模型（图 9-1）。

利用三维软件建立石材檐口效果模型，同时利用结构分析软件对石材檐口构件及三角钢架进行受力分析。

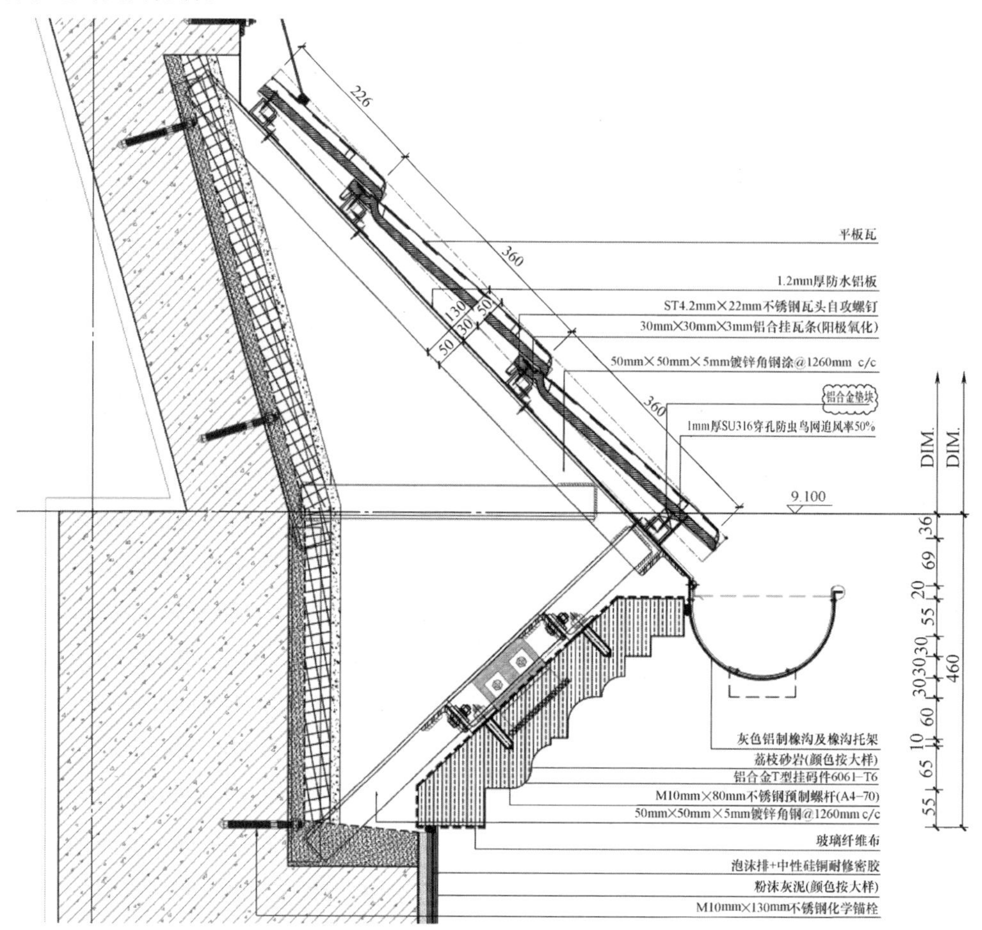

图 9-1 石材檐口节点图

2）确定石材产地：

根据石材构件的颜色和用途，选择相应产地的原石进行开采，并运至加工厂。

2. 石材加工

1）粗料加工

根据设计要求，设置相应的数控程序，利用专用加工设备对运至加工厂的石材进行粗加工（图 9-2）。

2）构件细部处理

机械加工的石材无法完全满足设计对构件的要求，就需要人工对机械加工完成后的石材构件进行细部处理。操作工人利用小型工具对每件石材构件进行处理，以使其满足设计要求（图 9-3）。

(a)

(b)

图 9-2　石材加工

(a)

(b)

图 9-3　石材细部处理

3）安装防坠网

为保证檐口石材的安全性，对每件构件粘贴防坠网，避免石材坠落（图 9-4）。

图 9-4 石材安装防坠网

9.3.2 GRC 檐口构件加工

1. 施工准备

1）深化 GRC 设计图纸，异形、曲面 GRC 还应建立三维放样模型。

利用三维软件建立 GRC 檐口效果模型，同时利用结构分析软件对 GRC 檐口板及三角钢架进行受力分析。

2）制作仿真实物模型

根据仿真模型放样完成的加工制作深化图，要求对建筑物外形每个面进行制模放线，同时依据三维模型放样结果制作 1：25 的实物缩小观察模型，校核是否与效果图相符。

模型放样制作要点：依据一个面的理论尺寸进行放线，对转角定位应准确，必须保证面与面转角放线准确无误；放线误差控制在 2.0mm 以内。

2. GRC 板基模制作

石材加工厂根据建模放样的尺寸，按照建筑物的形状分成 n 个大面进行分面制作基模，每个面基模制作面积≤600m^2。先在地面上均匀铺设 200mm 厚的制作材料，铺设宽度为制作面最大宽度增加 1m，制作面长度为制作面最大长度增加 1m。需要雕刻的由雕刻师比对效果图进行基模凹凸粗纹理的雕刻，雕刻方向由内向外退步完成。在雕刻的过程中注意在建筑师的指导下，制作材料必须相对厚薄，纹理自然起伏，使其基模实物接近建筑师要求的艺术效果。

3. GRC 板胎模制作

将制作好的基模按照效果图分缝的尺寸，用细麻线拉线分块进行切割并编号（唯一性），待分块的基模硬化以后，将每一块基膜翻模压制玻璃钢成型制成胎模。

4. GRC板加工制作成型

1）GRC模具制作

用木方制作模具操作台，操作台面积等于8块GRC胎膜面积（≥70m²），将胎模嵌置在操作台上固定密封。

2）GRC的浇筑

用搅拌机将配置好的原料搅拌均匀后，倒入操作台进行浇筑成型。浇筑过程中，将每块GRC面板的背腹钢架预埋件埋入板内，GRC配置的原料主要成分为玻璃纤维、水泥、结构胶、填充物、无机矿物色粉和添加剂等。

3）脱模拉色

待GRC在操作台上固化以后，用吊车吊钩固定在背腹钢架预埋件上，将成品GRC板直接吊入拉色区进行清洗拉色。先用高压水枪对刚脱模的GRC板进行清洗，晾干后采用着色枪喷涂拉色，喷涂次数不少于3次，最后编号出厂。由于GRC板在浇筑硬化过程中，材料颜色分布不均匀，为了使面板颜色更加均匀达到设计要求，应喷涂着色剂，其中着色剂除含矿物色粉外，必须添加保护剂防止GRC板掉色返碱。

9.4 石材檐口施工工艺

9.4.1 材料

材料包含砂岩、铝型材连接件、背栓、角钢、化学锚栓等。铝合金型材：石材连接件型材，表面阳极氧化。采用干挂工艺，在保证石材挂贴质量和安全性的基础上，改进工艺，提高施工速度，降低成本，达到饰面的设计要求。施工方法快速简便，能够提高工效，加快施工进度，降低劳动强度，减少用胶量、工时费，大大降低综合成本。

9.4.2 施工流程

测量放线→种植化学锚栓→焊接三角钢架→焊缝处理及涂刷防腐漆→背栓干挂石材→打胶及勾缝→清洗成品保护。

9.4.3 施工方法

1. 施工准备

施工人员熟悉图纸，熟悉施工工艺，对施工班组进行技术交底和操作培训。对石材板材需开箱预检数量、规格及外观质量，逐块检查，不符合质量标准的按不合格品处理。按图纸上的石材编号预摆、排列检查有无明显色差。

2. 测量放线

按照深化图纸，确定檐口标高线，根据图纸确定角钢位置。

3. 化学锚栓种植

化学锚栓按埋板孔位确定好位置。檐口使用 M10 化学锚栓，钻孔使用 ϕ12mm 的钻头，植入深度为 90mm。植入化学锚栓时，应清理干净孔洞。

图 9-5 檐口三角钢架焊接

4. 三角钢架焊接

根据图纸，对三角钢架进行放样，按照图纸确定好钢架进出位置及标高。定好位后先点焊固定，复核三角钢架位置，确保无误后进行满焊固定，三脚架间距为 1260mm（图 9-5）。

5. 焊缝处理及涂刷防腐漆

三角钢架焊缝要求饱满，焊渣清理干净。在焊接部位涂刷防腐防锈漆三遍，要求涂抹均匀，正常情况下三遍时间间隔为 6h。在潮湿环境下，需要根据上一遍漆的凝固状态确定是否进行下一道漆的涂刷（图 9-6）。

(a)

(b)

图 9-6 檐口三角钢架焊缝处理及涂刷防腐漆

6. 石材安装

檐口石材安装应在外墙抹灰完成验收后施工，先在石材背面钻孔安装转接件，后将转接件与三角钢架焊接，并确保石材在同一水平面上。固定好檐口石材后，用对应的石材勾缝剂进行石材间的接缝处理（图 9-7）。

(*a*)　　(*b*)

图 9-7　檐口石材安装

7. 石材勾缝

构件对接缝密封处理：在缝内塞海绵棒后进行勾缝，勾缝需饱满但不得高出制品表面。勾缝须由专业人员负责完成，确保胶缝的美观效果，顺直、平滑、无鸡爪纹、无毛边、经纬交接缝过渡和谐。

8. 清洗成品保护

石材安装完成后进行石材表面的清洗，并进行成品保护。

9.5　GRC 檐口施工工艺

9.5.1　材料

GRC 构件、角钢、化学锚栓等。铝合金型材：GRC 连接件型材，表面阳极氧化。

9.5.2 施工流程

施工准备→测量放线→排版放样→GRC 定制加工→GRC 三脚架安装→GRC 安装→GRC 板胶缝融合及表面结合层处理→表面喷涂罩面漆→GRC 面板清洁。

9.5.3 施工方法

1. 施工准备

施工人员熟悉图纸，熟悉施工工艺，对施工班组进行技术交底和操作培训。由于构件在场外加工预制，所以，必须保证进场构件的质量，按照外观和尺寸标准进行现场检验，且进场构件须有出场合格证书，严禁使用不合格的构件。

2. 现场

技术人员需对安装产品的主体部位进行实际测量，然后根据立面效果合理分割产品，并根据墙体状况确定可行的固定方式，确定产品预埋件的数量及位置。根据以上实际状况，生产制作 GRC 产品。

3. 预埋件和钢龙骨制作安装

采用角钢或型钢制作骨架，将 GRC 产品固定于钢骨架上。钢骨架的安装应在主体保温施工前进行。根据确定好的施工图和经建设单位审批的技术交底，按安装位置和标高，放出钢架的安装垂直线和水平线。钢骨架的安装应保证位置准确，与主体连接牢固，预埋件的数量和定位位置按施工图要求，后置锚栓的抗拉和抗剪试验应达到设计规定数值（图 9-8）。

图 9-8 GRC 钢架安装

4. GRC 构件安装

GRC 构件的安装需在围护结构保温施工后进行。安装中应避免对保温层的损坏，否则应采取填充修复。

1）GRC 构件安装前应对建筑物连接结构表面进行处理，保证其平整、坚实。构件表面有小面积（面积不大于 30mm×30mm）缺棱掉角等缺陷时，安装前应采用水泥拌合材料进行修补，安装孔应修平整，不得有凹凸现象。

2）根据确定的设计图和技术交底，按安装位置和标高，放出 GRC 构件的安装垂直线和水平线。安装水平标高误差控制在±3mm 范围内。

3）根据设计图选定安装部位的GRC构件，以及相应配套的化学锚栓、焊接镀锌角钢、钻头等，并运到安装部位（图9-10）。

4）GRC构件的安装首先应安装转角构件，使其角度尽可能满足设计要求，通过同一工作面两个转角位确定装饰线脚位置。然后根据构件产品设计化学锚栓孔位置钻孔，把符合设计规格的化学锚栓打入安装基面；化学锚栓锚入墙体深度≥80mm，并逐一拧紧，确保构件安装牢固。同时在安装时还应根据构件特点预留相应距离的接缝、伸缩缝（8～10mm），并且对接应平顺，误差超过3mm时，应进行打磨处理（图9-9～图9-11）。

图9-9　GRC上部连接

图9-10　GRC下部连接

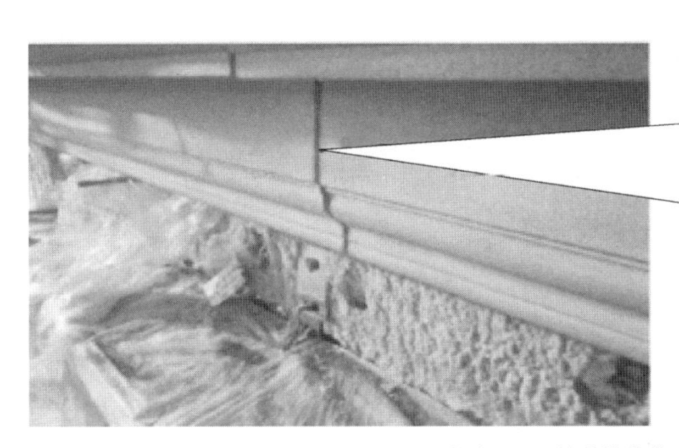

图9-11　相邻GRC构件接缝缝隙

5. GRC构件的密封

构件对接缝密封处理：在缝内塞海绵棒后采用硅酮类密封胶密封，密封胶应饱满，但胶面不得高出制品表面。打胶须由专业人员负责完成，确保胶缝顺直、平滑、无鸡爪纹、无毛边、经纬交接缝过渡自然（图9-12）。

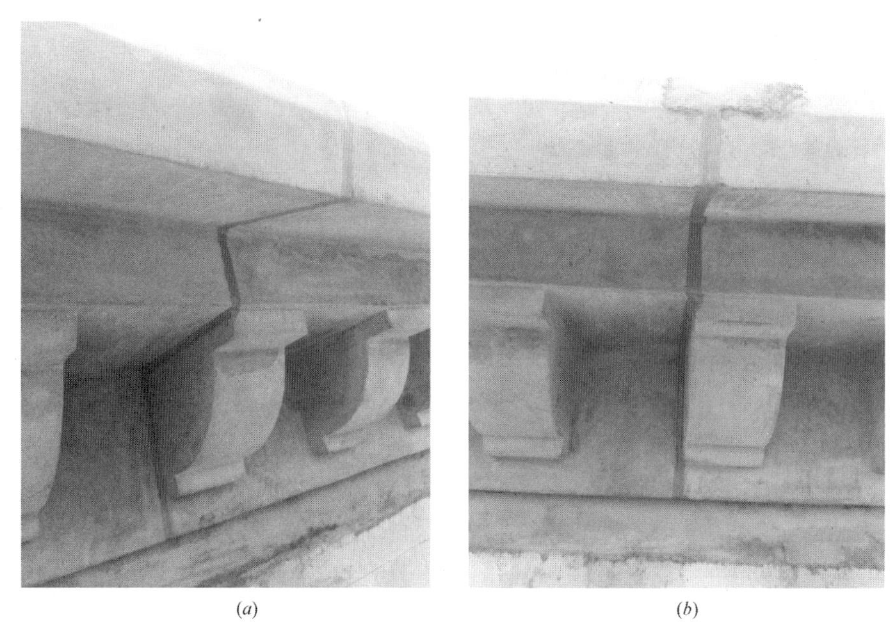

(*a*) (*b*)

图 9-12 相邻 GRC 构件接缝勾缝

6. GRC 喷涂

根据设计要求，配制相应颜色的灰泥涂料，利用灰泥喷枪对已完成的檐口 GRC 喷涂，面层的喷射厚度为 2～3mm，喷枪与构件喷涂部位应垂直，使料浆充分粘贴在 GRC 构件上，且不发生流淌（图 9-13）。在喷射作业前，必须注意应先进行试喷，调整喷枪的气压和料浆的流速，待喷涂效果达到要求后再进行大面积喷涂。喷射时只能是同一方向进行，切不可在构件上来回进行，且保证喷枪的起落点都控制在喷射面积的有效范围之外，这样可以保证效果疏密性。

图 9-13 GRC 喷涂

9.6 质量标准

9.6.1 主控项目

1）檐口石材、GRC构件及辅助材料规格和质量，须符合设计要求。

检验方法：检查出厂合格证和质量检验报告。

2）檐口石材、GRC檐口构件的连接和密封处理必须符合设计要求，不得有渗漏现象。

检验方法：观察检查和雨后或淋水检验。

3）连接件、螺栓的规格、品种、数量应符合设计要求，螺栓应有防脱落措施，同一连接处的连接螺栓应大于等于2个。

9.6.2 一般项目

1）檐口石材、GRC檐口构件应安装平整，固定方法正确，密封完整；排水坡度应符合设计要求。

检验方法：观察和尺量检查。

2）檐口石材、GRC檐口构件屋面的檐口线、泛水段应顺直，无起伏现象。

检验方法：观察检查。

3）檐口石材、GRC构件连接构件安装位置，主控项目的允许偏差应符合表9-3的规定。

检查数量：连接部位全数抽查10%，且每个节点部位不应小于10处。

检验方法：观察和用尺量。

檐口石材、GRC构件连接构件安装位置允许偏差 表9-3

项次	项目	允许偏差（mm）
1	檐口石材、GRC构件连接骨架受力支承点安装孔距离偏差	±5.0
2	檐口石材、GRC构件连接骨架转角或折点至第一个安装孔距离	±5.0
3	檐口石材、GRC构件连接骨架两端最外侧安装孔距离	±3.0
4	构件连接件的截面几何尺寸	±2.0
5	檐口石材、GRC构件连接骨架的安装中心线偏移	±5.0
6	受压构件（杆件）弯曲矢高	l/1000，且不应大于10.0
7	连接钢骨架墙面连接埋板安装位置	±4.0
8	相邻檐口连接钢骨架之间距离	±3.0
9	相邻檐口连接钢骨架斜面两对角线之差	H/2000，且不应大于5.0
10	檐口连接钢骨架与屋面顺水条中心线之差	±3.0

4）檐口石材、GRC 构件安装的允许偏差应符合表 9-4 规定。

检查数量：檐口与屋脊的平行度，按长度抽查 10%，且不应少于 10m；其他项目，每 20m 长度应抽查 1 处，不应少于 2 处。

检验方法：用拉线、吊线和钢尺检查。

檐口石材、GRC 构件安装的允许偏差　表 9-4

项次	项　目	允许偏差（mm）
1	檐口石材、GRC 构件与屋脊的平行度	12.0
2	檐口连接钢构件对屋脊的垂直度	L/800，且不应大于 25.0
3	檐口相邻两块檐口石材、GRC 构件端部错位	6.0
4	檐口石材、GRC 构件安装水平最大波浪高差	4.0

9.6.3 其他质量控制要求

1. 构件质量要求

1）檐口石材应符合下列规定：

石材的长度、宽度、厚度、直角、异形角、半圆弧形状，异形材及花纹图案造型，石材的外形尺寸均应符合设计要求。石材外表面的色泽应符合设计要求，花纹图案应按样板检查。石材四周不得有明显的色差。

石材连接部应无崩坏、暗裂等缺陷；其他部位崩边不大于 5mm×20mm 时可修补后使用，但每层修补的石材块数不应大于 2%，且宜用于立面不明显部位。

石材加工尺寸允许偏差应符合现行行业标准《天然花岗石建筑板材》JC 205 规定中一等品要求。

2）檐口 GRC 构件应符合下列规定：

板边缘整齐，外观不应有缺棱掉角，非明显部位缺棱掉角允许修补。侧面防水缝部位不应有空洞；一般部位空洞的长度不应大于 5mm、深度不应大于 3mm，每平方米板上空洞不应多于 3 处。有特殊表面装饰效果要求时除外。

2. 配件质量要求

1）型钢：主要材质 Q235 镀锌型钢。型钢厚度、刚度必须符合设计要求。

2）紧固件：膨胀螺栓、铆钉、自攻螺钉、垫板、垫圈、螺帽等骨架固定连接件的防锈防腐质量必须符合图纸设计及规范要求。

3. 檐口石材、GRC 构件安装要求

1）构件与三钢架连接接头处的螺栓拧紧力不能过大，防止螺栓被拧断，使该处成为漏水点。

2）檐口石材、GRC 构件水平、垂直方向的螺钉应保证在一条线上，并且螺钉等距。

3）在安装了几块檐口石材、GRC构件后，应用仪器检查安装的构件平整度，以防止檐口凸凹不平，出现波浪。

4）屋面檐口石材、GRC构件吊装时，应置备专用吊装工具。吊点的最大间距不宜大于1m。吊装时需用软质材料做垫块，以免损坏檐口石材、GRC构件。

4. 檐口石材、GRC构件板缝的处理要求

1）耐候硅酮密封胶的品种，胶缝的宽度、厚度均应符合设计要求；

2）板缝注胶应饱满、密实、均匀、无气泡且平整、流畅，不应出现脱落、漏注现象；

3）檐口石材、GRC构件安装成品应无渗漏。

检验方法：在易渗漏部位进行淋水检查。

5. 产品防护

1）檐口石材、GRC构件垂直、水平运输时，所用的卡具、手推车必须捆绑棉布，安放牢固。严禁拖滑构件棱角。

2）檐口石材、GRC构件的堆放场地应平坦、坚实，且便于排除地面水。堆放时应分层，并且每隔1～2m加放垫木。

9.7　安全管理措施

1）安全技术交底到位，劳动防护用品、安全设施齐全，防止安全事故发生。

2）上下屋面，应由有步道的脚手架上下，不得攀爬脚手架。檐口施工时，操作人员应佩戴安全带，防止高空坠落。

3）在屋面施工时，应及时清理杂物，避免工具、配件坠落，操作人员不得随意向四周抛杂物下地，造成人员物体打击伤害发生。

4）屋面无女儿墙部位临边处，应搭设安全防护杆或脚手架，并按要求挂密目网。

5）应在施工前，按照工艺要求，辨识工艺的环境因素和危险源，并对环境因素和危险进行评价，对重大环境因素和重大风险制定相应的控制程序或控制方案，并制定安全事故应急预案。

9.8　环境管理措施

1）操作人员在屋面作业时，严禁乱扔、乱抛洒材料和各种包装废弃物，防止大气、

土壤污染发生。

2）破损材料和各种包装废弃物应集中运到指定垃圾堆放区，并及时清运，减少土壤、大气污染。

3）瓦屋面完工后，应避免屋面受物体冲击，严禁任意上人或堆放物件。

9.9 檐口造型效果

1. 石材（图9-14）

(*a*)

(*b*)

(*c*)

图9-14 石材檐口实景

2. 砖檐口（图9-15）

图9-15　砖檐口实景

3. GRC（图9-16）

(a)　(b)

(c)　(d)

图9-16　GRC檐口实景一

(*e*)

(*f*)

图 9-16 GRC 檐口实景二

10

第10章

金属屋面施工技术

10.1 金属屋面体系概况

欧式风格建筑金属铜屋顶体系以内部钢骨架、外面金属饰面为主要构造形式，按照构造可以分为外皮铜饰、内骨架、紧固件等。

金属屋面饰面板特别是铜金属饰面板作为欧式风格建筑的饰面材料具有典雅庄重、质感丰富、线条挺拔及坚固、质轻耐久等特点。

铜板作为屋面装饰构件在欧洲已经有几百年的使用历史，是一种高稳定、低维护的材料，其具有强度高、延性好、易加工、美观、耐久等特点。且性价比在金属屋面材料中最佳。铜屋顶系统高贵、典雅、漂亮、防水强、易造型、免维护、寿命长。金属铜屋面采用铜板免维护，耐腐蚀，在大气环境中铜板会连续形成坚固、无毒的钝化保护层，俗称“铜绿”，铜绿保护膜形成后，极其稳定。铜板都可以抵抗最严酷的大气条件，使用寿命可达100年以上。金属铜屋面体系一般适用于景点建筑、教堂、地标性建筑等。

10.2 金属铜屋面设计

10.2.1 屋面荷载

主要考虑自重荷载、风荷载、雪荷载、施工荷载、后期检修荷载等。

10.2.2 抗风压设计

1. 屋面固定连接方式

金属铜屋面一般处于建筑物顶端，承受风压较大，构件承受风压能力及安全性是设计时首要考虑因素，金属铜屋面体系内骨架与结构的固定构造、铜外饰板面与内骨架的固定构造决定了其抗风性能。

采用螺钉穿透式固定的屋面板，螺钉帽与屋面板的接触面积很小。在遭遇大风时，由于屋面板迎风面积较大，在承受正负风压反复作用情况下，屋面板在钉孔处产生应力集中，从而导致板面撕裂，造成屋面板变形吹落等严重安全隐患。根据以往工程案例实践，目前金属铜屋面体系，板面连接方式多采用直立锁边系统和焊接缝系统，技术工艺已经成熟，在国内外应用广泛。

系统采用直立锁边连接方式固定屋面板时，首先是将型钢连接支座（或铝合金固定座）用螺钉固定于型钢骨架，再将相邻屋面板机械折边搭接，板面连接处采用机械咬合的方式连接在一起。屋面没有螺钉外露，整个屋面不但美观、整洁，而且杜绝了漏水隐患。

经过抗风试验测试，在 7.0kPa 的反复受荷试验中，试件（包括屋面板、固定座、螺钉）无损坏，确保屋面系统抗风性能满足要求。

2. 屋脊和山墙特殊部位处理

屋脊和山墙的破坏最早发生于屋脊泛水板和山墙泛水板。在设计中应考虑将固定在型钢骨架的屋脊泛水板和山墙泛水板下折，从而有效增强该处的抗风性。

10.2.3　防渗处理

螺钉口使用密封垫圈后，采用隐藏式固定。在板的搭接处用密封胶或焊接处理，最好选择采用通长板减少搭接，在各种节点部位进行严密的防水处理。

大部分铜屋面系统都具有防水功能，而不需要任何密封胶。在特殊部位，如低跨屋顶斜坡节点处，使用密封胶作为辅助防水。丁基胶、复硫化物和聚氨酯对抗铜腐蚀化学性能较好，丙烯酸、氯丁和丁腈较差，硅密封胶最稳定，适用性较高。

10.2.4　防雷设计

根据现行国家标准《建筑物防雷设计规范》GB 50057 第 4.1.4 条的规定，除第一类防雷建筑物外，金属屋面的建筑物宜利用其屋面作为闪接器，但应符合下列要求：

金属板之间采用搭接时，其搭接长度不应小于 100mm。金属板下面无易燃物品时，其厚度不应小于 0.5mm。金属板下面有易燃物品时，其厚度：钢板不应小于 4mm；铜板不应小于 5mm；铝板不应小于 7mm；金属板无绝缘被覆层。

一般将屋面板作为接闪器，通过固定网格交叉点设置引下线，将电流引至柱顶预留接头处，形成避雷体系。

10.2.5　防火设计

金屋面板、底层板、镀锌钢骨架、玻璃纤维保温棉以及螺钉、铝合金配件等均为不燃材料，或采取防火涂料表面处理。

10.2.6 铜屋顶屋面钢龙骨体系

主体结构预埋镀锌件，二次调整的埋件可采用化学锚栓固定后置镀锌钢板。

铜屋面钢结构与其他结构形式相比，其主要优点是强度高、结构自重轻、材质均匀，可靠性好、施工简单、工期短，具有良好的抗震性能，主要缺点是易腐蚀、耐火性差、工程造价和维护费用较高。型钢表面镀锌厚度大于等于 75μm，以提高耐腐蚀性（图 10-1）。

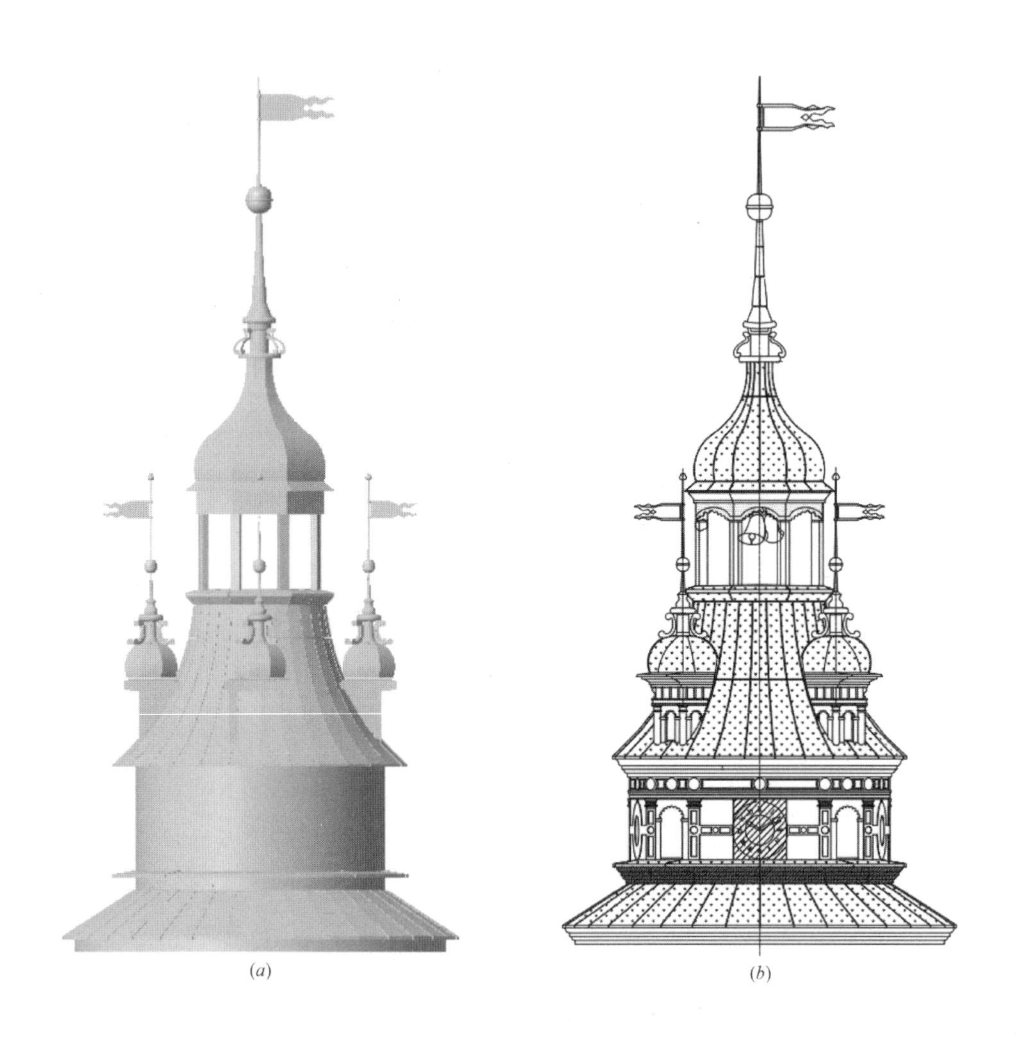

(a) (b)

图 10-1 金属屋面构造示意（一）

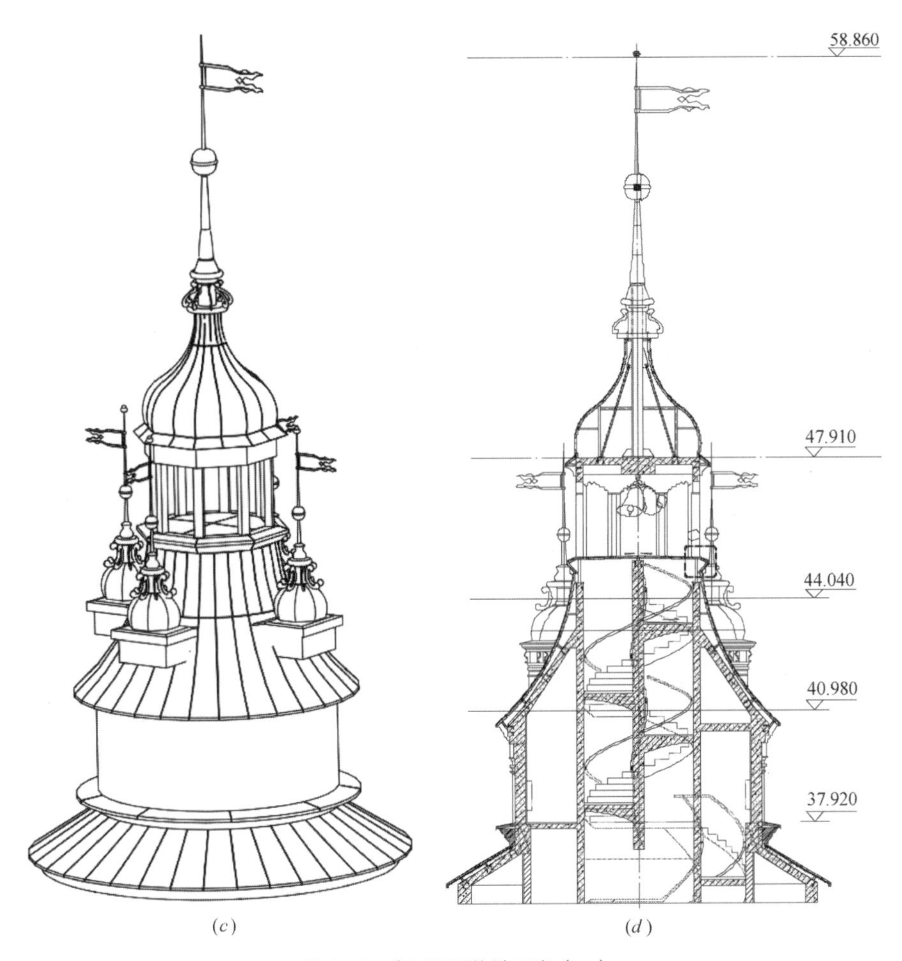

图10-1　金属屋面构造示意（二）

10.3　金属屋面加工制作

10.3.1　材料选择

外皮铜饰采用纯铜（铜含量≥99.9%）材料的铜板加工定制，铜板的厚度1.0±0.1mm，定制产品尺寸加工误差范围±1.5%。符合现行国家标准《铜及铜合金板材》GB/T 2040标准。

金属屋面工程内容包括次型钢龙骨、铜板、铜板直立锁边系统，以及保温、隔汽、采光天棚、屋面天沟、排水系统及排水管、屋面檐沟等九个分项工程的施工。

屋面板采用金属铜板直立锁边式系统，屋面板横向搭接采用机械铰合。板宽应根据屋面形状高差变化布置，同时应保证屋面板肋的完整性与连贯性，以确保防水和美观的要求。

10.3.2 屋面板系统的加工制作

应选用铜板直立锁边屋面板系统，屋面板材厚度为 1.0mm 铜质氟碳喷涂直板，采用 150mm 厚玻璃纤维保温棉，并完善深化设计、节点构造、下料单及加工图。根据施工方案中制定的工艺顺序，同时结合现场实际情况分别对型钢龙骨、金属屋面板、檐口收边铝单板、铝合金泛水板等，从材料采购、加工制作、安装施工全过程进行严格监督。

1. 金属铜板的生产加工

为保证屋面系统的防水性能，可将屋面板生产设备运至施工现场进行现场加工，以保证屋面板在顺坡方向通长无搭接。屋面金属铜板固定螺钉采用自攻钢螺钉加绝缘垫圈，防止铜板构件与螺钉之间产生电化学反应。金属铜板由板材铜机一次投料加工完成，设备就位后需做现场调试，生产前应做试生产，样品合格后方可进行生产。首件加工后必须作全面检查，检查的主要内容有：

1）表面是否有污垢、损伤、变形、翘角、破损等缺陷。

2）检查所需板材的标签与要求是否相符。

3）符合要求的板材，用叉车或其他方式装到开卷机上，并开卷加工成型，铜板卷的开卷宽度误差不大于 3mm。

4）将开卷开始部分不符标准的板材手工去除。

5）将符合标准的板材拖入成型机，并缓慢开动机器，成型。使板材在成型轨道内缓慢成型。

6）切除“头子板”，输入所需板的长度及数量。

7）检查生产的第一块板的成型质量及长度尺寸。

8）成型后的金属铜板必须符合现行国家标准《建筑用铜板》GB/T 12755 标准，允许偏差见表 10-1。

金属屋面用铜板允许偏差　　表 10-1

项次	项　目	允许偏差	检验方法
1	板长	0～10mm	钢卷尺
2	板宽	±8mm	钢尺
3	波高	±1mm	样板
4	镰刀弯	不大于 10mm	钢卷尺

9）将符合要求的板材产品 60 张以下、板长不大于 60m 为一个包装件包装好，每个包装件需用吊装带打包。

10）堆放：堆放场地应平整，应用垫木使板离地 200mm 左右，垫木应平整且间距不得大于 2m。现场加工的场地根据现场实际状况合理布置，设备的纵轴方向应与屋面板的板长方向一致，板材加工后的放置位置应靠近起吊点位置。

10.3.3　钢龙骨架加工

钢龙骨架分为塔尖和塔身，塔尖内中心圆形钢骨架采用 20 号优质碳素钢，表面热镀锌防锈处理；其余方形钢骨架采用 Q235 热镀锌钢材质。塔尖部分外皮铜饰和内部钢骨架在工厂整体焊接，现场吊装固定；塔身为分块编号加工好的铜板及外皮铜饰和内部钢骨架，现场吊装拼接（图 10-2～图 10-4）。

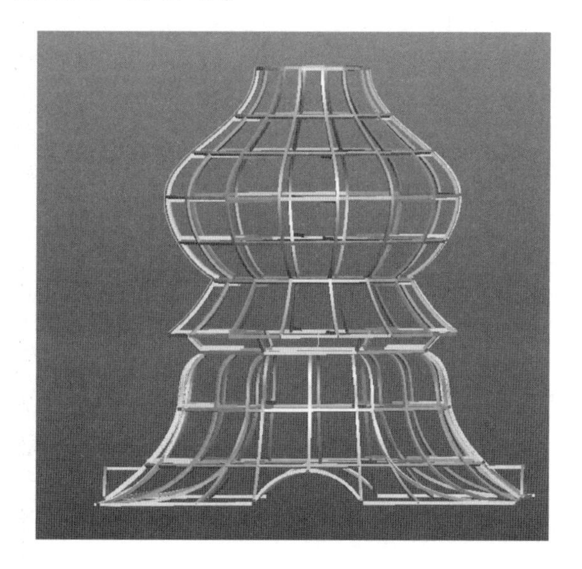

图 10-2　钢龙骨架加工

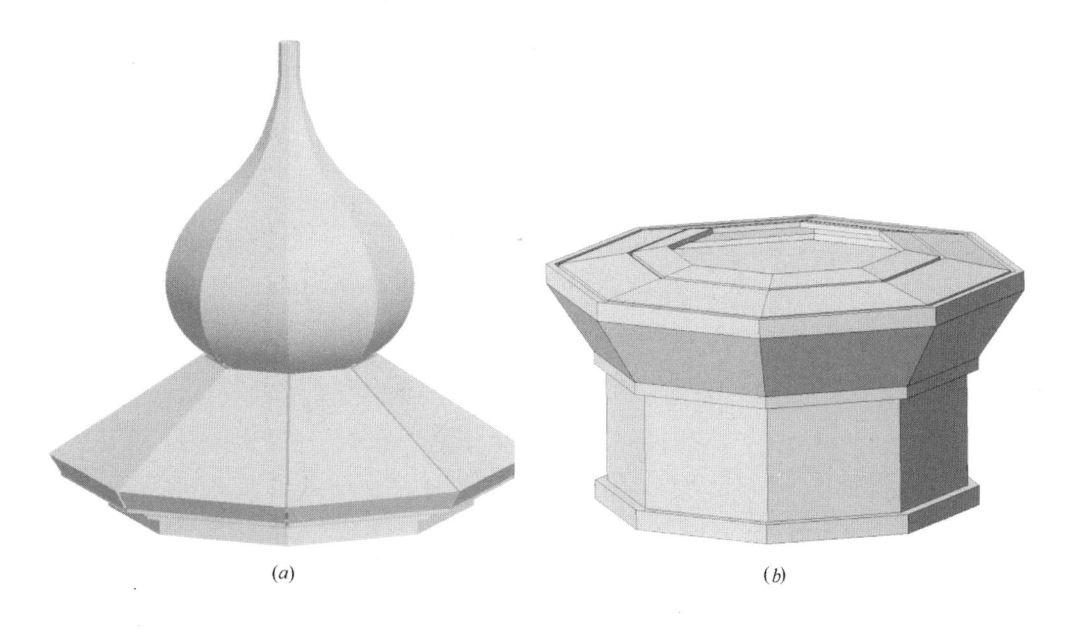

(a)　(b)

图 10-3　钢龙骨架加工三维效果

(a) (b) (c) (d)

图 10-4 钢龙骨架加工三维效果

10.3.4 铜板表面预氧化处理

铜板表面预氧化铜绿热着色处理，采用表面手工喷刷或火烤处理，要求外观与色板比较铜绿覆盖均匀无明显差别，颜色以建设单位确认的色板为准（图 10-5）。

10.3.5 铜板氧化处理

表面铜绿热着色预氧化工艺方法：对成型后的铜板进行表面打磨，使其表面光洁，然后用清水冲洗干净；手工用煤气喷枪持续加热铜板表面，反复用喷壶或者毛刷将着色化学溶液均匀喷或涂刷在铜板表面 40～100 次。

铜锈漆是一种反应型涂料，正因为是反应型的，所以在涂刷过程中是看不到铜锈效果的，必须等待反应完全后才能看到最终效果，这与一般的涂料涂刷是不一样的。根据铜锈漆施工分析，每种铜锈漆的特性不一样，不能一概而论。

图 10-5　金属屋面制作工艺

铜锈漆属于艺术油漆（涂料），采用金属仿旧系列活性金属漆系列产品。

原材料铜锈漆：活性青铜漆、活性红铜漆的化学反应，加速氧化过程，形成这种真实的表面光滑或含铜锈锈迹的效果。

1. 铜锈漆施工工艺

第一步：涂布铜锈封闭底漆；

第二步：涂布两遍铜锈反应底漆，需要等上一遍干燥；

第三步：涂布铜锈反应面漆；

第四步：涂布保护剂。

2. 基面处理

基面要求无浮灰，没有容易脱落的颗粒，至于基面是否平整与是否做造型，根据设计需求考虑。铜锈漆不是厚浆型，不能抹平基面，所以原来的基面是什么构造，做过铜锈漆后还是什么构造，不平整的地方依然不平整，有孔洞的地方依然有孔洞。需要平整的效果可以使用腻子等抹平基面，使用 500 号左右的砂纸打磨后施工。基面做造型可以使用骨料，一般造型为凹凸感、颗粒感、拉毛、堆砌等。

特殊的基面，如铜板、不锈钢板、镀锌管板材等金属基面，可以先做一遍油性底漆进行隔绝保护，然后在上面做铜锈漆。

特殊的基面，如瓷砖、玻璃等光滑基面，可以使用水性界面剂来增强附着力。

3. 铜锈底漆涂布

铜锈封闭底漆的涂布：要求涂布均匀，整体覆盖，干燥时间约 2～4h。

铜锈反应底漆的涂布：使用前必须搅拌均匀，而且必须涂布两遍，铜锈反应底漆每一遍都需要表干，大约需要 2h，尽量采用喷涂。

铜锈反应面漆的涂布：如果需要比较均匀的铜锈效果，可以采用辊涂的方式。也可以采用纯塑胶件的喷壶喷涂后，使用干净的辊筒收面。

铜锈保护剂的涂布：做过铜锈漆后都进行保护，铜锈漆产品与空气直接接触，会导致颜色缓慢产生变化，户外使用铜锈漆需做两遍保护剂。

4. 仿铜铁锈漆施工方法

所有的施工表面应该干净干燥，基材含水量低于10%。清除所有松动的地方，并用砂纸打磨光滑平整。为了增加牢固度，建议使用专业的金属仿旧酸性封闭底漆，涂刷1～2遍。如果基材是金属板，应该先进行必要的防锈处理。

施工步骤：

第1步：涂布（辊涂或喷涂）专用酸性封闭底漆1～2遍，并彻底干燥。

第2步：辊涂第一遍金属仿旧金属漆，并彻底干燥。

第3步：涂布（辊涂或喷涂）第二遍金属仿旧金属漆。

第4步；铜锈效果需要在5min内开始涂布催化剂，而铁锈效果需要在30min开始涂布催化剂，催化剂用量越大，锈蚀效果越明显，铁锈会随着催化剂用量的加大，逐步由黑变红。铜锈会随着催化剂用量的加大由金属色变绿变蓝。催化剂可以用刷子、海绵或用纯塑料零件的泵式喷雾器。在低温或潮湿的条件下，将延长氧化过程和干燥时间。

第5步：在大多数应用（内部或外部）时不需要涂布封面保护剂，但是在人流量大而且需要保护的特殊区域，可以使用金属仿旧金属漆专用保护水性罩面透明白色基料，需加水稀释，清漆保护。

清理清洁刷、辊、工具及设备，使用后应立即用清水、清洗液清洗。基本涂刷面积为20～30m^2/加仑，会根据效果，施工人员，环境变化而不同。在每次使用后，保持容器密闭。在贮藏期间，防止冻结，储存温度：5～40℃。

避免涂料与眼睛接触。使用后请洗手。不要口服。当喷洒或打磨时戴适当的口罩或呼吸器。

10.3.6 铜板安装配件要求

塔身外皮铜单板固定若干铜角码，用410马氏体不锈钢自钻自攻螺钉固定在方形钢骨架上，拼接缝隙宽度15mm～20mm，用PE泡沫条填充，室外耐候密封胶密封。当受力龙骨为钢龙骨，紧固件采用自攻螺钉时，自攻螺钉可选用马氏体不锈钢。410马氏体不锈钢螺钉在镀锌钢龙骨基材上进行螺钉的扭力和拉力实验测试结果均应符合现行国家标准《六角法兰面自钻自攻螺钉》GB/T 15856.4的要求。

为节约运输成本，将预拼接好的龙骨进行编号、拆解，然后进行运输。

10.4 金属屋面安装工艺

10.4.1 金属屋面安装工艺流程

金属屋面安装工艺流程图10-6所示。

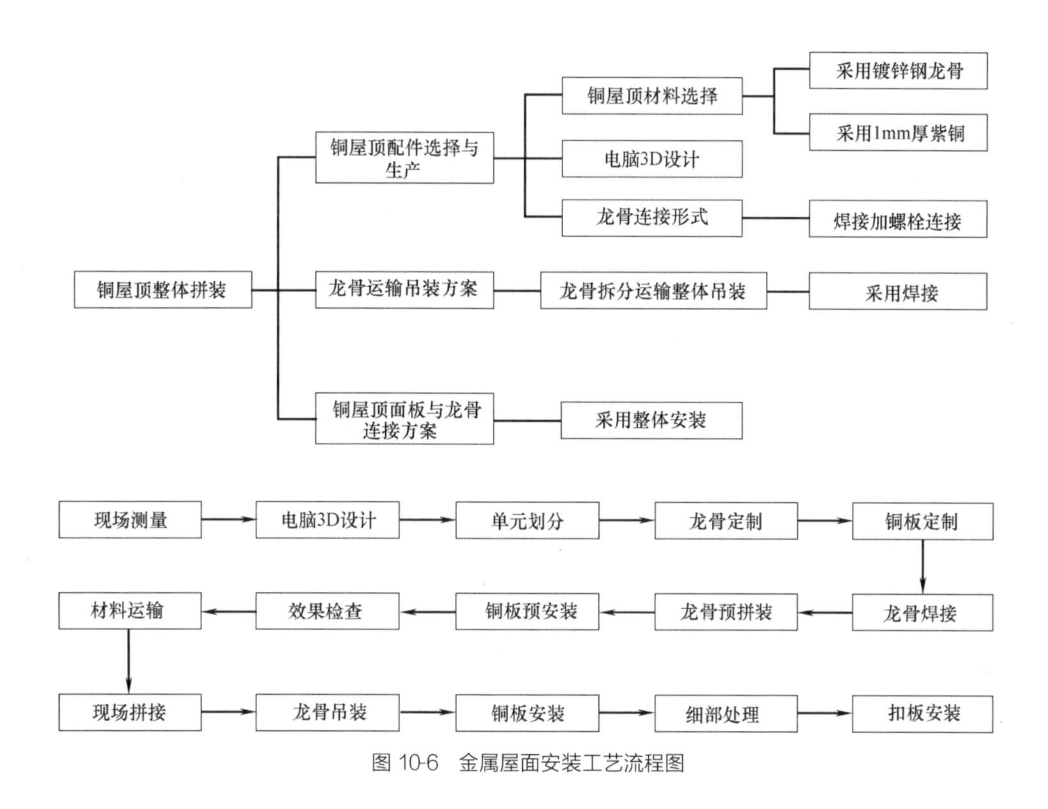

图 10-6　金属屋面安装工艺流程图

10.4.2　施工准备

1. 技术准备

1）熟悉设计图纸及相关施工验收规范的要求，编制施工方案、技术措施（或作业指导书）。

2）按照施工方案或作业指导书要求，进行技术交底、安全检查交底。

3）如果屋面结构复杂、节点处理特殊，应进行书面交底和口头交底，保留技术交底记录，并加强施工中监督检查的力度和频次。

2. 材料要求

1）金属铜板：原板多为热轧钢板和镀锌钢板。为提高钢板的防腐蚀性能和表面性能，须涂覆有机、无机或复合涂层，其中以有机涂层钢板发展较快，常用的有机涂层为聚氯乙烯，此外还有聚丙烯酸酯、环氧树脂、醇酸树脂等。涂层与钢板的结合方法有薄膜层压法和涂料涂覆法。金属铜板的主要用途可作屋面板和墙板等。

2）铝合金板：用于装饰工程的铝合金板，其品种和规格较多。从表面处理方法分，有阳极氧化处理及喷涂处理。常用的色彩有银白色、古铜色、金色等。从几何尺寸分，有条形板和方形板。条形板的宽度多为 80～100mm，厚度多为 0.5～1.5mm，长度 6m 左右。方形板包括正方形、长方形等。用于高层建筑的外墙板，单块面积一般较大，刚度和耐久性要求高，因而板要适当厚一些，甚至要加设肋条。从装饰效果分，有铝合金花纹板、铝质浅花纹板、铝及铝合金波纹板、铝及铝合金金属铜板等。

3）骨架材料：由横竖杆件拼成，主要材质为铝合金型材或型钢等。因型钢较便宜，强度高，安装方便，所以多数工程采用角钢或槽钢。但骨架应预先进行防腐处理。

4）固定骨架的连接件：主要是膨胀螺栓、铁垫板、垫圈、螺帽及与骨架固定的各种设计和安装所需要的连接件，其质量应符合要求。

5）金属板材：边缘整齐、表面光滑、外观规则，不得有扭翘、锈蚀等缺陷。

6）连接件及密封材料

自攻螺栓：6.3mm、45号钢镀锌、塑料帽。

拉铆钉：铝质抽芯拉铆钉。

压盖：不锈钢。

密封垫圈：乙丙橡胶垫圈。

密封膏：丙烯酸酯、硅酮密封膏。

3. 主要机具

1）裁割、加工、组装金属板等所需的工作台、切割机、成型机、折边机具、砂轮机、连接金属板的手提电钻、混凝土墙钻孔用电钻、钢板尺（1m长）、长卷尺、盒尺、锤子、各种形状圆、扁的钢凿子、铅丝、弹线用的粉线包、墨斗、小白线、手提砂轮、钳子、铁制水平尺、棉丝、笤帚、铁锹、开刀、灰槽、灰桶、工具袋、手套、红铅笔等。

2）施工机械

施工现场水平、垂直运输设备，视现场具体条件配置。

3）监测装置

施工主要监视测量装置：方尺、铝合金水平尺、靠尺、50m钢卷尺、3m钢卷尺、水准仪等。

4. 作业条件准备

1）型钢及各种配件进场后，要仔细核对其详细尺寸、规格、数量与安装图纸是否一致。

2）屋面钢结构已安装施工完毕，验收合格。上道工序已经完成并经检验合格。

3）用于安装屋面板的脚手架搭设完毕。所需材料、机具设备均已进场，并经复试、检验合格，可以使用。所需临时设施可以满足施工要求。

4）施工人员已经进行了技术、安全交底或相应的技术、安全培训。工作面已经清理干净，符合后续施工要求的条件；安全防护设施可以满足施工要求。

10.4.3 施工工艺流程

金属板材屋面施工工艺流程：

1）工艺流程：原则上是自下而上安装墙面。吊直、套方、找规矩、弹线→固定骨架的连接件→固定骨架→金属饰面板安装→收口构造。

2）吊直、套方、找规矩、弹线：首先根据设计图纸的要求和几何尺寸，对镶贴金属饰面板的墙面进行吊直、套方、找规矩，并一次实测和弹线，确定饰面墙板的尺寸和数量。

3）固定骨架的连接件：骨架的横竖杆件是通过连接件与结构固定的，而连接件与结构之间，可以与结构的预埋件焊牢，也可以在墙上打膨胀螺栓。因后一种方法比较灵活，尺寸误差较小，容易保证位置的准确性，因而实际施工中采用的比较多。应在螺栓位置画线按线开孔。

4）固定骨架：在骨架进行安装和固定之前首先要对其进行防腐处理。安装骨架位置应准确，结合牢固。骨架安装后，应全面检查中心线、表面标高等。对高层建筑外墙，为了保证饰面板的安装精度，宜用经纬仪对横竖杆件进行测量控制。变形缝、沉降缝等应妥善处理。

5）金属饰面安装：墙板的安装顺序是从每面墙的边部竖向第一排下部第一块板开始，自下而上安装。安装完该面墙的第一排再安装第二排。每安装铺设 10 排墙板后，应吊线检查一次，以便及时消除误差。为了保证墙面外观质量，螺栓位置应准确，并采用单面施工的钩形螺栓固定，使螺栓的位置横平竖直。固定金属饰面板的方法，常用的主要有两种：一是将板条或方板用螺丝拧到型钢或木架上，这种方法耐久性较好，多用于外墙；另一种是将板条卡在特制的龙骨上，此法多用于室内。板与板之间的缝隙一般为 10～20mm，多用橡胶条或密封胶弹性材料处理。当饰面板安装完毕，应注意在易于被污染的部位，需采用塑料薄膜覆盖保护。易被划、碰的部位，应设安全栏杆保护。

6）收口构造：水平部位的压顶、端部的收口、伸缩缝的处理、两种不同材料的交接处理等，不仅关系到装饰效果，而且对使用功能也有较大的影响。因此，一般多用特制的两种材质性能相似的成型金属板进行妥善处理。构造比较简单的转角处理方法，大多是用一条较厚的（1.5mm）直角形金属板，与外墙板用螺栓连接固定牢。

10.4.4　操作要求

1）测量放线

使用紧线器拉钢丝线测放出屋面轴线控制线的数量和位置，依据以上基准线在每个柱间钢梁上弹出用于焊接屋面檩托的控制线，并认真校核主体结构偏差，确认对屋面次钢结构型钢龙骨的安装有无影响。

2）内天沟安装

（1）天沟安装时，首先铺设保温棉，将保温棉带铝箔一面朝下即朝向屋内，铺设在双型钢龙骨间，天沟压在其上，卡在双型钢龙骨间，找正位置用自攻螺钉连接，保温棉连接用专用固定针固定。天沟板后一块压住前一块，互相搭接，用定位孔定位后，相互搭接处用不锈钢焊条焊接。天沟落水口等装完后，用切割机在相应位置开出泄水口，后将落水斗焊于其上（搭接焊），落水斗下安装落水管。

(2) 内天沟分段安装时，搭接应平整顺直；排水通畅，无积水。

天沟纵向坡度不应小于1%；天沟采用镀锌钢板制作时，应伸入铜板的下面，其长度不应小于100mm。

3) 屋面衬板吊装：确定吊装方法，常采用的吊装方法有逐件流水吊装、节间综合吊装、扩大节间综合吊装等。根据吊装方法安排吊装机械、吊装顺序、机械位置和行驶路线，按柱间、同一坡向内、分次吊装，每次6～7块衬板。

4) 型钢龙骨吊装、安装：屋檩安装时，首先按图将所需型钢龙骨运至安装位置下方，型钢龙骨使用吊装设备按柱间、同一坡向内、分次吊装。每次成捆吊至相应屋面梁上，每捆8～9根型钢龙骨，水平平移型钢龙骨至安装位置，檩托板另一根型钢龙骨采用套插螺栓连接；屋面檩撑安装，施工人员用小捶将探出头砸弯、固定。

5) 屋面衬板安装：衬板安装前，预先在板面上弹出铆钉的位置控制线及相邻补板相互搭接位置线。金属铜板的横向搭接不小于一个波距，纵向搭接不小于120mm。安装时4～6人一组配合安装，使用自攻螺栓进行屋面衬板的固定。

6) 滑动支架安装：滑动支架按设计间距，采用自攻螺钉与型钢龙骨连接，位置必须准确，固定牢固。

7) 保温棉的铺设：保温棉顺着坡度方向依照排版图铺设，相互间用专用固定针固定；保温棉安装时，应填塞饱满，不留空隙。

8) 屋面面板吊装、安装

依据屋面面板板型制作卡模，采用垂直运输设备逐块吊装。铺设铜板屋面时，相邻两块板应顺年最大频率风向搭接。屋面板端部通过板上孔位与型钢龙骨预钻孔相配就位和排列。金属铜板应采用带防水垫圈的镀锌自钻螺钉固定，固定点应设在波峰上。所有外露的自钻螺钉，均应涂抹密封材料保护。

金属板材屋面与立面墙体及突出屋面结构等交接处，均应做泛水处理。两板间应放置通长密封条；螺栓拧紧后，两板的搭接口处应用密封材料封严。

铺设首张板：首先定位第一张板，根据排版图及相应的型钢龙骨上的孔位确定屋面板位置；第一张板由山墙边靠近天沟处起装，用钢筋销子调整孔位，在靠近板内一排孔上打自攻螺钉，在天沟边上安装橡胶泡棉堵头，上下四周均用密封胶带，堵头用自攻螺钉与天沟及型钢龙骨固定。

屋面板与型钢龙骨连接：相邻一张板边相应地压在第一张板边上，在每个型钢龙骨相应的板材搭接处安装滑动支架，支架与型钢龙骨用自攻钉固定之后，支架勾住板边，后一张板压在其上。根据施工季节的不同，板材与滑动架连接的位置也要相应调整，春秋季节可安放在滑动支架的中间，夏冬季节可安装在滑动支架的任何一侧边缘。

屋面板的搭接：屋面长度方向的搭接均采用螺栓连接，连接处压密封胶条及打密封胶，防止渗漏，其接缝咬合严密、顺直。

屋面板材连接接头置于型钢龙骨正上方，相应两条板材长度方向的搭接缝应错开一个型钢龙骨距离且均匀布置。金属铜板与泛水的搭接宽度不小于200mm；铜板屋面的泛水板与突出屋面的墙体搭接高度不应小于300mm，安装应平直。

采光板的安装：采光板与屋面面板间连接，采用螺栓、密封胶条连接。安装时应在其下及四周增加堵头，挡住保温棉外露。另外在采光板两侧各加一固定板，用于固定采光板与相邻屋面板，用自攻钉固定。采光板与上下两张板的压紧顺序依照屋面坡度方向，采光板上部被上屋面板紧压，下部压紧下屋面板。在采光板上部需设不锈钢分水岭。

采光板与普通板的接头处压边留有1～2mm的间隙，应用密封胶封严。采光板下部的单面胶条不能漏压、挤出。

9）外檐沟安装

首先安装预制成型的角部密封圈，以便与山墙饰边和排水天沟轮廓相配。

在安装排水天沟之前，用预制成型的橡胶密封圈完全填满屋面板褶皱下的空隙。

在安装排水沟之前，先将预制成型的墙面密封钢条安装在墙面褶皱中。预制成型的墙面密封钢条可由0.6mm镀锌钢板制成。

檐沟安装时，铜板应伸入檐沟内，其长度不应小于150mm。

10）脊瓦（屋脊盖沿）、封檐铜板安装

屋脊盖沿下应塞实保温棉，两侧边屋面板在内侧用橡胶泡棉堵头堵住，保温棉堵头用密封胶带粘住，屋脊盖沿与屋面板连接用支件。

在安装屋檐饰边前，预制橡皮防水块应安装充满整个屋面板皱褶空隙。脊瓦、封檐搭接应严密、顺直。屋面为无组织排水时，金属板材屋面檐口挑出的长度不应小于200mm。

屋面平板形薄钢板与突出屋面的墙连接以及薄钢板与烟囱的连接，应按细部构造图施工。

屋面板锁边：屋面板间侧边的直立拼缝采用锁边机械锁边。操作前，首先用手动咬边机咬0.5m左右长度，然后把电动锁边机垫平放置于已锁完处，辊轮加锁紧处，开动锁边机，让其均匀往前锁边。

10.4.5　安装前准备

主体结构施工完成后现场测量放线，统计数据，进行深化设计。深化设计完成，工厂进行加工。在工厂将塔尖外皮铜板、内部中心圆形钢管和内撑钢骨架、基座、外圈钢骨架焊接加工成整体；塔身为分块编号加工好的外皮铜单板、内撑钢骨架、外圈钢骨架。运抵现场安装前，在工厂进行一次模拟拼接安装。

10.4.6　安装过程

1）复核现场预埋件的固定位置，复核铜屋顶的安装尺寸，埋板进行调整。汽车吊配合，仪器测量水平，现场按编号拼接骨架。

2）安装塔身。骨架吊装与主体埋板焊接。现场将塔身的内撑钢骨架焊接在已预先布置混凝土结构的埋件上，塔身的外圈钢骨架分块吊装焊接在内撑钢骨架上。

3）安装塔尖。塔尖吊装就位后，调整塔尖的高度和角度，塔尖内部中心圆形钢管底部的基座和四边斜撑镀锌方管钢骨架一起焊接在已预先布置混凝土结构的四边埋件上，即完成塔尖的安装。钢骨架焊接时应选择合理的焊接工艺及焊接顺序，以减小钢结构中产生的焊接应力和焊接变形。图中未标明的焊缝高度取较薄构件（板）的高度，焊缝长度为满焊。应保证切割部位准确、切口整齐，切割前应将钢材切割区域表面的铁锈、污物等清理干净，切割后应清除毛刺、熔渣和飞溅物。

4）吊装尖顶骨架，尖顶上部穿过立杆与下部固定方管焊接。焊接前应测量水平标高、垂直度、进出位。

5）吊装老虎窗上立柱。测好垂直度、标高、进出位后，安装老虎窗斜拉杆，斜拉杆焊接在预埋件上。

6）塔尖铸铝安装完成后，安装1段铜单板（铜单板的编号应和骨架的编号对应安装）。

7）安装20mm宽横向封条（先在槽内两端安装Z形固定件，然后再把密封条放入槽内，打孔、打拉钉）。

8）缝隙内塞泡沫棒，打硅酮密封胶，安装封口条（两侧打拉钉）。

9）安装竖向封口条。

10）安装2段铜单板（铜单板上的编号应和骨架的编号对应安装）。

11）安装横向密封条，安装竖向封口条（先在槽内两端安装Z形固定件，然后再把密封条放入槽内，打孔、打拉钉）。

12）吊装老虎窗尖顶，尖顶上部穿过立杆与下部固定方管焊接。骨架吊装与主体埋板焊接。

13）安装3、4段铜单板，安装竖向封口条（铜单板上的编号要和骨架的编号对应安装）。

14）安装完成后：撕去保护膜，外架拆除。

10.4.7 季节性施工要求

屋面施工应避开大风和雨雪天气，冰冻天气施工时要注意扫除屋面基层的霜。

10.5 质量标准

10.5.1 质量控制标准

1. 主控项目

1）金属板材及辅助材料规格和质量，须符合设计要求。

检验方法：检查出厂合格证和质量检验报告。

2）金属板材的连接和密封处理必须符合设计要求，不得有渗漏现象。

检验方法：观察检查和雨后或淋水检验。

3）铜金属屋面面板应在支承构件上可靠搭接，搭接长度应符合设计要求，且不应小于表 10-2 所规定的数值。

检查数量：按搭接部位总长度抽查 10%，且不应小于 10m。

检验方法：观察和用尺量。

铜金属屋面面板应在支承构件上的搭接长度　　表 10-2

项次	项目		搭接长度（mm）
1	相邻两块铜金属板搭接（截面高度≥70）		375
2	相邻两块铜金属板搭接（截面高度≤70）	屋面坡度＜1/10	250
		屋面坡度≥1/10	200
3	屋面金属铜板与泛水板的搭接		200
4	铜板屋面的泛水板与突出屋面的墙体搭接高度		300

2. 一般项目

1）金属板材屋面应安装平整，固定方法正确，密封完整；排水坡度应符合设计要求。

检验方法：观察和尺量检查。

2）金属板材屋面的檐口线、泛水段应顺直，无起伏现象。

检验方法：观察检查。

3）铜金属板屋面安装的允许偏差应符合表 10-3 规定。

检查数量：檐口与屋脊的平行度按长度抽查 10%，且不应少于 10m；其他项目，每 20m 长度应抽查 1 处，不应少于 2 处。

检验方法：用拉线、吊线和钢尺检查。

铜金属板屋面安装的允许偏差　　表 10-3

项次	项　目		允许偏差（mm）
1	屋面	檐口与屋脊的平行度	12.0
2		铜金属板波纹对屋脊的垂直度	L/800，且不应大于 25.0
3		檐口相邻两块铜金属板端部错位	6.0
4		铜金属板卷边板件最大波浪高	4.0

注：L 为屋面半坡或半坡长度。

10.5.2　质量保证措施

1）认真审图，单项工程施工前应编写专项施工措施、作业指导书等，并向操作人员进行交底。

2）加强工程施工过程质量监控，严格实行“三检制”，尤其是被列入关键工序和特殊过程的工序应从材料采购、进场检验、施工过程检查、重点难点、特殊工种持证上岗、机械设备管理、工序验收等各个环节予以全过程控制，保证工程质量。

3）加强对原材料质量的控制。严格按照质量标准进行采购，确保原材料合格并有出厂合格证和检测报告等质量证明文件，进场后应对需要检验和试验的材料按批量进行抽检试验。

4）检测计量器具应统一配备，确认所有施工及检查、验收的计量设备经国家法定计量检测机构检测合格并在有效期内。计量设备应按使用说明书和有关规定进行操作，并定期进行保养维修。

5）所有的特殊工种，如质检员、测量员、材料员、安全员、焊工、起重工等必须经过岗位培训，取得上岗证方可上岗。电焊工必须进行实际操作，考核合格后方可参与施工。

10.5.3 其他质量控制要求

1）金属铜屋面铜板由滚压成型制成，宽度主要有600mm、620mm、650mm、720mm、750mm、900mm等规格；长度依据制造商设计图纸，如现场加工成型最长可达48m，标准长度只受运输的限制。应按设计要求采购。

2）保温隔热层的材料品种、厚度、密度等应符合设计要求。常用的保温层有玻璃丝棉、自熄型聚苯乙烯塑料或聚氨酯泡沫塑料等。

3）型钢龙骨及系杆型钢龙骨及系杆拉结材料是金属板材屋面的支撑系统。应符合设计要求。

4）紧固件主要是膨胀螺栓、铆钉、自攻螺钉、垫板、垫圈、螺帽等板材与板材、板材与骨架固定连接的各种设计和安装所需要的连接件。应符合设计要求。

5）屋面金属板材轻而薄，应采用专用吊装工具。吊点的最大间距不宜大于5m。吊装时需用软质材料做垫，以免勒坏金属板材。

10.5.4 屋面板、配件质量要求

1）金属铜板进场后应对外观进行检查。其边缘应整齐、表面光滑、色泽均匀；外形规则，不得有扭翘、脱膜和锈蚀等缺陷。必须有出厂合格证及检测报告。

2）保温隔热材料的导热系数、密度等质量要求及检测报告必须与设计要求相符。

3）型钢龙骨及系杆：主要材质冷轧镀锌型钢。型钢厚度、刚度必须符合设计要求。

4）紧固件：膨胀螺栓、铆钉、自攻螺钉、垫板、垫圈、螺帽等板材与板材、板材与骨架固定连接的各种连接件，应是镀锌件，防止锈蚀。

10.5.5　屋面板安装要求

1）板与板连接接头处的螺栓拧紧力不能过大，防止螺栓被拧断，使该处成为漏水点。

2）屋面板材水平、垂直方向的螺钉应保证在一条线上，并且螺钉等距。

3）在安装了几块屋面板后应采用仪器检查屋面板的平整度，以防止屋面凹凸不平，出现波浪。

4）在采光板与钢架梁发生冲突的部位，应将采光板位置移动（此点在设计期间应引起注意）。

10.5.6　保温棉安装要求

1）连接保温棉的双面胶带应揭掉，破损的保温棉不能使用。

2）拉保温棉的张力不可太大，应适度。在用钎子将保温棉进行临时固定的时候，为了减少由于拧栓钉的力矩使该点的保温棉旋转从而产生褶皱，可用钎子拨一拨该点的保温棉。

3）为了保证保温棉的美观，要清除多余胶条。

10.5.7　施工中的质量问题分析

1）漏：饰面板不漏是其主要功能，应加以保证。从安装一块饰面板起，就必须严格按照规范、规程认真施工，尤其是收口构造的各部位必须处理好，质检部门检查应及时到位。

2）打胶、嵌缝：这与漏有非常密切的关系。据不完全统计，打胶、嵌缝造成渗漏和返工，占玻璃幕墙、金属饰面板和铝合金门窗安装工程量约 30%，因此应重视打胶、嵌缝这道工序。

3）分格缝不匀、不直：主要是施工前没有认真按照图纸尺寸核对结构施工的实际尺寸，加上分段分块弹线不细、拉线不直和吊线检查不勤等造成。

10.6　产品防护

10.6.1　施工准备及成品保护

1）金属彩板垂直、水平运输时，所用的卡具、架子车必须捆绑棉毡，安放牢固。严禁拖滑彩色钢板。

2）钢板的堆放场地应平坦、坚实，且便于排除地面水。堆放时应分层，并且每隔

1～2m 加放垫木。

10.6.2 施工时成品保护

及时清理屋面板上杂物，避免工具、配件坠落，造成彩板漆膜损坏。

瓦屋面完工后，应避免屋面受物体冲击。严禁上人或堆放物件。

10.7 安全管理措施

1）做好安全技术交底。

2）高空作业人员须做好个人安全防护，必须佩戴安全帽、安全带。

3）特种作业人员持证上岗，不得越级指挥和跨工种操作。

4）做好高空临边防护设施。

5）屋面板垂直运输设专人指挥，绑扎牢固，禁止单点起吊。

6）电气设备采用三相五线制供电，配电及用电作业须遵守用电操作规程，不得私拉乱接。

7）遇有大风、雨雪等恶劣天气，禁止高空作业。

10.8 环境保护措施

1）节材措施。现场建立材料管理台账，记录材料进货日期和价格，建立领料耗用制度，并在施工过程中监督材料使用情况，遏制浪费，节约材料。

2）节水措施。为提高工程施工水资源的利用，对各施工环节以及生活用水进行合理计算和计划，并在施工过程中建立奖惩措施。

3）节能措施。施工现场合理布置电缆，选用机械设备，提高设备满载率，夜间照明设备专人管理，现场照明由专人控制，定时开启和关闭，达到节能标准。办公区项目管理人员，离开办公室随手关闭电源，采光较好时不开灯。办公室内安装空调，在夏季高温季节，室内温度控制不低于 26℃。生活宿舍内统一使用 36V 安全电压，并有专人负责，上班后统一关闭宿舍照明，下班后再统一开启。

4）节地措施。合理规划施工用地，各类材料的堆放位置做到事先计划，对用作材料堆放场地以及搭建材料仓库应事先通过计算确定面积。材料堆放与使用应最大限度地缩短场内运输距离，避免二次搬运；施工现场临建的布置及现场绿化，都要精确计算，充分体现节地的意义。

5）环保措施。合理安排工序，采用环保低噪的施工机具。统一管理现场废水、废气、生活及建筑垃圾。

10.9　金属屋面效果（图 10-7）

(*a*)

(*b*)

(*c*)

(*d*)

图 10-7　金属屋面一

(e) (f)

(g)

(h) (i)

图 10-7 金属屋面二

(*j*)

(*k*)

图 10-7　金属屋面三

11

第11章

檐沟落水系统施工技术

11.1　檐沟落水系统概况

檐沟落水系统是屋面系统不可分割的组成部分，是欧式建筑的重要构成。在满足屋面排水功能的同时，也成为别具一格的立面装饰线条。

檐沟因其长久地悬挂于房檐之上而凸显它的价值，在安装正确的前提下，檐沟对建筑物的保护作用是持久的。檐沟可以保持地下室以及居住空间的干燥，防止墙壁受雨水侵蚀，也可以防止门窗和雨水接触，减少生锈腐蚀。

檐沟落水系统种类繁多，按照材质分类，有铝板、钢板、不锈钢板和铜板等不同材质。选择檐沟时应考虑很多因素，其中最重要的就是美感和耐用性。铜质檐沟是一种具有典型代表性的檐沟落水系统，它色泽亮丽、不易生锈、不用喷漆。铝制、不锈钢檐沟比较坚固而且不会生锈，能够经受时间的考验，多年保持亮丽的色泽（表 11-1）。

檐沟按照构件组合分类，还可以分为组合式檐沟和无缝檐沟，组合式檐沟需要焊接然后安装。安装的组件可随意安排组合选择。组合式檐沟包含封盖、转角、下水器、落水管。铝制（或铁制）组合式檐沟，配合房屋设计特点，可选择多种不同的颜色，采用喷涂、辊涂、拉丝等多种表面处理工艺。铜质檐沟一般采用原色，或进行铜锈化处理，随着时间的久远而愈发沉稳。

经过长期的发展及改良，落水系统从传统的半圆形逐渐演变出 K 形、方形甚至是具有装饰性的檐沟。在欧洲及美国西部，尤其是意大利南部的托斯卡纳，法国南部的普罗旺斯以及美国的南加州地区，习惯使用半圆形的檐沟搭配圆形落水管。美国东部及中部地区人们喜欢 K 形檐沟搭配方形落水管。在澳洲和日本，喜好前圆后方，或者前高后低的半圆形檐沟（图 11-1～图 11-3）。

图 11-1　美国东部地区 K 形檐沟搭配方形落水管

图 11-2　意大利托斯卡纳半圆铝制檐沟

11.1.1　檐沟落水系统组成

檐沟落水系统主要由天沟、下水器、落水管三大部分构成（图 11-4）。

(a) (b)

图 11-3 日本半圆铜制檐沟

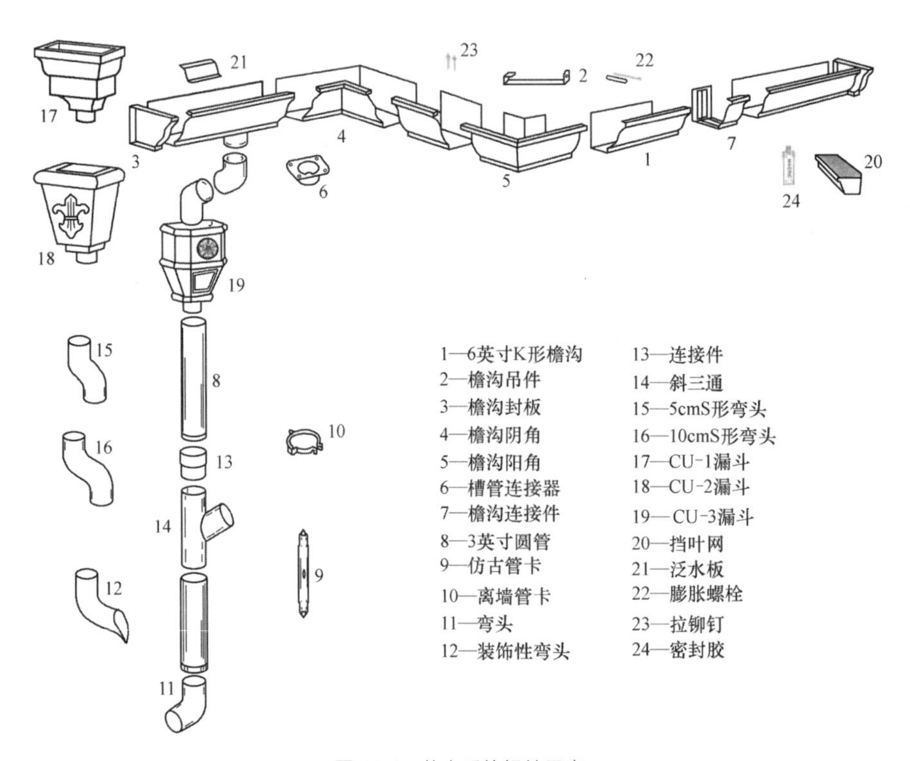

图 11-4 落水系统组件示意

根据形制一般分为半圆、方形两种类型，并有不同的落水系统组成配件。落水系统组件在建筑物适用部位如表 11-1、图 11-5 所示。

落水系统组件构造表 表 11-1

项次	部位	部配件
1	檐沟部分	檐沟、封板、檐沟连接件（K形檐沟可不用，半圆形檐沟必须用，否则会出现檐沟变形）、阴阳角、吊件、托架
2	落水管部分	槽管连接器、落水管、弯头、斜三通、管卡
3	其他配件	雨水漏斗、挡叶网、雨链

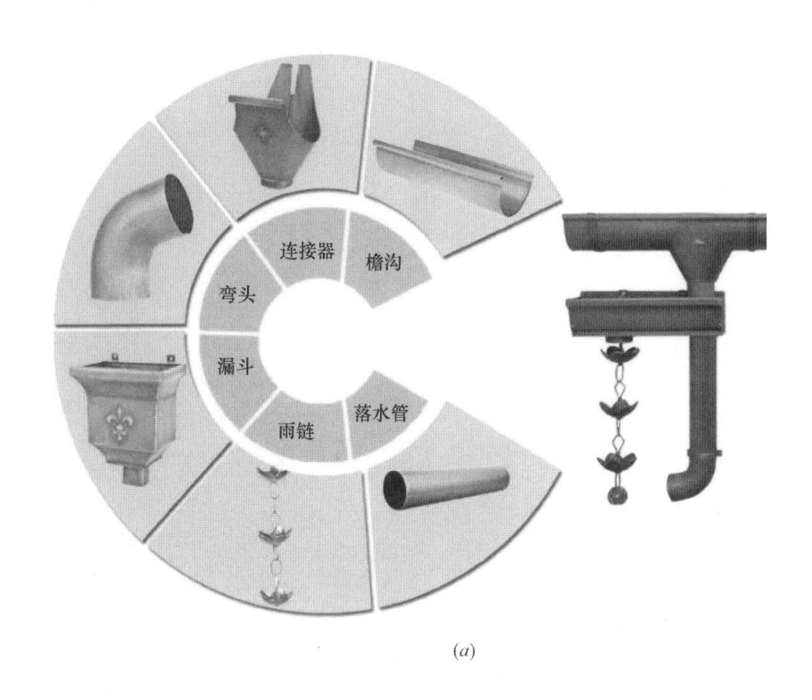

(a)

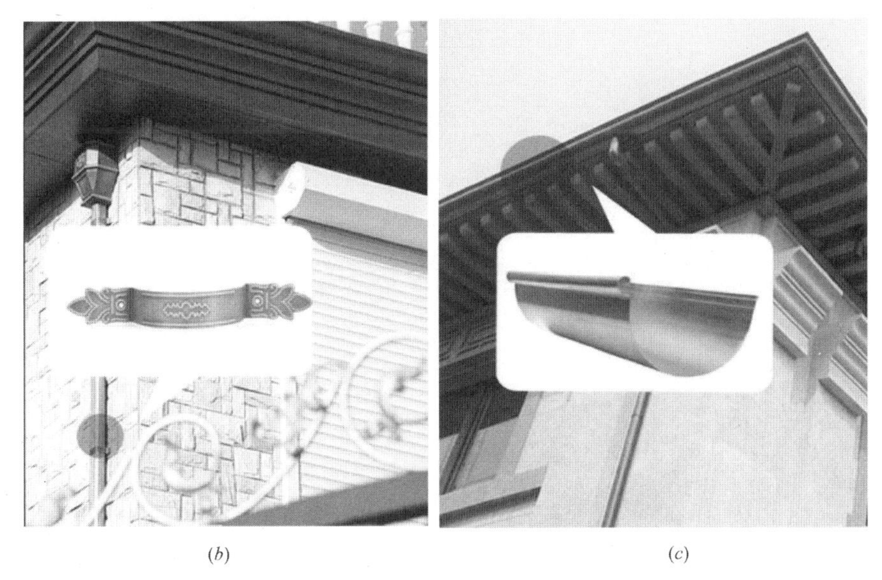

(b)　　(c)

图 11-5　落水系统组件建筑物适用部位一

(a) 落水系统组件建筑物适用部位示意；(b) 管卡；(c) 檐沟

图 11-5 落水系统组件建筑物适用部位二

（d）连接器；（e）弯头；（f）落水管

(g)

(h)

图 11-5　落水系统组件建筑物适用部位三

（g）挡叶网；（h）雨链（选用）

11.1.2　檐沟落水系统深化设计

1. 檐沟落水系统深化设计总体思路

檐沟落水系统深化设计时，需要考虑以下几个方面：

1）性能可靠，能够长期有效抵御外部环境的侵蚀。

2）必须在多变气候下不变形。

3）檐沟和落水管的尺寸能够满足屋面排水的要求。

4）系统完整，构件配置合理，材质符合相关标准要求。

5）与建筑风格配合得当。

6）系统排水量、荷载是否满足要求，包括：① 排水顺畅，有效处置雨水、雪水；②疏导雨水远离建筑物；③降低地下室渗漏及过道、花园受损的可能性；④强度高，可承载厚积冰积雪；⑤室外气温变化时热胀冷缩幅度小。

7）符合建筑物特点、特色的组件风格设计。

2. 落水系统材质选择

落水系统材质选择应根据建筑设计特点以及使用年限综合考虑，檐口落水系统材质不同，优缺点对比如表 11-2 所示。

檐沟落水系统材质对比　表 11-2

项次	落水系统材质	优　缺　点
1	铝合金材质	价格较高，性能优越，常用于别墅、公寓、多层、公共建筑等
2	铜材质	价格高昂，性能优越，常用于高端别墅、会所等
3	彩钢材质	耐腐蚀，使用寿命长，普遍用于工业厂房
4	钛锌板材质	良好的延伸性能和抗拉强度，多用于金属屋面、高档公寓等
5	PVC 材质	价格适中，性能优越，应用较为广泛，常用于轻钢别墅低层落水系统

3. 铝制落水系统表面涂装

除铜、钛锌檐沟以外，铝制檐沟落水系统应采用预辊涂和粉末喷涂两种工艺为檐沟系统组件表面涂装着色，根据涂层材料的表面视觉肌理和材料耐候性能选择不同的工艺。喷涂、辊涂工艺对比如表 11-3 所示。

喷涂、辊涂工艺对比　　表 11-3

项目	对　比
区别	①涂漆的方法工艺不同 辊涂是在基材还是卷状时，在流水线上通过酸洗、矫平等程序，根据要求的漆层厚度，由电脑控制，通过几烤几烘，在相对密闭的空间内完成。辊涂后就是一卷卷带漆层的铝板。可直接加工成彩铝落水产品；喷涂是在铝板折弯成檐沟等成型后，再用喷枪上漆。 ②辊涂有背涂，喷涂没有。 ③涂层：辊涂是 3 个涂层：面涂是显示颜色的涂层；底涂为面涂和铝板之间的涂层，增强面层和铝板粘结的牢固度；背涂为铝板背面的防腐涂层，增强彩涂板的防腐能力。喷涂只有一层手工面层。 ④烘烤：辊涂一般为两次烘烤（以上惯称三涂两烘），喷涂为一次烘烤
优点	①喷涂工艺：生产效率高，适用于手工作业及工业自动化生产，是涂料应用最普遍的一种涂装方式；喷涂作业时环境要求有无尘车间，喷涂设备有喷枪，喷漆室，供漆室，固化炉/烘干炉，喷涂工件输送作业设备，消雾及废水、废气处理设备等。漆膜光滑平整，而且薄厚均匀。 ②辊涂工艺：高速自动化作业，涂装速度快，生产效率高，生产速度一般为 100mm/min 左右，最高可达 244mm/min；不产生漆雾，没有漆雾飞溅，涂着效率接近 100%；低黏度和高黏度都适应，可以进行 3～5μm 的薄膜到 300～500μm 的厚度各种膜厚的涂装。可以较准确地控制漆膜厚度，且厚度均匀一致；正面和背面可以同时涂装
缺点	①喷涂工艺：喷涂中产生高度分散的漆雾，浪费较大，污染空气不环保。 ②辊涂工艺：只适应平面涂装，不适应其他形状的被涂物；由于辊涂机采用统一的涂料循环输送、回收系统、涂料的投入量大，所以不适宜多品种的小批量生产；涂装工艺条件如控制不当，漆膜易产生辊痕

落水系统表面涂装颜色根据建筑设计师确认的外观效果图为准。

4. 立面设计及平面设计

根据建筑设计师确认的立面效果图，进行立面落水管布置设计和屋面檐沟排布设计；发现设计不合理部位进行优化；根据雨水情况进行落水管管径大小优化。

5. 檐沟、落水管细部节点设计

根据已经完成的落水管立面布置图和屋面檐沟平面图进行落水管细部节点设计。通用节点如图 11-6、图 11-7 所示。

1）落水管与墙体固定的连接方式确认；

2）檐沟与檐口连接固定方式；

3）檐沟与落水管连接部位（落水斗的连接方式）；

4）落水管之间的连接方式（弯折处连接方式、立管连接方式、入地部位连接）；

5）檐沟之间的连接方式（转角部位连接方式、一般部位连接方式）；

6）檐沟细部设计。

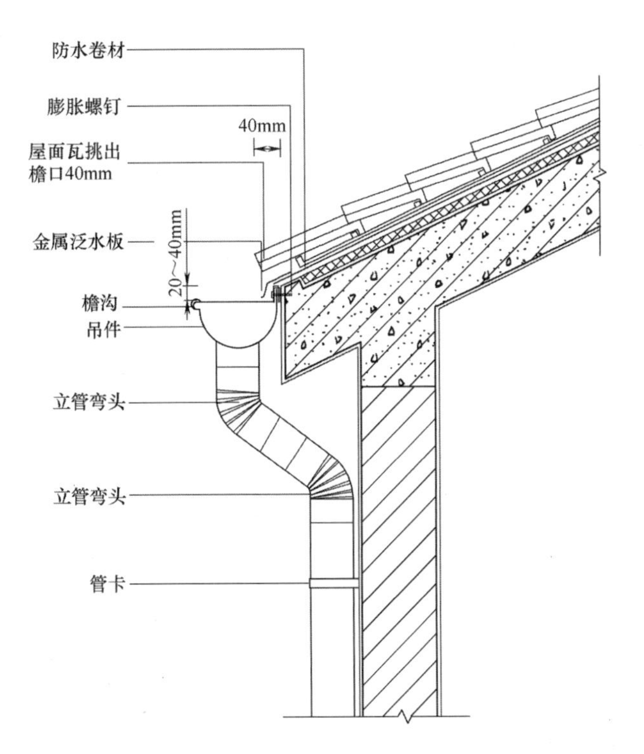

图 11-6　檐沟处落水系统通用节点

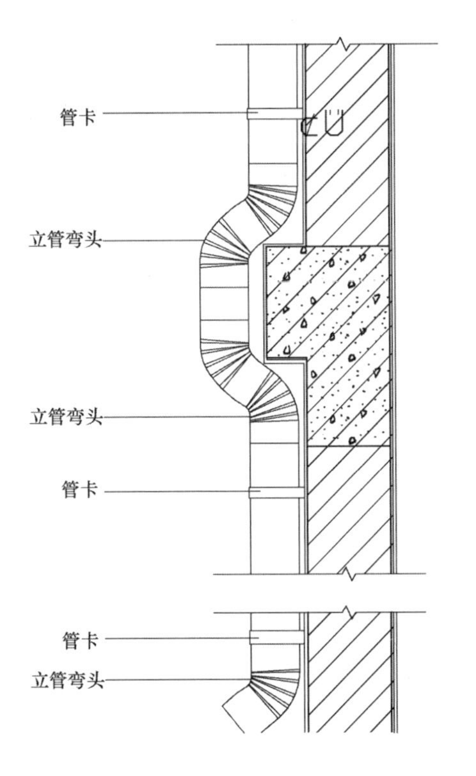

图 11-7　墙面落水立管通用节点

6. 特殊部位节点设计（特殊节点）

欧式建筑外立面复杂，个别檐口部位悬挑长度可能较大，屋面结构比较复杂，外墙面包含灰泥、砌筑石材、干挂石材、湿贴石材、砖幕墙等多种装饰形式，墙面除了通用节点外还有大量的特殊节点需要进行设计：

1）大悬挑部位的落水管固定；

2）各种造型的落水斗设计；

3）圆弧部位设计；

4）外墙连接方式。

7. 落水系统汇水量设计计算

檐沟落水系统设计根据排水方式分为外排、内排两种。

外排形式的排水方案应用于外挂檐沟形式的欧式建筑，整个系统分为四大体系：集水体系、溢水型导水体系、大排量排水体系及防堵体系。汇水量设计计算时按重力流排水，根据建筑总体排水设计，按5～10年重现期计算汇水量，为了防止雨水堵塞或超过暴雨强度的情况下，导水溢水体系会发挥更大的优势。参照《屋面构造图集》01J925-1及根据汇水面积计算。

内排式的排水方案应用于折坡屋面中部内天沟，屋面外伸女儿墙内天沟等部位。整个系统分为五大体系：集水体系、溢水型导水体系、大排量排水体系、防堵体系、防伸缩体系。设计计算时按压力流排水，根据10年重现期计算汇水量，在南方地区，为了防止雨水堵塞或超过暴雨强度的情况下，建议增设虹吸雨水头，利用虹吸原理使雨水管处于满流状态，排水量比同直径重力流排水增加2～3倍。此方案中导水溢水体系与集水体系连接使用。此外，考虑到金属热膨胀特点必须设计专门的伸缩节组件，保证整体安全性。参照《屋面构造图集》01J925-1及根据汇水面积计算。

11.2 檐沟落水系统施工准备

11.2.1 作业条件准备

1）屋面檐口处防水层已施工并经验收合格；檐口立面要求平整干净，不得有孔洞、裂缝、凹凸不平和起砂等现象。施工前先用铲刀和扫帚将基层房屋檐口表面的起凸物、砂浆等异物铲平，将杂物彻底清除干净，防止落入檐沟。

2）建筑物外墙粉刷完成，工序交接已确认满足水落管安装要求。

3）管材管件等已在现场检验合格，外购配件和原材料应有出厂合格证并经验收合格。

4）安装脚手架已搭建并经验收合格，安全可靠，符合使用要求。

5）根据工程规模和工程量大小合理安排工序及作业面，确定施工人员。

6）安全保证体系健全，文明施工措施到位，施工人员均已接受交底并持证上岗。

11.2.2　施工技术准备

1）熟读施工图纸，明确施工要求。

2）编制单项施工方案，在方案中明确技术、质量控制要点，必要时制作大样图。

3）对施工人员进行技术、质量、安全交底。

11.2.3　物资准备

1）依据施工图计算所需材料数量，编制材料计划，组织材料分期分批进场。

2）进行材料进场验收，管材管件等均应符合标准要求，并有产品出厂合格证明。

3）落水构件材料、连接件等质量均应符合设计及规范要求。

11.2.4　施工设施准备

1. 施工机械

施工机械有台钻、电焊机、电锤、型材切割机、收口机、角向磨光机、手用钢锯、手锤、折尺、接线板、錾子、捻凿、扳手、钢丝钳、不锈钢剪刀、螺丝刀等。

2. 监测装置

监测装置有工程检测尺、水平仪、经纬仪、靠尺、50m 钢卷尺、5m 钢卷尺、3m 钢卷尺等。

11.2.5　劳动力准备

开工后，根据实际情况优化劳动力组合。施工人员培训后方可上岗。

11.3　檐口落水系统施工工艺

11.3.1　工艺流程

现场测量放线→檐沟组装→檐沟安装→确定落水管位置→落水斗安装→管卡安装→落水管拼接→二层上落水管安装→打胶→一层落水管安装→打胶。

檐口落水安装施工示意图见图 11-8。

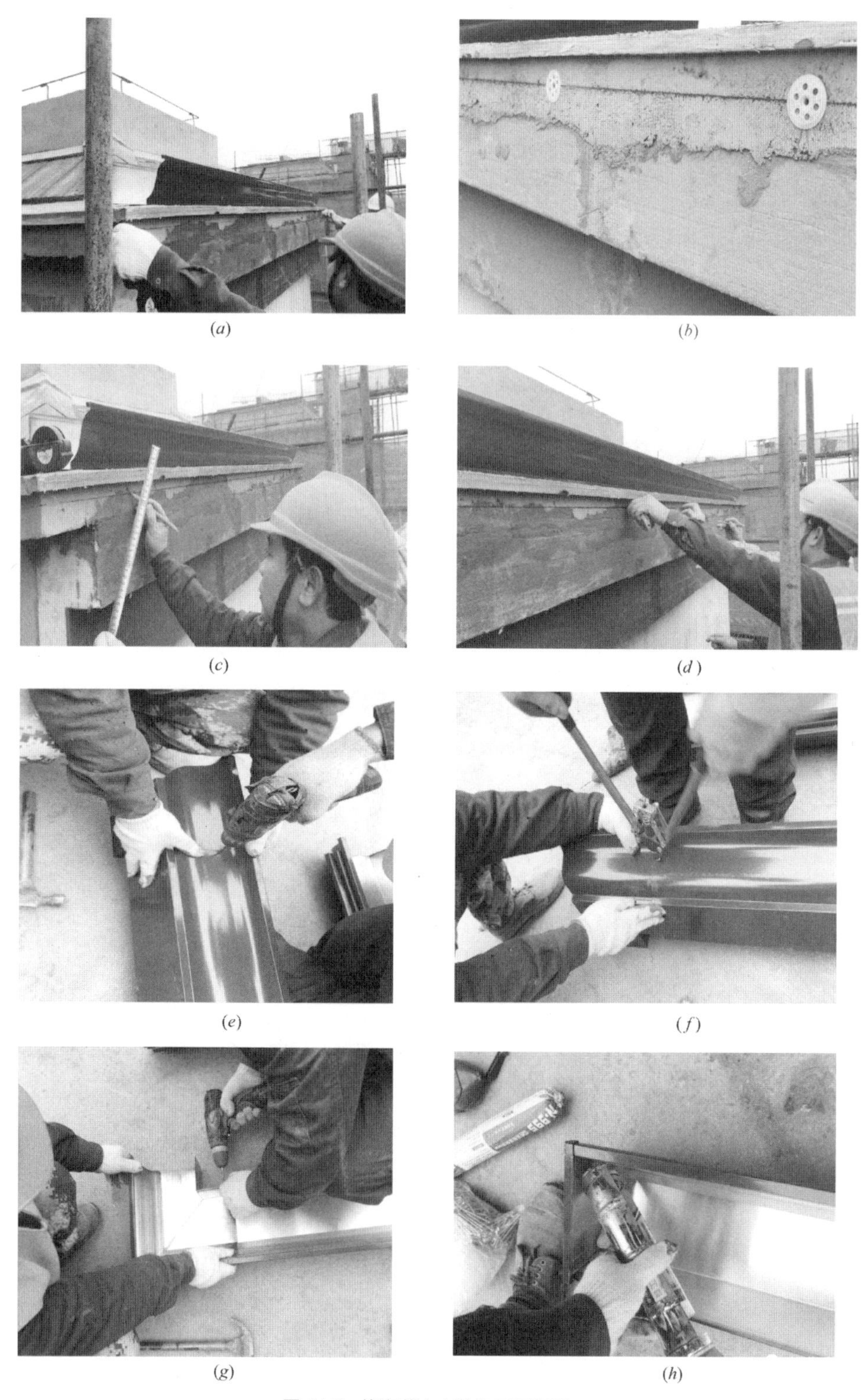

图 11-8 檐沟落水安装施工示意图一

(*a*) 檐沟安装基层面找平；(*b*) 弹檐沟安装控制线；(*c*) 檐沟安装排尺；(*d*) 檐沟托架定位；
(*e*) 檐沟拼接施工；(*f*) 拉铆钉加固；(*g*) 转角檐沟连接；(*h*) 檐沟端头封盖安装

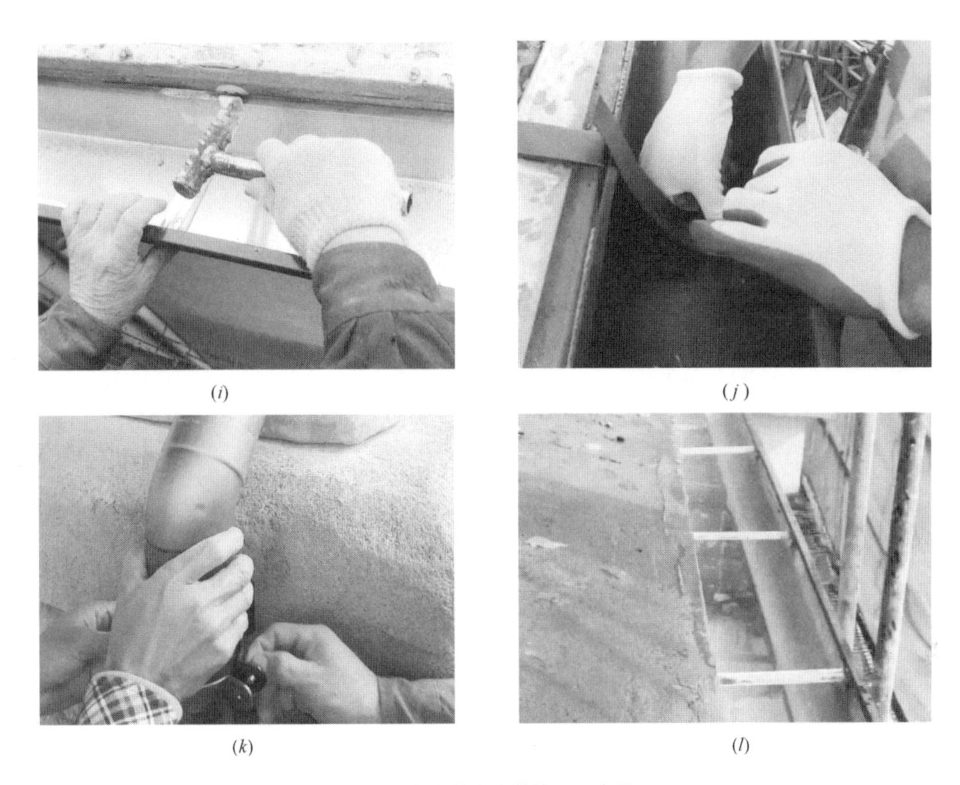

图 11-8　檐沟落水安装施工示意图二

（*i*）檐沟上口连接件固定；（*j*）檐沟上口连接件安装；（*k*）落水管安装；（*l*）灌水试验

11.3.2　施工操作要点

1. 檐沟安装

1）确定落水管位置，测量檐口长度

（1）根据建筑设计、建筑外立面、屋面形状以及门窗位置等因素选择合理的落水管位置；

（2）测量房屋 GRC 檐口、石材檐口的长度、形状，做好记录。

2）弹天沟安装线

（1）天沟安装线即固定天沟的标准线，为保证天沟排水功能正常，天沟必须向落水口方向倾斜；

（2）在檐口下 10mm 处弹一条水平辅助线；

（3）根据落水管的位置，在檐口下方确定天沟安装的最高点（此点距屋面瓦的距离应根据屋面瓦选定，一般为 30mm）；

（4）从最高点向落水口方向按照 1‰的坡度弹天沟安装线，以此线为标准安装天沟。

3）确定檐沟长度

（1）本段檐口如果为直线，则檐口与天沟等长；

（2）如果檐口长度大于天沟，则天沟需要分段连接，连接处天沟重叠 20mm；

（3）如果天沟方向有外转角，天沟长度大于檐口长度：每增加一个 90°的转角，天沟比檐口长 130mm，每增加一个 135°的转角，天沟比檐口长 70mm。

4）组装檐沟（图 11-9）

（1）根据屋面形状及测量的檐口长度，进行分段檐沟的裁切及连接工作；

（2）在檐口长度大于檐沟长度时，需要连接檐沟。

材料裁剪应考虑搭接重叠部分的 30mm，在其中一段檐沟的连接端头制作连接切口，裁去檐沟端头侧边顶部的 30mm，在檐沟底边沿着侧边裁切 30mm 豁口，把带有连接切口的檐沟搭在另外一段檐沟的上侧，并按坡度方向顺坡搭接，最后按先底面后侧面的顺序进行铆固。

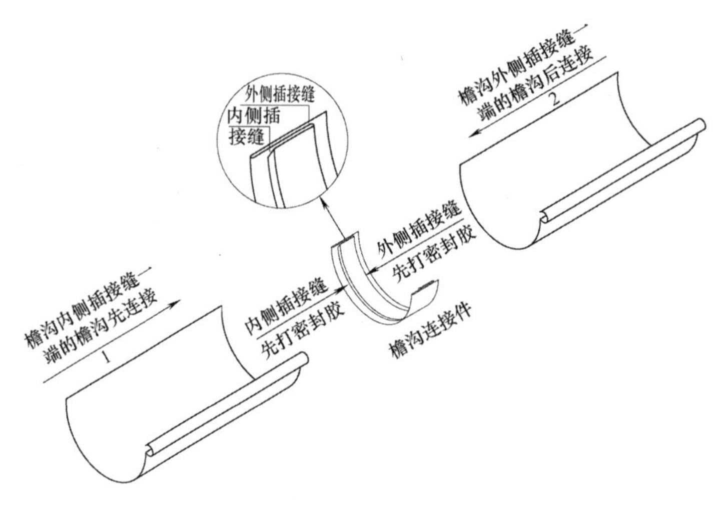

图 11-9 檐沟组拼

5）裁剪内外转角

裁切斜角，在地面工作区先把转角连接件铆接在一侧的檐沟斜角上。转角另一侧的檐沟待天沟固定时，在檐口上连接。

6）在檐沟上安装吊接器，按照顺序插入并且掌握好间距，两只相邻吊接器的距离为 600～800mm，按照间距用电钻在弹线位置钻孔，并敲进膨胀管。

7）安装端头封盖

檐沟裁切后，端头组装封板，用 3 个铆钉在正面、底面和背面铆接。

8）檐沟安装

将檐沟放在弹线位置，调整好，然后用自攻丝固定。遇上转角，连接部位要固定好，然后做好密封。

9）安装天沟铝合金托架

（1）沿天沟导向线从端头向后 300mm 处向下 20mm 设置一个膨胀孔，天沟内壁上沿与导向线平齐，孔径 8mm，深度≥40mm；

（2）铝合金托架的分布：从端头开始把第一个铝合金托架安装在天沟上，转角处设置一个铝合金托架，落水口处设置一个铝合金托架，在天沟方向上两个铝合金托架的最大间距不得大于 600mm（具体位置根据檐口三角架调节）。

10）根据天沟安装线进行天沟安装。安装完成后檐沟与檐口交接部位打胶处理。

2. 落水管安装

1）制作落水口（图 11-10）

根据落水管的位置，确定落水口在分段檐沟上的位置，在底边冲一个直径 80.5mm 的原型，套上落水器，打上拉钉。

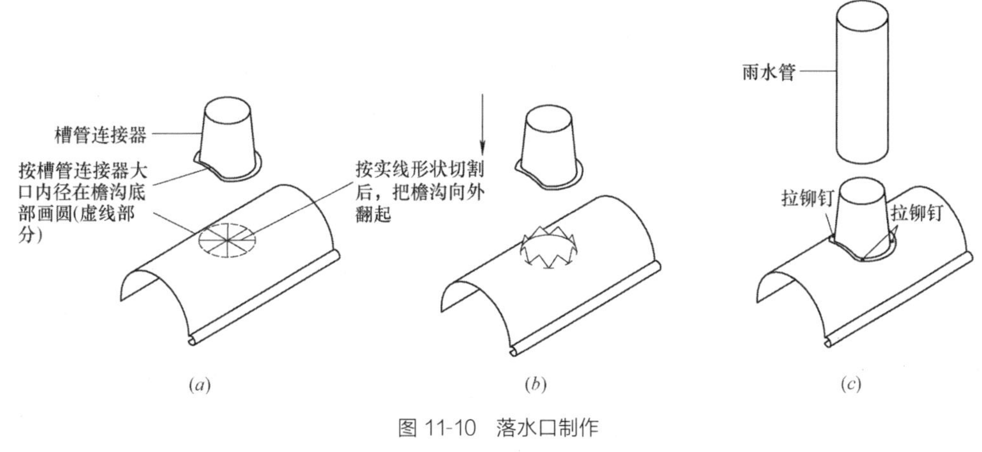

图 11-10　落水口制作
（a）第一步；（b）第二步；（c）第三步

2）安装弯头

根据落水管位置，把弯头铆接在制作好的落水口上。

3）确定管卡位置

根据落水管位置，用线坠确定管卡位置，两个管卡最大间距不得大于 1500mm，与天沟连接的弯头下方设置一个管卡，落水管连接处设置一个管卡，落水管距下端 300mm 处设置一个管卡。

4）安装管卡

在墙壁上确定的管卡位置处使用电钻打孔，植入 M8SUS316 不锈钢螺栓固定管卡。

5）裁切落水管

根据落水管位置计算落水管长度裁切，插接部分重叠 30mm，裁切过的落水管，如果需要插入到下方的落水管，落水管扩口要向上，方便上方管对接，完成后使用铆钉固定，落水管连接处设置管卡。

3. 填充密封防护

1）天沟安装完毕，对转交接处、分段铆接处、封板铆接处进行密封。

2）确定密封处清洁无杂物。

3）用胶枪将胶打到需要处理的缝隙处，然后使用刮板从一端开始沿一个方向抹平。

4）密封胶的厚度不得小于 2mm，宽度在缝隙向两侧分别延伸 10mm，拉铆处必须使用胶全部封闭。

5）胶缝应连续均匀一致，光滑顺直。

4. 落水管的连接

把管卡两翼包围在落水管上，在落水管正面用拉铆钉把管卡和落水管固定在一起。上下两支雨水管连接时，需用力使两支雨水管连接处密合。

5. 防水密封施工

1）檐沟安装完毕，对转角连接处、分段铆接处、封板铆接处进行密封。应保持密封处清洁无杂物。

2）采用中性硅酮外用结构胶。采用胶枪将胶挤到需要密封的缝隙处；用手或刮板从一端开始沿接缝抹平；为防止漏水，最后在檐沟下底部弯角处横向抹平。密封胶应连续均匀，薄厚一致，光滑顺直。

3）胶的厚度不小于 2mm，宽度在缝隙向两侧分别为 10mm。拉铆钉必须用胶全部封闭，范围在拉铆钉外围不小于 0.5mm。

11.4 檐沟落水系统质量标准

11.4.1 主控项目

1）屋面天沟、檐沟的排水坡度、防水构造，必须符合设计要求。

检验方法：用水平仪（水平尺）、拉线和尺量检查。

2）选用的雨水管及配件应符合国家现行标准和设计的要求，雨水管道采用伸缩管，其伸缩节安装应符合设计要求。

检验方法：对照检查材质合格证明文件及图纸。

3）檐沟水平方向敷设坡度，悬吊式雨水管敷设坡度不得小于 5‰。

4）雨水管道安装后应做灌水试验，灌水高度应到每根立管上部的雨水斗。

检验方法：灌水试验持续 4h，不渗、不漏为合格。

5）埋地雨水管道的最小坡度，应符合表 11-4 的规定。

地下埋设雨水管道的最小坡度　　表 11-4

项次	管径（mm）	最小坡度（‰）
1	50	20
2	75	15
3	100	8

续表

项次	管径（mm）	最小坡度（‰）
4	125	6
5	150	5
6	200～400	4

检验方法：水平尺、拉线尺量检查。

11.4.2　一般项目

1）附加防水层在天沟、檐沟与屋面交接处的空铺宽度应满足设计要求。

检验方法：尺量检查。

2）防水收头的密封嵌填应严密，连续、饱满、粘结牢固、无气泡、无开裂、无脱落。

检验方法：观察检查。

3）接水器、雨水斗管的连接应固定在屋面承重结构上。连接管管径当设计无要求时，不得小于 100mm。

4）檐沟、雨水管道安装檐沟、雨水管道安装的允许偏差和检验方法按表 11-5 执行。

5）雨水管道不得与生活污水管道相连接。

檐沟、雨水管道安装的允许偏差和检验方法　　表 11-5

<table>
<tr><th>项次</th><th colspan="4">项　目</th><th>允许偏差（mm）</th><th>检验方法</th></tr>
<tr><td>1</td><td colspan="4">坐　标</td><td>15</td><td rowspan="8">用水准仪(水平尺)、直尺、拉线和尺量检查</td></tr>
<tr><td>2</td><td colspan="4">标　高</td><td>±15</td></tr>
<tr><td rowspan="6">3</td><td rowspan="6">横管纵横方向弯曲</td><td rowspan="4">金属管</td><td rowspan="2">每 1m</td><td>管径≤100mm</td><td>1</td></tr>
<tr><td>管径＞100mm</td><td>1.5</td></tr>
<tr><td rowspan="2">全长（25m 以上）</td><td>管径≤100mm</td><td>≤25</td></tr>
<tr><td>管径＞100mm</td><td>≤38</td></tr>
<tr><td rowspan="2">PVC 管</td><td colspan="2">每 1m</td><td>1.5</td></tr>
<tr><td colspan="2">全长（25m 以上）</td><td>≤38</td></tr>
<tr><td rowspan="4">4</td><td rowspan="4">立管垂直度</td><td rowspan="2">金属管</td><td colspan="2">每 1m</td><td>3</td><td rowspan="4">吊线和尺量检查</td></tr>
<tr><td colspan="2">全长（5m 以上）</td><td>≤10</td></tr>
<tr><td rowspan="2">PVC 管</td><td colspan="2">每 1m</td><td>3</td></tr>
<tr><td colspan="2">全长（25m 以上）</td><td>≤15</td></tr>
</table>

11.4.3　其他质量控制要求

1）落水管管卡位置间隔不得大于 1500mm，自上而下竖向落水管第一个弯头处向下 50mm 安装第一个管卡，按照不大于 1500mm 的间距合理进行管卡排布。

2）铝合金托架间距不得大于 600mm，铝合金托架固定在檐口三脚架上，保证自攻丝固定牢靠；管卡基层安装在混凝土基层上，干挂石材管卡安装在龙骨上；伸缩接头安装时应留出胀缩补偿余量。水落管下部出水口宜安装45°弯头，距散水或地面150～200mm，同一建筑物水落管出口标高应统一。宜对地面采取保护措施。

3）当高跨屋面采用有组织排水时，雨水集中至水落管中，从水落管出口处冲向低跨屋面，为防止冲毁防水层，在水落管出口处下面应加设滴水板。滴水板与防水层之间应满粘一块长为1m的整幅卷材增强层，卷材四周接缝处用密封材料封口。

4）水落管距离墙面不应小于20mm，其排水口距散水坡（滴水板）的高度不应大于200mm，管子用管箍与墙面固定。接头的承插长度不应小于40mm。水落管经过的带形线脚、檐口线等墙面突出部位处宜用直管，并应预留套管或孔洞。

5）金属管材、檐沟所有打胶部位保证打胶厚度大于2mm，宽窄一致，表面平顺光滑；PVC管接口应严格遵守粘结工艺操作，不应使用质量不合格的劣质胶粘剂或过期的胶粘剂。

6）直管应先检查，凡弯曲和表面磨损过大，污染严重者均不能使用。

7）防水卷材、防水涂料、密封材料等应符合设计要求，并经检验合格。

8）按设计要求，在做天沟找坡时，使天沟纵向坡度不应小于1%；沟底水落差不超过200mm。

9）屋面天沟、檐沟、檐口的基层应清理干净并干燥，方可涂刷基层处理剂。

10）附加防水层应按要求进行铺设，搭接宽度应满足要求。

11）经检验发现的不符合品，应按照不符合处置方法进行处置，返工、返修处置的不符合品，应经过再检验，符合要求后才能进入下道工序。

11.4.4 成品保护

1）屋面天沟、檐沟落水系统施工过程中，应防止损坏已作好的防水层或其他正在施工的节点。应及时清理杂物，不得有杂物堵塞水落口、斜沟等。

2）施工时不得污染墙面、檐口侧面及其他已施工完的成品。

3）不准穿带钉鞋在做好的屋面天沟、檐沟上行走。

4）在运输、装卸、储存落水配件和管材时，应遵照产品说明注意保护。

5）管道安装时，对土建工程已完的外墙饰面应注意保护，不应撞击损坏或污染。

6）立管卡位要准确，不应钻出多余的洞影响外墙美感。

7）避免重物撞击已装好的立管，特别是在拆脚手架时，应注意成品保护。

8）保持管道表面清洁，如有污染应在拆脚手架前清洁干净。

9）冬期施工，应采取防寒防冻措施，以保证安装质量。

11.4.5 质量记录

应形成以下质量记录：防水材料进场检验记录，隐蔽工程验收记录，细部构造检验批质量验收记录，屋面淋水或蓄水检验记录，施工技术交底记录。

11.5 安全管理措施

1）对施工作业人员应进行安全技术交底。施工作业人员应戴防护套，避免污染皮肤，防止人员伤害发生。

2）屋面四周无女儿墙的部位及洞口临边应搭设安全防护栏，并张挂密目安全网防护，防止高空坠落。

3）屋面作业人员严禁高空抛物，防止造成地面人员伤害。

4）高温天气施工，应做好防暑降温工作，防止人员中暑。

5）施工现场应配备足够、有效的消防器材，防止火灾发生。

6）易燃物品存放要远离火源、热源和电源，室内严禁明火。使用时严禁吸烟，应随开随用，不用时随即盖紧，防止火灾事故发生。

7）电锤、电钻等电动工具，应装置漏电保护器，防止触电事故发生。

8）管道工用电锤或者手锤、錾子打洞时，应穿好工作服，戴上防护眼镜和口罩。

9）保证架设工具稳固安全、施工人员均应戴安全帽，高空作业系安全带，防止高空坠落事故发生。

10）使用电气焊工具，应严格遵守有关安全规定，认真配备安全附属设施；搬运和吊装管子时应注意不要与电线接触，使用冲击钻应有漏电保护器，防止发生电击伤害。

11）用绳索拉或人抬管子就位时，要检查绳索是否牢固，防止断绳造成人员伤害。

12）高空使用的工具要放入工具袋内，上下传递不许抛掷，应用绳子吊上或放下，防止造成物体打击人员伤害。

11.6 环境管理措施

1）建筑垃圾应分类存放，有毒有害物质应按时定期清理到指定地点，不得随意堆放。减少造成的环境污染。

2）定期对工地卫生、材料堆放、作业环境进行检查，发现问题及时整改。防止造成环境污染。施工垃圾不应随意抛撒；应随时装运至指定地点集中外运。

3）切割管子和型钢后产生的废料，要集中堆放，统一处理。

4）灌水试验后，泄水要排入附近的排水设施内，不应随意排放。

5）不应在施工现场焚烧油漆等可能产生有毒、有害烟尘和恶臭气体的物质。

11.7 檐沟落水系统效果

11.7.1 国外经典欧式风格建筑落水照片（图 11-11～图 11-16）

图 11-11 法国檐沟落水（铜质）

图 11-12 美国西部檐沟落水
（铝合金材质仿铜拉丝表面）

图 11-13 法国檐沟落水（铝合金材质仿铜表面）

图 11-14 法国檐沟落水（铝合金材质氟碳喷涂表面处理）

图 11-15 意大利檐沟落水（铝合金材质氟碳喷涂表面处理）

图 11-16 德国檐沟落水（铝合金材质氟碳喷涂表面处理）

11.7.2　国内经典欧式建筑落水照片（图 11-17~图 11-21）

图 11-17　上海某主题乐园落水（紫铜仿旧）

图 11-18　上海某主题乐园（紫铜仿锈）

图 11-19　上海某主题乐园（紫铜仿旧）

(*a*)

图 11-20　华为松山湖终端项目檐沟落水（铝质氟碳喷涂表面）一

(b)

(c)

图 11-20 华为松山湖终端项目檐沟落水（铝质氟碳喷涂表面）二

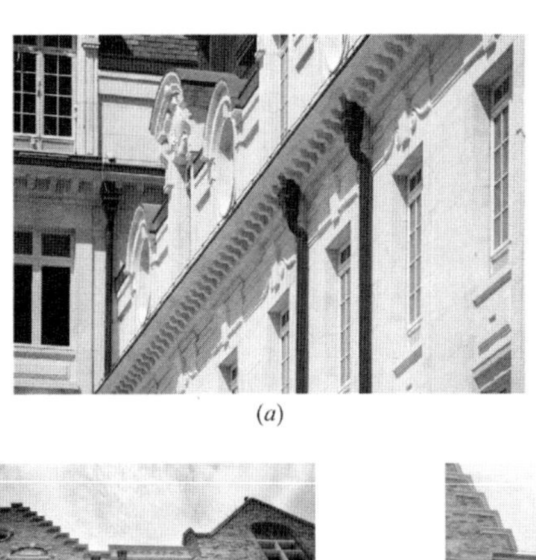
(a)

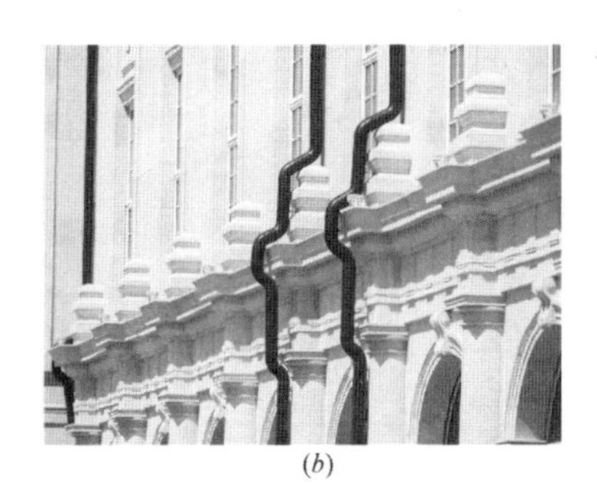
(b)

(c)

(d)

图 11-21 华为松山湖终端项目檐沟落水细部节点

11.7.3　内排转外排细部节点案例（图 11-22）

(a)　　(b)

图 11-22　内排檐沟出墙转外排落水细部节点

11.7.4　外排落水细部节点案例（图 11-23）

图 11-23　外排落水细部节点案例一

图 11-23 外排落水细部节点案例二

图 11-23　外排落水细部节点案例三

12

第12章

铸铝栏杆和造型施工技术

12.1 铸铝栏杆和造型概况

12.1.1 铸铝栏杆和造型概况

在欧式风格建筑中，门窗栅栏、庭院大门、阳台栏杆、屋顶造型等，为了保持透光和安全功能，常采用强度更高的金属材料。早期的金属栅栏大都采用圆钢、扁钢经过热弯、冷弯、锻打等工艺加工成各种形式的成品，即我们常说的“铁艺”。近年来，随着欧式风格建筑的普及，以及铸铝加工、制造工艺的成熟，越来越多的欧式风格建筑门窗栅栏、庭院大门、阳台栏杆、屋顶造型采用了铸铝制造。作为建筑中重要的部件，这些带有装饰元素的、工匠感极强的铝艺构件成为建筑立面设计形式的重要元素，令人回味无穷。

目前欧式风格建筑中，常见的铸铝栏杆和造型按制造工艺分类以下几种：铸铝花件焊接铝型材栏杆，整体浇注成型实心铸铝栏杆，整体浇注成型铸铝造型构件，组拼组焊铸铝造型构件等。

铸铝栏杆和造型作为欧式风格建筑构件，有以下优点：

1）装饰效果较好。铸铝铝艺栏杆及定制造型可以做成色彩丰富和款式多样，外表色泽明亮，具有时代特点，美观大方，能够为欧式建筑物锦上添花。

2）易于加工。铝原料可以生产成大尺寸和繁复的截面样式，而且尺寸的大小精确度准，铸铝铝艺栏杆的生产工序简单，容易实现工厂化流水制作。

3）持久耐用。铝原料通过优秀的外层处理后，拥有良好的耐候性能，具有耐湿度，耐高温，不易变形，不燃烧，耐腐蚀，可防雷，可长久使用，不容易损坏，适用于各种气候环境。

4）绿色环保。陈旧的铝原料可以回收再利用，而且利用频率很高。生产制作过程中，产品表面光滑亮丽，无甲醛、苯、辐射等污染，不会污染环境，对人体没有伤害。

5）质地轻、强度高。铝制品表观密度是钢铁的三分之一，且强度高，每平方米窗栏杆用铝原料 5kg 左右，铁艺用材则达 15～20kg 以上。

6）易清理。表面阻燃抗烫、耐污、耐腐蚀、抗酸耐碱、抗氧化、防弹、防爆、不生锈不褪色、抗冲击性能好，防油渍污染，安全性能高等。

12.1.2 铸铝栏杆和造型深化设计

1. 铸铝栏杆

铸铝栏杆多数采用铸铝花件焊接铝型材栏杆设计，表面采用静电氟碳喷涂工艺增强表面色彩，栏杆与建筑物连接采用锚栓固定，详见图 12-1～图 12-3。

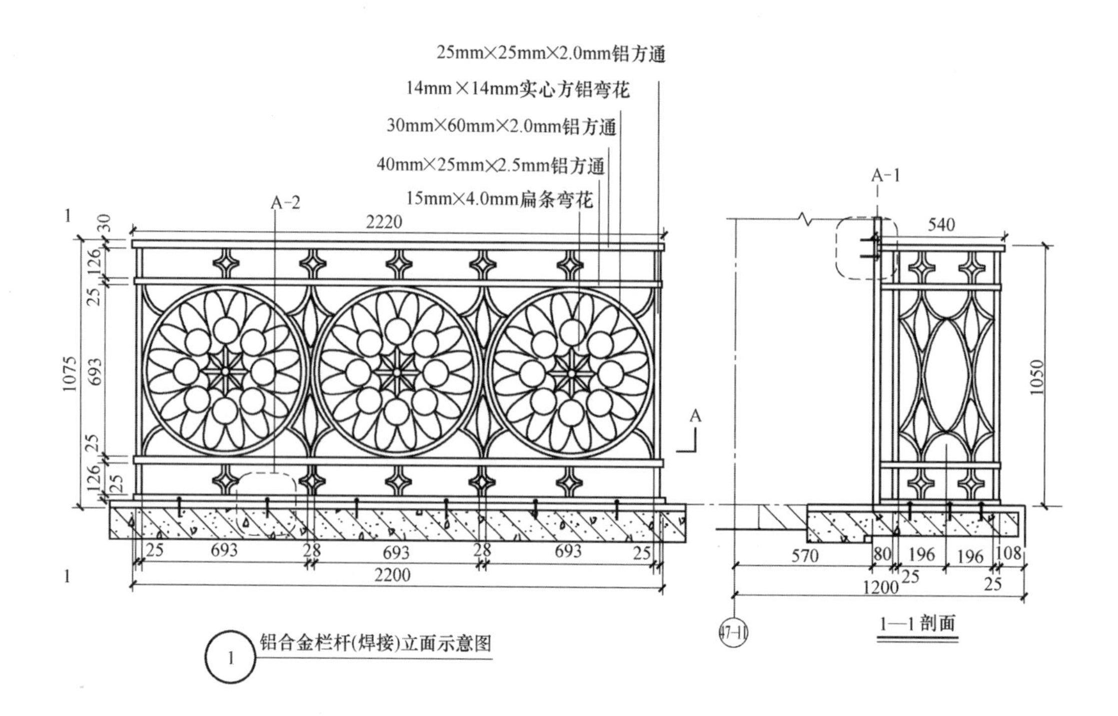

图 12-1　阳台铸铝栏杆设计

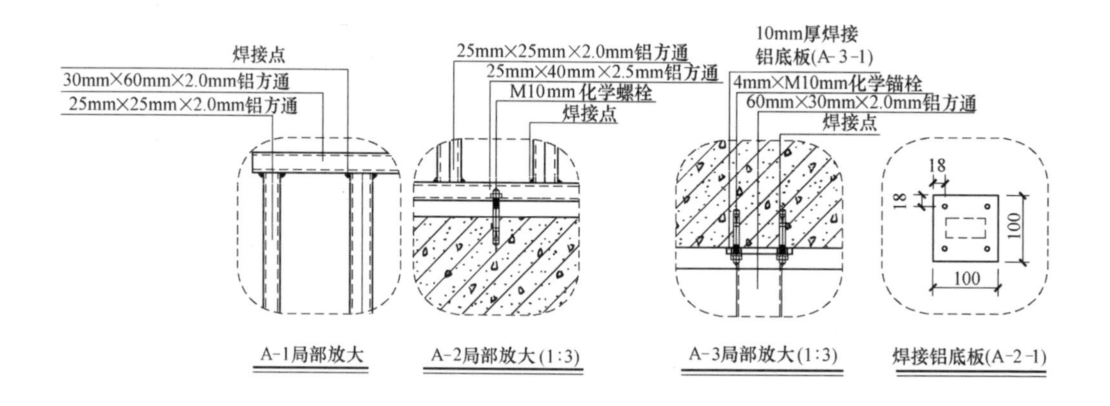

图 12-2　阳台、窗间铸铝栏杆地脚安装设计

2. 铸铝造型

铸铝造型在欧式风格建筑中，是重要的视觉效果构件，多数采用整体浇注铸铝造型和组拼组焊铸铝造型。表面色彩根据设计要求多采用静电氟碳喷涂，与建筑物连接采用锚栓固定。详见图 12-4～图 12-7。

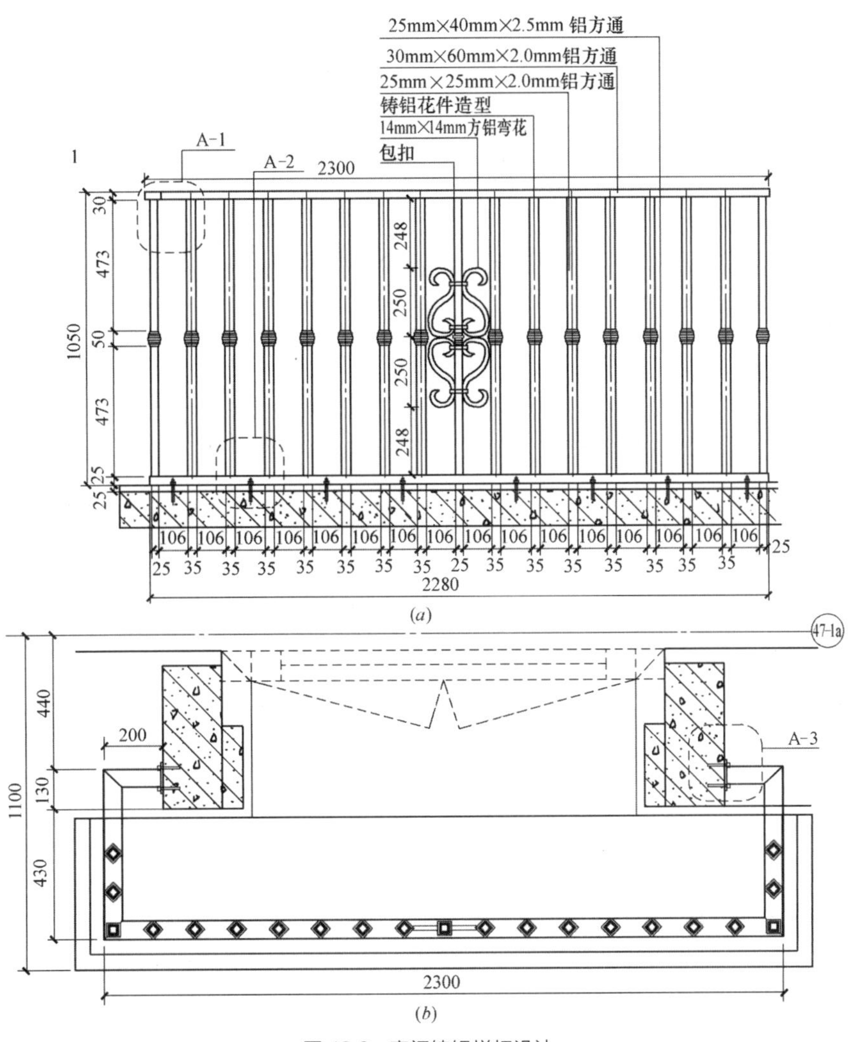

图 12-3　窗间铸铝栏杆设计

(*a*) 立面图；(*b*) 平面图

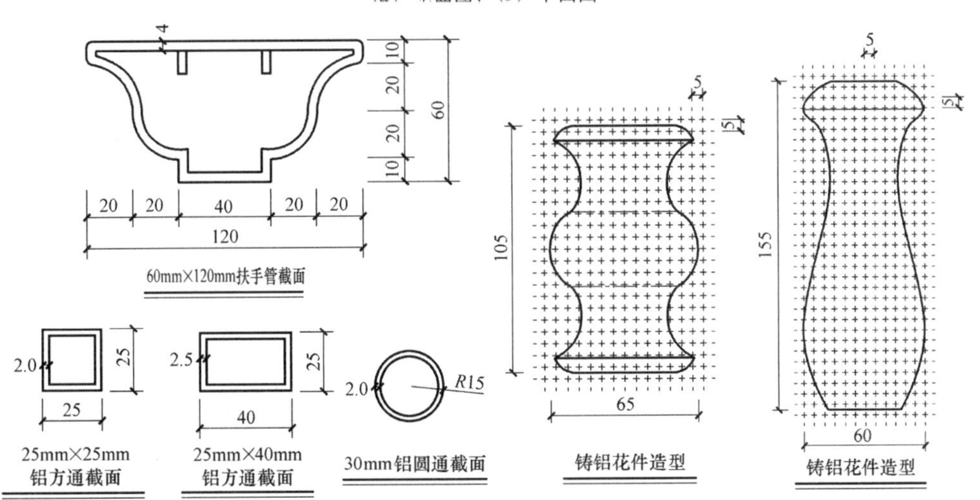

图 12-4　铸铝栏杆造型、花件设计

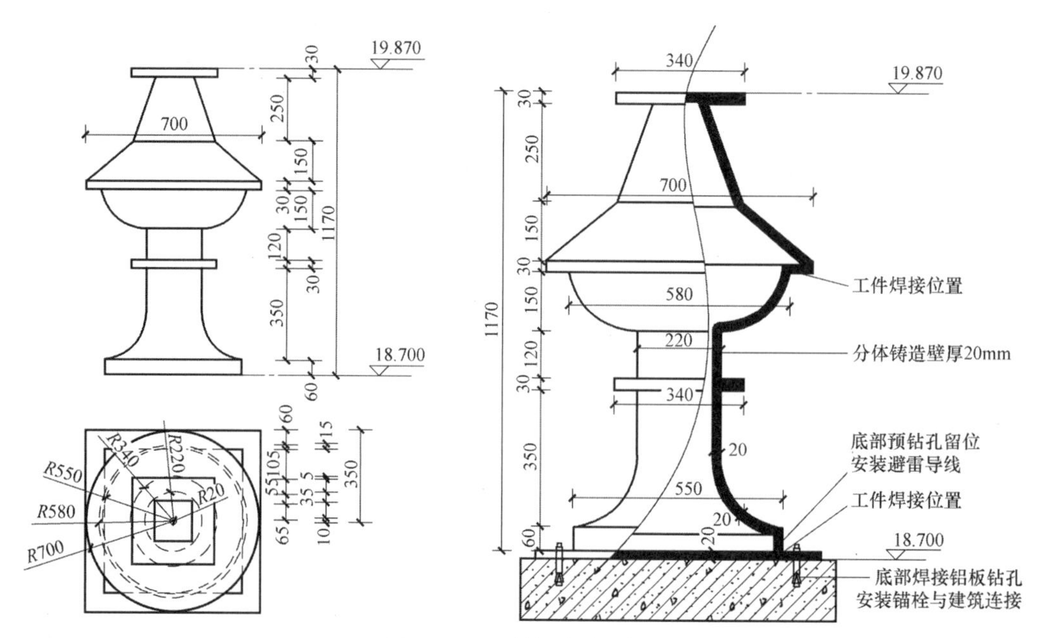

图 12-5 屋面铸铝造型设计一

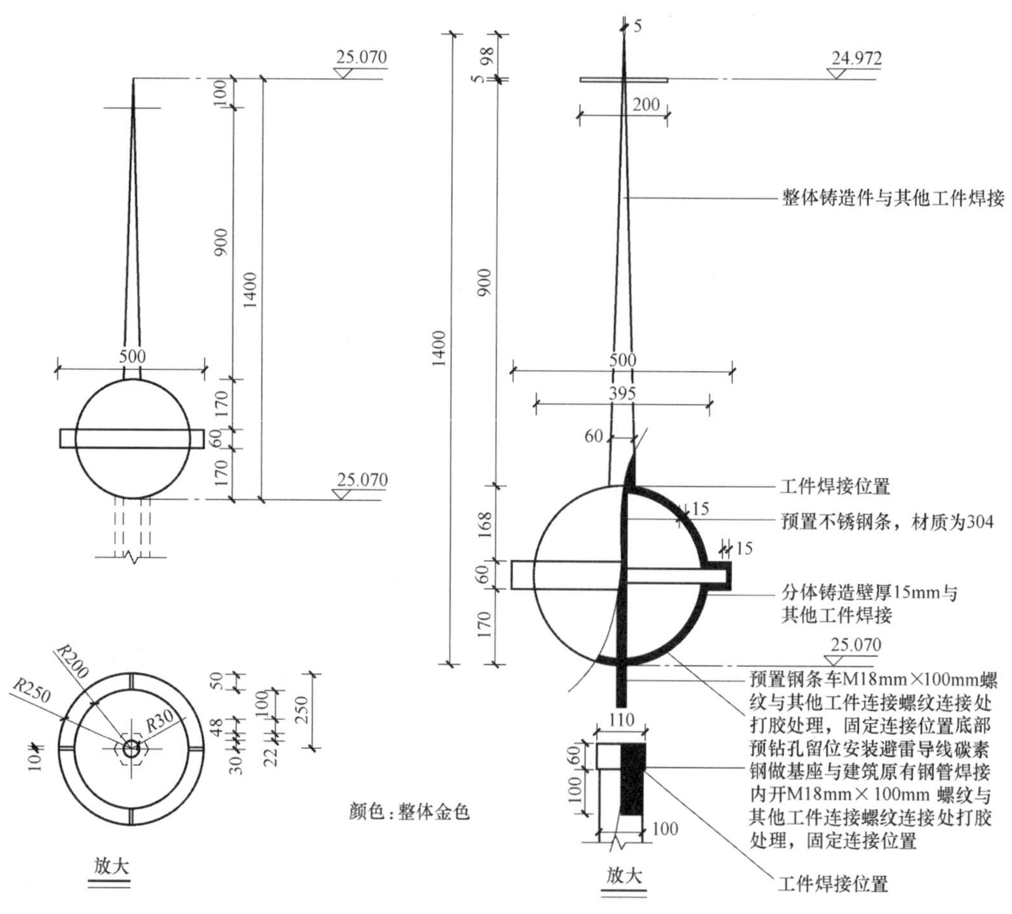

图 12-6 屋面铸铝造型设计二

图 12-7　屋面铸铝造型组合实景

12.2　铸铝栏杆和造型加工制作

12.2.1　工艺流程

铸铝栏杆的加工应根据设计图纸及有关工艺严格操作，栏杆的设计图纸应针对建筑设计施工图进行核对，并且对已完成的或在建的建筑物进行仔细的复测。

铸铝栏杆和造型加工制作工艺流程：

熟悉图纸→根据测绘尺寸深化设计→制作制配工艺→制作模具→配料→装料→熔炼→拆除模具→拼接、焊接→表面、面层处理→检验→包装入库→发运→现场验收→安装。

12.2.2　操作要点

1. 制作砂芯

用来制造铸型砂芯的所用材料：砂子、黏土及辅助材料。砂子成分主要有：石英砂、石英、黏土砂、石灰石砂、特种砂。黏土是砂芯的胶粘剂，主要成分是含水的硅酸铝。特殊胶粘剂以干性油亚麻仁油、桐油为主。辅助材料主要为附加物，为使型砂具有某些特殊性能而加入的少量其他物质。

2. 安装模具

把母模正确安排在造型的砂箱中，操作时应考虑好造型后能否在砂箱中将母模顺利地取出。放置母模时应考虑铸件的加工要求，特别是铸件的重要加工面，应尽量朝下放置，或者在垂直面的位置上。母模不能紧靠砂箱边缘，必须使母模的边缘与砂箱内侧保持一定的距离，以防止浇注时发生金属液跑箱（又称“跑火”）现象。

3. 舂砂

放入砂箱内之后分批向砂箱内填入型砂，用专用的砂舂工具舂紧（图 12-8）。为防止砂型损坏，应保证砂型具有一定的紧实度，既不能太硬也不能太松。舂砂操作时先把填入母模周围的型砂舂实，达到模具固定的位置。舂砂过程中应分层填砂，分层舂砂。

4. 砂型定位

红泥定位：在上砂箱与下砂箱的结合部位，用红泥在箱外做出定位面，然后在定位面上划出定位线，以保证开箱后不会发生错位现象。定位销定位：利用事先加工好的定位销和砂箱上的定位孔机械定位。砂型的排气措施主要有扎气眼、加排气冒口两种方法。

5. 起模

起模时首先要松动模具，先把起模针钉在模具上。用锤子轻轻敲打起模针杆。使木模向四周方向轻微松动。起模针钉在模具的重心处，使木模不易起出，甚至碰坏砂型（图 12-9）。

图 12-8 舂砂

图 12-9 起模

6. 合箱

砂箱的合箱对铸铝件的质量有很大影响，合箱时注意检查砂芯尺寸和安放位置是否正确，合箱时将浇口和冒口盖住，防止废砂或杂物进入型腔。

砂箱的紧固：为防止浇注时上砂箱被金属液抬起，出现跑火现象，合箱后还应做好砂箱的紧固工作。合理放置压箱铁、对称紧固。浇注结束后，不要立即拆除砂箱的压箱铁或其他紧固件，造成跑火。

7. 熔炼

炉料应分批加入，其底料不应少于炉子容量的 35%～40%。每批料加入后，应彻底搅拌，防止露出液体表面。当前一批搅入熔体后，再投入下一批料。熔化过程中可根据炉内渣量情况，适时进行扒渣，并及时使用复盖剂对熔体进行复盖。熔炼温度为 750～800℃，极限温差小于 100℃。

炉料全部熔化后，经充分搅拌即可铸造，并在铸造中途取分析试样。保管复化铸锭应按其炉号、熔次号分组分别进行保管。

8. 浇注

浇包自坩埚中舀取金属液时，先用包底拨开液面上的氧化皮或熔剂层，缓慢地用包口舀合金液（图 12-10、图 12-11）。在浇包近浇口时，应用热铁片将包嘴处的氧化皮或渣拨开。浇注温度的高低，应根据具体情况来决定，总的原则是保证铸件成型的前提下，浇注温度越低越好。

图 12-10 熔炼

图 12-11 浇注

浇注时，开始瞬间应略慢，防止金属液溢出浇口杯和冲击型腔，紧接着应加快浇注使浇口杯充满，做到平稳而不中断液流。

9. 开模取件

当浇口铝温度降至 80℃以下时，清除上部砂型，应注意减少砂型扰动，避免铸铝件变形（图 12-12、图 12-13）。

图 12-12 开模

图 12-13 取件

10. 铸铝栏杆、造型拼接、焊接

铸铝栏杆制作过程中，定位尺寸应准确，需要切割斜角，需要磨口的地方磨口，保证角度拼装准确精细。进行拼装时，焊接部位应焊平，对接部位应严密，保证平整度，横平竖直。焊接部位的焊口必须满焊，做到焊口无断缝，无沙眼。焊口应打磨光滑，平整度达标（图 12-14）。

11. 静电喷涂

铸铝栏杆、造型整体加工成型后，进行喷砂除锈，达到无锈痕，再进入喷塑车间上粉。上粉时保证粉末厚度均匀，然后进入烘烤箱，由专业静电喷塑技术人员进行全方位检查，无误后进行 180～200℃高温烘烤 2 小时。制作完成后检验员根据图纸要求进行检验，成品要求表面光滑清洁度强，整体效果美观大方（图 12-15～图 12-17）。

图 12-14 打磨、拼焊

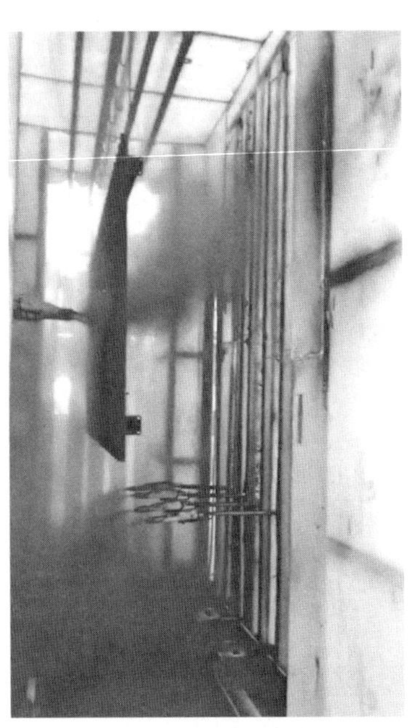

图 12-15 静电喷涂

图 12-16　铸铝造型底涂

图 12-17　铸铝造型表面处理

12. 包装、运输、存放

1）所有和铸铝型材有接触的设备以及部件周转车、工作台面用软橡胶进行包垫，清除干净后进行包装。包装前检查型材表面质量，如果保护膜有脱落、划伤现象，型材表面有划痕、翘曲变形等应立即更换。

2）用对材料表面无腐蚀作用的粘贴胶带对装饰面及安装时的暴露面进行粘贴保护，以免运输过程中或安装过程中及安装后划伤铸铝栏杆表面。材料四角采用单独设计的单玻硬纸板包装四角，用透明胶膜单独粘贴捆绑在框四角以便于上墙安装时去掉。

3）汽车运输，用麻绳等非金属材料捆扎结实，严禁松动运输，搬运装卸时应轻抬、轻放，严禁将工具穿入框内抬、扛；严禁撬、甩、丢、摔等动作。

4）存放的库房应清洁、通风、干燥，底部应用方枕木垫平，离地不小于 100mm 的间距，应斜向竖立排放，防止倾倒；严禁酸、碱、盐类物质接触。材料装车运输的过程中，应尽量让四角的包装接触，摆放整齐，用绳索捆绑牢固，避免运输过程由于颠簸引起材料之间的摩擦。

5）材料进入工地堆码应保持水平，立式堆码其倾角不小于 70°，地面必须放置垫木。

12.3　铸铝栏杆和造型安装技术

12.3.1　施工准备

1. 施工作业条件准备

1）与铸铝栏杆相应的面层验收合格，符合设计要求；

2）铸铝栏杆进场抽检复试合格；
3）铸铝栏杆施工方案已经通过审批；
4）铸铝栏杆施工现场管理人员与铸铝栏杆施工专业工人到位；
5）做好铸铝栏杆施工技术和安全交底。

2. 施工技术准备

1）工程的施工图、设计说明及其他设计文件；
2）材料的产品合格证书、性能检测报告、进场验收记录和复验报告；
3）施工组织设计（方案），经审核批准；
4）已完成的施工设计安全交底。

3. 设备及材料准备

电锯、电刨、手提刨、手工锯、手电锯、冲击电钻、螺丝刀、卡子、方尺、割角尺等。

12.3.2 安装施工工艺

检查主体结构面基体→测量放线→预埋件安装→铸铝栏杆、造型调整定位→栏杆、造型连接固定→修补、打胶→检查清洁→验收。

12.3.3 安装控制要点

1. 检查结构基层

安装前，应按施工规范进行栏杆洞口的验收、交接。凡立面垂直度和平整度偏差过大或有结构缺陷，应及时研究和处理，不得留下隐患。

2. 测量放线

根据建筑工程主体结构施工单位提供的各安装控制线，在安装洞口弹出安装线。上下各层一次垂吊。在确定锚固点时，应充分考虑土建结构施工时所预埋的锚固件应在纵横线的交叉点上。如个别锚固件不在预埋件上，亦应弹好位置线，以便其他连接方式的准确定位。整个测量放线需经检验复核。

3. 预埋件安装

找出定位轴线、定位点后，对安装点定位打孔，同时安装化学药剂，化学药剂安装工艺严格按照化学药剂的安装说明及注意事项。尤其是锚孔在安装药剂之前一定要用空压机或者手动气筒吹净孔内粉屑，保持孔道干燥。

药剂安装完毕，进行螺杆的安装。安装时严格控制螺杆的安装深度，待螺杆达到指定深度后，对后置铁板进行安装。在后置铁板的安装过程中，后置埋板安装时，应根据图纸的尺寸要求，对铁板的三维方向尺寸进行复核。在复核无误后，螺杆套上螺母固定。

4. 铸铝栏杆、造型的安装

按设计图纸要求及编号将栏杆分发到对应的洞口旁靠墙斜放，经检查其成品的功能、质量合格后，在洞口上找出中心线，并作好标记。安装采用预埋铁件与反坎连接，采用角铝与墙体连接，具体方法是根据预埋铁件和角铝位置对反坎和墙体进行切割，然后将栏杆固定在反坎和墙体上。完成以上工作后，进行隐蔽工程验收，并作好记录。

5. 较大、较重铸铝造型安装

较大、较重铸铝造型采用大型吊装机械吊装施工。安装就位时将造型预留孔对准结构预埋固定件，现场采用焊接固定法安装。根据造型砌块体的构造，采用临时固挂的方法，按设计要求找正位置，焊接点应受力均匀，焊接质量应满足设计及有关规范的要求。

具体如图 12-18～图 12-21 所示。

图 12-18　铸铝造型分段吊装

图 12-19　铸铝造型分段安装

图 12-20　铸铝造型连接施工

图 12-21　铸铝造型安装完成

12.3.4 安装成品保护

1）安装前，去掉四角处的硬纸板，检查型材有无损伤、变形。

2）当外墙涂料施工完成后，拆除缠绕薄膜，便于打密封胶。

3）工程验收前，撕下第一层保护膜，清洁材料表面污渍。

4）栏杆验收前还应防止因交叉作业造成的电气焊火花烧伤或烫伤材料表面。

5）铸铝构件在安装前放置的位置应是安全可靠的场所，并应对放置的区域提供适当的保护措施，不得污染或损坏。

12.4 质量标准

12.4.1 主控项目

1）铸铝栏杆、造型制作与安装所使用材料的材质、规格、数量和木材、塑料的燃烧性能等级应符合设计要求。

检验方法：观察；检查产品合格证书、进场验收记录和性能检测报告。

2）栏杆和造型的造型、尺寸及安装位置应符合设计要求。

检验方法：观察；尺量检查；检查进场验收记录。

3）铸铝栏杆、造型安装预埋件的数量、规格、位置以及铸铝栏杆与预埋件的连接节点应符合设计要求。

检验方法：检查隐蔽工程验收记录和施工记录。

4）铸铝栏杆高度、栏杆间距、安装位置必须符合设计要求。铸铝栏杆安装必须牢固。

检验方法：观察；尺量检查；手扳检查。

5）造型的安装位置和固定方法必须符合设计要求，安装必须牢固。

检验方法：观察；尺量检查；手扳检查。

12.4.2 一般项目

1）铸铝栏杆、造型转角弧度应符合设计要求，接缝应严密，表面应光滑，色泽应一致，不得有裂缝、翘曲及损坏。

检验方法：观察；手摸检查。

2）铸铝栏杆、造型安装的允许偏差和检验方法如表 12-1 的规定。

3）造型表面应洁净，接缝应严密吻合，不得有歪斜、裂缝、翘曲及损坏。

检验方法：观察。

4）造型安装的允许偏差和检验方法见表 12-2。

铸铝栏杆、造型安装的允许偏差和检验方法　　表 12-1

项次	项　目	允许偏差（mm）	检验方法
1	铸铝栏杆垂直度	≤3	用 1m 垂直检测尺检查
2	栏杆间距	3	用钢尺检查
3	造型高度	3	用钢尺检查

造型安装的允许偏差和检验方法　　表 12-2

<table>
<tr><th rowspan="2">项次</th><th rowspan="2" colspan="2">项　目</th><th colspan="2">允许偏差（mm）</th><th rowspan="2">检验方法</th></tr>
<tr><th>室内</th><th>室外</th></tr>
<tr><td rowspan="2">1</td><td rowspan="2">造型的水平度或垂直度</td><td>每米</td><td>1</td><td>2</td><td rowspan="2">拉线和用 1m 垂直检测尺检查</td></tr>
<tr><td>全长</td><td>3</td><td>6</td></tr>
<tr><td>2</td><td colspan="2">造型中心位置偏移</td><td>10</td><td>15</td><td>拉线和用钢直尺检查</td></tr>
</table>

12.4.3　其他质量控制要求

1）铸铝栏杆、造型的垂直杆件连接牢固，紧固件不得外露。如焊接则表面应打磨抛光。

2）铸铝栏杆高度应符合标准及设计要求，在起始端部及转角处应该加强处理。

12.5　安全管理措施

1）施工人员必须严格执行现场安全生产规章制度。

2）施工人员进入现场要戴好安全帽、安全带，焊接人员必须穿好绝缘鞋。

3）施工前必须进行安全技术交底，不违章作业，动火前应进行审批，服从安全人员指挥。

4）爱护一切安全设施和用具，做到正确使用、不随便拆改。

5）进入施工现场戴好个人防护用品并正确使用，严格遵守操作规程和一切安全规章制度。

6）施工现场材料应堆放整齐，对每天施工剩下的边角料进行整理、清扫，做到工完料净场地清。

7）对施工区域、危险区域设立醒目的警示标志，并采取保护措施。

8）焊接时要设专人看护，备好消防器材，焊接结束即刻查看现场，确定无隐患后方可撤离现场。

9）工地禁止吸烟和未经批准的明火作业，明火作业应开动火证。

10）采取各种有效措施，降低施工过程中产生的噪声，努力做到施工不扰民。

12.6 环境管理措施

1）所使用的材料在选择时必须选择符合设计和国家规定的材料。

2）车间静电喷涂时，应做好有效的防气雾隔离措施。

12.7 铸铝栏杆和造型效果（图 12-22～图 12-25）

(*a*)

(*b*)

(*c*)

(*d*)

图 12-22 铸铝栏杆实景一

(e)　(f)

(g)　(h)

(i)　(j)

图 12-22　铸铝栏杆实景二

(*k*)

(*l*)

图 12-22 铸铝栏杆实景三

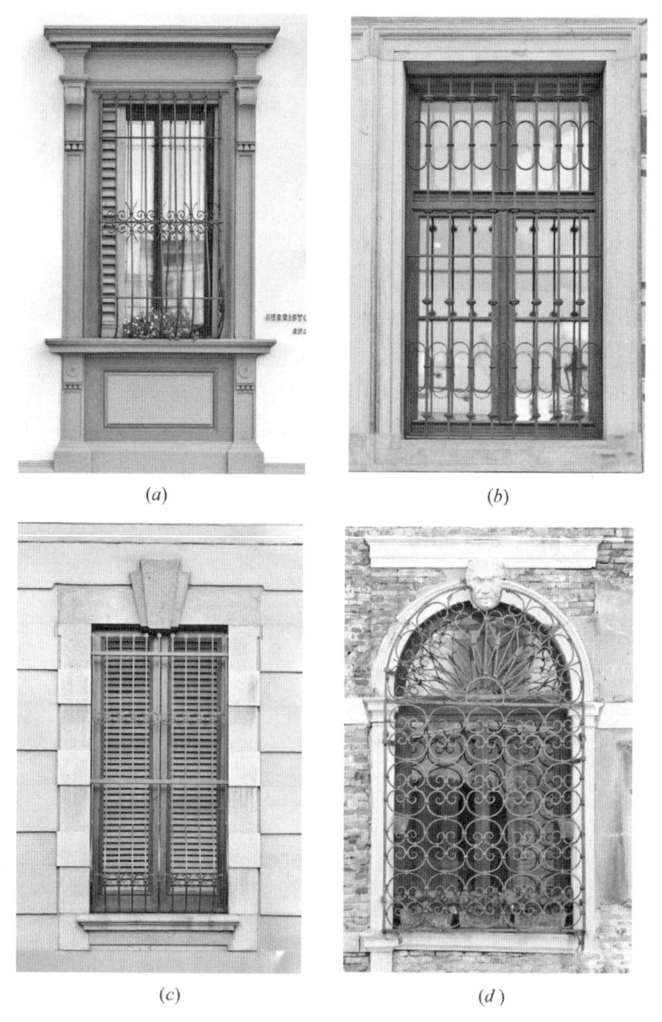

(*a*) (*b*) (*c*) (*d*)

图 12-23 铸铝窗花实景

(*a*)

(*b*)

图 12-24　铸铝造型实景

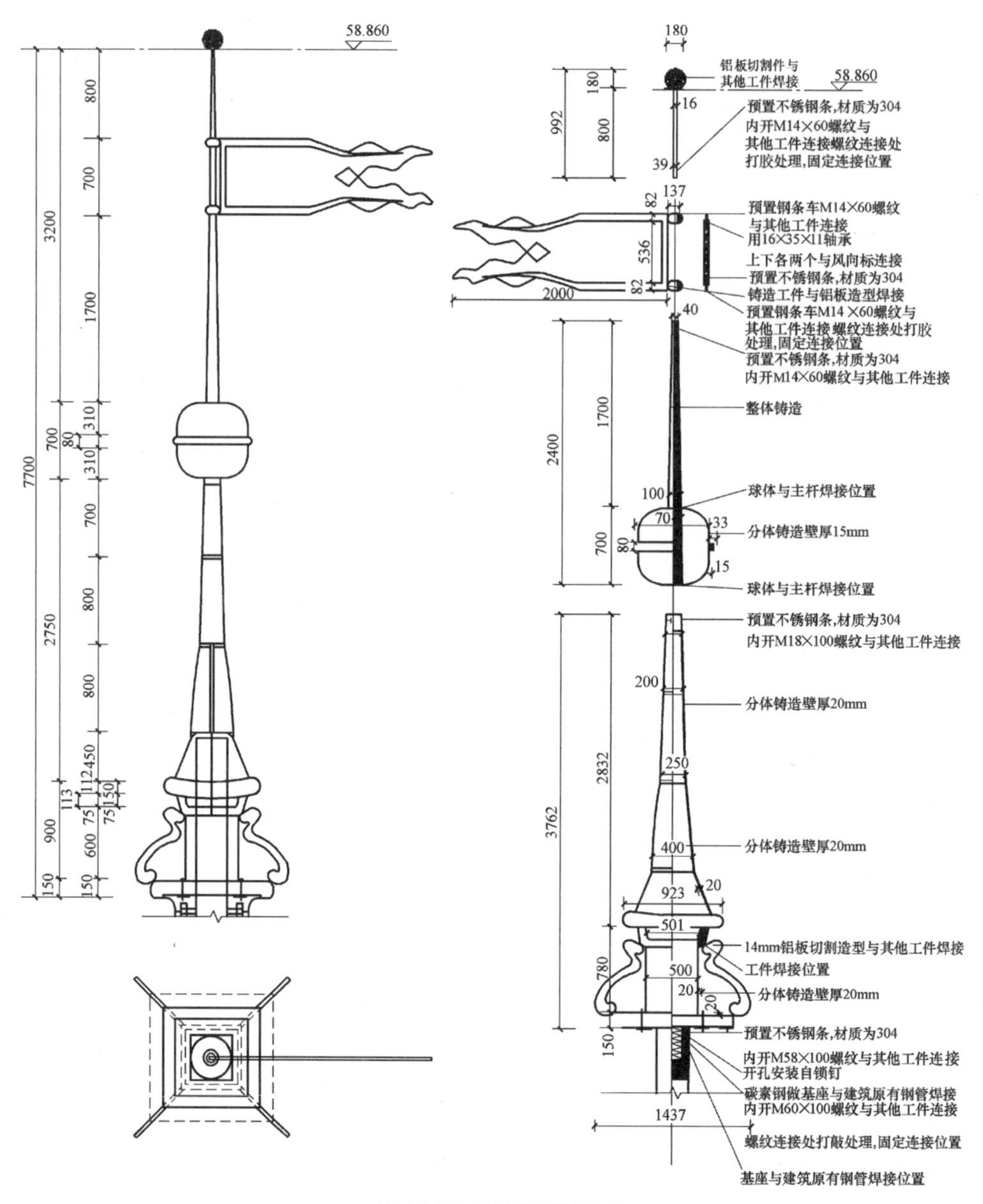

图 12-25 铸铝造型设计图

13

第13章

工程案例

13.1 华为松山湖终端一期项目

13.1.1 工程概况

华为松山湖终端一期工程位于广东省东莞市大朗镇环湖路松山湖景区内，占地面积约为60.3万m^2，地上建筑面积约为38.8万m^2，地下建筑面积约为30.8万m^2，分六个组团（4-1组团巴黎、4-2组团维罗纳，4-3组团克伦诺夫、4-4组团海德尔堡、4-5组团博洛尼亚、4-6组团格拉纳达），共有50个单体，其中7个单体是地下室。外墙形式多样，借鉴闻名世界、深受人们喜爱的12个欧洲经典建筑的特色以及成熟的街区和小镇，进行提炼与整合，通过华为松山湖项目来重塑与升华。

本工程的石材外墙绝大多数采用新型的砌筑石材工艺，形式多样，技术要求高，施工难度大，工艺技术在目前国内外装行业尚属首例，因此意义重大。工程建成后将成为全国乃至世界传世经典、标志性建筑。通过对华为松山湖终端一期工程外装项目关键技术的研究不仅具有较高的学术价值，而且具有很好的应用前景。

本工程外装项目涉及的砌筑石材、砌筑清水砖外墙、干挂通风瓦屋面设计体系及工艺做法在国内外装行业尚属首例，涉及的外墙石材、清水砖砌筑构造体系，除了承受构件自重、风荷载和构件自身的地震荷载之外，不承受其他所传递的重力荷载。外墙构造具有保温隔热和通风的功能，在内层墙体的外侧有连续的防水层，外层石材砌体墙作为装饰和雨屏墙。这种构造体系提高了外墙的抗震性能，消除了伸缩噪声，吸收声波，同时由于密封性能的提高，保证了外墙的隔声效果。

随着国内建筑装饰行业发展，未来此类仿古欧式建筑项目还将日益发展增加，施工工艺也将迅速巩固完善。在新的历史条件下，开展对多种形式外墙关键技术的研究，以科技创新为依托，以世界500强企业华为公司研发楼基建项目为载体，以国际知名品牌日建、华阳、英海特等设计公司及企业雄厚的深化设计能力为龙头，以全面提升外墙质量和外观效果为目标，运用科学的组织和现代化的管理手段，将外墙工程的设计、加工生产、施工、管理和服务等环节形成一套完整的技术流程，从而推动国内类似外墙工艺的发展，增添城市建筑群独特的表现力。

工程设计做法包括砖幕墙、石材干挂外墙、石材砌筑外墙、GRC、粉饰灰泥喷涂外墙、铸铝制品、铝制落水系统、木制品吊顶、避雷系统、金属外墙等；屋面包括罗曼瓦、石板瓦、鱼鳞平瓦、筒瓦、铜屋顶等多种形式；同时涉及八角、曲面尖顶屋面干挂青石板、大角度斜屋面干挂不同样式陶瓦等复杂屋面。

13.1.2　工程亮点

1. 建筑体量大

仅三个组团外装项目，建筑面积 35 万 m^2，屋面面积约 8.5 万 m^2，墙面面积约 15 万 m^2，其中石材幕墙 3.5 万 m^2，粉饰灰泥 8.7 万 m^2，砖幕墙 1.3 万 m^2，GRC 欧式构件 1.5 万 m^2，落水系统 6500m，铝板檐沟 6800m，木雕刻吊顶 3100m^2，铜屋顶 510m^2 等。

2. 外墙体系新颖、造型新奇

外墙造型新奇，表面凹凸错落有致，构件造型复杂，具有强烈的视觉冲击。既有表面人工雕琢小孔状菠萝面的面包石；又有雕刻工艺堪称精品的大量雕刻件。同时，外墙设计复古，体系构造复杂，石材、砖砌体均采用新型砌筑体系，横向不锈钢 Z 形拉结网和 L 形拉结件与纵向龙骨连接，石材板块间采用不锈钢销水平限位，每 2.8m 层间内设置卸载钢托架，单个构件体型及自重较大，最大单块石材重达 13t。本项目砌筑体系目前在国内、国际尚属首次应用，砖石混砌，特殊造型抹灰，灰泥、水泥预制件、金属定制件多种材质在一个墙面、一个楼号内混搭，是运用现代工艺仿欧式建筑风格的一次全新尝试。对今后国内同类建筑设计施工具有极高的参考价值。

3. 屋面瓦种类多、金属骨架、通风屋面系统

采用 5 种瓦形：青石板、陶制 S 瓦、鱼鳞平瓦、平瓦和筒瓦。屋面系统采用金属骨架通风屋面体系，铝合金骨架挂瓦系统，将瓦系统与结构层架空形成通风屋面，屋面体系构造复杂，脊线多、折坡多、坡度大、节点多，该屋面系统工艺为国内首次应用，无工程案例可循。

13.1.3　工程难点

1. 工程设计非常复杂

本工程外墙项目包含砌筑石材、雕刻造型、灰泥、造型抹灰、砖幕墙、瓦屋面、GRC、铸铝构件及栏杆、铜屋顶、落水系统等 10 余个分项工程，深化设计涵盖专业多、节点复杂，设计工作量巨大。包括平立面外观深化设计、节点大样图、龙骨布置图、落水系统、铜屋顶、GRC 造型、钢结构、屋面系统、防雷系统深化设计，结构计算书，灰泥特殊纹理设计、老虎窗、变形缝盖板、木质品、铝板、铜制品、铸铝栏杆及造型、石材雕刻、陶制雕刻、GRC 雕刻等工艺设计。为保证项目施工，项目部组建 120 余人的深化设计团队，服务于本工程，利用招标方案设计图及原建筑照片等参考资料，完成深化设计蓝图 15 万张，工艺加工图 5.1 万张。

2. 主要材料和构配件为非标准件

本工程设计复杂，标准件极少，加之华为对各类材料、构配件的要求极为严格，工程全部材料几乎都为定制化加工，加工周期长、成本高。

3. 业主方项目管理流程复杂

业主、验收处、监理、总包、第三方等，管理程序复杂、细致、严格，导致项目对接工作量巨大、对人员素质的要求高，尤其是在材料进场验收、施工工序验收、商务工作程序、管理过程跟踪、变更确认程序等方面。

4. 分包管理难度大

由于工程设计复杂且很难一次深化到位，施工过程中需要不断调整完善，采取分项分包管理模式，导致项目部组织协调工作量巨大。另外，业主方招标时指定专业厂家，对项目议价、现场管理均带来一定困难。项目部在进度管理、技术管理、商务管理、材料管理、对外协调等方面，管理力量投入非常大，工期计划时间紧，对管理执行力要求非常高，管理压力巨大。

5. 工期短

本工程业主要求于2016年春节前结束，而现场有27栋单体工程，合计逾35万 m^2，且造型复杂，材料多样性，工期压力巨大。

应对措施：结合本工程实际，决定提前进行面材的下单及加工。另外，按照常规施工，总包结构封顶后需要20d养护期才能拆模，且拆模需要5～7d，还要等拆模完成后才开始施工放线。为缓解工期压力，在支模放轴线时就将轴线引到边沿，待上一结构完成的10d后才开始移交基准线、轴线，这样即可提前15d放线及施工。

6. 场地用地非常紧张

现场各单体间距离较近，施工中的外立面脚手架还需要占用大部分场地，留给我方的材料堆放及周转场地有限。

应对措施：各班组在施工区域的划分时即充分考虑集中性，明确现场材料堆放位置及加工区域，避免材料的长途周转及二次搬运。对占用场地较大的工序，尽可能交由厂家进行，以缓解现场场地紧张压力。

7. 成品保护难度

石材主要采用砂岩，现场质量控制难度大。通过样板施工，发现砂岩石材材质疏松，背栓安装及搬运过程中极易出现崩边破角现象，材料损耗严重，且耐污染性差。

应对措施：背栓直接由厂家进行安装，并要求厂家进场石材必须打包，做好护角，现场用于石材运输的推车应采用弹性材料包裹，避免石材同硬质材料接触造成二次搬运损坏。石材进场后要进行有效的防护，禁止与其他材质材料混合堆放。

8. GRC 的设计及供应难点

GRC 的设计深化工作需要厂家配合，但工期紧、开模多、加工制作量较大，厂家很难满足板材供应需求。

应对措施：对厂家进行考察，视厂家设计能力、厂家规模、加工能力及供货能力等，进行比较，选取综合实力强者参与设计、施工。

9. 工序搭接较多

石材、铝板、GRC 之间的工序搭接多，现场施工尺寸控制难度较高。

应对措施：由 GRC 生产厂家专人协助深化设计师，进行整体深化，合理安排工序，避免出现与其他材料搭接无法收口问题。现场统一放线，由专门的放线团队进行放线工作，控制整体的完成面尺寸，以此进行深化调整。

10. 石材存在色差

大面积石材幕墙施工的色差控制等问题较为突出，因此石材的质量将直接影响整个外墙的装饰效果。

应对措施：由于石材为天然材料，故即使同一矿脉生产出来的石材也会存在色差。为了控制好色差，项目部在招标时即告知本工程的特殊性，明确要求石材商须严格按照项目部提出的控制措施进行加工；在石材到货后，由现场材料员及时开箱进行检查，不符合要求的石材一律不签收。对到场的石材要求劳务班组在地面进行预拼装，再地面排版确认后，再对调整后的面板进行编号，质量员及材料员现场严格监督，预拼装中有色差的石材严禁上墙。

13.1.4 主要新技术应用与创新

工程积极探索和应用了外墙、屋面创新设计，新型建筑材料以及新型工艺技术，促进了施工技术进步。主要创新成果有：外墙厚重石材砌筑施工技术、大坡度屋面瓦施工技术、复杂双曲面金属塔尖施工技术、特殊纹样凹凸缝灰泥施工技术、复杂曲面 GRC 吊顶施工技术、大跨度砖砌拱施工技术、石材雕刻特殊工艺施工技术、GRC 雕刻特殊工艺施工技术等。并在此基础上，总结完善科技成果《华为松山湖外装关键技术研究与应用》1 项。

相关课题及研究成果相继获奖，《大型砂岩墙裙体系施工工法》《坡屋面干挂平瓦施工工法》等两项工法获得陕西省级工法证书；《提高室外砂岩墙裙安装一次合格率》《提高外墙欧式彩色灰泥施工质量一次合格率》等五项 QC 课题分获国家级 QC 课题二等奖 1 项，优秀成果奖1项，省级二等奖3项；“用于瓦片施工的抗风搭扣”等5项发明获得实用新技术发明专利。

13.1.5 工程实景（图13-1~图13-43）

图13-1 工程实景一

图13-2 工程实景二

图13-3 工程实景三

图13-4 工程实景四

图13-5 工程实景五

图13-6 工程实景六

图 13-7　工程实景七

图 13-8　工程实景八

图 13-9　工程实景九

图 13-10　工程实景十

图 13-11　工程实景十一

图 13-12 工程实景十二

图 13-13 工程实景十三

图 13-14 工程实景十四

图 13-15 工程实景十五

图 13-16 工程实景十六

图 13-17 工程实景十七

图 13-18　工程实景十八

图 13-19　工程实景十九

图 13-20　工程实景二十

图 13-21　工程实景二十一

图 13-22　工程实景二十二

图 13-23　工程实景二十三

图 13-24　工程实景二十四

图 13-25　工程实景二十五

图 13-26 工程实景二十六

图 13-27 工程实景二十七

图 13-28 工程实景二十八

图 13-29 工程实景二十九

图 13-30 工程实景三十

图 13-31　工程实景三十一

图 13-32　工程实景三十二

图 13-33　工程实景三十三

图 13-34　工程实景三十四

图 13-35 工程实景三十五

图 13-36 工程实景三十六

图 13-37 工程实景三十七

图 13-38 工程实景三十八

图 13-39　工程实景三十九

图 13-40　工程实景四十

图 13-41　工程实景四十一

图 13-42　工程实景四十二

图 13-43 工程实景四十三

13.1.6 主要应用技术介绍

1. 外墙、屋面体系创新设计

本工程的砌筑石材外墙、砌筑清水砖外墙、干挂通风瓦屋面设计体系及工艺做法在国内外装行业尚属首例。仅靠建筑设计师在欧洲拍摄的2万多张照片，及各体系的原建筑测绘尺寸，通过近一年的反复方案研讨，相似工程案例调研，实体样板施工，多次设计方案修改、论证，最终形成世界首创的华为欧式建筑砌筑石材、清水砖外墙、瓦屋面设计体系及工艺做法。通过一年的深化设计修改、施工实践，使体系设计、施工工艺日趋成熟、完善。

石材砌筑外墙系统主要构造采用有效厚度不小于100mm厚砂岩；后背钢骨架采用方钢立柱、水平承重角钢（隔3m高度设置），通过不锈钢水平拉结与石材外墙连接。石材面板采用水泥砂浆及不锈钢拉结件接缝连接，石材水平缝隙每层铺“Z”形 $\phi4$ 不锈钢钢筋网片，石材砌块之间采用防水砂浆填充进行密封。

清水砖砌筑外墙系统采用240mm×115mm×60mm规格优质黏土烧结砖；承重骨架体系采用方钢立柱和水平承重钢托板，方钢立柱水平间距不大于500mm，水平承重钢托板每隔2.8m高度设置，砖砌筑高厚比 $H \leqslant 30B$，且不大于3m；方钢立柱沿砌体每4皮砖高度设置铝合金角钢横梁，通过铝合金角码拴接。砖砌体采用水泥砂浆砌筑，每4皮砖内配“Z”形 $\phi4$ 不锈钢钢筋网片，通过“L”形50×4mmSUS316不锈钢拉结件、50mm×50mm×5mm铝合金角钢与钢骨架水平拉结，钢筋网片纵向间距280mm，通长设置；不锈钢拉结件沿水平灰缝方向间距500mm布置一个拉接点，上下拉结件梅花点状布置；钢筋网片通过砖砌块间水平灰缝的水泥砂浆粘结摩擦力与砌体形成整体，水泥砂浆外侧采用防水勾缝砂浆填充密封。

屋面体系瓦类型共5种，分别是：平板瓦、鱼鳞瓦、罗曼瓦、筒瓦这四种机制陶瓦和青石板瓦。瓦与屋面结构设置架空空间，在结构屋面种植化学锚栓，并通过化学锚栓固定可调节L形镀锌支架，用以固定结构屋面与屋面瓦的连接。通过镀锌L形支架连接铝方通顺水条来调整最终屋面瓦安装的平直度，通过铝方通顺水条连接的铝方通挂瓦条来控制最终干挂瓦片的位置，通过自攻螺丝结合抗风搭扣固定屋面瓦片。这种工艺在屋面瓦背面不需要湿贴作业，而是靠连接件基本的强度承受饰面传递过来的外力，在屋面瓦与结构屋面间形成一定宽度的空气层，可起到一定的隔声隔热作用。

2. 清水墙复杂拱券施工

1）清水墙拱券施工概况

由于本案例砌筑砖幕墙体系采用了型钢龙骨作为主要产品构件，与传统砖墙拱券砌体不同，在施工砌体拱券时，不仅要重点考虑拱券砌体的组砌排砖、合拱等工艺，还要兼顾与型钢龙骨承力体系的拉结构造穿叉施工问题，这无疑对清水砖幕墙施工提出了更高的要求。本项目清水砖幕墙体系总施工面积1.3万m^2，拱形门窗造型合计377樘，按照拱形造型分类，分为弓形拱、半圆形拱和平顶拱三类。通过前期的样板施工及工艺研讨，项目部找到了适用于型钢龙骨金属骨架承力体系的砌筑清水砖幕墙施工工艺。

2）清水墙拱券砌筑施工工艺

拱券模架制作→拱券模架安装→阻浆条安装→摆砖、组砌→砌体拉结筋、吊筋安装→砌筑砂浆填塞、捣实→砖墙表面清理→拱券模架拆除→砖墙表面勾缝、打胶。

3）清水墙拱券砌筑施工控制要点

拱顶分为弓形拱、半圆形拱和平顶拱三种。

(1) 拱券应按中心线排线砌筑，与跨度之比在1/12～1/2的拱称为半圆形拱。弓形拱、半圆形拱中心线为拱顶楔形砖1/2，锁砖加悬挂式；没有矢高的拱称为平顶拱，平顶拱为悬挂式。

(2) 砌筑拱顶有错砌和环砌两种方法，除设计规定或特殊结构外，拱顶一般为错缝砌筑。拱脚砖的角度应与拱的角度相符，并紧靠拱脚梁砌筑。

(3) 拱顶砌筑前，应先支设拱胎。拱胎的支设必须牢固，并经检查合格后，才可砌筑拱顶。

(4) 砌拱时，必须从两边拱脚同时向中心对称进行。拱砖的放射缝应与半径方向相吻合。错缝砌筑拱顶时，为保持锁砖列的尺寸一致，必须使两边拱脚砖的标高和间距在全长上保持一致。

(5) 锁砖应按拱顶的中心线对称、均匀分布。跨度小于3m的非吊挂式拱顶，打入一块锁砖；跨度大于3m时，打入三块；跨度大于6m时，打入5块。锁砖打入前，砌入拱顶的深度约为砖长的 2/3。打砖时，先将靠近两边拱脚的锁砖同时均匀打入，最后打入中间的锁砖。锁砖应使用木槌打入，如使用铁锤时，则需垫以木板。

（6）矩形砖砍掉厚度 1/3 以上的砖或凿侧面使大面成楔形砖，不能作为锁砖。拱顶上部的找平部分，根据使用条件允许用加工砖或填充浇注料找平。

（7）斜拱砌筑方法：一种是将斜拱顶部加工成斜面后再砌拱脚砖，另一种方法是不加工斜拱顶部砖而将拱脚砖逐层退台砌筑。前者的砌筑方法是转折处拱砖加工成对嘴槎子。后者是将拱砖退台环砌。

（8）胎膜底阻浆条既是砌体摆砖时的定位条，也是砌体灌浆时的防漏浆构件，阻浆条安装位置由瓦工放样，木工安装，应确保阻浆条位置与组砌砖位置一致，多层高拱券应该在外墙侧面设置侧板阻浆条定位。

（9）挂线砌筑拱砖时应该与不锈钢水平、垂直拉结件安装、调平配合施工，杜绝拉结件少放、漏放现象。拉结件与承力体系的焊接、拴接施工应在砌体底拱砖灌浆前完成。

（10）砌体胎膜拆除时间为：拱形净跨度小于 2m 时，砌体砂浆强度大于 75%，拱形净跨度大于 2m 时，砌体砂浆强度 100%。

4）清水墙拱券砌筑施工图片（图 13-44～图 13-49）

图 13-44 拱券模架制作

图 13-45 拱券模架安装

图 13-46 阻浆条安装、摆砖组砌

图 13-47 吊筋安装砌筑砂浆填塞

图 13-48　拱券砌筑成型

图 13-49　勾缝打胶

3. 外墙勾缝砂浆研制

1）勾缝砂浆泛碱方案研究

本工程砌筑石材、砌筑清水砖幕墙所采用的勾缝砂浆均为彩色水泥砂浆，外墙工程作为建筑物的外衣，既要起到耐久的功能，也要满足长期美观要求，这就对砌筑石材、砌筑清水砖幕墙的勾缝砂浆的性能提出了极高的要求。在本案例前期通过大量的理论研究、配比试验，研制出了适合于本工程外墙的耐清洗、抗泛碱的彩色勾缝砂浆系列。

由于目前市场上的勾缝剂、彩色砂浆等新型材料产品应用不多，分析案例及泛碱机理的深入理论研究数据不足，对这些新产品的泛碱现象还需要做大量的实验分析，才能有更清晰的定论。

（1）初次泛碱现象

见图 13-50、图 13-51。

图 13-50　砖墙初次泛碱案例

图 13-51　石材砌筑墙面初次泛碱案例

（2）二次泛碱现象

在施工完成数年后可能发生，原因是砂浆与水接触如湿气冷凝或者水的渗透，处于干湿循环状态下的砂浆就是一个例子。二次泛碱所发生的反应与初次泛碱是一样的，但它所产生的斑痕常常比后者更加不均匀（图 13-52～图 13-55）。

图 13-52 砖墙二次泛碱案例一
（干湿循环状态下砖墙泛碱）

图 13-53 砖墙二次泛碱案例二
（工程交付一年后）

图 13-54 石材二次泛碱案例一
（石材湿贴工艺）

图 13-55 石材二次泛碱案例二
（石材砌筑工艺）

2）勾缝砂浆材料泛碱研究

勾缝剂、彩色勾缝砂浆主要成分构成大致为：水泥、灰钙、石英砂、重质碳酸钙、硅微粉、可再分散乳胶粉、憎水剂、触变润滑剂、羟丙基纤维素醚、颜料。

可再分散乳胶粉为水溶性可再分散粉末，成分为乙烯、醋酸乙烯酯的共聚物，醋酸乙烯、碳酸乙烯酯共聚物，丙烯酸共聚物等，以聚乙烯醇作为保护胶体。由于可再分散乳胶粉具有高粘结能力和独特的性能，在勾缝剂、彩色勾缝砂浆中起增强内聚力与柔韧性。

纤维素醚是纤维素制成的具有醚结构的高分子化合物，在彩色砂浆产品中纤维素醚作为增稠剂，用来调节砂浆流变性能。在彩色砂浆产品中通常是采用变性淀粉醚化处理的非改性淀粉醚与改性的纤维素醚配合使用，既能提高砂浆流变性，也能改善触变性能。

触变润滑剂，目前常见的是膨润土、蒙脱石类，两者的化学组成不一样，用途类似。目前市场上触变润滑剂价格差异很大，也是影响彩色砂浆成本、性能的主要成分之一。

从现有资料分析，勾缝剂、彩色砂浆产品本身导致泛碱的主要原因：一是构成原料的可再分散乳胶粉、纤维素醚、淀粉醚、触变润滑剂等材质质量造成；二是产品的配合比不当，相容性能差，抗碱试验、检测不充分所导致的。

目前，可检索到的标准为测试砖类材料泛碱危险性的工业标准均为国外标准，如美国材料与试验协会（ASTM）颁布的《砖块和黏土空心砖取样和试验用标准试验方法》ASTM C67—2007a，但对于水泥基干混材料还没有类似的标准。以上研究说明，目前勾缝砂浆的泛碱试验在建筑工业中很难有统一的方法。

3）外墙泛碱防治思路

针对勾缝砂浆泛碱现象的成因，可以从切断泛碱的途径，减少 $Ca(OH)_2$ 等生成物及减少水的侵入三方面采取措施，进行预防，预防优于处治。

（1）砌筑砂浆采用低碱水泥或和不含可溶性盐的集料，并尽量降低水泥用量；添加减水剂减少拌和水用量。

（2）砖应尽量选用质量好、金属碱物质含量低的烧结多孔砖。

（3）优化勾缝剂产品配方，添加具有吸附能力的细骨料，降低砂浆毛细孔的孔隙率，推荐采用添加组分为水泥基聚合物共混物的益胶泥，替换 35%～40%的水泥胶凝细骨料。水泥基聚合物共混物是一种以多种无机化工原料为主，部分高分子聚合物为辅，再添加多种外加剂均匀共混聚合而成的水硬性水泥基防水粘结材料，与水调和后即具有粘结功能，固化后即具有防水抗渗功能，具有较强的粘结性和抗压强度。

（4）在水泥基材料中添加具有憎水功能的添加剂，如抗碱剂。

通过在填缝剂、勾缝彩色砂浆中添加抗碱剂制作具有抗碱性能的改性砂浆，在过往的工程案例中已经应用，通过工程案例证明，水泥砂浆中添加抗碱剂具有较好的可操作性及抗碱性能。

（5）根据工序要求选择施工时间和作业环境，避开低温、高湿环境。

（6）石材及砖墙表面全部喷涂有机硅防水剂或其他无色护面涂剂。

4）勾缝砂浆配合比

通过多次实验室配比实验，以及现场样板施工检验，确定最终施工用勾缝砂浆配合比如表 13-1 所示。

勾缝砂浆配合比　　表 13-1

项次	材料名称	单位	每吨含量
1	白象 32.5 水泥	kg	315.00
2	石英砂 70～110 目	kg	479.00
3	二级粉煤灰	kg	50.00
4	重钙粉 325 目	kg	100.00
5	调色粉	kg	50.00
6	分散乳胶粉（瓦克 5044N）	kg	5.00
7	羟丙基甲基纤维素（HPMC）	kg	1.00
8	合计	kg	1000.00

注：水：普通自来水；抗碱剂：WT-EL1280 型抗碱剂、某单位抗碱剂。

4. 弧形拱券石材安装工艺

1）弧形拱券施工主要难点

弧形拱券的施工难点在于如何把砌筑拱券砂岩精确闭合，另外在没有安装拱顶砂岩时，其他拱形砂岩如何做到精确的临时固定（图 13-56）。

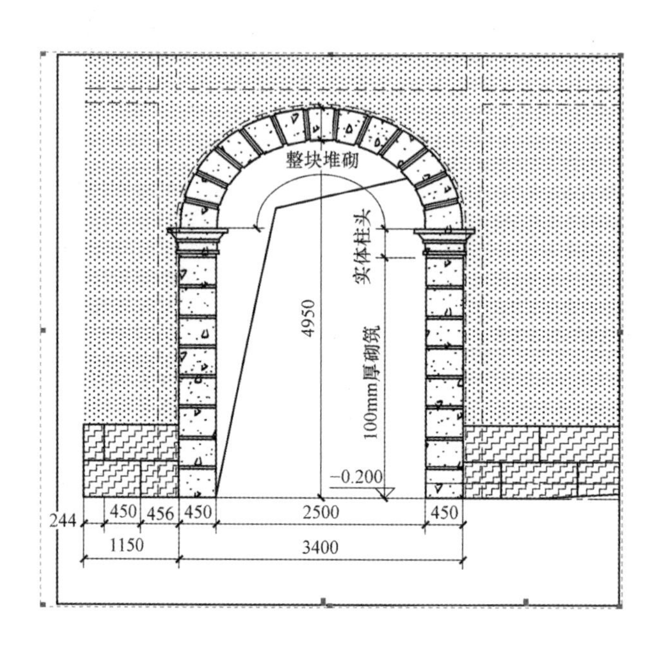

图 13-56 弧形拱门立面图

2）解决方案

（1）首先考虑到安装拱顶砂岩（最后一块）时，只能由外向内平推进去。所以二次构造的弧形拱梁必须是一个平面，这样才能保证砂岩可以由外向内平推进去。通过石材样板施工实践基础上，将石材深化设计与现场施工工艺有机结合（图 13-57、图 13-58）。

（2）为保证临时加固的精确性，以拱形砂岩造型的内圆为半径，精确制作一个拱形钢托架，并在安装拱形砌筑砂岩时，先精确固定钢托架，然后逐个安装弧形砂岩。此钢托架既可临时固定拱形造型，又可起到安装定位作用。考虑到加工和安装过程中可能的误差，计划将误差尽可能消耗到最后一块拱顶砂岩上，因此此块砂岩的加工尺寸应比理论尺寸略小，但不会影响外立面效果（图 13-59）。

（3）在施工进场后，由专业测量员，用精密测量仪器进行现场结构测量，把测量数据反馈给现场技术员，技术员根据现场实际数据，进行微调整放样图纸，然后进行面板提料（图 13-60）。

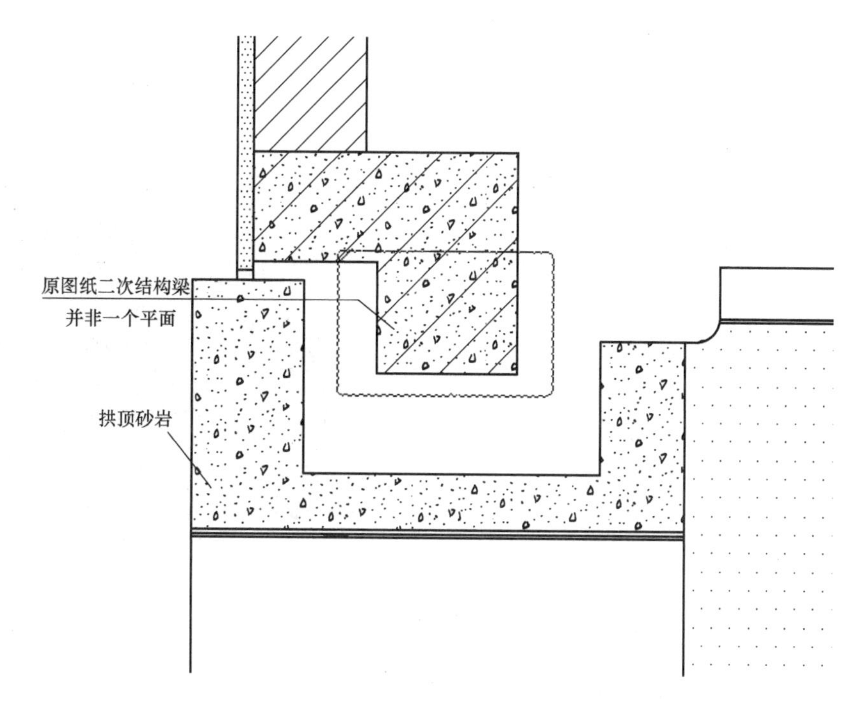

图 13-57 弧形拱门剖面图

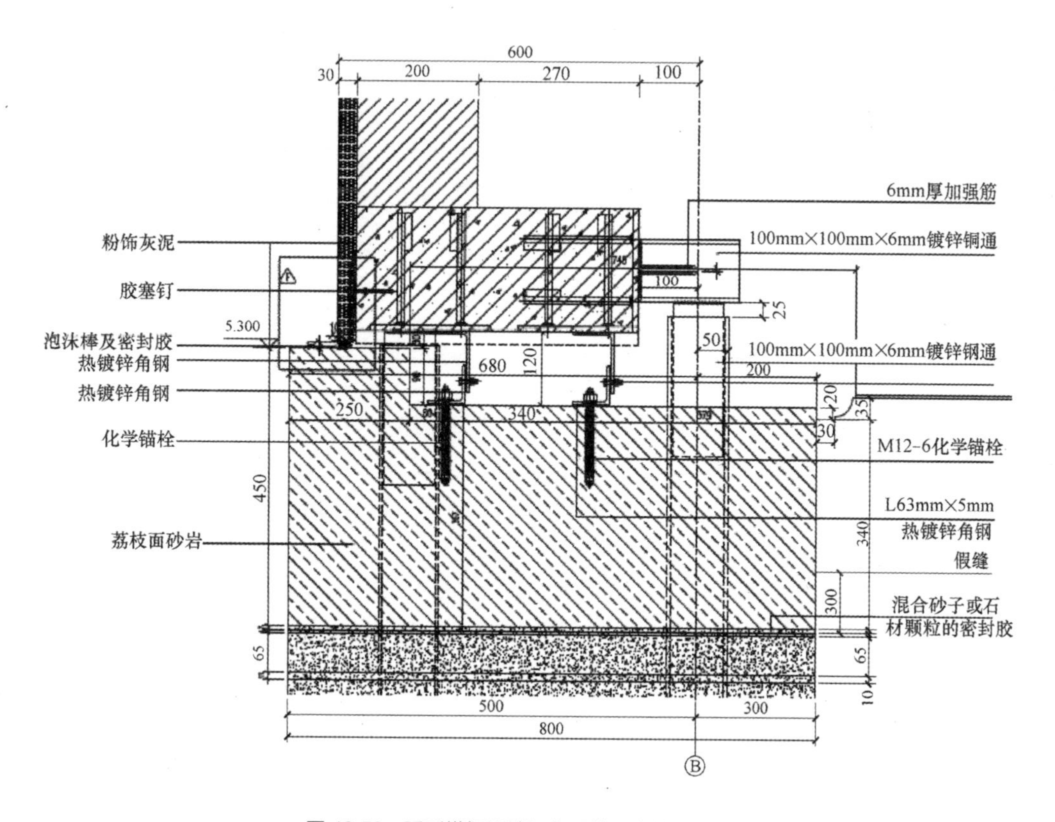

图 13-58 弧形拱门设计深化后的二次结构梁改进

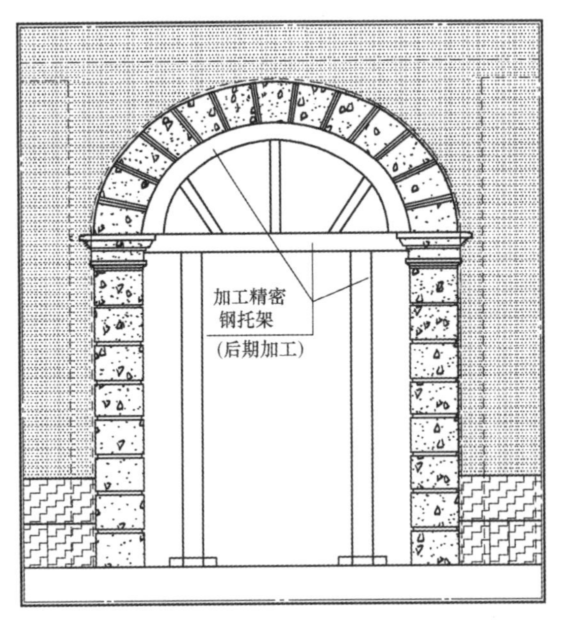

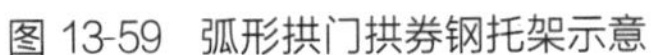
图 13-59　弧形拱门拱券钢托架示意

图 13-60　弧形拱门拱券石材安装

5. 厚重石材吊装施工

1）厚重石材设计概况

本案例砌筑石材选自欧洲经典建筑，造型多样，雕刻繁多，设计对外观效果要求高，导致出现大量的大规格、大体积、超重的石材成品构件，如何确保这些厚重石材能够安全、快速、高效地吊装施工安装，是摆在每一位施工人员面前的难题。通过 43 号楼吊装施工案例，浅述厚重石材吊装施工设计方案。

2）厚重石材吊装施工工艺

厚重石材吊装场地平整→吊装吊点、支架设计→吊点安装→厚重石材转运施工面→吊装。

3）施工控制要点

（1）在主体横梁位置设置三角支撑架，M16 的化学锚栓固定在主体梁上面，每个间距 1m 一个，用 50mm×50mm×5mm 的角钢连通每个三角支撑架，使它形成整体吊装支架。在通长角铁上放置吊装电葫芦，葫芦的起吊链必须达到地面与支架的长度。支架设计简图如图 13-61 所示。

（2）在石材块料的顶端位置预置 M16 膨胀螺栓，固定好起吊支架，保证石材在吊装过程中平衡、垂直。石材吊点连接件安装如图 13-62～图 13-64 所示。

（3）根据施工图纸对每块石材进行定位，采用叉车运输至定位垂直点。吊装前首先检查吊装葫芦、吊链性能，然后试吊石材，石材先稍稍离地，看各部件是否牢固、可靠，看布带、钢丝绳、吊链、连接部位是否能够安全可靠，确认后，继续进行吊装。

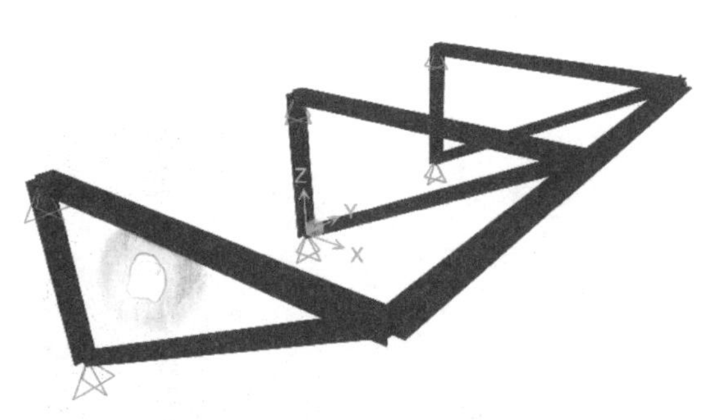

图 13-61　石材吊装支架刚度计算简图

图 13-62　石材吊点连接件安装

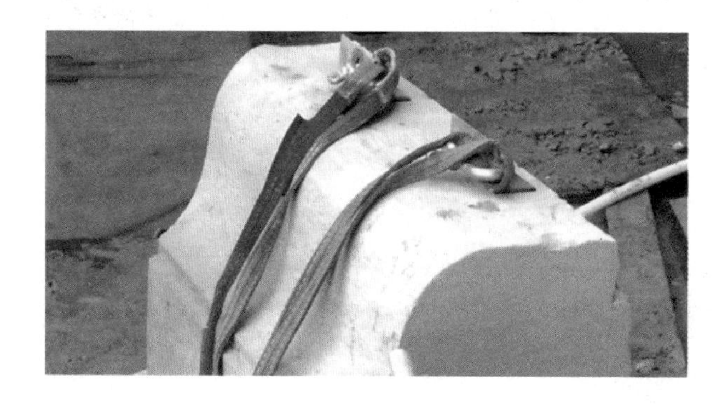

图 13-63　石材吊装绳安装

图 13-64　石材转运、安装

起吊过程中每层脚手架中安排一人稳住吊链至石材安装位置,操作人员佩戴安全带站石材两侧配合吊链操作。石材提升到位后缓缓放下，使石材吊装就位，随后进行砌筑安装、插销连接、调整平整及垂直度等，待石材调整完成后，连接上端拉结件，浇筑干挂 AB 胶，装不锈钢插销、网片等工序固定石材。最后解下吊链，单块石材吊装完成。

6. GRC 柱加工安装工艺

1）GRC 柱设计

建筑外立面 GRC 柱造型复杂，样式类型繁多，多处 GRC 柱位置涉及与石材栏杆、弧套造型、外廊地面有交接，原招标图纸难以在细部设计方面考虑周全，需要现场做 GRC 深化设计时补充完善。

另外，由于建筑师提供的招标图以及原建筑照片中，有关 GRC 柱的样式及雕花造型、图案等细节信息不全，甚至只有模糊不清的原型实际照片，柱子样式翻样需要花时间逐个位置核对、找全细节信息，这给 GRC 柱设计、生产、雕塑带来了极大的困难。

应对措施：每个柱头雕塑的样板通过泥模雕塑打样，经建筑师与工厂设计确认，通过 3～4 次的反复修改、重雕，才能最终确认柱头的雕塑效果。GRC 柱在确认的三维效果图基础上进行深化设计，并通过建筑设计师审核批准后，方能进行生产。如图 13-65～图 13-68 所示。

图 13-65 设计原图

图 13-66 设计原建筑照片

图 13-67 泥模打样

图 13-68 泥模设计修改

2）GRC 加工

GRC 柱安装位置主要在门庭，廊柱以类似科林斯罗马柱顶部配装一体雕塑柱头形式体现装饰个性。GRC 柱其种类为单体、双体、三联体。GRC 柱体积大直径 200～600mm。最大边长度 4.238m，重量 800～1800kg。如此规格尺寸的 GRC 柱在以往的加工订单中极为罕见。

（1）模具制作难度

GRC 柱式经过统计总计 35 种样式，模具共模率低，雕塑柱头聘请专业雕塑师进行泥型雕塑，6m 跨五轴桥式雕刻机三维立体雕刻，模具制造工艺难度及成本费用极高。

进行硅胶模浇筑：硅胶用量大，仅柱头模具就开发 180 个，且个别模具只使用一次。硅胶模需要玻璃钢模具托架制作，两套模具，玻璃钢模具开模量大。柱身模具制作需要先制作木模的凸模，再翻玻璃钢模具。

（2）加工过程难度

由于产品体积大，产品中心加装热镀锌 120mm×120mm 方管作为承重梁，需要焊接承重锚、重力锚。

雕塑柱头要进行面层喷涂。由于产品有双体、三体结构。需分片加工再合模生产。由于体积、重量大，多次合模，一条生产线配置 30 人，每天生产 GRC 柱产量仅为 30～40m^2。

（3）应对措施：

① 原材料选用：水泥采用 52.5 级低碱早强特种水泥（硫铝酸盐水泥）。该水泥水化液相对较低，对玻璃纤维微腐蚀，经测试，50 年对玻璃纤维的保留率在 70%～90%。表面抗裂纤维选用优质纤维可以有效地防止表面开裂。脱模剂采用特殊配方的水溶性脱模剂，不仅可以保证产品的外观质量，而且可以保证后期涂料的喷涂质量。

② 产品养护：产品脱模后必须保证充足的水养护，定人、定时采用洒水养护，保证产品的内在强度及外表面不产生龟裂。

③ 加工生产工人采用参与过此类项目加工的熟练技术工人，提高产品一次合格率，降低不良品率。并通过工艺改良，提高模具周转次数，缩短周转周期。

④ GRC 柱加工图片（图 13-69～图 13-74）

图 13-69　柱头硅胶模具一

图 13-70　柱头硅胶模具二

图 13-71　GRC 柱头浇筑拆模

图 13-72　GRC 柱头修补

图 13-73 GRC 柱身模板一

图 13-74 GRC 柱身模板二

3）GRC 柱安装

（1）安装难点

① 因受场地限制，所有 GRC 柱安装位置集中在内庭处，对垂直运输产品产生了巨大影响，所有 GRC 柱子不能使用吊机进行垂直运输，全部柱子使用人工搬运到指定安装位置。且产品体积庞大，单件重量约 1800kg，安装时投入人工颇大，增加施工难度。

② 现场结构偏差较大，打凿量偏多，复核现场与石材单位协调安装方式，避免出现后续石材施工的难度，增加了安装成本。

③ 安装精度要求高，现场垂直及水平误差控制在 5mm 以内，必须保证下一道石材施工的间距准确性。因产品尺寸大、重量较大，安装过程空间位移调整困难，增加了施工难度。

④ 经过现场测量，发现现场结构多处与图纸不符，给柱子上下端固定方案造成极大阻碍，经过反复调整、计算、确认，最终确认固定方案图纸；结合现场、图纸与石材单位反复讨论、研究，多次测量现场标高，从而调整柱子间距、标高等数据。

（2）应对措施

① 对 GRC 柱成品进行严格检查，凡外形尺寸超出允许偏差或有严重缺陷的不合格产品不得使用。

② GRC 装饰柱的安装按照排版图，从两头开始，中间拉线，两头挂线，柱中的预埋件与墙体上的钢架用焊接固定。柱子线条与外墙线条之间的缝隙使用 GRC 原材料加胶粉进行填补，随时检查平整度和垂直度。

③ 本工程 GRC 安装分为 4 种，在空间满足安装需求但不易安装的部位采用背挂式安装；在空间不满足安装需求的部位采用直接连接方式；在空间满足安装需求且容易安装的部位采用构件式安装；在空间不满足构件式安装需求且不易安装的部位采用螺杆外安装形式。

④ GRC 柱成品接缝处理

GRC 柱安装完成以后，对产品的接缝和轻微损坏要进行修补。修补分 2 次进行。第 1 次用 1：2 的砂与水泥灰、短切纤维、膨胀剂修补至距 GRC 柱成品外口 5～7mm 处。第 2 次用水泥、丙胶、膨胀剂加 PP 纤维修补到位（或用 GRC 原材料加配料完成），用毛刷沾水拉平，对于修补不平整的地方要打磨到表面平整，修补完毕后再对修补的地方进行养护，最后对接头缝进行打胶处理。

（3）安装施工图片（图 13-75～图 13-84）

图 13-75　结构连接埋件安装

图 13-76　GRC 柱倒运一

图 13-77　GRC 柱倒运二

图 13-78　GRC 柱现场就位

图 13-79　GRC 柱安装一

图 13-80　GRC 柱安装二

图 13-81 GRC 柱底安装固定

图 13-82 GRC 柱顶安装固定

图 13-83 GRC 柱顶连接点加强焊接

图 13-84 GRC 柱安装完成

安装细节要求严格，对焊缝及防腐验收要求严格，做到每一分项逐步验收后才能施工、不合格不允许施工的原则进行施工，安装进度缓慢。

7. 圆锥形屋面施工

1）变形铝合金型材加工

（1）型材拉弯成形的有限元模型

计算模型主要有静态计算模型和动态计算模型。动态计算模型考虑了惯性力，工程采用了动态计算模型。

（2）计算工况

整个有限元共分为六个工况：预拉、弯曲、补拉、压下陷、松开夹头和模具反向移动卸载。预拉伸量取实验采用的值 3mm，预拉时间取 5s，与实验预拉时间一致，增量步设为 50 步。弯曲时，保持预拉最终的轴向拉伸力不变，然后使夹头沿垂直于型材轴向的方向移动，直到型材贴模。弯曲时间取 30s，增量步设为 150 步。补拉伸量取实验采用的补拉伸量 6.2mm。补拉时间取 5s，增量步设为 50 步。下陷深度为 5mm，位置在模具的一侧。压下陷时间为 2s，增量步为 50 步。卸载过程包括两个过程：先释放夹具，并使夹具沿补拉方向继续移动，确保型材回弹时不会再碰到夹具；然后使弯曲模具和下陷凸模反向移动，模具和型材完全分离。释放夹具的时间为 3s，增量步为 100 步。模具反向移动的时间为 3s，增量步为 100 步。

2）变形型材拉弯加工

（1）拉弯是在给予型材预制拉力（在屈服极限范围内）的前提下，利用旋转和靠模改变型材断面变形中介面（内移）使其塑性变形的过程。

（2）备料长度：一般情况下备料应是所需弯曲材料的有效弧长加上工艺段之和，工艺段等于 2.1 倍的变形宽度（t），变形宽度（t）等于外半径（$R_{外}$）减内半径（$R_{内}$）。

备料长度＝有效弧长＋2.1t。

当然具体备料长度可以根据实际情况考虑套裁，以便节省工艺段。

（3）备料数量：一般情况下应根据不同断面、不同半径、不同弧长在实际需要数量基础上增加 1～2 支备份，以便作为调试模具用。该备份未考虑材料弯曲后的运输、加工、安装等环节可能出现的损失数量。

（4）材料每支弯曲有效弧长的要求：通常情况下不应过弧度角 180°。

（5）材料硬度状态的要求

当型材弯曲的伸长率满足变形量要求时，应选择 T_5 状态（$\delta \leqslant 10\%$），铝型材的国标准为 $\delta \geqslant 8\%$。

$$\delta = t/R \times 100\% = (R - R_{内}) \div R_{内} \times 100$$

否则应选择 $T_0 \sim T_4$ 状态。

（6）型材表面处理要求

通常情况下可以选择阳极氧或涂装后弯曲加工（涂层的伸长率远大于型材的伸长率）；因为型材拉弯时型材与模具之间没有相对位移，故不会损伤型材。如型材弯曲过程中涂层脱落则是涂层附着力不足造成的，产生附着力不足的原因主要有喷涂前处理不好或加温不足及加温时间不足。

为方便运输和安装，应适当做表面保护，具体情况需视工程要求的分格、结点及选材等特点确认。

（7）型材拉弯设备

铝型材弯圆机弯弧机滚弯机设备的特性：设备带有 3 个驱动滚轮，均为主动轮，这样能避免型材在辊轮中打滑（图 13-85）。

所有产品可一次弯曲成形，效率高，不磨损；也可根据需要多次弯曲成形。三组滚轮均由 CNC 数控装置控制，平稳移动并能精确定位。定位精度：0.02mm（图 13-86）。

定驱动轮间距可以不同位置调整，即两个辊轮位置可调整成不同间距，既能弯曲一个半径圆弧（普通 C 形弧），又能弯曲两个半径圆弧（U 形弧），还能弯曲三个半径圆弧（面

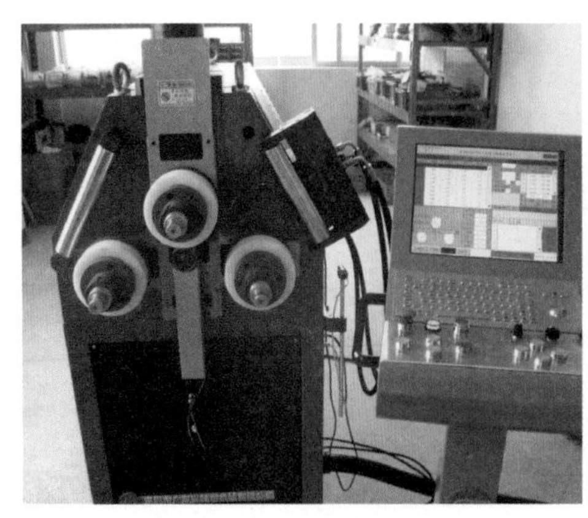

图 13-85 拉弯机

图 13-86 屋面变形型材拉弯成品

包弧与椭圆)，具有材料回弹量智能计算并补偿功能。针对不同的半径弯弧，设备能自动计算回弹量，免去了弯制不同弧度时浪费过多的材料和时间。

设备可存储一定量的程序（视内存空间)，并可在程序中输入尽可能详细的信息以便下次利用时可方便轻松地识别。

3）圆锥形屋面施工

(1）顺水条的安装

依据斜沟的轮廓线（即中心线)，平行于轮廓线的两侧，沿中心定位点按 90°角各放一根定位线，每边定位线距中心线 160mm。选用 40mm×30mm×3m 铝合金方通，按照净间距 600mm 沿水流方向铺设（通过螺栓侧向固定在 L 支架上)。先安装屋脊、天沟、烟囱等部位的附加顺水条，在保证屋面尺寸的前提下，以正脊端点和檐口线交点弹一直线为准，保证安装附加顺水条顺直。所有顺水条直接侧向固定于 L 支架上，需保证螺栓固定点牢固。

铝合金方通沿锥形坡向放入双 L 支架卡槽上口，铝方通与 L 支架接触面采用 2mm 厚三元乙丙防腐垫片隔离。

现场采用经纬仪再次定位复测，在保证屋面坡度尺寸和锥形圆心点位置的前提下，应以正脊端点和檐口线交点弹一直线为准，保证顺水条安装夹角均分 360°等分。通过螺栓侧向固定在 L 支架上，M6mm×65mmA4 不锈钢螺栓侧向对穿方通连接固定在 L 支架上，拧紧螺丝。

圆锥屋面下端屋檐口部位的附加顺水条安装：在保证屋面坡度尺寸和锥形圆心点位置的前提下，以圆锥端点和檐口线交点再次均分 1/4、1/8、1/16 为弧形等分角弹线，保证附加顺水条与大面安装角度等分均匀。

(2）变形挂瓦条安装

主瓦上下搭接长度为 60～65mm。按照坡度大小范围的规定，确定搭接长度，然后按下述方法计算确定挂瓦条的间距，放线顺序如下：

① 距正屋脊轮廓线向下 30mm 弹出一平行屋脊的平行线，确定最上端的一排挂瓦条的位置。依次从屋檐向上 385mm，弹出一条平行于檐口边的平行线，确定第一排挂瓦条

的位置。沿坡长等分中间间距 385mm，确定中间挂瓦条位置。

② 平行线距下端屋檐口距离长度极少相等，以接近一瓦或者半瓦宽适宜。平行线线距为瓦片模数（模数取 390mm）宽的整倍数，误差大的可根据实际情况来调节，保证每排瓦左右误差不超过 2mm。

③ 在顺水条上沿横向间距 630mm 线，安装 30mm×25mm×3mm 铝合金连接角码，采用 4-ST4.2×16mm 不锈钢自攻螺钉与顺水条连接牢固。

④ 挂瓦条间距不宜大于 265mm，以保证屋面瓦上下的最小搭接长度，使上一排瓦片的挡雨檐在下一排瓦的瓦槽内。采用 3003 系列 30mm×30mm×3mm 铝合金方通，通过顺水条上安装的角铝利用 ST4.2 自攻螺钉固定于顺水条上。挂瓦条应固定平整、牢固，上棱应成一直线。应保证连接点牢固，连接完成后需采用防锈漆处理（图 13-87、图 13-88）。

图 13-87　圆锥形屋面施工

图 13-88　圆锥形屋面完成效果

13.2　天津泰安道四号院工程

13.2.1　工程概况

泰安道四号院工程坐落于天津市和平区大沽北路与解放北路之间，北临太原道，南侧为解放北园，工程建筑平面为 U 字形，框架结构，地下 2 层，地上 9 层，局部 11 层，基础埋深 11.9m，建筑檐高 37.5m，室内外高差 0.3m，正负零相当于大沽水平 3.6m。工程总建筑面积 $69000m^2$，地上部分为 $49000m^2$，地下部分为 $20000m^2$。

工程主要设有会议室、培训中心、商务中心、酒吧间、全日制餐厅、中餐厅、花园走廊、客房、行政酒廊等。

泰安道四号院工程地处英式风情街区，周边可见历史文物建筑，戈登堂、利顺德饭店、开滦矿务局大楼、维多利亚花园、美国兵营等多处历史风貌建筑。泰安道四号院工程建成后为天津丽思卡尔顿酒店，是超五星级酒店，现已成为万豪集团英式简欧风格酒店的样板典范。酒店外檐为欧洲古堡式的建筑风格，内部装饰体现新古典主义。酒店 277 间客房舒适豪华，彰显着欧洲传统文化的高贵雅致（图 13-89～图 13-127）。

工程设计做法如下：

建筑外檐：传统清水页岩砖墙面、干挂石材墙面。内檐地面：地毯、木地板、石材地面、地砖地面、环氧自流平、耐磨地面；墙面：石材、木挂板、壁纸、织物软包、涂料墙面；吊顶：GRG 高强石膏线、石膏板吊顶、无机纤维喷棉、铝格栅、矿棉板。屋面：上人屋面、不上人屋面。机电安装：给水排水及采暖、建筑电气、智能建筑、通风与空调和电梯工程等 5 大系统。

图 13-89　泰安道四号院外景

图 13-90　泰安道四号院

图 13-91　泰安道四号院夜景

图 13-92　泰安道四号院实景一

图 13-93　泰安道四号院实景二

图 13-94　泰安道四号院实景三

图 13-95 泰安道四号院实景四

图 13-96 泰安道四号院实景五

（图片来自 http：//bbs. zol. com. cn/dcbbs/gallery _ d23 _ 2194. html＃）

图 13-97 泰安道四号院实景六

（图片来自 http：//bbs. zol. com. cn/dcbbs/gallery _ d23 _ 2194. html＃）

图 13-98　泰安道四号院实景七

图 13-99　泰安道四号院实景八
（图片来自 http：//bbs. zol. com. cn/
dcbbs/gallery _ d23 _ 2194. html#）

图 13-100　泰安道四号院实景九
（图片来自 http：//bbs. zol. com. cn/
dcbbs/gallery _ d23 _ 2194. html#）

图 13-101 泰安道四号院实景十

（图片来自 http：//bbs. zol. com. cn/dcbbs/gallery _ d23 _ 2194. html＃）

图 13-102 泰安道四号院实景十一

图 13-103 泰安道四号院实景十二

图 13-104　泰安道四号院实景十三

（图片来自 http：//bbs. zol. com. cn/dcbbs/gallery _ d23 _ 2194. html＃）

图 13-105　泰安道四号院实景十四

（图片来自 http：//bbs. zol. com. cn/dcbbs/gallery _ d23 _ 2194. html＃）

图 13-106　泰安道四号院实景十五

（图片来自 http：//bbs. zol. com. cn/dcbbs/gallery _ d23 _ 2194. html＃）

图 13-107　泰安道四号院实景十六

（图片来自 http：//bbs. zol. com. cn/dcbbs/gallery _ d23 _ 2194. html＃）

图 13-108 大厅

图 13-109 一层通廊

图 13-110 会议室

图 13-111　培训中心

图 13-112　花园走廊

图 13-113　地毯地面

图 13-114　中餐厅

图 13-115　商务中心

图 13-116　总统套房

(a)

(b)

图 13-117　标准客房

图 13-118　石材墙面

图 13-119　木挂板

图 13-120　软包

图 13-121　壁纸

图 13-122　八层行政酒廊

图 13-123　全日制餐厅

图 13-124　酒吧间

图 13-125　三层露天花园

图 13-126 娱乐中心

图 13-127 地下车库

13.2.2 工程特点

1. 土建工程

1）建筑外檐立面采用传统欧式建筑风格。在满足建筑功能的同时，使用欧式风格的线脚、山花、老虎窗、塔楼建筑元素。首层、二层通高柱廊，外侧干挂石材，结合建筑自身大空间、大层高的使用要求，15m 高的柱廊与其下行人形成强烈对比，使得近人部分获得一种更雄伟的感觉。

2）外檐清水墙的独特化。外檐清水墙由三种颜色的拉毛页岩砖随机混砌而成，砌筑方法为“三一砌墙法”，表现了大跨度平拱、圆拱、花式墙体的细部节点。

3）内檐装饰的精细化

如二层宴会前厅弧形吊顶，大弧度线角清晰；石膏线花型复杂，拼接严密，角部整齐连续，描金清晰，专用送风口与石膏线自然衔接；壁纸墙面拼缝严密，图案连续整齐；

277 套卫生间线性排水，美观大方，表面不见地漏。

4）屋面布局规范化

66°斜屋面施工，56 套石材老虎窗造型新颖。上人屋面规划整齐，布置合理，美观大气。

2. 机电工程（图 13-128、图 13-129）

1）所有热水用水点的末端均采用末端循环。

2）所有的客房卫生间污水浊气集中排至室外。

3）所有的客房及公共区域采用 LED 照明光源。

图 13-128　室内照明

图 13-129　客房会客间

4）电气系统回路复杂，安全使用功能要求高。

5）所有广播音响、照明光源、动力配电、冷热供水、空调温湿等使用功能都集中由楼宇系统监控，楼宇系统要求高。

6）喷淋系统采用酒店认可的双 U 形立管加环管系统，同时全楼采用消火栓系统进行保护。

7）电梯按功能区域安装使用。

8）酒店对消防人身安全的特殊要求：

（1）所有人员能到达的角落都安装声光报警装置。

（2）建筑物内每一个人员能到达的角落都安装喷淋装置，其中包括大于 2.2m^2 的独立空间、衣帽间、储藏室、设备间等都安装了喷淋装置。

13.2.3 施工难点

1. 土建工程

1）基坑深 11.9m，为软土地基，紧邻海河，水位高，基坑支护防渗难度大。

2）13590m^2 外檐清水页岩砖墙面，设有塔楼、柱廊、多层砖挑檐。高水平的清水墙砌筑技工少，需专门招聘培训。

3）43 套 2.4m 大跨度砖砌平拱。

4）外檐清水墙面上 36 个大弧形多重圆拱砌筑。跨度为 3.1m 大弧形砖砌圆拱，内套跨度为 1.5m 两个小弧形砖拱。

5）建筑内檐装修用材多样，做工精细，特殊工艺复杂。

6）分包单位多（专业分包队伍近 40 多家），做法及标准统一难度大。

2. 机电工程

1）吊顶内管线较多，交叉复杂，空间小。

2）机房内的空间小，设备多，管道布局复杂。

3）机电安装工程各专业衔接功能要求高。

4）加长型、异型风口与装饰面配合难度大。

5）进口设备安装工艺要求高。

6）酒店对设备的噪声要求等级高。

7）设备系统较多，控制复杂，系统调试难。

8）智能控制与设备监控系统并网调试难。

13.2.4 工程亮点

外檐清水页岩砖墙面平整垂直，无破活、无瞎缝、无污染。

玻璃幕墙自然采光，五性检测合格。

石材幕墙安装牢固，板面平整，线角清晰。

2.4m 大跨度砖砌平拱突破了设计规范要求，采用错砖咬合、穿筋、吊筋措施，实现了清水大跨度砖砌平拱效果。

多重圆拱拱券凹凸错落，专门制作了 13 种异形砖，精心组砌，成活效果美观大方。

21370m^2 石材地面，拼缝严密，平整度偏差小于 0.5mm，表面平整无色差，光洁如镜。

石膏线花型复杂，拼接严密，角部整齐衔接。壁纸、软包墙面，拼花自然，拼缝严密，图案连续整齐。

330 套管道井、强弱电间，粉刷到位，边角清爽，表里一致。

277 套卫生间线性排水畅通，美观大方，表面不见地漏。

屋面坡度、坡向正确，排水顺畅无积水，使用至今无渗漏。

13.2.5　施工过程控制

1. 桩基工程

工程采用 699 根钻孔灌注桩，进行单桩竖向抗压静载试验及单桩竖向抗拔静载试验，检测结果均满足设计要求。

325 根低应变检测：Ⅰ类桩 297 根，占 91.4%；Ⅱ类桩 28 根，占 8.6%；无Ⅲ类桩。

沉降观测：设计沉降量 50mm，最大累计沉降量 15.9mm，最小累计沉降量 11.3mm。累计沉降的平均沉降值为 13.3mm。相邻最大沉降差 3.9mm，相邻最小沉降差 0.1mm，沉降速率（0.003mm/d）<（0.01mm/d），沉降处于稳定状态。

2. 基础工程

本工程基础结构均为桩承台筏板基础。

本工程地下二层，基坑深 11.9m，采用钢筋混凝土灌注桩、三轴止水帷幕及环梁支护结构体系。加强过程监控，重点对周边环境、支护结构、地下水位等进行监测。

基础底板厚度为 0.8m，承台高 1.6m。采取措施是：

（1）编制混凝土浇筑专项方案。

（2）严格控制混凝土坍落度。

（3）严格控制混凝土分层浇筑。

（4）制定保温养护措施，加强混凝土测温。

3. 主体工程

本工程主体为框架结构，结构抗震等级三级，针对结构特点，对钢筋、模板、混凝土加强控制。做法是：

1）钢筋工程

从钢筋加工绑扎入手，对框架柱钢筋，采用标尺控制；电梯井混凝土剪力墙钢筋，采用梯格筋控制。

对钢筋工程质量坚持“七不准、五不验收”的管理制度。

（1）钢筋绑扎七不准：

① 混凝土接槎未清到露出石子，不准绑扎钢筋；

② 钢筋污染未清净，不准绑扎钢筋；

③ 放线工未弹线，不准绑扎钢筋；

④ 未检查钢筋定位情况，不准绑扎钢筋；

⑤ 偏位钢筋未按 1∶6 进行校正，不准绑扎钢筋；

⑥ 未检查钢筋接头错开长度或接头位置不符合要求，不准绑扎钢筋；

⑦ 未检查钢筋接头质量合格前，不准绑扎钢筋。

(2) 钢筋绑扎五不验收

① 钢筋绑扎未完成，不验收；

② 钢筋定位措施不到位，不验收；

③ 钢筋保护层垫块不合格，不验收；

④ 钢筋纠偏不合格，不验收；

⑤ 钢筋绑扎未严格按技术交底施工，不验收。

2）模板工程

从模板设计选择定位支撑体系安装入手，采取五项措施：

(1) 编制模板专项施工方案；

(2) 框架柱选择新型塑料模板体系；

(3) 利用早拆支撑体系，在支撑架上设置定位卡，确保轴线位置；

(4) 梁柱节点制作定型专用模板；

(5) 大坡度屋面板采用双面支模。

3）混凝土工程（图 13-130）

从保证混凝土结构的内在质量和观感质量入手，施工中加强对混凝土浇筑、振捣、抹压、养护等控制，混凝土工程做到颜色一致、几何尺寸准确、棱角清晰、梁身顺直，主体结构内坚外美。

(a)

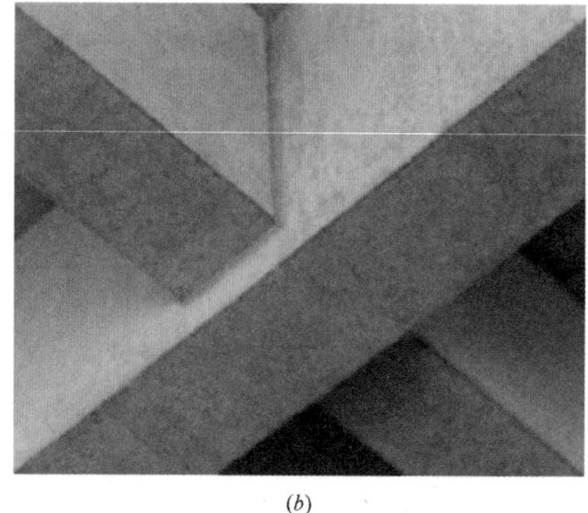

(b)

图 13-130 混凝土实体效果

通过加强对主体工程质量控制，工程质量达到了预期效果。

(1) 钢筋原材料进场复试 173 组，符合规范要求。

(2) 131 组钢筋接头复试符合要求。

（3）35 批次钢筋隐蔽验收，符合设计及规范要求。

（4）368 组混凝土标养试块，经过数理统计，100%合格。

（5）电梯井混凝土密实、平整，电梯安装无剔凿。

（6）经检测主体结构全高最大偏差 9mm，垂直度最大偏差 9mm。

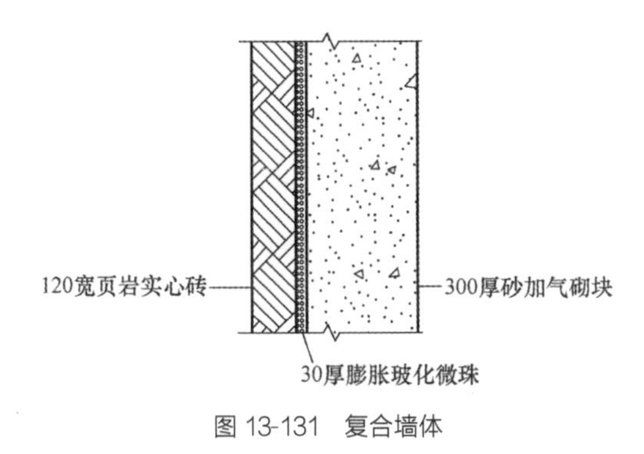

图 13-131　复合墙体

4. 建筑装饰装修工程

工程外檐墙面为复合墙体，墙厚 450mm，外墙外叶墙面 120mm 采用清水页岩砖墙面（图 13-131），外墙内叶墙采用 300mm 砂加气保温砌块，两层墙中间设有 30mm 空腔，采用膨胀玻化微珠填充密实，结合外檐清水墙自身的特点，在施工中重点控制以下几点：

1）施工中，加强对 87 根清水壁柱砌筑的控制（图 13-132）。

(*a*)

(*b*)

(*c*)

(*d*)

图 13-132　清水页岩砖壁柱

清水壁柱凹凸错落、转角多，采取措施是：

(1) 清水壁柱定位：根据图纸上的各个壁柱的位置，弹出壁柱的中心线和壁柱断面尺寸线。

(2) 根据壁柱断面尺寸预排砖，使柱面上皮与下皮砖的竖缝相互错开。

(3) 清水壁柱砌筑：坚持三皮砖一吊，五皮砖一靠，壁柱每砌完一皮砖以后，用水平尺检查壁柱上口四条边的水平情况。

保证了 87 根壁柱转角方正，截面尺寸准确，大角垂直挺拔。

2) 施工中，加强对 2.4m 超常规大跨度砖砌平拱的不下垂、不变形、牢固性的控制。采用罗汉槎砌筑与后侧现浇过梁咬合、穿筋注浆与结构吊筋措施，实现清水大跨度砖砌平拱效果（图 13-133）。

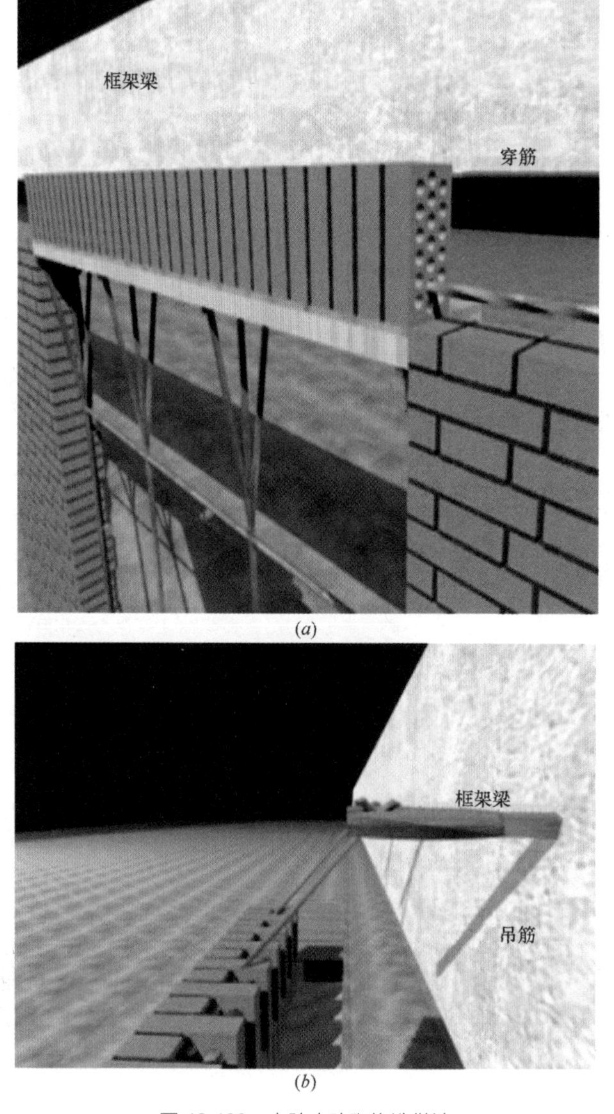

图 13-133 大跨度砖砌构造做法

3）施工中，加强 3.1m 大弧形砖砌圆拱，内套跨度为 1.5m 两个小弧形砖砌圆拱组砌方法的控制（图 13-134）。具体措施是：

（1）找准大弧形和小弧形圆心位置，确定好大弧形和小弧形圆拱拱顶标高。

（2）制作安装定型圆拱胎模，在胎模上排砖设计，确定 13 种异形砖，专门加工制作。

（3）圆拱凹凸错落，甩槎不能拉通线，凭借操作者技能，完成对称削砖砌筑。

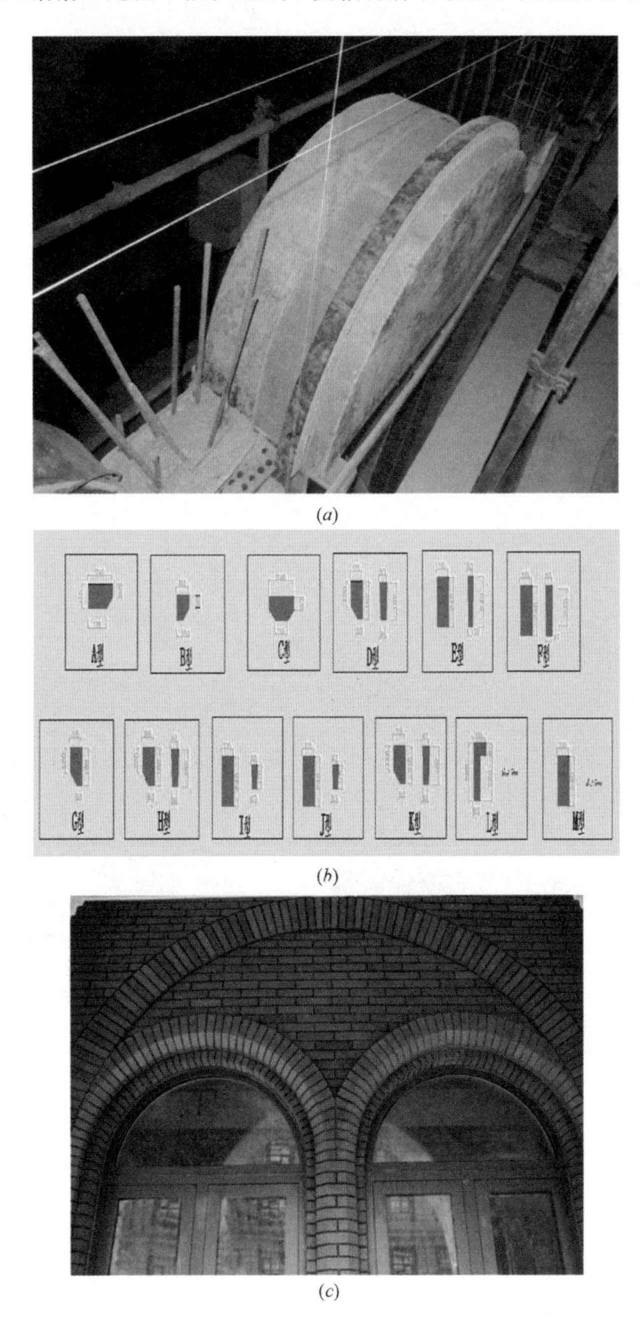

(*a*)

(*b*)

(*c*)

图 13-134　圆拱组砌方法一

(*d*)

图 13-134 圆拱组砌方法二

建筑内檐装修采用新古典做法，装修用材多样，做工精细，特殊工艺复杂，在西洋古典建筑中突出中华传统文化元素，体现了中华能工巧匠的精湛技艺。具体做法有：

(1) 白砂米黄砂岩砖（图 13-135）

白砂米黄砂岩砖，采用胶粘法施工，孔内镶嵌亮面水晶玻璃，外观效果非常大气。

(*a*) (*b*)

图 13-135 白砂米黄砂岩砖

(2) 砖瓦堆集造型（图 13-136）

砖瓦错缝堆集，灰缝凹凸做旧，砖面人工凿毛后喷刷憎水剂，形成人造风化、古朴效果。

(3) 青花瓷墙面（图 13-137）

青花瓷墙面人工造旧，传统文化意味浓厚。

(a)

(b)

图 13-136　砖瓦堆集造型

(a)

(b)

图 13-137　青花瓷墙面

（4）金属编织网（图 13-138）

用非常细的金属丝编织成的席子，按照硬包的做法，装饰于墙面和顶棚，灯光下闪闪发光。

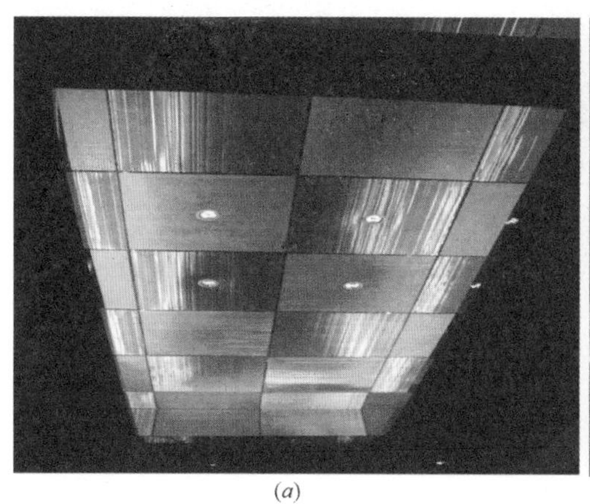
(a)

(b)

图 13-138　金属编织网

（5）楣桂木（图 13-139）

将 20mm 厚楣桂木板雕刻成凹凸一致的人字拼图造型，再固定在门扇上，增强了立体感。

(a)

(b)

图 13-139 楣桂木

（6）中国藤（图 13-140）

把五种颜色“藤子”粘贴在防火板上，然后喷漆，固定在墙面上，外观立体感强。

(a)

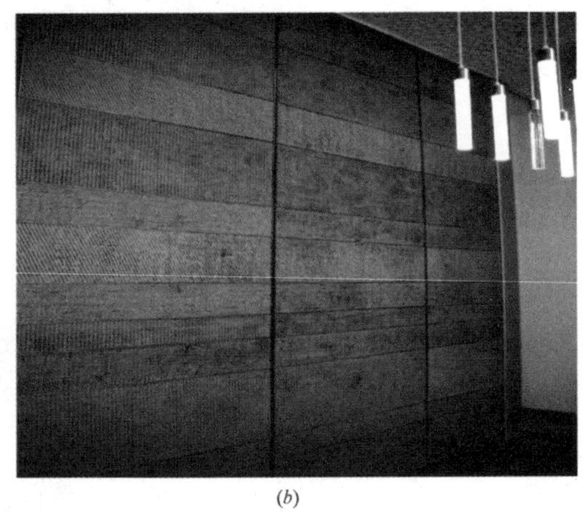
(b)

图 13-140 中国藤

（7）竹片顶（图 13-141）

竹片采用错缝拼接的施工工艺，装饰于顶棚表面喷漆，有回归自然的效果。

（8）精格铁艺（图 13-142）

人工把铁条加工成梅花造型的精格铁艺片，酸洗喷黑，安装在“L”形钢骨架上。

(a)

(b)

图 13-141　竹片顶

(a)

(b)

图 13-142　精格铁艺

(9) 钢化超白大玻璃（图 13-143）

钢化超白大玻璃，高度 4m，宽度 1.5m，厚度 15mm，需要在超白大玻璃的正面和反面粘贴 30mm×30mm、60mm×60mm、90mm×90mm 小块超白玻璃，而且不见玻璃粘贴痕迹。

(a)

(b)

图 13-143　钢化超白大玻璃

(10) 中空不锈钢推拉门（图 13-144）

中空不锈钢推拉门，高度 4m，宽度 0.8m，厚度 50mm，需要在门扇上挖 30mm×30mm、60mm×60mm、90mm×90mm 正方形的孔，孔内镶嵌亮面不锈钢，外观效果明亮大方。

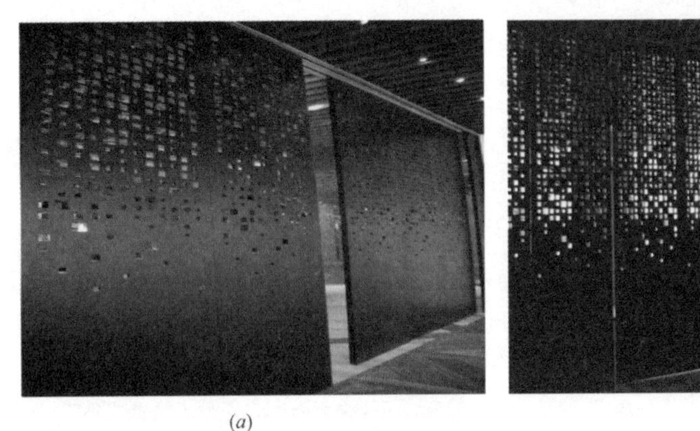
(a)

(b)

图 13-144　中空不锈钢推拉门

5. 屋面工程（图 13-145）

屋面工程为上人屋面、不上人屋面，防水等级Ⅱ级。排水形式采用重力雨排。屋面工程经检验：坡度、坡向准确无误，排水顺畅，无积水，使用至今无渗漏。

(a)

(b)

(c)

图 13-145　屋面工程

6. 机电安装工程（图 13-146、图 13-147）

5 个分部种类繁多，系统复杂。各系统交叉配置，施工难度大。为实现创优目标，施工单位进行了精心策划。

图 13-146　给水泵房

(a)

(b)

(c)

图 13-147　制冷机房

1）给水系统

（1）本工程管井众多，管道复杂，在施工前，施工单位对所有管井进行整体排布，达到管道井内管道间距、卡架高度、距墙均一致。截门高度一致，便于开启检修。

（2）生活热水系统采用末端循环以保证客房水龙头和淋浴10s内出热水。

2）排水系统

（1）地下室设置了进口的油脂分离器，安装工艺复杂，施工单位查阅了大量资料，进行了细致的研究，最终顺利完成了设备的整体安装和调试，安装技术达到了国内一流水平（图13-148）。

图13-148　油脂分离器

（2）酒店要求所有的客房卫生间污水浊气集中排至室外，排水支管与排气支管采用共用与单独卡具。

3）消防系统（图13-149、图13-150）

（1）采用双U形立管加环管系统，管道预留孔位置和直径尺寸精确，保证了预留洞无缝隙。

（2）消防泵房内管道众多，排布交叉复杂，施工单位对管道利用BIM技术模拟演示，保证了管道排列整齐，布局合理。

图13-149　消防系统

图13-150　消防监控室

4）通风空调系统

（1）酒店对设备的噪声要求等级高，为此，施工单位对设备基础和管道连接采用惰性减震和弹簧减震，保证了设备和管道的噪声要求（图 13-151）。

(*a*)

(*b*)

图 13-151　通风空调系统减震装置

（2）风口采用内置式固定安装合理，便于维修，风口与装饰面固定严密（图 13-152）。

图 13-152　通风空调系统风口

（3）所有的机组全部进行试运行、系统调试，运转良好，并按规范对空调系统进行了第三方检测，100%合格。

（4）屋顶风机软连接平整，角铁法兰固定，减震外露，螺丝装饰帽美观。

（5）地下室风道顺直，卡具合理，成排成行，标识清晰。

5）建筑电气

（1）屋面防雷网平整顺直，支架间距合理牢固，均达到 49N 的拉力，设备及金属管道不带电的金属部分均作有可靠接地（图 13-153、图 13-154）。

（2）大型灯具安装牢固，先期预埋吊件吊装试验符合要求（图 13-155）。

（3）电气竖井桥架安装，防火枕码放严密整齐，明敷水平桥架安装牢固，整齐顺直，中英文标识清晰，无污染（图 13-156）。

图 13-153　屋面防雷网

图 13-154　设备接地

(*a*)

(*b*)

图 13-155　大型灯具安装

（4）配电箱（柜）接线牢固、相序正确、接地可靠（图 13-157）。

图 13-156　电气桥架

图 13-157　高低压配电室

（5）客房智能节能系统在房间分别设置感应器，当客人打开客房门后，系统自动将房间窗帘、空调、照明全部打开。客人外出，系统将把窗帘、空调、照明全部关闭，房间没有人的情况下，温度保持在 26～29℃之间。

6）针对复杂的机电设备安装工程，具体做法有：

（1）材料采购，由三方调研、比选，投标确认。

（2）坚持样板引路，工序验收制度。

（3）材料设备进场，安排专人开箱进行验收。

（4）对预留孔、复杂管线，绘制位置图，指导施工。

（5）灯具安装，对节点进行专项处理。

（6）积极推广应用新材料、新工艺。

（7）各种管线进行了二次综合布线设计。

7）机电设备安装工程积极采用 BIM 技术，策划在先，样板领路，过程控制，检查到位，整改落实，取得明显效果（图 13-158）。

(a)

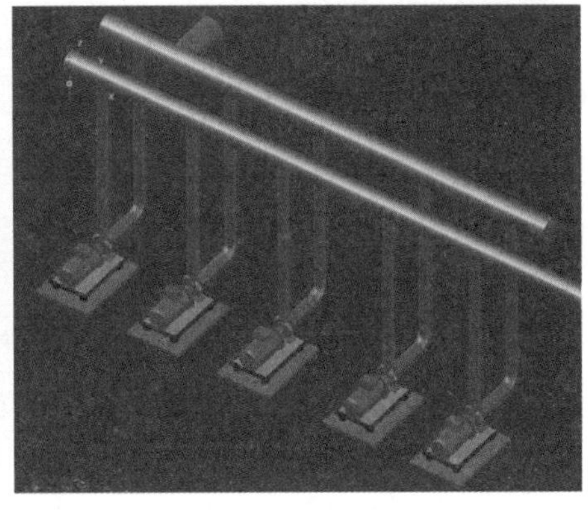

(b)

图 13-158　BIM 技术应用

7. 电梯工程（图 13-159）

该工程共设有 16 部电梯，平层准确，运行平稳。

(a)

(b)

图 13-159　电梯工程

电梯安装后，对电梯轿厢空载、50%额载、满载、超载等工作状态进行了安全试验检测，同时对运行噪声进行了检测，均符合要求。

8. 绿色施工

该工程在施工过程中，注重现场环境质量，注重绿色施工，体现在“四节一环保”。

节材：实施就地取材原则，使用工具式临时设施，充分利用现场的废旧物料等。

节水：采用节水器具，设置雨水收集系统，加强非传统水源的利用。

节能：采用节能照明灯具，使用太阳能热水器。

节地：合理布置生活区和施工现场区域，提高土地利用率，减少二次搬运的费用。

环境保护：采用基坑四周封闭降水、预拌砂浆等加强对扬尘、噪声震动、光污染、水污染和建筑垃圾的控制。

工程秉承绿色环保节能理念，使用了页岩砖、变频水泵、智能照明等绿色环保节能材料，节能和环境监测合格。

9. 施工过程控制及管理

培训学习，做好技术交底工作。认真会审图纸，深化理解设计意图。制定实施操作要点及质量关键控制点。

坚持样板引路。为实现创“鲁班奖”的质量目标，施工单位坚持过程一次成优，做到工程竣工后实物量无甩项。在施工中以样板为标准收活、验活、交活。

确认样板，总结样板，学习样板，推广样板，做到实物交底，真正做到样板引路。各分部分项工程都需要做质量样板。在完成上述样板后，施工单位组织设计、酒店项目工程部、建设、监理对样板工程进行验收确认。各方提出建议后，限期整改合格后最终封样确认。施工单位对样板进行总结，分析出样板施工方法及关键质量控制点，组织各家分包队学习，要求各家单位限期完成各自的质量样板，待联合确认后，方可大面积施工。

加强分包管理。采取措施强化管理，充分发挥总包职能。

10. 工程过程检查与验收

严格过程检查，严肃验收程序。

严格人员的配备。1名工长，1名质量员负责1个标段区域。针对机电专业多、功能要求高的特点，机电管理分专业进行专人专项管理。对关键控制点、关键工序，不再仅仅是旁站式管理，而是直接参与到分包的施工管理中，检查中间环节，确保工程质量。

完善检查工具和检查方法。检查验收的工具不再仅仅是钢尺、靠尺、塞尺、秒表、温度计，增加激光测距仪、激光测温枪、风速测试仪、噪声测试仪、照度测试仪、用手电照墙面检查平整度代替传统的目测观察、手摸检查。一切以验收数据做评定依据。真正做到了100%的检查验收。

通过过程管控，做到“有方案，有交底，有样板，有检查，有验收”的质量管理程序，保质保量地完成，做到“加强过程控制，一次性创优”的质量理念。

13.2.6 主要新技术应用与创新

工程积极应用了住房和城乡建设部推广的十项新技术中的 10 大项 19 个小项，其他新技术 10 项，提高了工程质量和使用功能，促进了施工技术进步。主要有外墙自保温体系施工技术、大坡度屋面双面支模技术、大跨度多重圆拱施工技术、大跨度砖砌平拱施工技术、内庭院石材线性收水技术和新材料装饰装修施工技术等。

“一种砖砌大跨度平拱的施工方法”获得国家发明专利；“一种砖砌的大跨度多重弧形拱的施工工法”获得国家发明专利；“一种旱式喷泉池石材地面的线性收水的构造”获得国家发明专利；“大跨度砖砌平拱施工工法”获得天津市级工法证书；《页岩砖清水夹芯保温复合墙体施工工法》荣获天津市市级工法。

（参考天津三建建筑工程有限公司工程汇报资料）

13.3 天津职业大学海河校区

13.3.1 工程概况

天津职业大学海河校区为群体性欧式风格建筑，校门入口设置宽广的休息广场，并以行政楼塔楼作为整个校区的中心标志。建筑单体的艺术构思和形体创造朴实典雅，不饰铺张。注重建筑细部设计，运用红色砖墙面与灰白色装饰颜色对比，粗犷的基座与上层细腻平整的砖墙形成对比效果，充分体现了西方欧式建筑设计风格及教育文化底蕴（图 13-160）。

(*a*)

图 13-160 天津职业大学海河校区效果图一

(b)

(c)

图 13-160 天津职业大学海河校区效果图二

工程外立面整体装饰采用英式古典主义风格，将清水混凝土结构性与装饰性合二为一。教学区各单体外墙由清水保温复合砌体墙为主，辅以现浇清水混凝土装饰线条组合而成，极大地提升了建筑的耐久性。建筑风格中西合璧，典雅中饱含庄重，朴实而不失华丽，造型独特，引人瞩目。

项目位于天津市津南区海河中游南岸海河教育园区二期建设项目区内，总用地面积为27.6公顷，以校园西路为界，划分为南北两区，北区为生活区，南区为教学区，共13个建筑单体，总建筑面积74600m^2，教学区由行政楼、训练馆、第一实训楼、第二实训楼、教学楼5个单体组成；生活区由食堂、学生公寓、男女生宿舍楼、运动场看台等8个单体组成（图 13-161）。楼群主体结构为框架结构，建筑群体层数为2～4层。室内地坪±0.000mm相当于大沽高程3.7m，室内外高差0.45m。

工程设计使用年限为50年，抗震设防烈度为7度，设计基本地震加速度为0.15g，结构耐火等级一级，建筑屋面防水等级为二级。欧式风格建筑群如图 13-160 所示，其中浅色石材为清水混凝土，深色为清水砖墙。

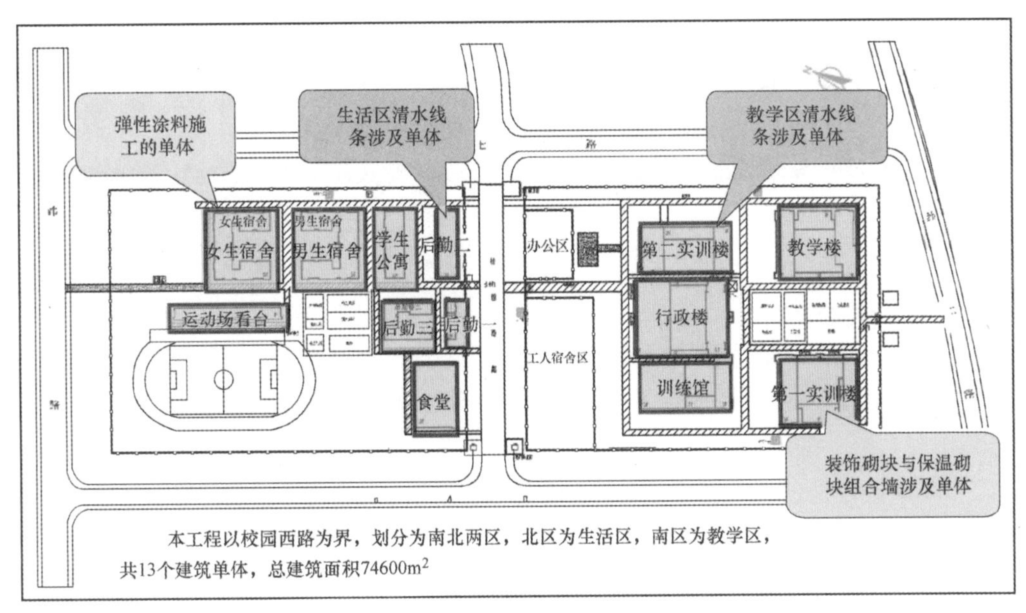

图 13-161　天津职业大学海河校区平面图

13.3.2　工程技术特点、难点及技术措施

1. 外立面清水混凝土体量大、规格多、造型复杂，施工难度极大

工程清水混凝土替代外立面的干挂石材，结构与装饰二合为一，外立面清水混凝土构件形式多样，每栋楼由下往上有勒脚、窗台、窗过梁、层间线条、城垛女儿墙压顶等，规格不一；外立面门窗大部分是桃形窗，总量达 578 个，规格众多、形式不一，有独立、双联、三联、五联等形式；外立面有八角形阳台、清水混凝土墙板、罗马圆柱、镂花女儿墙、人字形山墙等清水构件，造型异常复杂；还有运动看台楼梯和台阶以及底层的地坪和室外台阶等均采用清水混凝土。清水混凝土总量达 6000m^3，面积近 3.5 万 m^2。清水混凝土的大量应用，在以往的建筑中是较为罕见的，对于工程中形式多、规格多、构造复杂、体量大、分布广的清水混凝土构件施工难度极大（图 13-162、图 13-163）。

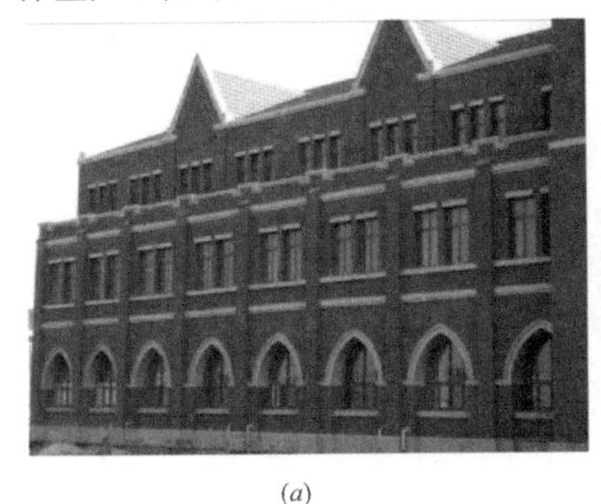

(*a*)

(*b*)

(*c*)

图 13-162　外立面清水混凝土

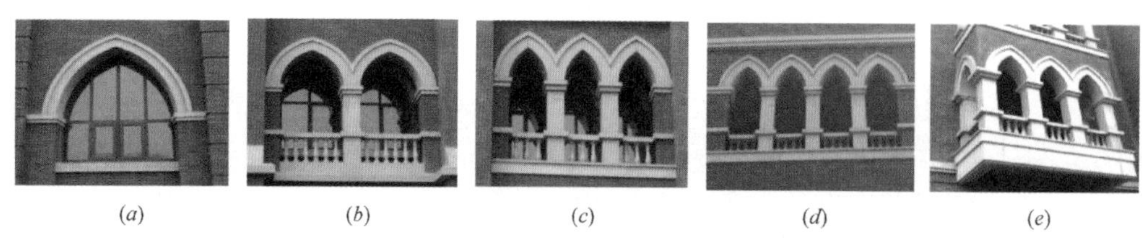

(a)　(b)　(c)　(d)　(e)

图 13-163　不同联数桃形窗拱

清水混凝土特点是一次成型外表没有装饰，混凝土的颜色通过试验来确定。混凝土的一次成活，对于模板的刚度、密封性至关重要。由于清水混凝土构件的形式多、造型复杂，对于混凝土浇捣工艺控制以及模板材料、制作的选择带来困难，增加了施工的难度（图 13-164）。

与普通混凝土一样，清水混凝土同样存在裂缝问题，这种外露结构的裂缝将严重影响使用寿命，面对清水混凝土构件小、数量多、分布广的特点，如何控制或减少裂缝是面临的难题。

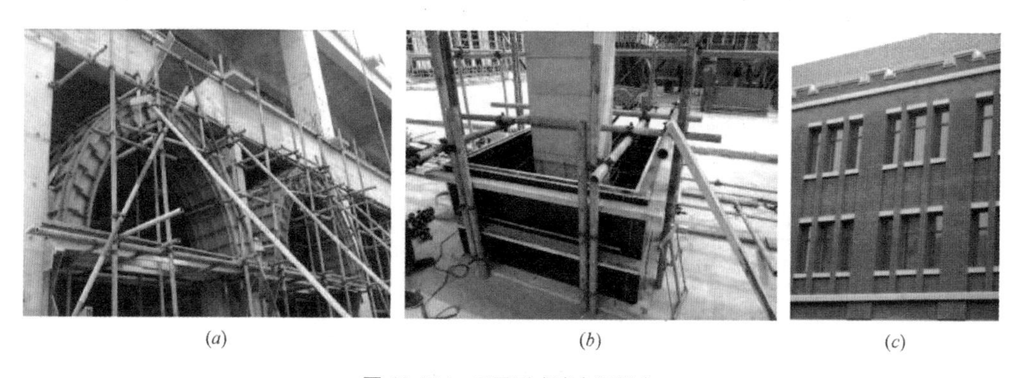

(a)　(b)　(c)

图 13-164　不同形式清水混凝土

2. 外立面清水混凝土与清水砖的结合，相互间硬接触，施工精度及产品保护难度大

外立面装饰仅为清水砖、清水混凝土，这两种材料结合在现代建筑中绝无仅有，两种材料均一次施工成型，相互之间联系紧密；清水砖有组砌、缝宽等常规固有要求，在满足建筑功能的前提下，清水混凝土构件设置应与清水砖相匹配，在水平、垂直、进深三个方向进行深化；确定清水砖排版、门窗洞尺寸、清水混凝土构件大小，在施工前必须明确；现场精确定位、过程中不断复测，以消除施工的各种偏差。为此，这种外立面新型材料组合，极大提高了施工难度（图 13-165、图 13-166）。

外立面清水砖、清水混凝土以及承重外墙施工，先清水砖砌筑，再层间线条、女儿墙等清水混凝土浇捣，由下往上交替施工；如何确保清水砖不被污染、清水混凝土不缺棱掉角，施工难度增大。

清水砖、清水混凝土立面影响到外门窗安装，桃形、圆形窗直接与清水混凝土接触，其他与清水砖接触，传统的门窗安装方式已经难以适用，必须在清水砖、混凝土的构造上

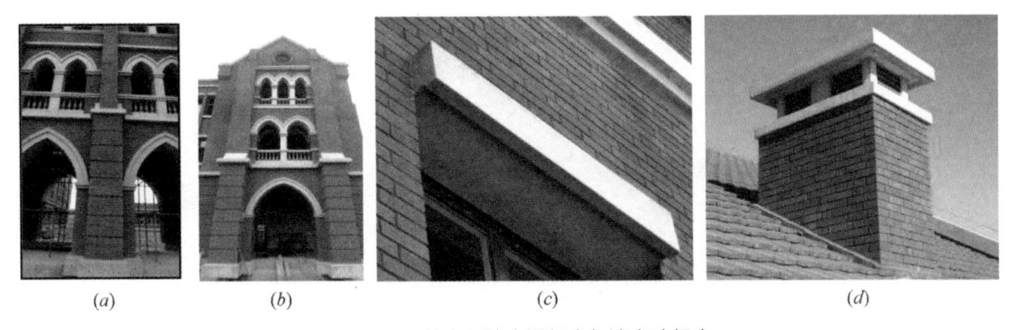

(a)　(b)　(c)　(d)

图 13-165　外立面清水混凝土与清水砖组合

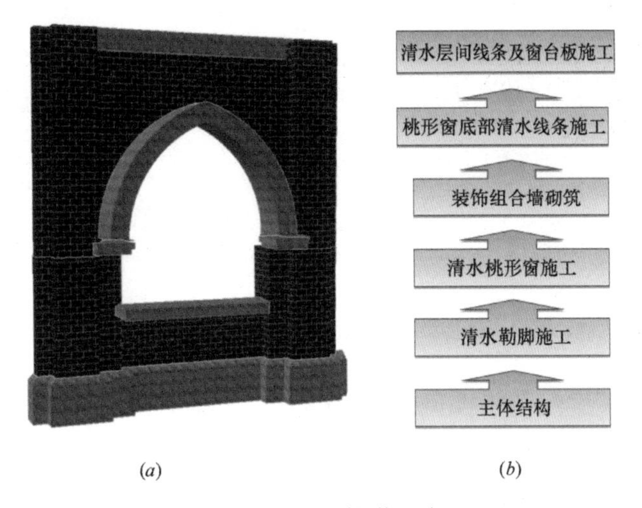

(a)　(b)

图 13-166　桃形过梁施工过程

进行深化；确保门窗安装不渗漏、不影响整体效果，增加了深化及施工的难度。同样，在屋面、阳台等防水收头以及外露管线支架和穿墙管线等处理上，事先从构造及美观方面进行深化，施工过程中环环相扣，增加了施工难度（图 13-167、图 13-168）。

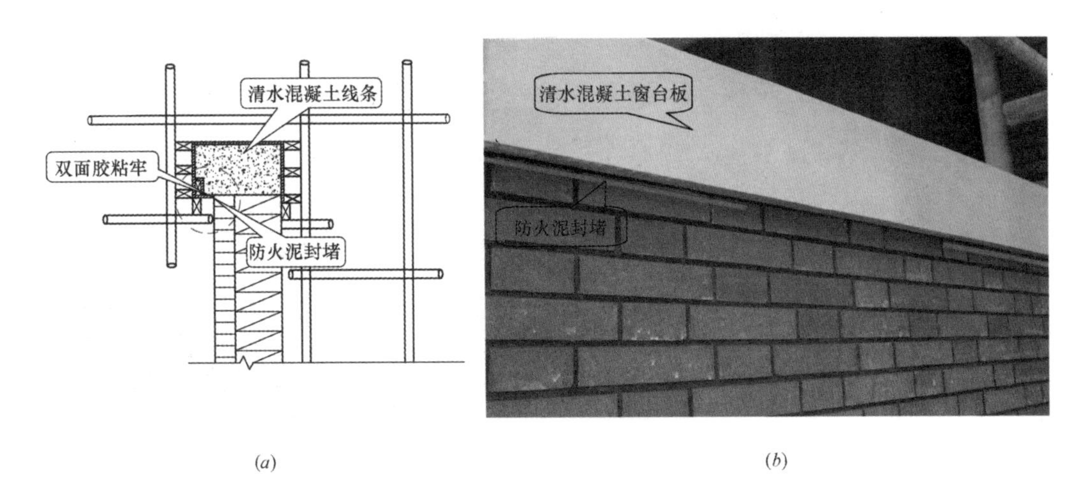

(a)　(b)

图 13-167　清水混凝土与清水砖墙交接部位处理

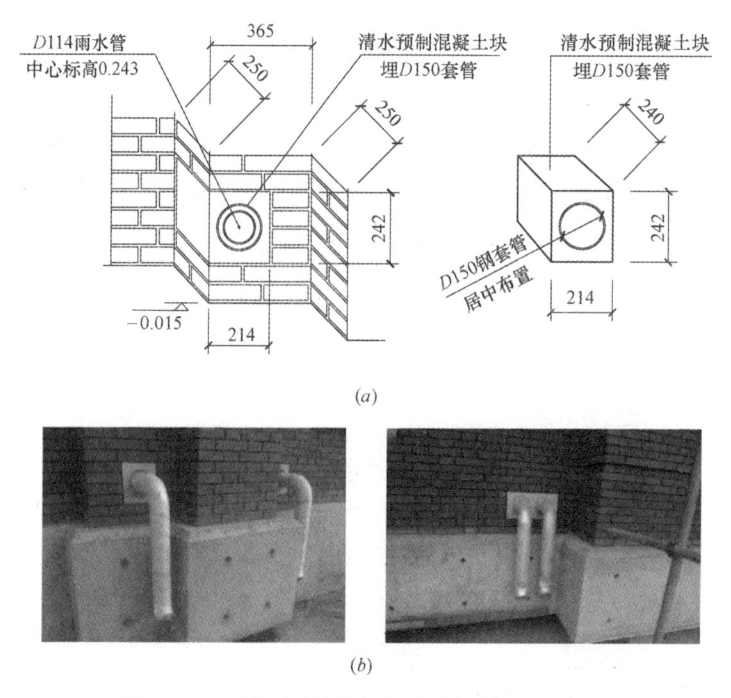

图 13-168 穿清水砖墙的清水混凝土预制块深化设计

3. 清水墙造型多样、立体感强，形成节点多、构造复杂，从而极大提高墙体砌筑的施工难度

教学区清水墙采用“梅花丁”组砌，与内侧的保温砖墙六皮高一搭接，施工比较烦琐，在一些立面上还有很多造型，有弧形砖拱璇、拔檐、外墙多种线条、拔砖、柱顶三角封檐等（图 13-169），这些造型增加了墙面的立体美感，但也增加了施工难度。

(a)

(b)

图 13-169 砖墙造型节点一

（a）玫瑰窗节点；（b）八角楼节点

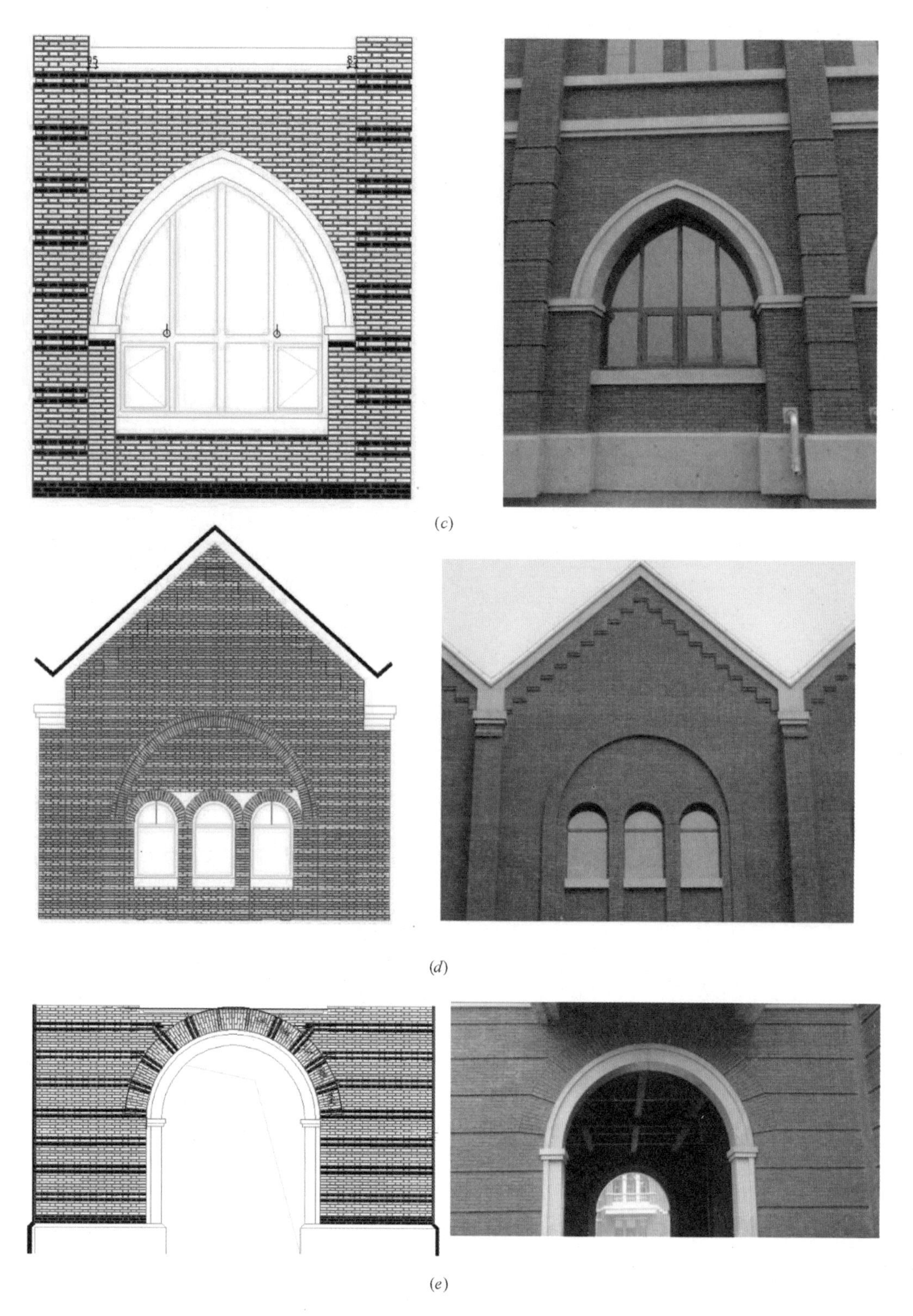

(c)

(d)

(e)

图 13-169　砖墙造型节点二

(c) 桃形窗节点；(d) 山墙双璇节点；(e) 圆璇节点

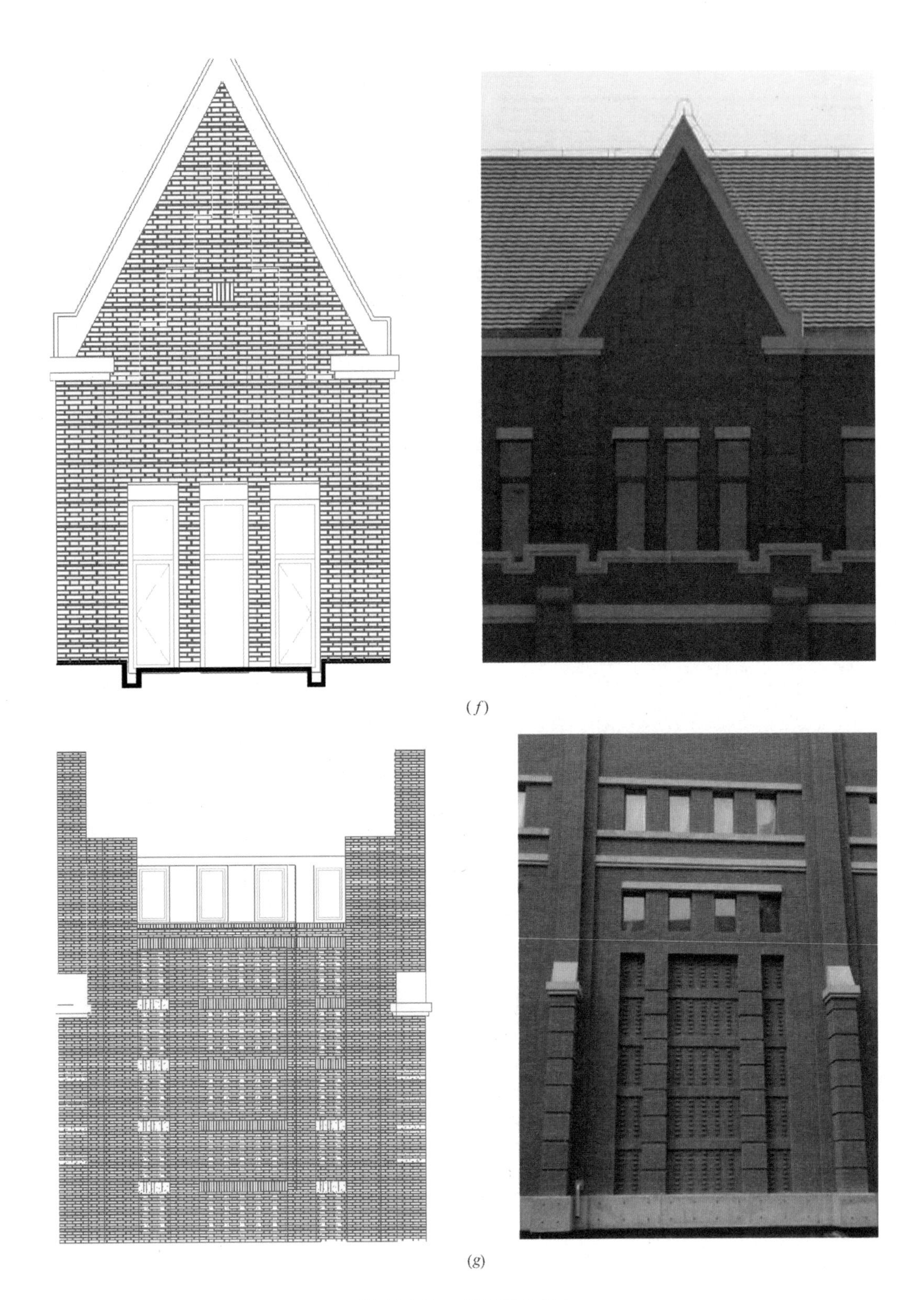

(*f*)

(*g*)

图 13-169 砖墙造型节点三

(*f*) 老虎窗节点；(*g*) 拔砖墙节点

4. 清水砖泛碱风险大、因素多，大面积施工压力大

工程清水墙近6000m^3，砌筑时间长，跨越了整个雨季，泛碱风险极大。为此，在主体结构阶段展开对清水砖泛碱的研究，从原材料成分组成、成品后的陈化期时间、粘结砂浆材料、表面封闭液、防水防潮等措施进行研究，形成行之有效的一些措施，加以贯彻落实，取得了较好的成效（图13-170、图13-171）。

(a)

(b)

图13-170 清水砖墙砌筑过程中的封碱剂涂刷施工（第一道和第二道）

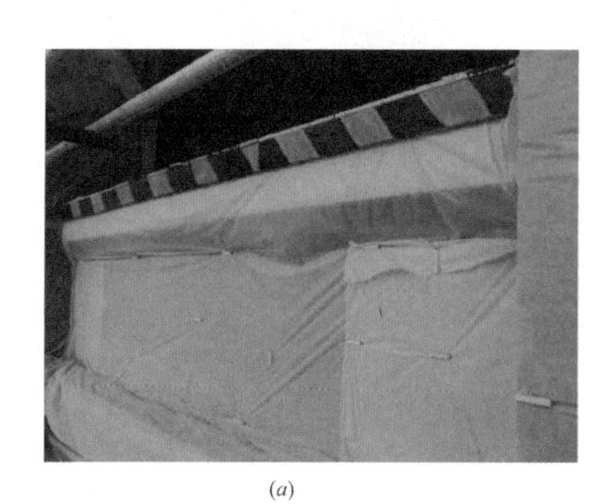

(a)

(b)

图13-171 成品保护

5. 室外清水混凝土预制台阶铺设施工技术难度大

工程各单体首层室外台阶材质均为预制清水混凝土，踏步外侧均倒圆角，且顶面设置两道内凹防滑条。清水混凝土踏步经过精心排列，对缝工整，高差一致，与外立面形成呼应（图13-172）。

6. 为避免后开管线槽对墙体的影响，管线套砌在墙体中，墙体砌筑施工难度增大

本工程所用的墙体材料是页岩空心砖，墙宽200mm（防火分区隔墙240mm），这种

(a)

(b)

图 13-172　清水混凝土坡道及台阶

空心砖传统做法先砌墙、再开槽、后敷管；从以往的工程实例发现，管线处易发生墙体开裂，影响观感及使用，必须进行改进。但是，从空心砖本身砌筑工艺没有套砌做法，势必进行研究和摸索，从管线布置、砖的组砌、套砌的镂空、开槽等研究，在过程中反复实践，才能形成套砌工艺，这种套砌避免了墙体开裂问题，同时也增加了砌筑的难度（图 13-173、图 13-174）。

图 13-173　内墙套砌施工过程

图 13-174　内墙套砌施工完成后现场实景

7. 行政楼八角钢亭钢结构加工精度要求高，吊装施工难度大

本工程行政楼塔楼顶部设有近 18m 高的八角钢亭，宽度为 8m，总重量约为 20t，须吊装至 40m 高处。钢亭顶部设有不锈钢装饰球 6m 高避雷针，安装高度在 50m 左右，高空作业难度大。通过原材料控制、三维建模和现场精确定位，以及对八角钢亭内外脚手架进行合理深化，在保证工期的同时确保钢结构的施工安全及施工质量（图 13-175～图 13-178）。

图 13-175　打磨除锈

图 13-176　拼装

图 13-177　吊装

图 13-178　八角钢亭完成后实景

8. 室内装饰质量要求高

室内装饰用料普通，创优难度大。3000m^2 室内水磨石地坪施工工艺施工质量难于控制。卫生间面积较小，装饰排版困难（图 13-179～图 13-181）。

图 13-179　厨房实训室水磨石地面

图 13-180　卫生间

图 13-181　楼梯间

9. 机电工程专业系统多，专业要求高，工作量大，质量目标高、技术难度大

本工程属于大型公共建筑，机电安装工作量大，专业多样复杂。机电安装包括给水排水工程有 4 个系统，暖通工程有 5 个系统，电气工程有 6 个系统，弱电有 7 个系统，消防工程有 2 个系统，通过精心组织、全方面协调，达到各项预定目标（图 13-182、图 13-183）。

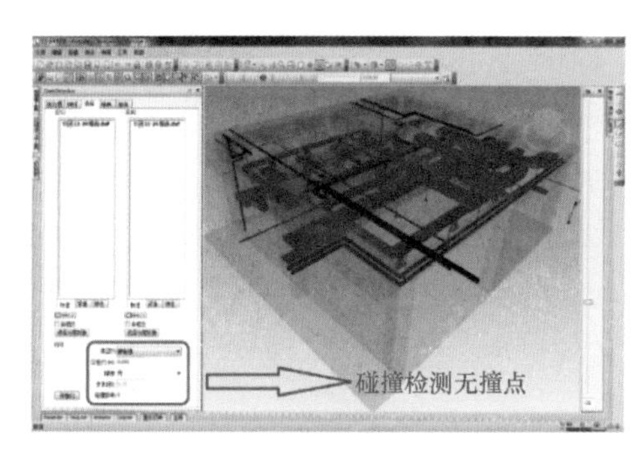

图 13-182　管线综合排布 BIM 技术

图 13-183　管线布置

消防水泵房及锅炉房排水沟环绕设备基础跟通设置，标识清晰（图 13-184、图 13-185）。

图 13-184　消防水泵房

图 13-185　锅炉房

10. 大型综合工程施工复杂、总包协调管理要求高

本工程功能全面、体系复杂，涉及的专业面广，且体量大，单体多，专业多样复杂，施工现场分包单位众多，施工过程通过精心策划、精心组织、严格管理，高标准、高质量完成各项施工任务（图 13-186、图 13-187）。

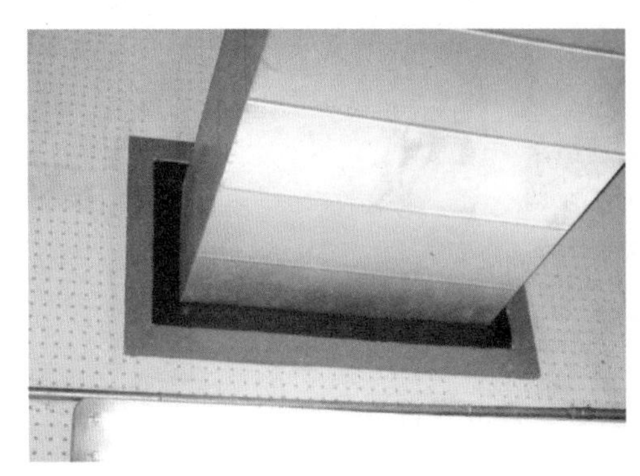

图 13-186　机电管线封堵节点

图 13-187　太阳能屋面板

13.3.3　清水保温复合墙砌体施工工艺

工程外立面桃形窗框（单拱、双拱、三联拱、四联拱、五联拱），勒脚、方柱、层间线条、压顶、窗台板等造型均采用清水混凝土，内配钢筋，外刷清水保护液。外墙采用清水保温复合墙，即装饰砌块与保温砌块组合墙（图 13-188），外墙面均为“梅花丁”排列方式，装饰砖与保温砖组合咬砌，装饰清水砖表面涂刷封碱剂（耐水保护剂）。

项目通过考察学习，对清水保温复合墙砌体砖的规格、组砌工艺、防泛碱等方面进行

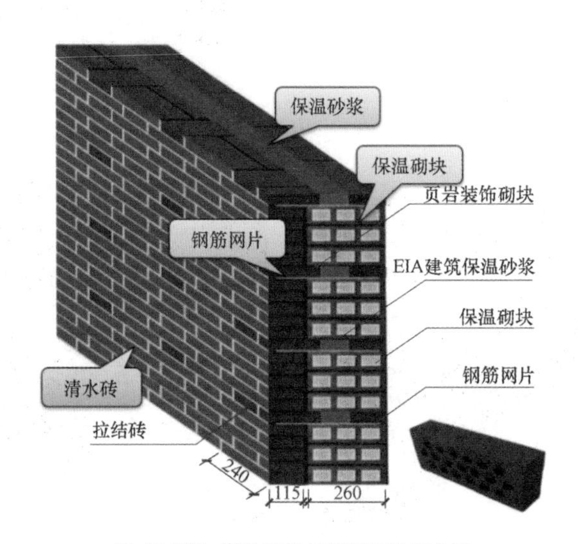

图 13-188　装饰砌块与保温砌块组合墙

了前期策划。在充分了解相关工艺方面的基础上，调整了设计图中的材料规格，将非标准砖改为标准砖；组砌工艺方面，全部采用“梅花丁”组砌，立体感比较强，外观效果好。在泛碱方面，通过调查并研究，采用河砂和矿渣水泥；提前加工清水砖，减少砖本身的含碱量；并在完成区域满贴塑料薄膜、作业面覆盖木板保护；在勾缝完毕后再涂刷二遍封碱剂，这些措施为清水保温复合墙砌体的顺利展开及后期施工质量奠定基础。

13.3.4　清水混凝土配合比

清水混凝土配合比决定其质量的好坏，通过对本工程商品混凝土厂家进行多次考察，以及对现场清水混凝土样板的对比分析。经过几次样板的施工，对清水混凝土不断进行调整，最终清水混凝土配合比为（kg/m^3）：P・O42.5 水泥：水：5～25mm 石子：中砂：粉煤灰：外加剂（SL-3）＝320：180：1080：750：70：7.7。混凝土强度等级为 C35，坍落度为 160±20mm。

13.3.5　清水混凝土施工技术

1. 清水混凝土浇筑

根据工程清水混凝土的施工特点，浇筑时混凝土用量不大，采用常规汽车泵送以及人工入模的方式进行混凝土浇筑。混凝土浇捣前须保证前道工序全部完成，并已通过验收工作，模板内的杂物清理完成。混凝土浇筑时，应保证浇筑的连续性，尽量缩短浇筑的时间间隔，避免分层面产生冷缝。

2. 清水混凝土振捣

工程中采用的清水混凝土振捣棒为 ϕ35mm，长度一般在 6m 左右。混凝土振点应从中间开始向边缘分布，且布棒均匀，层层搭扣，遍布浇筑的各部位，并应随浇筑连续进行。布棒间距一般按照 500mm 左右，同时振捣棒的插入深度应大于浇筑层厚度，插入下层混凝土中 50～100mm。每一振点的振动时间，应以混凝土表面不再下沉、无气泡逸出为准，根据试验经验，每次振捣时间一般控制在 12～15s，避免过振产生离析现象。浇筑混凝土时，振捣棒采用“快插慢拔”、均匀布点，振捣过程中上下略进行抽动，保证上下混凝土振动均匀。

浇筑门窗洞口时，沿洞口两侧均匀对称下料，振捣棒距洞边≥300mm，从两侧同时振捣，防止洞口变形。作业中应避免振捣棒触碰模板，特别是清水面模板，不可采用振动钢筋的方法来促使混凝土密实。为减少混凝土表面气泡，采取二次振捣方式，在按常规浇捣至表面后，再统一第二次振捣，沿清水表面一侧，振捣棒再次进行“快插慢拔”，以减少气泡。

3. 清水混凝土的收头及养护

当上下施工段混凝土收头时，以清水外模设置的明线条作为基准，外口边勒齐，表面按毛面处理。外露的清水混凝土平面包括桃形门、窗上表面、女儿墙顶等，按压光收头处理，同时收头时稍做泛水，外口要求平齐。

清水混凝土勒脚在混凝土浇捣完达到终凝后覆盖薄膜养护，至模板拆除前撤离，严禁养护期间浇水，防止装饰砖浸水后泛碱。清水混凝土模板拆除后及时喷洒二遍混凝土养护液，防止混凝土内水分散发影响到强度。

4. 清水混凝土产品后处理

清水构件模板拆除后，须及时包裹彩条布进行全覆盖保护，外露的阳角用七夹板包角保护，整个表面覆盖七夹板硬隔离保护，防止物体坠落损坏混凝土表面，同时起到防污染作用。清水混凝土保护液应在整个立面清水构件全部完成后统一施工，防止分阶段施工引起色差，其施工顺序应由上而下，防止因清理、打磨等过程对已完成产品造成污染。清水混凝土保护液由专业单位施工，保护液颜色由业主、设计确认。保护液施工时，混凝土应达到一定的强度，防止过早施工阻断水汽排放而引起最终混凝土表面色差。

保护液具体施工流程如下：

清水混凝土构件质量检查→缺陷修补→表面污染清理→螺栓孔处理→混凝土色差表面处理→表面打磨清理→涂刷第 1 遍保护液→全面检查→涂刷第 2 遍保护液→验收→拆除脚手架→循环施工。

13.3.6 清水混凝土勒脚施工技术

1. 模板配置原则

各建筑单体勒脚模板采用 17mm 厚优质涂塑木质胶合板，模板框采用 45mm×95mm 木方，背楞采用 45mm×95mm 木方，全数配置，即模板仅使用一次。采用 ϕ48mm 钢管作背楞的模板体系，为确保清水混凝土勒脚的施工质量以及应建设方要求，模板不做翻转。勒脚的具体清水模板配置为：行政楼、训练馆、第二实训楼的清水模板高度为 700mm，第一实训楼、教学楼、食堂的清水模板高度为 450mm。其中 700mm 高勒脚及 450mm 高勒脚的具体做法如下。

1）700mm 高勒脚

采用 17mm 厚优质涂塑木质胶合板，木方间距 250mm，考虑混凝土高度较高且无支撑点，设二道 ϕ14mm 对拉螺杆，2 道对拉螺杆上、下间距为 350mm，纵向根据清水模板排版按 300～600mm 布置，与结构连接采用植筋方式后再与螺栓焊接。

2）450mm 高勒脚

采用 17mm 厚优质涂塑木质胶合板，木方间距为 250mm，不设对拉螺杆，利用钢管三角架作支撑。

2. 勒脚施工流程

清水混凝土勒脚的具体施工流程为：测量放线→预留插筋复查→对拉螺栓、结构钢筋植筋→清水接触面凿毛→钢筋焊接绑扎→隐蔽验收→定型模板安装→模板支撑系统施工→清水混凝土浇筑→上表面收头→满足拆模时间后进行拆模→混凝土养护及产品保护→进入下一道工序。

3. 勒脚与主体结构连接

根据设计要求，清水混凝土线条与主体结构剥离施工，即先行施工主体结构，预留清水混凝土勒脚插筋，主体封顶后再进行清水混凝土构件施工，清水混凝土线条与主体结构咬合连接。清水混凝土勒脚覆盖高度从室外地面至±0.000mm，由于设计未出图，主体结构施工过程中仅在零层梁上预留了一排插筋，原石材空腔较大，设计配筋未出，需另设一道植筋进行加强。对原有结构预留钢筋进行清查、调正、除锈。通过结构荷载计算，增设二道化学植筋。各悬挑受力钢筋与分布筋绑扎连为一体。扎丝采用 20 号镀锌钢丝，全部折向钢筋内侧。采用间距 500mm 的环形塑料垫块，清水面钢筋保护层厚度为 25mm。清水混凝土勒脚的具体轮廓、尺寸、位置以及与主体结构的连接方式如图 13-189 所示。

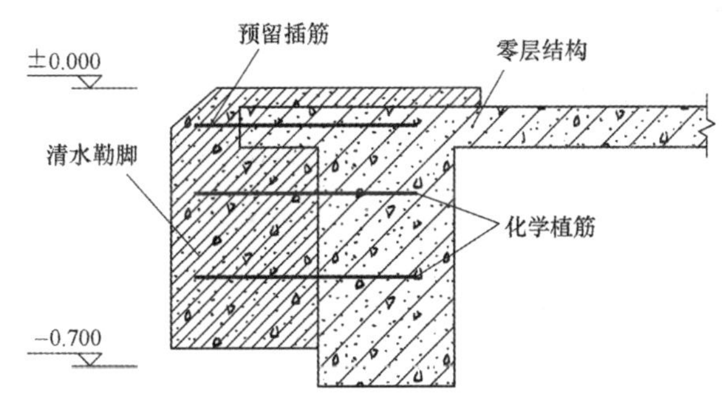

图 13-189　清水混凝土勒脚与主体结构连接示意

13.3.7　清水混凝土施工难点及解决措施

1. 与外墙装饰多孔砖交叉施工

外墙装饰采用清水混凝土线条，具体施工流程为：

清水混凝土与主体结构剥离并先完成主体结构→施工门洞、窗洞清水混凝土构件→装饰砖、保温砖混砌→清水混凝土水平线条。

对此，清水混凝土勒脚须先于外立面装饰砖施工，以保证装饰砖的始砌标高准确。由于装饰砖将砌筑于清水混凝土线条之上，图纸中的砖块排列标高均须进行定位调整，外立面装饰砖将进行排版，且砖块的排列精度及要求将大幅度提高。

2. 清水混凝土勒脚成品保护

由于清水混凝土勒脚先行施工，因此在墙体砌筑以及上部清水混凝土构件浇筑施工过程中，对底部清水混凝土勒脚的成品保护工作将尤为重要。而清水混凝土施工周期长，且勒脚部位受到市政管网单位的交叉施工影响，前期技术结合困难，成品保护难度大，施工成本大。

对此，在施工过程中，采用彩条布全覆盖的保护措施，同时定时加强施工人员的成品保护意识，对破坏现象进行一定的惩罚处理。

3. 欧式桃形过梁施工

该建筑群中多为欧式风格建筑，其窗户造型为桃形，因此出现清水混凝土的桃形过梁（图 13-190）。

由于外立面清水混凝土桃形过梁尺寸不一，对各种类型的桃形钢模板进行编号，对进场的模板尺寸及质量进行严格验收，并对模板进行再次精加工，钢模板内侧涂刷精制食用油作为脱模剂，通过手动葫芦等机具吊装到位，以满足施工要求（图 13-191）。

图 13-190 欧式桃形过梁

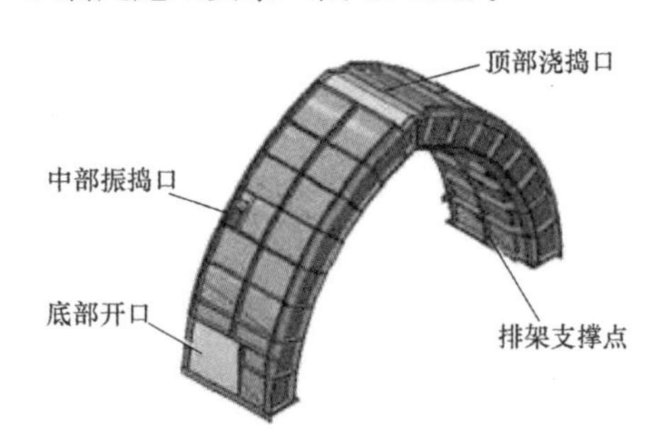

图 13-191 清水混凝土钢模三维示意

为实现桃形过梁混凝土顺利浇筑成型，需建立桃形窗口支撑体系，窗口内外满铺脚手架，钢模支座板搁置在排架定位的钢管上，排架与主体结构的柱牢固连接（图 13-192）。

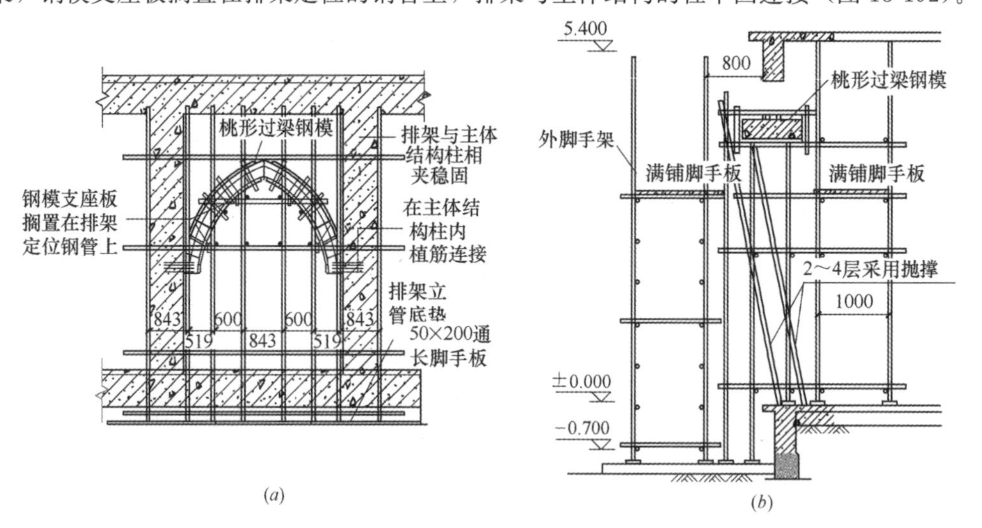

图 13-192 桃形门窗支模架示意

（a）立面；（b）剖面

4. 桃形过梁浇筑技术

根据工程实际情况，并受到外脚手架、钢模浇捣口位置、主体结构等影响，清水混凝土桃形过梁浇筑需要的工具有汽车式起重机、料斗、滑槽等。对于小尺寸清水混凝土构件，采用 ϕ35mm 振捣棒，必要情况下尚需采取外振措施。

5. 细部节点处理技术

清水混凝土勒脚底部增设木垫板，可有效解决柱底烂根现象，对拉螺杆位置加贴双面胶，有效阻止了孔眼漏浆现象。桃形钢模板使用前，将模板内原有机油擦除并打磨干净，再涂刷薄薄一层精制食用油，可以防止清水混凝土出现变黑现象，变黑的清水混凝土可以采用砂纸打磨干净。

13.3.8　清水混凝土季节性施工措施

1. 高温季节施工措施

高温季节施工应注意操作环境、安全通道，做好防暑降温措施。混凝土内应合理掺用缓凝剂以延长凝结时间，商品混凝土的输送泵管应覆盖草袋并浇水。混凝土浇筑完成后应及时派专人进行浇水养护，避免出现裂缝。楼板混凝土浇捣时，应安排足够收面人员，避免收面不及时而出现裂缝及表面不平整等质量通病。

2. 雨期施工措施

当浇捣混凝土时恰逢雨季，应随雨量大小，随时测定砂石含水率，调整混凝土配合比。现场应准备防雨应急材料（如油布、塑料薄膜），在振捣密实的同时铺设覆盖材料，尽量避免混凝土遭受雨水冲刷，保证混凝土质量。如在施工过程中突遇大暴雨，应作好人员配置，确实无法施工时，可在构件剪力最小处（且满足规范要求）留施工缝，并应做好施工缝处理工作。

13.3.9　工程实体质量特色和亮点

1. 地基基础

1）桩基基础情况：桩径为 600mm 的 2944 根钻孔混凝土灌注桩，1.6%承载力试验共计 49 根，结果均满足设计要求。低应变检测数量共计 1568 根，Ⅰ类桩 98.4%，Ⅱ类桩 1.6%，无Ⅲ、Ⅳ类桩（图 13-193）。

2）沉降观测情况：298 个监测点（设计要求沉降量≤100mm），最大累计沉降量 31mm，最小累计沉降量 12mm，平均累计沉降量 22mm，最大相邻沉降差 3mm，最终百日沉降速率为 0.0066mm/d，沉降均匀已稳定。

(*a*)

(*b*)

图 13-193 桩基施工过程

2. 主体结构

1）主体结构混凝土内实外光、表面平整光洁、截面尺寸正确、柱梁节点棱角分明、阴阳角挺拔顺直，圆柱表面平整、均匀光亮（图 13-194）。

(*a*)

(*b*)

图 13-194 主体结构混凝土实体质量

2）12000m^3 环保页岩砖，砌筑横平竖直、清洁无污染，灰缝厚度均匀一致，构造柱马牙槎留置规范，边角清晰（图 13-195）。

(*a*)

(*b*)

图 13-195 二次砌体结构实体质量

3）200t 钢网架结构尺寸规则，构件尺寸准确，杆件受力均匀，节点准确、焊接质量好（图 13-196）。

(a)

(b)

图 13-196　钢网架实体质量

3. 屋面系统

屋面泛水坡向正确、排水流畅，防水卷材粘贴牢固、平整、无皱折和起鼓现象；30000m² 平瓦排列有序、表面平整光洁、拼缝严密（图 13-197、图 13-198）。

(a)

(b)

图 13-197　屋面防水

图 13-198　屋面平瓦

4. 外墙系统

5500m³ 现浇清水混凝土装饰线条观感质量好，圆弧顺滑，表面色泽一致，明、蝉缝横平竖直，均匀一致。

6000m³ 清水砖砌筑横平竖直、清洁无污染，灰缝厚度均匀一致，造型美观（图 13-199）。

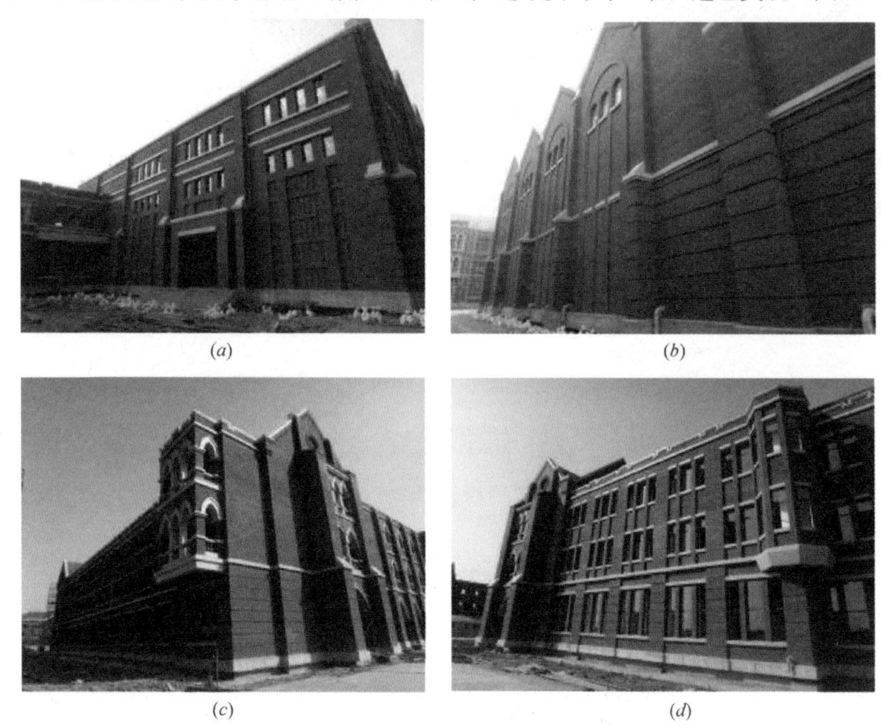

(*a*) (*b*) (*c*) (*d*)

图 13-199 外立面实体质量

5. 装饰装修

3000m² 室内水磨石地坪排列有序、平整光滑、拼缝严密；2880m² 室内花岗石表面平整、排版合理、缝隙均匀、泛水准确；57000m² 涂料墙面平整光滑，无裂缝；8900m² 穿孔吸声矿棉板墙面表面平整、排列有序、美观大气；62 个卫生间，18000m² 墙地砖对缝排列、拼缝密实、地漏全部居中；卫生器具安装标高一致（图 13-200）。

(*a*)

(*b*)

图 13-200 装饰装修实体质量一

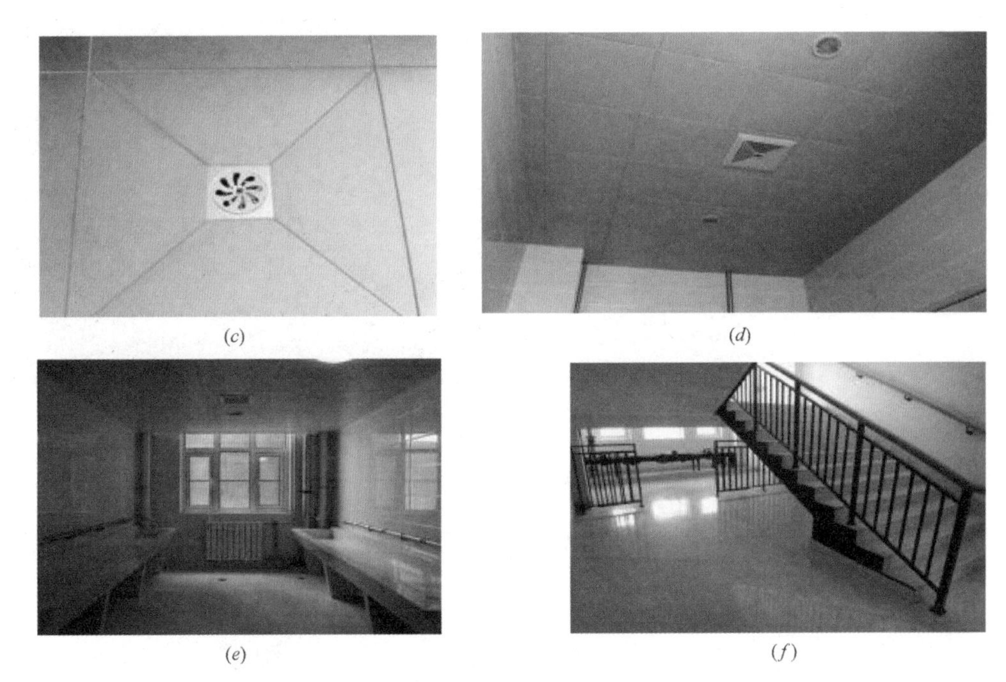

(c)　(d)　(e)　(f)

图 13-200　装饰装修实体质量二

6. 安装工程（图 13-201～图 13-212）

1）机电管线排列整齐、分布合理、流向色标清晰。14000m 桥架，5000m 风管以及 5700m 采暖管线工厂化预制，既省时又美观，现场位置、标高、走向三维尺寸规范。

2）21000m 电管敷设，180000m 电缆敷设以及 90000m 电线，管线间距均匀、排列整齐、横平竖直、位置准确。

图 13-201　电缆敷设

图 13-202　机房管线

3）30000m 消防管线，轻巧、自然、简洁、流畅为原则，成排成行、错落有致。

4）热水机房、消防泵房等设备间布置合理；配电间箱柜排列整齐、安装牢固；穿墙防火泥四周设置 30mm 厚防火板，美观有效。

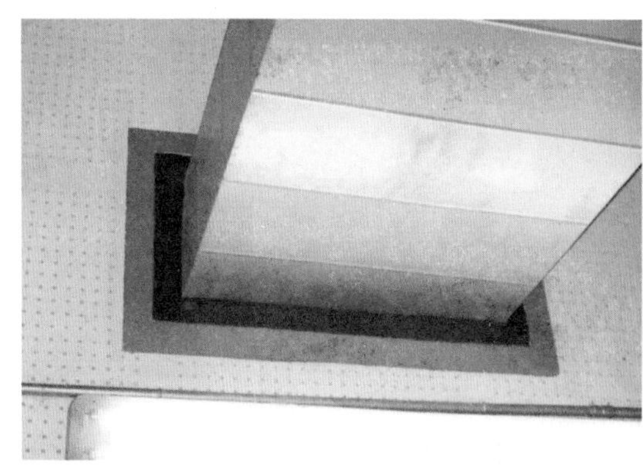

图 13-203　穿墙防火泥四周设 30mm 防火板

图 13-204　配电间箱柜

5）机房管线设置合理，管线密集处采用槽钢双拼可调共用支架。

图 13-205　机房管线

图 13-206　走道综合管线

6）管线色标统一，套管防火封堵严密，支架倒圆角美观，牢固可靠。避雷带采用圆钢，定制带帽支架，转弯出弧形补偿，引下线黄绿色标。接地测试点，采用定制不锈钢盖板，美观耐用。

图 13-207　管线色标

图 13-208　避雷带

图 13-209　接地测试点

7）电柜配线整齐，挂牌清晰，电缆进箱采用专用户口，电缆终端采用热缩专用终端套。雨水管道清水墙出户，采用定制出户管。

图 13-210　盘柜配线

图 13-211　盘柜线缆

图 13-212　雨水管出户

8）五部直梯临边防护到位，运行平稳，停层准确。

13.3.10　工程实体效果展示（图 13-213）

(*a*)

(*b*)

(*c*)

(*d*)

(*e*)

图 13-213　工程实景

（参考上海建工七建集团工程汇报资料、李大立等《欧式建筑清水混凝土施工技术》）

13.4　欧式 GRC 幕墙施工技术

13.4.1　工程概况

奕欧来上海购物村（图 13-214～图 13-223）地处浦东新区核心地带，毗邻上海迪士尼度假区。购物村占地 55000m^2，由三栋面湖而立的新月型建筑构成，整洁优雅，仿佛一个奢华的欧式度假园区。建筑糅合米兰、维也纳、纽约和巴黎 20 世纪 20 年代的装饰艺术风格，充满了爵士时代的韵味。

图 13-214　奕欧来上海购物村

（图片来自 http://www.shendi.com.cn/yioulai）

图 13-215　奕欧来上海购物村实景一

（图片来自 http://www.shendi.com.cn/yioulai）

图 13-216　奕欧来上海购物村实景二
（图片来自 http://blog. sina. com. cn/s/blog_5e882c810102wa4m. html）

图 13-217　奕欧来上海购物村实景三
（图片来自 http://blog. sina. com. cn/s/blog_5e882c810102wa4m. html）

图 13-218　奕欧来上海购物村实景四
（图片来自 http://blog. sina. com. cn/s/blog_5e882c810102wa4m. html）

图 13-219　奕欧来上海购物村实景五
（图片来自 http://www. sohu. com/a/144298685_103047）

图 13-220　奕欧来上海购物村实景六
（图片来自 http://bbs. 2500sz. com/bbs/thread-8819675-1-1. html）

图 13-221　奕欧来上海购物村实景七
（图片来自 http://bbs. zol. com. cn/dcbbs/gallery_d33984_4036. html#p5）

图 13-222 奕欧来上海购物村实景八
（图片来自 http://bbs.zol.com.cn/dcbbs/gallery_d33984_4036.html#p3）

图 13-223 奕欧来上海购物村实景九
（图片来自 http://bbs.zol.com.cn/dcbbs/gallery_d33984_4036.html#p10）

奕欧来上海购物村的建筑外立面均应用了高性能 GRC（以硫铝酸盐低碱度材料并掺入适宜的高强纤维集料构成基材，通过喷射、立模浇注、挤出或流浆等生产工艺而制成的轻质、高强、多功能的新型无机复合材料）进行幕墙装饰，取得了良好的效果。

13.4.2 主要材料

1. 背挂式 GRC

面材采用厚 15mm 的 GRC 板，主龙骨采用 40mm×40mm×4mm 热浸镀锌钢方通，横龙骨亦采用 40mm×40mm×4mm 热浸镀锌钢方通。

2. 构件式 GRC

面材采用厚 15mm 的 GRC 板，主龙骨采用 80mm×60mm×5mm 热浸镀锌钢方通，横龙骨采用 50mm×50mm×5mm 热浸镀锌角钢。

3. 石材主材

面板采用厚 35mm 砂岩石材及厚 30mm 花岗石；主龙骨采用 80mm×60mm×5mm 热镀锌钢方通，横龙骨采用 50mm×50mm×5mm 热镀锌角钢。

13.4.3 施工难点及应对措施

1. 工期紧张

本工程工期紧迫，而现场有 26 栋单体工程，合计逾 42000m^2，且造型复杂，材料多样（含石材、GRC、涂料、贴砖、铁艺、金属门窗、铝板幕墙、固定雨篷、遮阳雨篷等），工期压力巨大。

2. 场地用地非常紧张

现场各单体间距离较近，施工中的外立面脚手架还要占用大部分场地，留给施工单位的材料堆放及周转场地有限。

各施工班组在施工区域划分时即充分考虑集中性，明确现场材料堆放位置及加工区域，避免材料的长途周转及二次搬运。对占用场地较大的工序，尽可能够交由厂家进行，以缓解现场场地紧张压力。

3. 石材主要采用砂岩，现场质量控制难度大

通过样板施工，发现砂岩石材材质疏松，背栓安装及搬运过程中极易出现崩边破角现象，材料损耗严重，且耐污染性差。

背栓直接由厂家进行安装，并要求厂家进场石材必须打包，做好护角，现场用于石材运输的推车应采用弹性材料包裹，避免石材同硬质材料接触造成二次搬运损坏。石材进场后要进行有效的防护，禁止与其他材质材料混合堆放。

4. GRC 的设计及供应

GRC 的设计深化工作需厂家配合，但工期紧、开模多、加工制作量较大，厂家很难满足板材供应需求。

施工单位对厂家进行考察，视厂家设计能力、厂家规模、加工能力及供货能力等，进行比较，选取综合能力较强者入选。

5. 工序搭接较多

石材、铝板、GRC 之间的工序搭接多，现场施工尺寸控制难度较高。

由 GRC 生产厂家专人协助深化设计师，进行整体深化，合理安排工序，避免出现与其他材料搭接无法收口问题。现场统一放线，由专门的放线团队进行放线工作，控制整体的完成面尺寸，以此进行深化调整。

6. 石材存在色差

大面积石材幕墙施工的色差控制等问题较为突出，因此石材的质量将直接影响整个外墙的装饰效果。

由于石材为天然材料，故即使同一矿脉生产出来的石材也会存在色差。为了控制好色差，项目在招标时即告知本工程的特殊性，明确要求石材商须严格按照项目提出的控制措施进行加工；在石材到货后，由现场材料员及时开箱进行检查，不符合要求的石材一律不签收。对到场的石材要求劳务班组在地面进行预拼装，当地面排版确认后，再对调整后的面板进行编号，质量员及材料员现场严格监督，预拼装中有色差的石材严禁

上墙。

13.4.4 GRC 制品生产

1. 原材料选用及用量

1）水泥：采用 R·SAC52.5 级低碱早强特种水泥（硫铝酸盐水泥）。该水泥水化液相对较低，对玻璃纤维微腐蚀，经测试，玻璃纤维的保留率在 70%～90%。标准用量为 $25kg/m^2$。

2）石英砂：选用优质中粗石英砂，使用前都经过必要的筛选处理。标准用量为 $25kg/m^2$。

3）表面抗裂纤维：选用优质纤维，能有效防止表面开裂。标准用量为 $0.05kg/m^2$。

4）玻璃纤维：选用的耐碱玻璃纤维，其二氧化锆含量为 16.5%以上，其抗碱、抗紫外线等性能已达到国际同行标准。标准用量为 $2.5kg/m^2$。

5）脱模剂：采用特别为 GRC 制品配置的水溶性脱模剂，不仅可以保证产品的外观质量，而且可以保证后期涂料的喷涂质量。标准用量为 $0.5kg/m^2$。

2. 产品养护

产品脱模后必须保证充足的水养护，可采用洒水养护，保证产品的内在强度及外表面不产生龟裂。

3. 注意事项

依据施工图先做出排版图，准备出所需规格的板材，并且将板材运到施工现场安装。

1）施工员应配合技术交底，结构墙体弹出相应标高墨线。

2）墙面、地面表面清理。

3）墙体定位放线→预埋钢板定位、主龙骨安装、横向龙骨就位、装饰板就位→安装板材→用 GRC 原材料加胶粉进行补缝→清理打胶→质量检查。

4）对板材进行检查，凡外形尺寸超出允许偏差或有严重缺陷的不合格产品不得使用。

5）GRC 装饰线条的安装：按照排版图，从两头开始，中间拉线，两头挂线，线板中的预埋件与墙体上的钢架用焊接固定。线条与线条之间缝隙使用 GRC 原材料加胶粉进行填补，随时检查平整度和垂直度。

6）结构墙上有门窗洞口时，安装时应注意留出。

13.4.5 GRC 构件安装

1. GRC 安装形式

本工程 GRC 安装分为 4 种，在空间满足安装需求但不易安装的部位采用背挂式安装

（图 13-224）；在空间不满足安装需求的部位采用直接连接方式（图 13-225）；在空间满足安装需求且容易安装的部位采用构件式安装（图 13-226）；在空间不满足构件式安装需求且不易安装的部位，采用螺杆外安装形式（图 13-227）。

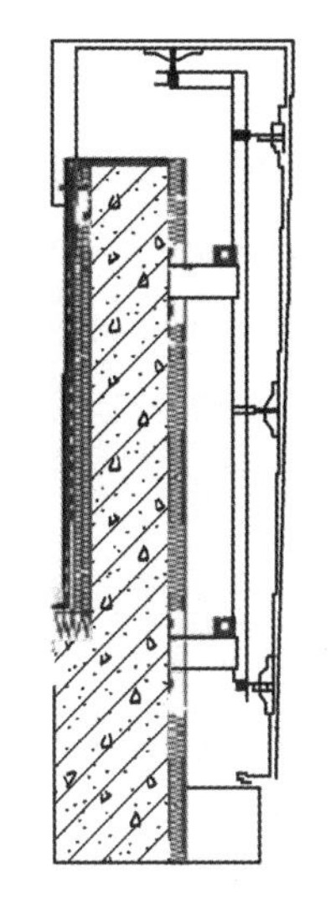

图 13-224　背挂式安装

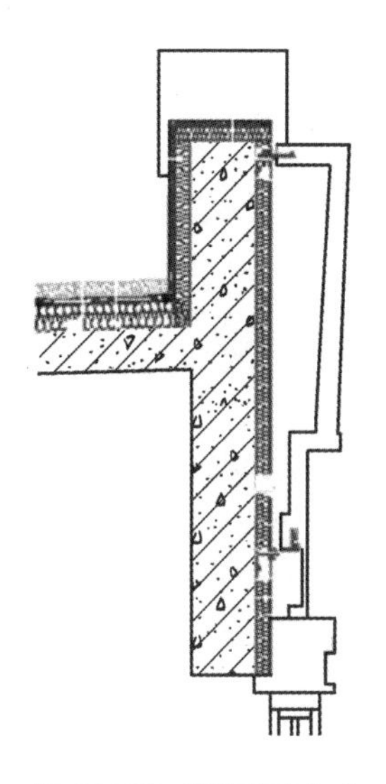

图 13-225　直接连接方式

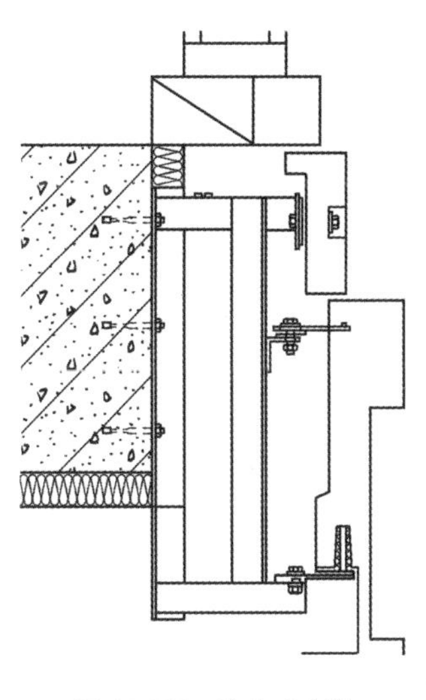

图 13-226　构件式安装

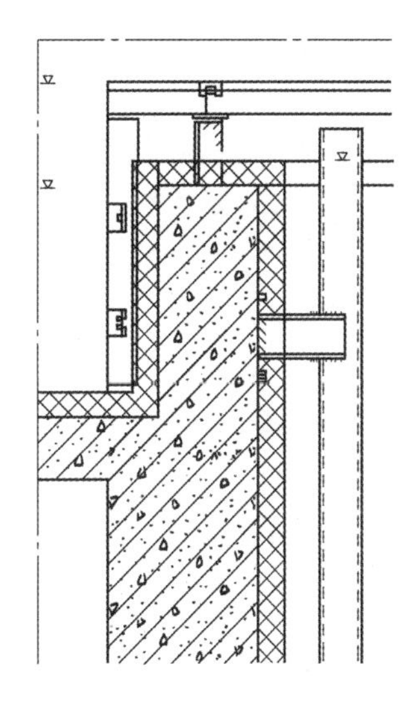

图 13-227　螺杆外安装形式

2. GRC 安装工艺

1）总体要求

（1）各种 GRC 产品安装，必须横平竖直。

（2）采用大理石专用干挂件与 GRC 板预留孔进行连接，连接处须采用石材胶进行连接。

(3) 所有 GRC 接口均进行防水、防裂、打胶处理。

2) 测量放线

找准同一层水平线，保持好上下层窗洞中线或窗洞与窗洞之间中心线，水平垂直误差为－1～＋1mm。

平面控制测量方案：根据主体结构提供十字控制网或井字控制网，利用全站仪建立幕墙施工的“井”字形一级控制网，采用全站仪、经纬仪及钢卷尺测设幕墙施工控制线及定位分格点，然后通过激光铅垂仪将平面控制点投影到各作业层。内控点设置以后，在内控点之间再增加加密控制轴线，形成平面控制网。

高程控制测量方案：根据土建提供的水准点，先采用水准仪建立幕墙施工水平控制网，然后将高程控制点竖向传递到各作业层。

3) GRC 外墙工艺流程

纵向龙骨定位→预埋件补充→主龙骨、横龙骨加工，连接件采购、备料→连接件安装→龙骨、横梁安装→防雷系统安装→防火系统安装→隐蔽工程验收→GRC 装饰板安装→灌注密封胶或 GRC 原材料补缝→初验→移交。

4) 防水防裂措施

(1) GRC 线条的防裂处理。同种规格产品接缝处必须将产品内的对接筋焊接牢固(防止修补后开裂)，然后在接缝处用防水腻子补平，再做防水抗裂处理，贴上不低于宽 100mm 高级纱网绷带，再粉刷一层抗裂砂浆，用 GRC 原材料拌合其他辅助材料将缝表面修平。打磨光滑平整，使之与墙身形成一个装饰整体。

(2) GRC 线条的防水处理。先用发泡条将预制产品的接缝填堵，再用防水密封胶粘合后打磨抛光，胶的宽度要完全盖住产品接缝。产品与产品之间的接缝不宜过大，要求在 3mm 之内，否则打上去的胶缝会影响外观整体效果。产品要达到最佳防渗漏效果，关键是产品表面的防水必须做好，本工程产品在出厂包装前即对成品喷涂水性防水溶液，运送到工地安装完成并清理后，再喷涂一层防水剂。

5) GRC 构件接缝处理

GRC 构件安装完成以后，对构件的接缝和轻微损坏要进行修补，修补分 2 次进行。第 1 次用 1∶2 的砂与水泥、聚丙烯抗裂纤维、膨胀剂修补至距 GRC 构件外口 5～7mm 处。第 2 次用水泥、建筑胶、膨胀剂加聚丙烯抗裂纤维修补到位（或用 GRC 原材料加配料完成），用毛刷沾水拉平，对于修补不平整的地方要打磨到表面平整，修补完毕后再对修补的地方进行养护，最后对接头缝进行打胶处理。

13.4.6 成品保护

1) 产品生产过程中必须轻拿轻放，包装、清理、上车、运输过程中需每个环节和主要负责人交代清楚并落到实处。

2) 产品到工地后，卸货必须注意轻拿轻放，严禁拖拽现象的发生，产品摆放需填充木方，保持水平。

3）产品安装过程中严禁随意在产品表面开孔，禁止损坏边角。

4）产品安装完成后对整体进行表面清理，打胶处理后再进行喷涂表层专用防水剂。脚手架落架过程中应安排专门人员进行成品保护，防止被外架碰坏。

5）饰面板在凝结前应防止快干、水冲、撞击和振动，严禁直接踩踏已完成的装饰面。

（参考陈恩平《欧式标准 GRC 石材幕墙的施工技术》）

13.5 装配式欧式彩石混凝土饰面工程

13.5.1 工程概况

哈尔滨太平国际机场 T2 航站楼外立面建筑方案为爱奥尼克柱廊风格，整个立面以典型的基座、腰身和顶部三段式构图为基本原则，建筑风格特点和谐、单纯、庄重和布局清晰，无论从比例还是外形上都具有崇高美和艺术感（图 13-228）。航站楼陆侧高架桥车道边柱廊立柱以及航站楼装饰性壁柱均采用欧式古典建筑中最典型的爱奥尼克柱式，高架桥柱廊由 40 根巨型的爱奥尼克巨型罗马柱组成，柱身有 24 条凹槽，柱头有一对向下的涡卷装饰，展现出优雅高贵的气质。柱子的直径是变化的，从上到下由细变粗，涡卷下口的柱径是 1.8m，柱底直径是 2.2m，柱基直径 3.5m；柱顶标高 26.6m，檐口高度是 34m；面积大，欧式造型展开面积有 6.9 万 m^2。航站楼底部及上部檐口部位采用欧式建筑的典型做法，通过比例的推敲、细节的刻画以及建筑构件特定的组合方式和艺术修饰手法展现古典欧式风格的统一性和严谨性。不论是整体形象或建筑细部，该航站楼建筑造型风格，采用现代化的建筑技术手段实现欧式建筑的尺度感、体量感以及材料的质感，为哈尔滨机场创造了与众不同的门户形象。

图 13-228 哈尔滨太平国际机场 T2 航站楼外景

（图片来自 http://news.carnoc.com/list/442/442649.html）

在严寒地区建设大规模的爱奥尼克柱廊风格欧式建筑，为满足安全使用要求，建设单位在T2航站楼主体工程建设过程中同步开展了欧式外饰面工程的建造工艺、结构体系等关键技术研究工作。在施工方案选择研究中，由于严寒条件、工期短、造价受控等因素，在安全、质量、工期、造价等方面存在难以克服的问题，传统的石材、GRC、砌筑抹灰等方案难以采用。为此，建设单位提出5种方案：①现浇装饰彩石混凝土饰面方案；②干挂石材外墙体系方案；③GRC工艺外墙体系方案；④装饰混凝土砌块组砌工程饰面方案；⑤干挂彩石纤维混凝土艺术板饰面方案。并对5种方案在材料选择、技术方案、实体工程试验等方面进行详细论证。

13.5.2 方案一～方案四研究

为体现欧式建筑效果，解决大型公共交通建筑外饰面建造工艺的难题，随着航站楼主体工程开工建设，同步开展了现浇装饰彩石混凝土、干挂石材、GRC、装饰混凝土砌块组砌四个方案的研究工作，通过对四个方案在严寒地区特点、材料选择、技术方案特点、实体工程试验等方面的研究，得出各方案技术特点。

1. 现浇装饰彩石混凝土技术方案研究

T2航站楼欧式外立面初步设计为现浇装饰彩石混凝土饰面方案，采用清水混凝土施工技术，在高效能陶粒保温砌块和纤维混凝土保温复合板（CCA板）的外表面，直接支设欧式造型模板，在浇筑振捣40mm厚的装饰彩石混凝土中，配置CPB550ϕ6mm@200mm钢筋网和ϕ0.8mm@20mm热浸镀锌钢丝网，在彩石混凝土表面剁斧，形成表现石材质感的欧式建筑效果。

1）航站楼基层结构有两种墙体结构

T2航站楼工程基层墙体结构为390mm厚MU5高效能陶粒保温砌块墙体和164mm厚纤维混凝土保温复合板（CCA板），其中CCA板保温墙板为12mmCCA板＋140mm保温岩棉＋12mmCCA板。如图13-229、图13-230所示。

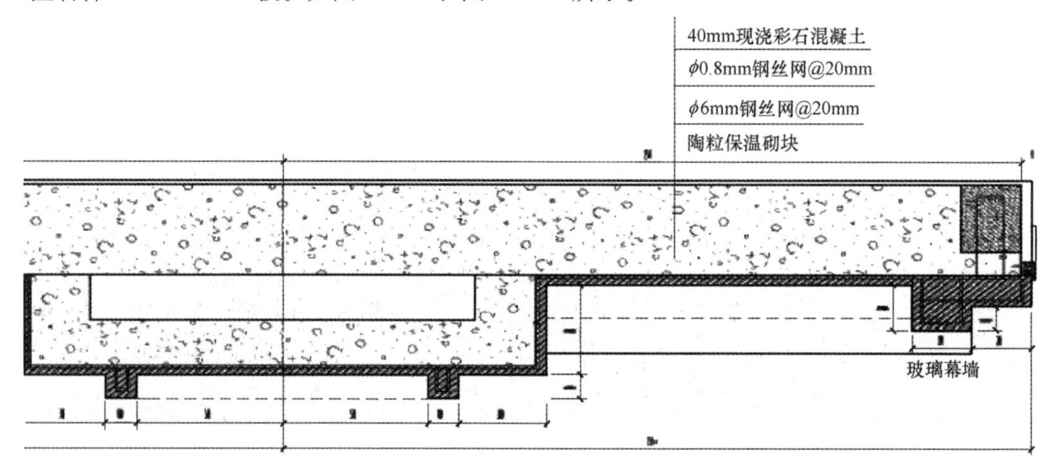

图13-229 陶粒高保温砌块墙体节点做法

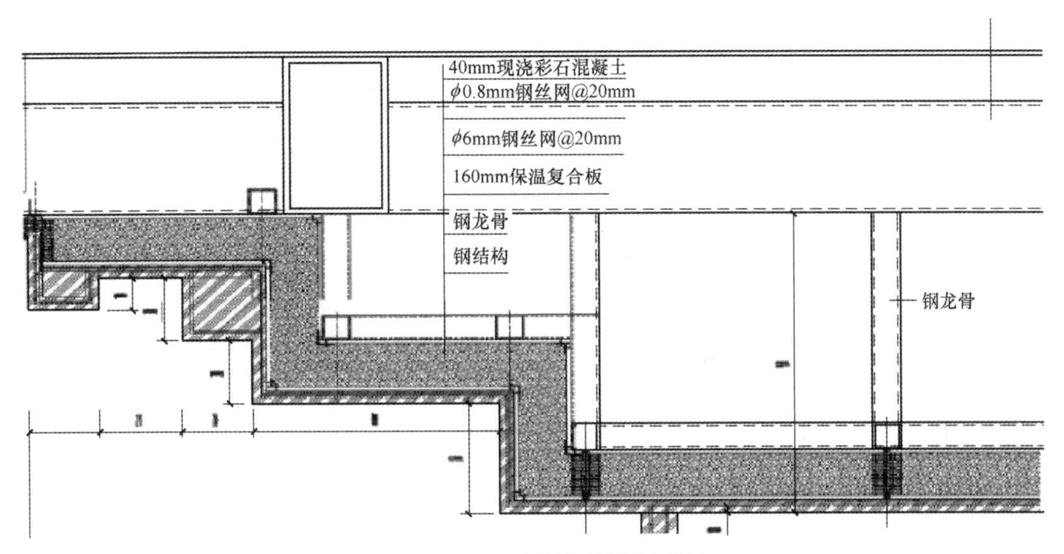

图 13-230　CCA 板保温墙板节点做法

2）施工准备

（1）装饰彩石混凝土配合比：选配五彩石、白水泥等原材料开展混凝土试配工作，通过多组试配，选择浇筑养护成型后形成米黄色天然大理石质感外饰面表现效果的配合比，混凝土抗压等级 C30，抗冻融循环 60 次以上；

（2）钢筋：采用 CPB550ϕ6mm@200mm 钢筋网、ϕ0.8mm@20mm 热浸镀锌钢丝网，钢筋网与钢结构骨架相连接；

（3）模具：欧式花饰、窗套、装饰柱造型多，造型复杂，模具采用木模和玻璃钢模具组合制作完成，模具造型复杂、制作工序复杂、加工周期长；

（4）混凝土面层防护涂料：采用高效面层防护液，底涂增艳剂一道，面层高效防护液一道。

3）现浇彩石混凝土工艺流程

高效能陶粒保温砌块墙体砌筑或 CCA 保温复合墙板及钢骨架安装→CPB550ϕ6mm@200mm→钢筋网片安装 ϕ0.8mm@20mm 镀锌钢丝网安装→支设造型模板→浇筑振捣装饰彩石混凝土→养护→拆除造型模板→面层剁斧工艺处理→喷涂高效面层防护液。

4）技术难点

浇筑 40mm 厚装饰彩石混凝土内含两层钢筋网，扣除钢筋网片所占空间，模板与钢筋之间容许彩石混凝土通过空隙仅为 20mm 左右，施工难度较大，无法实现大面积浇筑振捣，即使浇筑高度控制在 300mm，也困难重重，伴随着平整度超标、蜂窝麻面、开裂等问题，浇筑质量不能保证。随着墙体、檐线、窗套、造型等部位施工完成，存在后续变形逐渐发展、裂缝宽度数量增加的现象。装饰彩石混凝土面层经养护强度达到后进行剁斧，剁斧工艺为手工操作，40mm 装饰彩石混凝土的基层结构为 CCA 保温墙板，航站楼跨度大，墙板剁斧工艺容易产生震动，形成新的裂缝。如图 13-231、图 13-232 所示。

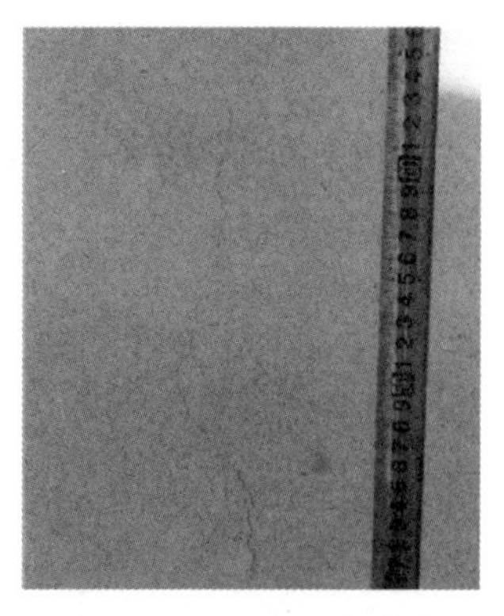

图 13-231 现浇彩混饰面纵向裂缝图

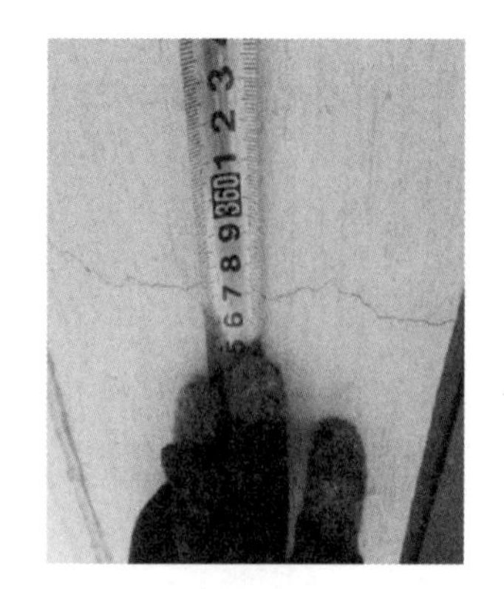

图 13-232 现浇彩混饰面横向裂缝

5）现浇装饰彩石混凝土技术方案应用建议

由于现浇装饰彩石混凝土工艺复杂，混凝土浇筑以后，主体结构随荷载不断增加、混凝土收缩、温度变化（包括内外温差）等的作用下不可避免地会产生微裂缝。现浇装饰彩石混凝土强度等级要求 C30，现场试验段的墙体为 MU5 高效能陶粒保温砌块墙体，两种材料强度等级相差过大，混凝土收缩应力得不到缓慢释放，混凝土面层产生裂缝，面层开裂后难以修复，容易形成冻害，不仅影响质量安全，同时也影响建筑美观。彩石混凝土外饰面工程的工期处于整个扩建工程的关键线路上，从混凝土配制、模板加工生产、制作安装、浇筑混凝土、养护剁斧等多个环节施工周期较长，操作难度大，工序复杂。在工程量大、工期紧迫的情况下，现浇装饰彩石混凝土饰面工艺无法满足安全使用和建设工期要求，现浇装饰彩石混凝土工艺不可避免地会产生裂缝，墙面产生裂缝对混凝土耐久性产生不利影响，对建筑的正常使用造成安全隐患。该工艺在夏热冬冷地区、夏热冬暖地区、寒冷地区有工程应用案例，但在严寒条件下，大型公共交通建筑航站楼外饰面工程中不适宜采用。

2. 干挂石材外墙体系

用干挂石材来体现建筑外装饰的欧式风格，其优点是天然石材，材质自然，建筑表现力丰富。对于本工程来说，欧式建筑外立面欧式元素丰富，欧式造型尺度超大，细部造型复杂。用石材雕刻的方式消耗大量天然石材资源、雕刻耗时长、安装难度大、工程造价高。雕刻异形石材重量大，仅一个柱头的原材重量就超过 43t，雕刻完后成品的重量远远超过原有结构体系为外饰面工程预留荷载设计值；石材采用干挂处理时，局部钻孔或开槽，在外界荷载作用下易形成局部损坏，尤其在高空悬挑部位，容易造成安全隐患；石材挂件辅助结构胶，外墙结构构件胶体不耐火，遇火灾失效造成安全隐患等。主要基于工程造价、工期和结构安全等因素考虑，本工程不适宜采用干挂石材方案。

3. GRC 工艺外墙体系

GRC 是一种以耐碱玻璃纤维为增强材料、水泥砂浆为基体材料的纤维混凝土复合材料，GRC 是一种通过模具造型、纹理、质感与色彩表达设计师想象力的材料。GRC 构件尺寸较薄，且为脆性材料，易在施工过程中形成破坏；GRC 变形较大，接缝易开裂；GRC 构件含水率较高，在严寒地区易冻融破坏；GRC 构件板块接缝多，墙面完整性较差；GRC 构件龙骨虽然采用镀锌型钢，但施工中往往由于扣挂接点需要焊接，镀锌层破坏，焊口处又很难彻底除锈，造成局部腐蚀，易产生由节点腐蚀而发生板块的脱落，形成安全隐患。本工程设计单位和建设单位均不同意该方案在航站楼外饰面工程中采用。

4. 装饰混凝土砌块组砌工程技术方案研究

装饰混凝土砌块是利用工厂化生产，使用废弃的矿渣、碎石屑、配比一定彩石和水泥，均匀拌合后，通过生产线压制成型，一定时间蒸养后出厂，是一种节能环保材料。装饰砌块组砌技术提供了一种体现欧式饰面效果的方案，采用混凝土砌块组砌技术，一方面可以产生欧式建筑装饰效果；另一方面，还可以利用废弃的矿渣、碎石屑作为混凝土砌块的原料，解决废弃的矿渣、碎石屑无处堆放、污染环境的状况，施工效率高、原料成本低。砌块制作分为平面体砌块和曲面体砌块。结合欧式造型和装饰颜色，制作相应颜色的砌块，将这种装饰砌块砌筑在砌体的外周，以装饰砌块本身的饰面作为欧式的装饰立面，形成满足欧式装饰要求的砌体立面。如图 13-233、图 13-234 所示。

图 13-233　砌块组砌样板柱

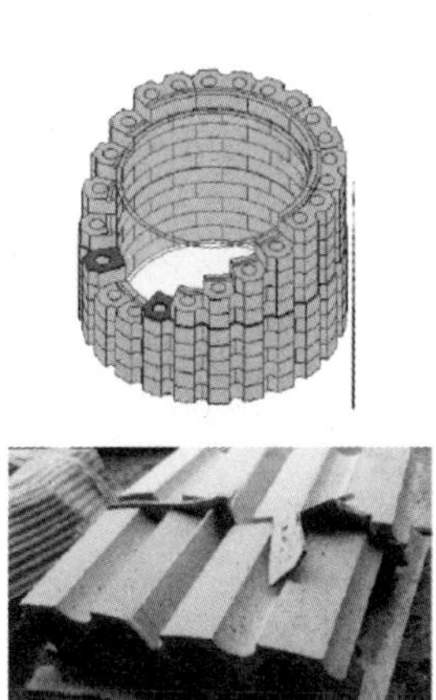

图 13-234　砌块和砌块排布图

体现欧式饰面效果需要采用多种块型的混凝土砌块砌筑而成，属于装配式工艺，施工效率提高；可以按照不同装饰要求构筑多种欧式装饰效果，增加了装饰效果的多样性。装饰混凝土砌块组砌建造关键技术从现场施工角度来分析，该方案能够实现欧式效果，但存在工艺复杂，组砌难度大、欧式效果分块小，抗压构件悬挑结构受力等特点，并且需要预制混凝土构件辅助等措施，建议在中小型建筑工程中使用。

13.5.3　干挂彩石纤维混凝土艺术板技术方案研究

通过以上 4 个方案的研究，对比分析，对于巨型体量的航站楼外饰面工程，在质量安全、工期受限、造价受控的情况下，4 个方案存在各种问题，都不是理想的选择方案，课题组需要结合工程特点，选择严寒条件下温度变形能力强、构造节点安全合理、工厂化生产效率高、工期短、质量可靠、装配式、绿色环保的技术方案。于是提出适合严寒地区特点的干挂彩石纤维混凝土艺术板饰面的技术方案。

1. 方案创意的产生

2016年扩建工程建设工作全面铺开，原现浇彩石混凝土饰面方案在试验段实施过程中，出现质量和安全隐患，看似在短期内难以提出解决之道的时候，建设单位成立了科研课题组来专题研究解决欧式建筑饰面的难题，课题组考察了浦西欧式历史建筑、天津解放北路欧式历史建筑、北京展览馆、哈尔滨工业大学土木系教学楼、正在建设的上海主题乐园的实验样板区。当驻足于主题乐园的实验样板区，看到假山、树木等混凝土材质的造型构筑物时，混凝土饰面板起到结构和装饰效果的作用，使假山形成一个整体，没有缝隙，看到眼前的结构，给课题组以触动，随后产生了采用混凝土外饰面板来实现哈尔滨机场欧式建筑造型的想法。利用混凝土生产欧式造型构件，在欧式造型构件外表面添加彩石面层，通过工厂化预制生产，在混凝土欧式构件背后悬挂结构钢架，像挂石材一样将各种欧式造型构件干挂于航站楼外立面，形成欧式饰面效果，有了想法，随后立即开展了相关的研究工作。

2. 仿天然大理石效果的彩石混凝土艺术板

原材料选用，包括彩石、石英砂、耐碱纤维、水泥、高岭土、减水剂、消泡剂、缓凝剂、着色剂和水等原料，通过反复试配、试验，最终获得了仿天然大理石效果的配合比。艺术板的测试指标：抗弯比例极限强度平均值≥7MPa；抗弯极限强度平均值≥18MPa；抗冲击强度≥8kJ/m^2；体积密度干燥状态≥1.8g/cm^3；吸水率小于5%；经过100次冻融循环，无起皮、剥落等破坏现象。

3. 欧式建筑构件板材化

为了减轻欧式构件重量，将构件做成蒙皮结构，通过模具辅助完成。模具翻制之前需要制作一件母模模具，母模模具需要制作整体造型的模型，然后进行分块，用雕刻机或雕刻师雕刻出1：1阴模模具，利用阴模模具制作母模，母模打磨修补，按图纸尺寸复尺。这样就可以利用各种模具，在模具表面喷射混凝土混合料，形成30～60mm厚薄板蒙皮结构，脱模后展现出各种造型的欧式建筑构件。爱奥尼克柱头外围尺寸为3674mm×3674mm×1438mm，柱头表面积为32m^2，含钢架重4t，远远轻于28t重的成品石材雕刻柱头。所以欧式建筑构件板块化，可以实现减轻构件重量，节省材料，降低成本，提高效率。

4. 背栓和钢架系统研究

单块彩石混凝土造型艺术板由于厚度、强度、刚度、挠度等设计指标限制，单块板面积受限，最大也不过几平方米。如果在预制彩石混凝土造型艺术板中预设螺栓，各单个螺栓再与钢架相连，则单块造型艺术板形成了一个混凝土板和钢架组合的结构体，结构体的强度、刚度、挠度由整个钢架和面板共同承担，这时造型体的单块面积可以做到足够大，可以达到十几平方米、几十平方米甚至上百平方米，造型体的大小和面积不再取决于造型艺术板本身，而是取决于欧式建筑造型设计分隔、运输条件等其他因素。见图 13-235、图 13-236。

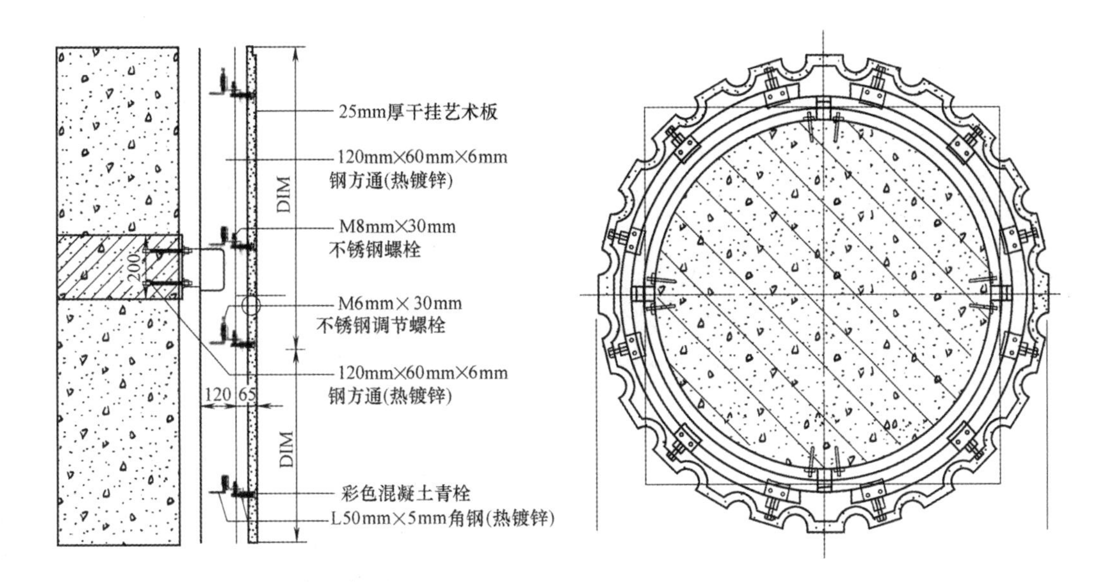

图 13-235　航站楼墙体外挂艺术板节点（单位：mm）　　图 13-236　高架桥爱奥尼柱外挂艺术板节点

5. 造型艺术板在严寒条件下结构变形

造型艺术板设置企口缝，板与板之间通过企口缝搭接，为防止雨水、湿气等通过企口缝进入板后的空腔内，企口缝采用硅酮耐候胶封闭。企口缝适应变形能力强，适应严寒气候条件，选择 $10m^2$ 的板块进行核算，板边长为 3162mm，极值温度差设为±40℃，造型艺术板混凝土构件的热膨胀量为 0.00001/℃，造型艺术板的膨胀量为 3162mm×（40＋40)℃×0.00001/℃＝2.53mm，造型艺术板在正负极值温度的变形差为 2.53mm，企口缝宽度为 20～25mm，企口缝设置完全能够适应严寒条件下的构件变形，建筑物在使用过程中，人们感受不到企口缝的变化。同时，干挂板与主体结构连接的转接件设计为螺栓连接，连接件上的螺栓孔设计为椭圆口，适应温度变形。

6. 造型艺术板工厂化生产效率高

通过现场测量复尺→图纸深化→母模制作→模具翻制→生产制作各种欧式造型艺术板。按照配比，添加水、各种聚合物胶粘剂和预混料进行均匀搅拌。首先，喷射面层彩石层，厚度控制在 5mm 左右；然后喷射基层，基层控制在 25mm 左右；基层放置热镀锌预埋螺栓和不锈钢预埋螺栓，蒸养，脱模，养护，安装钢架，修补，表面做荔枝面处理，包装运输。

7. 装配式现场组装

干挂彩石纤维混凝土艺术板制作的大型欧式构件采用工厂安装钢架，汽车运输，现场吊装拼接的施工方法，有效提升了现场整体施工进度及施工质量，减少了大量高空作业工作量，减少焊接量，提高了安全性，使整体施工更加安全高效。2017 年 8 月干挂彩石纤维混凝土艺术板饰面工程开工建设，2017 年 12 月竣工验收，在短短 5 个月时间完成了难以想象的艰巨任务，既实现了工程建设目标，又保障了机场运营顺畅，达到了美观、经济、环保、高效的预期效果。如图 13-237～图 13-241 所示。

图 13-237 爱奥尼克柱头

图 13-238 爱奥尼克柱头钢架

图 13-239 欧式构件

图 13-240 罗马柱荔枝面处理

图 13-241 爱奥尼克柱头实景

（图片来自 http://m.sohu.com/a/230163444_212602）

（参考高志斌等《装配式欧式彩石混凝土饰面工程关键技术研究》）

参考文献

[1] [英] 丹·克鲁克霍克. 弗莱彻建筑史（原书第20版）[M]. 北京：知识产权出版社，2011.

[2] 陈志华. 外国建筑史 [M]. 北京：中国建筑工业出版社，2010.

[3] 罗小未，蔡琬英. 外国建筑历史图说 [M]. 上海：同济大学出版社，1986.

[4] 许汝纮. 图解欧洲建筑艺术风格 [M]. 北京：北京时代华文书局，2018.

[5] 王其钧. 西方建筑图解词典 [M]. 香港：枫书坊，2017.

[6] 赖德霖，伍江，徐苏斌. 摩登时代——世界现代建筑影响下的中国城市与建筑 [M]. 北京：中国建筑工业出版社，2016.

[7] 中国建筑科学研究院. 建筑幕墙 GB/T 21086—2007 [S]. 北京：中国标准出版社，2008.

[8] 陕西省建筑科学研究院. 砌体结构工程施工质量验收规范 GB 50203—2011 [S]. 北京：中国建筑工业出版社，2011.

[9] 中国建筑科学研究院有限公司. 建筑装饰装修工程质量验收标准 GB 50210—2018 [S]. 北京：中国建筑工业出版社，2018.

[10] 中国建筑科学研究院. 建筑工程施工质量验收统一标准 GB 50300—2013 [S]. 北京：中国建筑工业，2014.

[11] 陕西省建筑科学研究院. 砌体结构工程施工规范 GB 50924—2014 [S]. 北京：中国建筑工业出版社，2014.

[12] 中国建筑科学研究院. 金属与石材幕墙工程技术规范 JGJ 133—2001 [S]. 北京：中国建筑工业出版社，2001.

[13] 郭学明. GRC幕墙与建筑装饰构件的设计、制作及安装 [M]. 北京：机械工业出版社，2016.

[14] 徐淳. GRC构件在外装饰工程中的施工和应用 [D]. 上海：同济大学，2007.

[15] 李大立，孙维，余天庆. 欧式建筑清水混凝土施工技术 [J]. 施工技术，2015，44 (3)：40-43.

[16] 高志斌，张长安，柯卫. 装配式欧式彩石混凝土饰面工程关键技术研究 [J]. 低温建筑技术，2018，40 (11)：32-39.

[17] 陈恩平. 欧式标准GRC石材幕墙的施工技术 [J]. 建筑施工，2016，38 (5)：578-580.

[18] http://bbs.zhulong.com/102010_group_200513/detail32647750/新建青年职业学院工程申报2016年度中国建设工程鲁班奖工程质量汇报.

[19] 泰安道四号院工程申报2014年度中国建设工程鲁班奖工程质量汇报 [Z]. 天津：天津三建建筑工程有限公司，2014.

[20] 华为松山湖终端项目一期外墙部分招标技术文件 [Z]. 深圳：华为技术有限公司，2014.

[21] 华为松山湖终端项目一期外墙装饰分包工程施工设计总说明 [Z]. 西安：陕西建工集团有限公司，2014.

[22] 华为松山湖外装关键技术研究与应用科研成果报告 [Z]. 西安：陕西建工控股集团有限公司，2019.

后记

2014年年底，一个偶然的机会，使我同华为松山湖终端项目邂逅。后来，在项目施工各阶段，我又有机会多次走进现场，每一次都被他独特而又精致无比、巧夺天工的建筑造型吸引，乃至震撼。

陕西建工集团工程一部优秀的项目团队不辱使命，饮马松山湖，克服了无以计数的艰难困苦，精雕细琢，真可称之为“点石成金”，用较短的时间就创造出使人叹为观止的欧式风格建筑精品。

施工过程中，我和工程一部的领导、同事就有一个共同的想法，一定要将大家的奋斗和努力、智慧和汗水用一本书展现出来。

在项目团队申报立项的陕西建工集团科研课题《华为松山湖外装关键技术研究与应用》（科研课题编号：SJKT-2016-06）成果的基础上，由韩伟、韩晓明、熊帮业等同志任主编，十几位同志参与，历经六载，共同编制完成这本专著。

这本专著以华为松山湖终端项目欧式风格建筑建造实践为基础，认真梳理、提炼和总结，形成了全面完整系统的成套欧式风格建筑建造核心关键技术，在国内应为首创。主要内容有：①欧式建筑发展概况；②欧式风格建筑深化设计；③外装材料加工制作；④砌筑石材幕墙施工技术；⑤砌筑砖幕墙施工技术；⑥灰泥施工技术；⑦金属骨架干挂瓦屋面施工技术；⑧GRC构件施工技术；⑨檐口系统造型施工技术；⑩金属屋面施工技术；⑪檐沟落水系统施工技术；⑫铸铝栏杆和造型施工技术；⑬工程案例。工程案例收录华为松山湖终端一期项目、天津泰安道四号院工程、天津职业大学海河校区等国内典型的欧式风格建筑项目。

时炜负责本书的策划和统稿工作，鱼江婷负责沟通协调并参与书稿的编审，时炜、蒲靖负责整理编写了部分工程案例。编写中，著者参考了国内多个项目的相关文献资料。天建三建建筑工程有限公司原副总工程师范玉恕同志不吝赐教，专程提供了天津泰安道四号院工程相关资料。在此，对各位领导、专家和同仁一并表示由衷的谢意。

时炜

2020年2月